정보통신 정책론

박경진 저

Information & Communications Policy

백산출판사

머리말

IT분야를 국가발전 전략으로 추진하여 이제 우리나라는 세계 최고 수준의 정보통신인프라를 갖추고, 글로벌 경쟁력이 있는 IT산업을 보유한 정보통신 일등국가로 도약하였다. 우리가 개발한 기술이 세계 표준이 되고, 우리의 서비스와 제품이 세계인의 삶을 바꾸고 있다.

그러나 사물인터넷(IoT), 전자금융, 빅데이터, IT융합서비스, 핀테크 등 급변하는 세계 정보통신시장을 선도하기 위해서는 계속하여 기술과 정책을 연구하는 새로운 준비가 필요하다. 본격화되고 있는 IT융합산업 등 변화에 대응하여 법제도를 정비하고 관련 정책을 추진하여야 한다.

또한, 고도화되는 해킹 공격, 사이버 폭력으로 인한 인권침해나 정보격차 등을 해소하는 방안도 강구하여야 한다. 앞으로 급변하는 IT분야를 지원하는 정책으로 통합과 발전의 세상, 따뜻한 정보사회를 구현해 나가야 한다. 전자금융도 실현되는 정보화는 각 분야의 변화를 야기시키는 원동력으로 떠오르게 되었으며, 따라서 정보통신 정책은 창조경제 발전에 중요시 되고, 사이버 전쟁의 기반으로 작용하여 국가경제 활성화와 국가방위를 결정짓는 정책으로 대두되었다. 또한, 정보화는 행정분야에도 투명하고 효율적인 행정을 가져오게 하였다.

이 책은 다년간 정보통신분야에서 근무한 경력과 연세대, 성균관대, 인하대 등 대학에서 오랫동안 정보통신정책과 정보통신행정 및 IT경제론, 정책평가론 등을 강의하였던 자료를 바탕으로 구성된 이론으로서 정보통신정책과 창조경제 활성화 및 정보통신행정이 집합된 도서이다.

우리는 21세기 정보화 사회에서 빠르게 발전하고 있는 정보통신기술(ICT)의 홍수 속에서 살고 있으며 선진국에서는 국가의 전체 수출액 중 30~40%를 정보통신분야가 차지하고 있다. 정보통신기술은 인터넷과 스마트폰 수요의 급격한 증가로 통신시장의 패러다임이 무선통신 중심으로 되었으며 방송과 통신의 융합에 이어 산업현장에서 IT융합산업의 시대가 실현되고 있는 반면, 하루에도 100만 건에 달하는 해킹 공격과 개인정보 침해가 진행되고 있어 효율적인 정보보안 등의 필요성에 대처하는 정보통신정책 이론을 집필하였다.

정보사회에서 급변하는 변화에 유연하게 대응하고 ICT연구개발에 더욱 노력하여 지식기반사회 발전에 기여하여야 한다. 현재 한국의 정보통신분야 국가기술 수준은 인터넷 기술, 스마트폰 기술, 반도체 기술, 전자금융 기술 등에서 세계적 우위를 차지하고 있으나 더욱 많은 분야에서 앞서가도록 계속 노력하고 정책적으로 지원하여야 한다.

이 책의 내용은 IT융합산업과 창조경제발전 및 정보사회행정과 정보보안을 다루었다.

1부에서는 정보통신정책과 창조경제 활성화를 설명하였고, 2부에서는 정보사회에서 행정과 정보보안에 대해 기술하여 모두 15장으로 구성되어 있다.

제1부에서는 제1장 정보와 정보사회, 제2장 우리나라 정보통신정책의 현황과 전망, 제3장 정보통신산업이 창조경제 활성화에 미치는 영향, 제4장 해외 정보통신정책, 제5장 북한의 정보통신정책과 남북한 ICT교류협력, 제6장 IT융합산업정책 동향과 전망, 제7장 국내 소프트웨어산업의 중요성과 발전방안, 제8장 정보화 격차에 대한 국내외 정보통신정책으로 정보통신정책을 중심으로 구성되었다. 제2부에서는 제9장 정보사회와 행정, 제10장 투명행정 사례와 온라인 공개시스템, 제11장 모바일시장 현황과 소셜미디어 활용전략, 제12장 선거에서 SNS, 네트워크, 소셜미디어 활용전략, 제13장 전자금융 변화와 보안사고 대응전략, 제14장 전자정부에서 정보보호 방안과 미국의 정보보안정책, 제15장 해킹과 대규모 사이버위협 현황 및 대응방안으로 구성하여 정보통신행정과 정보보안을 이해하도록 하였다.

끝으로 이 책을 펴내는데 관련분야 여러 학자들의 연구결과와 정보통신문 및 관련 협회의 연구지가 많은 도움이 되었음을 밝혀둔다. 또한, 이 책의 발행을 맡아 주신 백산출판사의 진욱상 사장님과 편집부 관계자 분들께 깊은 감사를 드린다.

2016년 1월

저자 박경진 씀

차례

제1부 정보통신정책과 창조경제 활성화

제2부 정보사회의 행정과 보안

표 목차

그림 목차

제 1 부

정 · 보 · 통 · 신 · 정 · 책 · 론

정보통신정책과 창조경제 활성화

제 1 장 정보와 정보사회

제 1 절 정보의 개념

1. 정보의 개념

정보(information)는 데이터를 일정한 약속에 의하여 보다 중요한 데이터로 승격시킨 것을 정보라 한다. 가공(처리)된 데이터로 적절한 의사결정이 가능한 형태이고, 자료(data)는 사상, 개념, 의사, 명령 등을 표현한 것으로 인간 또는 기계가 감지할 수 있도록 숫자, 문자, 기호 등을 이용하여 형식화한 것으로 정보의 기초가 된다. C. E. Shannon의 정보에 대한 정의는 유효한 정보란 불확실성의 정도를 해소했을 때 얻어지는 가치이고, 여기서 불확실성의 평가치는 엔트로피(entrophy)이며 정보의 최소 측정단위는 비트(BIT)이다. 그리고 정보의 특성은 7가지로 구분할 수 있다.

첫째, 무형성 : 정보는 그 자체가 형태를 가지지 않고 항상 흐르고 있다. 즉 정보는 모든 현상, 추상이 인간의 두뇌에 투영된 상태로 존재한다. 이를 융통성이라고 표현하기도 한다.

둘째, 한시성 : 정보는 일정한 시간이 지나면 그 효용이 감소한다. 따라서 시간 × 정보 = 기회의 공식에 따라 정보의 중요성을 나타내기도 한다.

셋째, 독점성 : 정보는 사람에 따라 비밀을 추구하는 성격을 지니고 있어서 공개된 정보보다 미공개된 정보가 일반적으로 더 가치가 있다. 이를 희소성이라고도 표현한다.

넷째, 가치의 변환성 : 정보는 다루는 사람, 시기, 장소에 따라 그 가치가 변화한다.

다섯째, 종합성 : 관심의 대상이 되는 내용과 관련된 여러 정보들을 융합해서 평가해야만 그 가치가 더해질 수 있다.

여섯째, 연속성 : 연속적인 정보 수집과 처리로 정보의 가치가 더욱 상승된다.

일곱째, 이용성 : 아무리 정보를 많이 가지고 있다고 하여도 이용하지 않으면 쓸모가 없어진다. 따라서 정보는 그 이용을 극대화할 때 가치가 있게 되는 것이다.

2. 정보통신 기술

정보통신은 전기통신(telecommunication)+컴퓨터(processing)=원격처리(teleprocessing)로 표시할 수 있으며, ICT(Information and Communication Technology)는 정보의 전달 외에 정보의 가공 및 처리를 인터넷과 스마트폰을 추가한 형태의 통신이다. 즉, 전기통신회선에 컴퓨터의 본체와 이에 부수되는 입출력장치 및 기타의 기기를 접속하여 정보를 송수신하는 것뿐만 아니라 처리까지 가능한 형태의 통신이다.

정보통신의 장점은 고속도 통신에 적합하고, 에러 제어 방식을 사용하므로 신뢰성이 높고, 시간과 거리에 구애받지 않고 고품질의 통신을 할 수 있으며, 경제성이 높고 응용범위가 넓으며 대형 컴퓨터와 대용량 파일의 공동 이용이 가능하다. 정보통신은 급진적으로 발전하여 정보통신분야의 최근 새로운 용어 및 기능은 아래와 같다.

1) USIM(Universal Subscriber Identity Module)

USIM은 WCDMA 이동통신 단말기에 필수적으로 탑재되며, 가입자 정보를 탑재한 SIM카드와 UICC(Uinversal IC card)를 결합한 형태로서 사용자 인증과 글로벌 로밍, 전자상거래 등 다양한 기능을 가능하게 하는 범용 가입자 식별 모듈이다.

2) USN(Ubiquitous Sensor Network)

필요한 모든 것(곳)에 전자태그를 부착하고, 이를 통하여 기본적인 사물의 인식정보는 물론 주변의 환경정보(예 : 온도, 습도, 오염도, 균열정보 등)까지 탐지하여 이러한 다양한 정보를 실시간으로 관리할 수 있는 네트워크 환경이다.

3) WiBro(Wireless Broadband Internet)

이동전화 기반의 무선인터넷보다 저렴하고, 언제 어디서나 시속 100km의 속도로 이동 중에도 가입자당 1Mbps 이상의 전송속도로 초고속의 무선인터넷서비스를 제공하는 차세대 통신서비스로서 휴대인터넷 서비스라고도 한다.

4) SNS(Social Network Service)

'social'은 사회를 뜻하는 말로 공동체를 의미하고 인터넷에서 개인의 정보를 공유할 수 있게 하고, 의사소통을 도와주는 1인 미디어, 1인 커뮤니티 개념이며 참가자가 서로에게 친구를 소개하여 친구관계를 넓힐 것을 목적으로 개설된 커뮤니티형 웹사이트이다. 오늘날 SNS라고 말하면 첨단 IT기술을 이용하여 사람들 사이의 관계를 연결하는 서비스를 말한다. 싸이월드, 페이스북, 카톡, 마이스페이스 등이 있다.

5) Facebook

페이스북은 댓글을 한눈에 볼 수 있고 친구 사이를 기초로 친목교류와 쌍방향 커뮤니케이션에 무게를 둔 소셜미디어이다. 특징으로는 웹에서 소중한 친구를 만들고, 인맥을 확장하고 서로간의 대화를 통한 소통을 중시한다.

6) Twitter

트위터는 일부 댓글을 확인하고 자신의 느낌이나 생각 및 주변의 소식을 알리는 브로드캐스팅 뉴스미디어이다. 특징으로는 짧고 간단한 메시지가 수많은 사람 들을 팔로우하게 하는 방식이라 메시지의 전달속도가 매우 빠르다.

7) 모바일 비즈니스(Mobile business : m-biz)

무선인터넷, 이동전화 등을 이용한 경제 활동, 전자상거래와 무선망을 이용한 모든 사업을 말한다. 모바일 뱅킹, 모바일 증권 거래, 모바일 티켓팅, 모바일 쿠폰, 모바일

복권, 모바일 지갑 등 다양한 종류의 모바일 금융상품과 모바일 전자상거래의 전면적 부상으로 기업 간 전자상거래, 전자책, 모바일 주문형 비디오 등이 있다.

8) 5G(5 Generation)

4세대(4G) 이동통신인LTE(롱텀에블루션)보다 1000배 빠른 5세대(5G) 이동통신이 2020년 세계 최초로 상용화된다.

5G는 개인당 1Gbps급 전송속도이며 800MB 용량의 영화를 내려받을 때 4G는 40초 걸린다면 5G는 1초도 안 걸린다. 미래창조과학부는 2020년까지 세계 단말기시장 1위, 장비시장점유율 20%, 국제 표준특허 경쟁력 1위, 일자리 1만 6000개 창출을 목표로 1조 6000억 원을 투자할 계획이다. 목표가 달성되면 2020년부터 2026년까지 5G 장비의 수출, 내수를 통해 331조원의 매출이 발생하고 국내 통신서비스 부문에서 68조원의 시장이 창출될 것으로 전망한다. 유발효과는 552조원의 생산유발, 2026년 58만 명의 고용효과를 전망한다.

9) 카카오톡(KakaoTalk)

주식회사 카카오가 2010년 3월 18일 서비스를 시작한 글로벌 모바일 인스턴트 메신저이다. 현재 스마트폰 사용자를 대상으로 프리웨어로 제공된다. 사용자수는 2011년 4월 1일 국내외 1000만이고, 2012년 3월 11일 4000만 명을 돌파했다. 2014년 5월 26일 다음으로 합병되어 '다음카카오'로 통합법인을 정하였다.

10) 소셜 커머스(Social Commerce)

소셜 커머스라는 용어는 2005년 11월 야후를 통해 처음 사용되면서 확산되기 시작했다. 야후는 장바구니, 평점 등을 공유하는 서비스를 제공하면서 이를 소셜 커머스라고 불렀다. 소셜 커머스의 대표적인 분야인 소셜 쇼핑(social shopping)은 특정 제품이나 서비스에 일정 참가자 이상이 구매 신청을 하면 가격을 할인해주는 비즈니스 모델로, 2008년 10월 미국 시카고에 설립된 온라인 할인쿠폰업체 그루폰(Groupon)이 처음 만들어 성공을 거두었다. 그루폰은 'Group'과 'Coupon'의 합성어로 직역하면 '단체 쿠폰'이라는 뜻을 갖는다.

상품의 할인 폭이 50% 이상 되고 수수료까지 지불해야 하기 때문에 쿠폰 판매 자체는 소매업체에 크게 이익이 되지 않는다. 그럼에도 불구하고 소셜커머스 방식으로 상품 판매를 하는 이유는 광고 효과 때문이다. 마땅한 광고수단이 없는 소규모 소매업체들은 쿠폰을 판매함으로써 일정 기간 엄청난 주목을 받을 수 있다. 소셜 네트워크 서비스인 페이스북이나 트위터 등을 통해 제품을 홍보하거나 물품을 판매하는 일련의 과정이 소셜커머스 분야에 해당한다.

11) 비트코인(Bitcoin)

2009년 1월 사토시 나카모토라는 필명의 프로그래머가 개발한 비트코인은 실제 생활에서 쓰이는 화폐가 아니라 온라인 거래상에서 쓰이는 가상화폐이다. 비트코인은 2008년 사토시 나카모토라는 정체불명의 인물이 각국의 중앙은행이 화폐 발행을 독점하고 자의적인 통화정책을 펴는 것에 대한 반발로 고안해 낸 것으로 알려져 있다. 컴퓨터가 제시하는 매우 난해한 수학 문제를 풀면 그 대가로 비트코인을 지급하는 작동방식으로, MIT 라이선스를 적용해 오픈소스로 공개했다.

비트코인을 만드는 과정은 광산업에 빗대어 '캔다'(mining)라고 하며 이러한 방식으로 비트코인을 만드는 사람을 '마이너'(miner), 즉 '광부'라고 부른다. 2009년부터 캐기 시작해, 2014년 3월 현재까지 약 1200만 비트코인을 캤다. 처음 설계 당시 2145년까지 총 2100만 비트코인만 캘 수 있도록 설정했으므로 앞으로 약 800만 비트코인을 캐면, 비트코인은 고갈된다. 한 사람이 다수의 지갑을 만들 수 있으며 개수에 제한이 없다. 지갑을 만들 때는 개인 식별정보가 필요하지 않고 특정 국가나 발행 주체의 관리도 받지 않으므로 익명성이 보장되는 한편, 누구나 접속하고 들여다볼 수 있는 오픈소스 소프트웨어이기 때문에 공개성도 가진다.

12) 인터넷방송(IPTV)

Internet Protocol TV는 초고속인터넷 망을 통하여 이용자의 요청에 따라 양방향으로 실시간방송프로그램, VOD, T-커머스 등 다양한 멀티미디어 콘텐츠를 제공하는 통신방송 융합서비스이다.

미래창조과학부 발표에 따르면, IPTV 가입자가 2015년 9월말 현재 1222만 명을 넘어섰고, 매출도 27% 증가하였다. IPTV 가입자 수는 지난 2008년 상용서비스가 시작된 이래 2010년 366만 명, 2011년 494만 명, 2012년 654만 명, 2013년 861만 명, 2014년 1084만 명으로 꾸준히 증가해 왔다. 2015년 9월 현재 업체별 IPTV 가입자 수는 KT가649만 명, SK브로드밴드가 334만 명, LG유플러스가 249만 명이다. 가입자 수가 증가하며 영화 콘텐츠 등 주문형비디오(VOD)에 대한 수요가 늘어나 IPTV 매출도 크게 늘었다. 올해 1~9월 IPTV서비스 매출액은 1조 4154억 원으로, 지난해 같은 기간보다 27%가 늘어난 것으로 집계됐다. (문화일보. 2015.12.16. 27면 자료 인용)

13) 정부 3.0

(1) 정부 3.0의 개념

박근혜 정부의 운영 전략으로 자리매김한 정부 3.0은 공공정보에 대한 접근제약으로 정책의 투명성과 수용성이 저하되고(국제투명성기구 부패인식 지수 순위 2013년 45위), 정부 부처 간 칸막이로 적시성이 있고 효과적인 정부운용에 한계가 도출되었다. 또한, 국민이 느끼는 만족감(2012년 미 갤럽조사에 의하면 국민행복지수는 97위)도 저조한 실정이다.

이와 같은 현실 속에서 정부 운영상 패러다임의 변화 즉, 행정환경의 변화에 대한 필요성이 제기되고 있는데, 그 대안으로 제시된 것이 정부 3.0이다. 정부 3.0이란 공공정보를 적극적으로 개방하고 공유하며, 부처 간 칸막이를 없애 소통하고 협력함으로써 국민에게 맞춤형 행정서비스를 제공하고 동시에 일자리 창출과 창조경제를 지원하는 새로운 정부의 패러다임이다. 정부 3.0을 통해 소통하는 투명한 정부, 일 잘하는 유능한 정부, 그리고 국민 중심의 서비스정부를 구현해 나가고 있다.

(정부 3.0 홈페이지, http://www.moi.go.kr/)

(2) 정부 3.0으로부터 정부 운영 패러다임의 변화

정부 운영은 정부 1.0에서 출발하여 정부 2.0을 거쳐 현재는 정부 3.0을 정부 운영의 패러다임으로 채택하고 있다. 이러한 패러다임의 변화를 구체적으로 살펴보면 다음과 같다. 먼저 운영방향의 경우 정부 1.0은 정부를 중심으로 한 일방향 행정서비스를 제공하였다. 그러나 정부 2.0에서는 국민을 중심으로 한 양방향 행정서비스를 제공하였고, 정부 3.0에서는 국민 개개인을 중심으로 양방향과 맞춤형 행정서비스 제공을 목표로 하고 있으며 국민 개개인이 능동적으로 참여하는 방식을 취하는 등 정부 운영의 패러다임이 변화하였다.

14) 빅데이터

빅데이터는 최근에 새롭게 발생한 분야의 개념이라기보다는, 기존 인터넷의 발전에 따라 동영상, 음성, 사진, 위치 정보 등 다양한 형태의 데이터가 대량으로 발생하면서 오늘날 빅데이터 개념으로 부각된 것이다. 빅데이터라는 용어는 "기존 데이터베이스 관리 도구로 데이터를 수집, 저장, 관리, 분석할 수 있는 역량을 넘어서는 대량의 정형 또는 비정형 데이터 집합 및 이러한 데이터로부터 가치를 추출하고 결과를 분석하는 기술"이라 할 수 있다. 빅데이터를 처리하는 과정은 데이터 생성, 수집, 저장, 처리, 분석, 표현의 과정으로 분류할 수 있으며, 각 과정별로 필요한 요소 기술들이 다양하게 존재한다.

3. 정보화 사회

사회학자들의 정의를 종합하면, 정보화는 정보를 물질, 에너지에 이은 제3의 자원으로 인식하여 정보의 생성, 가공, 축적, 활용 등의 정보행위를 의도적으로 행하여 유용가치를 높이는 활동이라고 할 수 있다.

정보화 사회는 정치, 경제, 행정, 교육, 문화, 지역사회, 가정생활 등에 이르기까지 사회의 모든 분야에서 정보화가 진전되어 물질의 가치에 비해 정보의 가치가 상대적으로 높아지고, 정보에 관한 연구개발, 생산, 유통, 소비 등의 활동이 매우 활발한 사회이다.

Daniel Bell은 이를 서비스의 생산이 중심적 요소가 되고, 정보와 지식이 결정적 변수가 되는 "탈공업화 사회(post-industrial society)"로 정의하였고, Alvin Toffler는 농업혁명, 공업혁명에 이은 제3의 물결로 정보혁명을 주장했다.

1) 정보화 사회의 영향은

첫째, 생산방식 : 정보 생산력(자동화), 지식의 생산성
둘째, 생산의 특성 : 여러 가지 사회 기능의 시스템화, 두뇌 인력이 대체
셋째, 제품 유형 : 정보 기능과 시스템, 정보 산업과 지식 산업
넷째, 생산과 인간관계 : 인간을 사회 시스템에 제한하고 계약된 노동력
다섯째, 사회 유형의 특징 : 분산된 네트워크, 창조적 직장 사회, 사회 개발형 다기능

2) 정보화 사회의 특성은

첫째, 사회 생산구조에 있어 정보화 지식의 생산성이 대두된다.
둘째, 사회 구조에 있어서는 계약된 노동력에 의한 다기능 사회가 도래된다.
셋째, 탈규격화, 지방화, 개인화가 대두된다.
넷째, 가정생활 : HA(home automation)으로 인한 홈뱅킹, 홈쇼핑이 활발하다.
다섯째, 직장생활 : OA(office automation)와 FA(factory automation)에 의한 자유시간 근무제 및 재택 근무제가 도입된다.
여섯째, 사회생활 : 중앙집중으로부터 분산으로 전이되어 복지사회가 도래된다.

4. 정보통신 시스템

정보통신 시스템은 데이터를 목적지까지 전달해 주는 기능을 수행하는 데이터 전송계와 이러한 데이터를 처리 또는 저장하는 데이터 처리계로 나뉜다.

데이터 전송계는 데이터 단말장치, 데이터 전송회선, 통신제어장치로 구성되며, 데이터 단말기의 구성은 입력장치부, 출력장치부, 회선 접속부, 회선 제어부, 입출력 제어부로 나뉜다. 데이터 전송회선은 컴퓨터와 컴퓨터, 데이터 단말기와 컴퓨터 센터,

단말기와 단말기를 전기적으로 연결하는 매체를 전송회선이라고 하는데, 전송회선은 구체적으로 신호 변환기인 데이터 회선 종단장치(DCE : data circuit terminating equipment)와 통신 회선으로 구성된다. 그리고 회선 종단장치는 데이터 전송계에서 통신 회선의 양쪽 끝에 위치한다는 의미에서 회선종단장치라고 하며 모뎀과 DSU(digital service unit)가 여기에 속한다.

데이터 처리계는 일반적으로 컴퓨터를 나타내며, 이의 중앙처리장치(CPU : central processor unit)는 통신제어장치로 입력되는 데이터를 처리한다. 주변장치는 데이터 통신시스템을 구성하는 컴퓨터의 주변장치의 대표적인 예가 대량의 데이터를 기억할 수 있는 외부기억장치이다.

5. 정보의 가치

정보는 일반상품과는 달리 무게, 길이, 크기라는 요인이 존재하지 않고 경제학에서 빼놓을 수 없는 상품의 공급량이나 수요량이라는 개념도 필요하지 않다. 따라서 정보는 일물일가의 원칙이 성립되지 않고 일물다가(1개 상품에 대한 2개 이상의 가격이 존재)의 원칙이 성립될 수 있다. 다시 말하면, 일반상품은 일물일가의 원칙에 의해 경제분석이 행해져 왔지만, 정보는 정보 이용자의 필요성의 정도에 따라 여러 가지의 가격이 성립될 수 있다는 것이다. 일반적으로 정보의 가치는 상업적 가치, 개인적 가치, 공공적 가치 등으로 나누어 살펴볼 수 있다.

정보의 상업적 가치(commercial value)는 정보의 상품성을 강조한다. 정보통신기술의 발전에 따라 정보는 다른 경제재와 같이 그 생산과정이나 서비스과정에서 인간의 생산적행위에 수반되는 것으로 그 의미가 강화되고 있다. 그리고 정보가 경제재와 정보재의 생산과정에서 필수적인 하나의 독립된 요소로서, 또는 기존의 생산요소들에 대한 보완적인 요소로서 투입될 수 있으며 정보 자체가 하나의 독립된 상품으로 처리될 수 있기 때문에 정보에 대한 경제적 가치를 부여하는 것이 현실적으로 받아들여지고 있다. 이와 같이 정보를 상품에 대입시켜 경제적 가치(교환가치)를 부여하는 것은 자본주의 경제체제에서는 당연한 것이며 이는 정보경제에 근간이 되는 사유재적 개념에서 비롯된다.

정보의 개인적 가치는 정보사회에서는 정보통신기술이라는 사회적 기술을 바탕으로 정보가 물질자원이나 에너지자원보다는 더 큰 비중을 가지고 경제, 사회발전에 중추적인 역할을 담당하게 될 것이다. 정보는 욕구자(수요자)의 만족에 따라 그 정보의 가치가 결정되는 정보의 개인적 가치라고 한다. 즉, 기업 간의 경쟁에서 각 기업들은 각자의 고유한 특정 기업정보가 외부로 유출되지 않도록 통제를 한다.

이런 경우에 정보는 개인적 가치로 자산(property)의 성격을 갖게 되는데 특허나 저작권과 같은 법적 보호의 형식을 취하기도 한다. 정보의 개인적 가치는 개인의 사생활에서도 적용된다. 이러한 정보의 개인적 가치가 더욱 부각되는 현상도 정보사회의 특징이다.

정보의 공공적 가치(public value)는 정보의 접근이 용이함에 따라 정보가 특정 다수인에게 알려짐으로써 갖게 되는 정보의 가치를 정보의 공공적 가치라고 한다.

예를 들어 도서관, 학교, 박물관 등 누구나 정보를 접할 수 있는 공공시설이 요구되며 자유로운 정보 유통체제가 확립될 수 있도록 제도상으로 장려되기도 한다. 이는 곧 정보의 공공적 가치를 실현하는 일환이다. 언론의 자유나 의사표현의 자유, 정보접촉과 정보이용의 자유 등은 정보의 공공적 가치와 밀접한 관련을 갖는다.

제 2 절 국내외 정보사회의 역사

1. 서론

컴퓨터와 인터넷의 출현, 그리고 광섬유케이블의 사용은 사람들에게 정보증폭을 가능하게 하였고 이에 따른 다양한 요구가 분출되면서 예전에 없었던 급속한 사회변화를 요구하고 있다. 이를 정보혁명이라고 부른다. 이에 따라 정부도, 시민도, 그리고 기업도 새로운 조직과 문화의 생활방식으로 바뀌게 되었다. 이것은 사회 각층의 개혁을 필요로 한다. 21세기는 이러한 의미에서 20세기 산업사회와는 구별되는 정보사회이다. 또한, 정보사회는 정보가 중요한 사회적 가치재로 등장하면서, 이를 활용하는 지적활동이 강조되는 사회이다.

따라서 '지식정보사회'라고도 하며 국제화, 세계화, 정보화, 지방화가 요구된다.

21세기 정보사회는 역사적 요구에 의해 탄생된 새로운 패러다임이라고 할 수 있다. 세계 각국에서 이미 정보화 사회의 물결은 피할 수 없는 물결이며, 복잡한 시대를 살아가는 현대인의 요구이기도 하다. 여기서 우리는 왜 정보사회가 도래할 수밖에 없었는가를 발견하기 위하여 정보사회 도래의 역사적 과정을 고찰해 보고자 한다.

2. 미국의 정보화 과정

미국은 1993년 클린턴 행정부 출범 이후 인터넷 등 첨단 IT와 IT산업을 기반으로 하는 신경제를 실질적으로 주도하여 미국 역사상 유례없는 장기호황을 누린 것으로 평가된다. 클린턴 정부는 디지털 기회 강조, 전자사회의 건설, 전자정부 실현, 소비자 신뢰도 증대, 글로벌 사이버마켓 창조, 인터넷을 통한 성장촉진 등의 6대 디지털화 핵심정책을 추진한 결과로 평가받고 있다.

미국은 다음과 같이 정보화가 추진되고 있다.

첫째, 인터넷과 정보기술산업이 미국경제의 호황에 큰 기여를 한 것으로 분석하고 전자상거래 추진을 통한 디지털 경제를 구축하고자 하였다.

둘째, 일반 국민이 모든 정부정보에 접근하여 온라인을 통한 정부와의 거래가 가능 하도록 전자정부를 구축하였다.

셋째, 정보소외 계층이 인터넷과 같은 정보서비스를 쉽게 이용할 수 있도록 요금지원 등 정보격차 해소 정책을 추진하고 있다.

넷째, 차세대 인터넷 개발을 위한 지원을 강화하고 있다.

다섯째, 21세기 정보화시대에 대비하여 학생들의 정보기술활용능력을 향상시키기 위해 학교정보화를 추진하고 있다.

여섯째, 미국정부는 정보통신기술 우위확보를 위해 대학과 연구기관, 기업 등에 대한 R&D(연구개발) 투자를 확대하고 있다.

이러한 정보정책의 추진은 클린턴 행정부 이후부터 꾸준히 추진되고 있다.

1990년대 세계의 신경제를 주도한 미국은 IT산업 전반에서 세계 1위를 점하고 있으며 또한, 이를 바탕으로 기업 및 개인생활에 있어 정보 활용이 일상화되어 국가사회 전반의 정보 활용도가 높은 정보화 선진국으로 평가되고 있다.

1) 정보화 추진체계

미국 연방정부의 정보화 추진체계는 대통령을 중심으로 정보화관련 자문위원회와 관리예산처로 구성되어 있다. 정보정책 추진체계의 구성은 다음과 같다.

(1) 정보정책 통합조정기구
(2) 범부처정부개혁 총괄기구
(3) 정보화 관련 대통령 자문기구
(4) 정부부처 산하 정보화 관련기구 : 상무부, 총무처

2) 정보통신산업 추진체계

(1) 미국의 '정보슈퍼하이웨이'는 전혀 새로운 정보통신망의 구축이라기보다는 기존의 정보통신망 특히 전미 연구 · 교육망인 NREN을 모태로 하여 보편적 접근의 기반으로써 기존의 통신망을 진화, 고도화시키는 차원으로 접근하고 있다.
(2) 폐쇄적이고 독점적으로 이용되던 각종 통신기반과 첨단의 컴퓨터 및 통신 기술이 관련 기관이나 연구계뿐만 아니라 여러 공공기관과 개인에게까지 개방되면서 자연스럽게 정보통신의 혜택을 체험하게 되었고 이는 전국민의 정보화 마인드 제고 및 확산되어 나아가 조기수요 창출이라는 결실로 이어지게 되었다.
(3) 초고속정보통신기반의 구축 및 정보화는 미국 정보사회기반을 구축 · 유지해온 민이 주도하는 것을 원칙으로 하되 정부는 각종 지원과 선도수요를 창출하고 또한, 법제도 개선을 통한 규제완화와 공정경쟁을 유도하는 등 적극적으로 보완적 역할을 수행하고 있다.
(4) 통신법의 개정을 통해 지역 및 사업분야별 장벽이 철폐되면서 통신사업자들은 새로운 서비스 제공과 수익 확대를 위해 경쟁적으로 통신망 고도화에 투자하

고 있고 활발한 M&A를 통해 정보통신 관련산업의 경쟁이 심화되고 있다.

(5) 미국 정부는 정보고속도로가 제공하는 고용증대 측면과 일반 시민들이 누릴 수 있는 혜택을 강조해 왔는데 이러한 사실은 NIIAC의 자문보고서인 「KickStart Initiative」에서 강조하고 있는 국민생활의 개선, 교육의 활성화, 사업의 확대, 지역사회의 강화 등 4가지 정보고속도로 제공의 필요성 및 그 이점을 통해서 확인할 수 있고 또한, 전산화된 네트워크로 1800개의 주고용서비스 사무소를 연결하고 있는 미국 직업소개은행(America's Job Bank : AJB)에 인터넷 접속을 제공하는 등의 정책을 통해서 알 수 있다.

3. 일본의 정보화 추진 현황

1990년대 초에는 미국에서 시작된 정보화의 새로운 물결이 일본에도 불기 시작하였다. 1994년 행정정보화추진계획(1995~1999)을 수립하고, 1995년 발표된 공통실시계획에 따라 행정기관간의 네트워크 구축을 위한 행정정보종합통신망과 성청간의 LAN, 카스미가세미 WAN의 정비, 그리고 각종 운영시스템의 정비 사업이 이루어졌다. 행정정보종합통신망은 사무처리의 합리화 · 신속화 · 통신경비의 절감과 통신수요의 증대 및 다양화를 위하여 각 성청과 지방정부가 공동으로 이용하는 네트워크를 만들고 있다.

1) 일본의 정보화 추진 연혁

일본 우정성의 자문기구인 전기통신위원회는 일본의 정보화를 추진하기 위한 계획으로 1994년 5월 '21세기 지적인 사회를 향한 개혁 : 고성능정보통신기반구조의 건설을 위한 사업'이라는 보고서를 발표하였다. 이는 정보통신의 고도화를 위해 2010년까지 33조엔에서 53조엔의 예산으로 광통신망을 구축 · 완료한다는 목표를 설정하고 이를 달성하기 위한 원칙, 추진방법, 일정, 권고사항들을 제시하였다.

이후 1994년 8월에 수상 직속으로 설치된 고도정보통신사회 추진본부에서는 관련 전문가들의 의견을 수렴하여 1995년 2월 '고도정보통신사회를 위한 기본방침'을 결정하였다. 이 지침은 공공분야의 정보화, 정보통신고도화를 위한 제반제도의 수정, 정보통신기반의 정비 등을 주요과제로 제시하였다.

2001년 1월부터 '고도정보통신네트워크사회형성기본법'을 시행하였으며 동시에 일본정부에 IT전략본부를 설치하였다. 이후 IT전략본부는 중요하고 시급한 IT관련 시책을 검토하고, 'e-Japan중점계획, e-Japan2002프로그램'을 정리하여 '개혁공정표' 및 '개혁선행프로그램'을 각각 제정하였다.

2) 정보화의 추진현황

(1) 세계 최고 수준 고도정보통신 네트워크 구축

(2) 전자상거래 촉진

(3) 교육진흥 및 인적자원 육성

(4) 행정정보화 및 공공부문의 IT활용 촉진

(5) 고도정보통신의 안정성 및 신뢰성 확보

4. 캐나다의 정보화 추진현황

1) 정보화 추진현황

캐나다는 '세계에서 가장 네트워크화된 국가 실현'이라는 정보정책기조를 가지고 인터넷 등 통신서비스에서 모든 국민이 저렴하게 접근할 수 있도록 하여 정보격차가 발생하지 않도록 정보통신인프라의 구축, 활용 측면에 있어 세계 최고의 전자상거래 환경조성, 수요창출을 위한 원동력으로서의 디지털콘텐트 구축의 3대 핵심축을 중심으로 다양한 정보화 사업을 수립하여 추진해 오고 있다.

이러한 정책의 3대 핵심내용은 다음과 같다.

(1) 세계 최고의 정보인프라 구축을 목표로 한다.

(2) 활용에 있어 세계 최고의 전자상거래 환경을 구축하고자 한다.

(3) 온라인을 통한 디지털콘텐츠의 유통을 원활하도록 한다.

2) 정보화 추진체계

(1) 국가정보화전담부처 : 산업성

국가전자상거래전략의 수립, 민간부문의 전자상거래촉진

(2) 전자정부전담부처 : 재무부

공공부문의 정보화전략수립 및 추진전담기구로서 정부의 정보기술 활용을 위한 조정 및 전략방향 제시, 시민중심의 전자적 서비스 지원

(3) 대정부 IT서비스전담부처

대정부 IT서비스 및 인프라 제공을 목적으로 정보관리 및 정보기술기반과 공공 서비스의 주공급자로서의 역할을 수행

이렇게 세 부분으로 구분된다.

5. 영국의 정보화 추진현황

1) 정보화 정책 추진현황

영국은 2000년 이후 전자정부 조기구현과 함께 정보기술 확산에 따른 정보격차를 해소하는데 주력하였으며, 블레어 총리는 전국민에게 2005년까지 인터넷을 보급하고 국민의 온라인화, 세계 최고의 기업정보화를 위한 기업의 온라인화, 전자정부 구축을 위한 정부의 온라인화 등의 3대 목표를 제시하였다.

영국정부가 역점을 두고 있는 것은 전자정부 구축으로 2005년까지 모든 정부서비스를 전자적으로 제공하고 지방정부의 온라인화 등을 추진하였다.

2) 정보화 추진체계

영국의 국가정보화추진조직 체계는 정치적 측면(총리를 중심으로)과 실무적 측면, 범부처차원의 자문기구로 크게 구분된다.

(1) 정치적 총괄 및 조정
(2) 공공부문 정보화실무전담기관
(3) 범부처자문기구

6. 한국의 정보화 추진현황

1) 1986년「전산망보급확장과 이용촉진에 관한 법률」제정

1986년「전산망보급확장과 이용촉진에 관한 법률」(전산망법) 제정에 근거하여 추진된 국가기간전산망사업은 행정망, 교육연구망, 금융망, 공안망, 국방망이라는 5대 전산망을 중심으로 전산화사업이 추진되면서 구체화되었다.

제1차 행정전산망사업(1987~1991)은 1987년 발표되었고, DB의 구축 등 전국적 대민서비스 체제를 구축하기 위한 우선업무 지원을 집중하였고 이를 기반으로 계속된 제2차 행정전산망사업(1992~1996)에서는 7대 우선추진업무가 선정되었으며, 1994년 동사업의 수정계획에서는 행정정보의 공동체제를 구축하고 대민서비스의 개선과 행정능률의 제고를 위해 네트워크 구축에 보다 역점을 두었다. 이를 위해 행정종합정보시스템을 구축하고 행정전산망정보유통센터를 설립하여 행정기관 간에 각종 문서나 자료를 교환할 수 있게 하였다.

2) 행정정보화 촉진사업(1996~2000)과 전자정부 구현사업(1998~현재)

정보통신기술의 변화를 적극적으로 반영하고, 급증하는 행정수요에 효과적으로 부응하기 위하여 기존의 행정전산망사업과 행정사무자동화사업을 통합하여 1996년에는「정보화촉진기본법」에 근거한 행정정보화 촉진사업을 추진하였다. 전자정부 구현사업은 1998년부터 진행되어 오고 있다.

제3절 정보사회의 특징과 발전단계

1. 정보사회의 특징

정보화 사회가 형성되기 위해서는 창의적인 아이디어가 표출되어야 하고 고급정보를 처리하고 관리하는 전문인력이 양성되어야 한다. 또한, 정보처리시스템이 확보되어야 하고 국민의 의식 수준이 높고, 서비스의 생산·소비·축적이 일정 수준에 도달되어야 하며, 정보사회는 정보를 수집하고 정리하고, 이용하고, 이를 평가하는 일에 사람들이 대부분의 시간을 보내는 사회로서 다음과 같은 10가지 특징을 갖는다.

1) 생활의 속도가 실시간(real-time) 만남이 가능한 사회이다.

사람과 사람간의 대면관계는 face to face - telephone - videophone - cyber phone의 단계로 발전하였다. cyber phone의 단계로 발전하였으며 가상현실(virtual-reality)의 세계를 통하여 외국에 있는 사람과 실시간으로 접촉이 가능해진다.

2) 사이버스페이스(cyber space)가 생활공간으로 등장하는 사회이다.

사이버스페이스를 통하여 과거에는 존재하지 않았던 아마존과 같은 가상기업이 등장하고, 가상 국가와 가상의 인물이 현실세계와 교류하게 된다.

3) human – computer interface의 사회이다.

인간과 컴퓨터가 만나 컴퓨터가 인간을 대신하여 일을 하게 되며, 재택근무, 인터넷 홈 스터디를 통한 재택학교와 재택의료 등의 새로운 환경이 형성되는 사회이다.

4) 경제의 연성화가 진행되는 사회이다.

산업사회의 경제는 하드웨어(hardware)가 중요시되는 사회로서 기계적, 물리적, 획일적, 집중적, 양적인 사회였다면, 정보사회는 소프트웨어(software)가 중요시되는 사회로서 지적, 정신적, 문화적인 사회로 개성과 다양성 그리고 권력의 분산이 추구되는 사회이다.

5) 과학과 문화, 경제적인 면에서 질적인 변화로 이동되는 사회이다.

과학의 발달을 통하여 기계의 무인화 · 자동화 · 즉시화 · 시스템화하여 종합화되며, 문화적 다양성과 개성이 강조되면서 생산패턴도 소품종 다량생산에서 다품종 소량생산 체제로 변화하게 된다.

6) 노동의 의미와 성격이 생존에서 삶의 질 향상으로 전환되고, 근로자의 창의와 자율적 통제가 강조되는 사회이다.

앨빈 토플러(A. Toffler)는 "권력이동"에서 조직의 권력이 위에서 아래로 분권화되는 사회가 올 것을 예견한 바 있다. 이에 따라 노동의 시간이 줄어들고 삶의 질을 높이는 노동자의 취미생활과 여가생활이 요구되는 사회이다.

7) 사회조직이 분권적, 수평적, 다양성의 원리로 이동하는 사회이다.

따라서 조직은 조직개편과 구조조정 · 업무재설계(BPR)를 통하여 정보사회에 맞게 개선된다.

8) 인간의 삶의 양식이 질적 측면을 중시하는 사회이다.

정보와 지식 중심의 삶이 이루어지면서 다양한 정보를 접하는 인간의 욕구가 다양화되어 다양한 개성과 욕구가 사회의 대변화를 요구한다.

9) 정보가 폭증하는 사회이다.

기술의 발전과 통신기술의 발달은 정보의 시너지 효과를 가져와 정보가 폭증하는 사회이다.

10) 정치적으로 참여 민주정치가 실현되는 사회이다.

정부의 정보공개는 시민참여를 촉진하게 된다.

또한, 위와 같은 정보사회가 형성되기 위해서는 다음과 같은 정보화 과정이 필요하다.

① 자유로운 시간의 확보를 통하여 창의적인 아이디어가 표출되어야 한다.

② 고급정보를 처리하고 관리하는 전문인력이 양성되어야 한다.

③ 사회기반으로 정보통신과 관련한 정보처리시스템이 확보되어야 한다.

④ 산업구조에 있어 정보산업 비중이 30% 이상 점유해야 한다.

⑤ 필요한 자본과 서비스의 생산 · 소비 · 축적이 일정 수준에 도달해야 한다.

2. 정보사회 정보통신기술의 발전 현황

1) 반도체 기술의 발전

정보사회의 발전을 반도체 기술의 발전으로 보면, 1세대 진공관(1946년, 에니악컴퓨터), 2세대 트랜지스터(1959년, UNIVAC-2 컴퓨터), 3세대 IC(1964년, IBM 360 컴퓨터), 4세대 LSI(1970년대, IBM 3033컴퓨터), 5세대 VLSI(1980년대, IBM 3090컴퓨터)로 발전단계를 구분할 수 있다. 여기서 IC : integrated circuit(집적회로), LSI : large-scale integration(고밀도 집적회로), VLSI : very large scale integration(초고밀도 집적회로)이다.

2) 컴퓨터의 발전과정

컴퓨터의 발전은 정보사회를 출현시키는 큰 역할을 하였다. 1947년 12월 벨연구소에서 진공관 크기의 220분의 1로 줄인 트랜지스터가 개발되고 1969년 인텔의 CPU가 개발되어 컴퓨터가 책상 위로 올라갔다. 정보사회는 컴퓨터 기술의 발전과 1993년 짐 크락과 마크 앤드래슨이 무상으로 보급한 인터넷 브라우저인 네스케이프가 확산되면서 급속히 우리 사회에 다가온 새로운 사회이다. 컴퓨터의 발전단계는 다음과 같다.

(1) 전기기계식 계산기 MRAK-1(1937~1944)

미국 하버드대학 물리학 교수인 에이큰(Aiken)이 IBMtkdml 지원으로 제작하였으며 실제 가동은 1944년부터였으며 72개의 톱니바퀴와 3,000개의 릴레이, 1000마력의 모터를 사용하였으며 23자리의 10진수 계산을 수초 이내에 할 수 있었다. 연산의 제어는 천공된 종이테이프를 사용하였다.

(2) ABC 컴퓨터(Atanasoff-Berry Computer : 1939~1942)

1930년대 중반 존 빈센트 아타나소프가 4비트(Bit)의 원리는 신호의 점멸을 0과 1의 숫자로 표시하면 4개의 신호에서 16가지의 숫자 표현이 가능하다는 원리를 이용하여 계산기용 ABC컴퓨터를 발명하였으나 실용화하지는 못하였다. 아타나소프의 디지털 컴퓨터 이론은 에커트와 모클리에게 영향을 끼쳐, 이들이 ENIAC을 만드는데 큰 도움이 되었다.

아타나소프는 최근에 와서 "디지털 컴퓨터의 아버지"로 추앙될 만큼 컴퓨터의 발전에 크게 공헌한 사람으로 평가되고 있다.

(3) ENIAC(The Electronic Numerical And Calculater : 1943~1946)

MARK 1이 개발된 이후, 전자부품만을 사용하여 만든 세계 최초의 컴퓨터인 에니악이 미국 펜실베이니아대학의 에커트 박사(Dr. J. Presper Eckert)와 모클리 박사(Dr. John W. Mauchly)에 의하여 1946년에 완성되었다. 에니악은 주요 부품으로 18,800개의 진공관과 1,500개의 릴레이 및 그 밖에 많은 부품이 쓰였으며, 소비전력이 150KW에 무게는 30톤이고 설치면적은 약 43평이나 되는 거대한 장치였다.

이 컴퓨터는 제2차 세계대전 후 미사일 탄도계산에 사용되었다. 당시 15분 걸리던 미사일 탄도계산을 30초만에 계산할 수 있게 되어 1954년까지 군사용과 기상용으로 활용되었다.

성능 면에서는 기억용량이 100여자로 한정되었으나 가감산은 매초 5,000번, 승산은 360번 정도로 탁상계산기로 20분 정도 걸리는 것을 10초 이내에 처리할 수 있는 능력을 가졌다.

(4) EDVAC(The Electronic Discrete Variable Computer : 1946~1952)

펜실베이니아대학에서는 ENIAC에 이어 더 개선된 컴퓨터 제작 계획을 세우고, "디지털 정보를 기억시켰다가 다시 꺼내 쓸 수 있는 개념"의 기억장치를 만들고자 개발에 착수하였는데 이것이 에드박 설계의 시작이었다.

이 개발에는 에커트, 모클리, 폰 노이만 등이 참여하여 1952년에 완성하였고, 데이터가 저장되는 것과 같은 방법으로 연산처리 제어명령이 내장되는 프로그램 내장식 컴퓨터이었다. 이 에드박 컴퓨터는 기억장치인 RAM(Random Acess Memory, 읽기와 쓰기가 가능한 기억장치)과 ROM(읽기만 가능한 기억장치)의 원리를 적용한 컴퓨터이다.

(5) IBM360과 PC 그리고 인터넷의 출현

이 컴퓨터는 집적회로(IC)를 사용하여 1964년에 만든 제3세대의 통합 컴퓨터이다. 제1세대 컴퓨터인 진공관, 제2세대 컴퓨터인 트랜지스터를 지나 IC를 사용하는 제3세대 컴퓨터가 개발되었다. 1960년대 이후 컴퓨터업계는 새로운 변화가 시작되었다. 대형 기종에만 의존해 일을 처리하는 것이 아니라 각각의 업무마다 소형 컴퓨터를 설치하고 이를 통신망으로 연결하였다.

1970년대에는 대규모 집적회로(LSI)를 사용하는 제4세대 컴퓨터가 개발되었다. 1970년대 말과 1980년대 초에 사용한 초소형 회로는 마이크로처리장치, 마이크로컴퓨터, 마이크로기억장치 등의 다양한 작업들을 수행하기 위해서 사용되었다.

제5세대 컴퓨터는 PC이다. 인텔은 1988년 6월 80386SX 마이크로프로세서를 발표하고, 1989년 4월에 i486DX 마이크로프로세서를 개발했는데 미니급의 성능을 발휘하는 486PC를 개발하여 초고성능 PC시대를 열었다.

3) 인터넷의 발전

인터넷의 기원은 1969년 미국 국방성의 지원으로 미국의 4개 대학을 연결하기 위해 구축한 알파넷(ARPANET)이다. 처음에는 군사적 목적으로 구축되었지만 프로토콜로 TCP/IP를 채택하면서 일반인을 위한 알파넷과 군용의 MILNET으로 분리되어 현재의 인터넷 환경 기반을 갖추었다. 한편 미국 국립과학재단(NSF)도 TCP/IP를 사용하는 NSFNET라고 하는 새로운 통신망을 1986년에 구축하여 운영하기 시작하였다.

NSFNET는 미국의 5개소에 슈퍼컴퓨터 센터를 상호 접속하기 위하여 구축되었는데 1987년에는 ARPANET을 대신하여 인터넷의 근간망(backbone network)의 역할을 담당하게 되었다. 이로 인하여 인터넷은 본격적으로 자리를 잡게 되었다. 이때부터 인터넷을 상품광고 및 상거래 매체로 이용하는 상업적 이용 수요가 증가하였으나 정부 지원으로 운용하는 NSFNET는 1992년 그 성격상 이용 목적을 교육연구용으로 제한하였다. 이 때문에 인터넷 사업자들은 따로 협회를 구성하여 1992년 CIE(Commercial Internet Exchange)라고 하는 새로운 통신망을 구축하여 상용인터넷에 접속하게 되었다.

또한, 1991년 스위스 제네바의 핵물리학 연구소 CERN의 연구원인 Timothy Berners-Lee가 개발한 GUI 도구인 Word Wide Web과 1993년 일리노이대학의 Mark Andriessen이 개발한 브라우저 mosiac은 이후 인터넷 상용화에 중요한 역할을 담당하였다.

인터넷 사용자는 각국의 통신망정보센터(NIC)에서 할당하는 IP주소와 인터넷에 연결하는 서비스를 해주는 회사에 가입하여야 한다. 국내에서는 한국전산원의 한국인터넷정보센터(KRNIC)가 IP주소의 지정 및 도메인 등록 업무를 담당하고 있다. 1994년 6월 한국통신(KT)이 최초로 인터넷 상용서비스(KORNET service)를 개시한 이래 많은 수의 인터넷 접속 서비스 제공자(ISP)가 생겨나서 일반인을 대상으로 상용서비스를 제공하고 있다. 이들 사업자는 개별적으로 미국이나 기타 국가의 인터넷 접속 사업자와 연결되어 있다.

4) 사물인터넷(IoT)

(1) 사물인터넷의 개념

사물인터넷(IoT : Internet of Things)[45]은 [그림 1-1]과 같이 가전제품, 전자기기 및 스마트 홈, 스마트 카, 스마트 팩토리 등 다양한 분야에서 사물을 네트워크로 연결하여 정보를 공유하는 기술이다. 정보의 전달을 넘어서 수집된 정보를 분석하고, 이에 따라 예측하고 활용한다.

그림 1-1 사물인터넷(IoT) 개념도

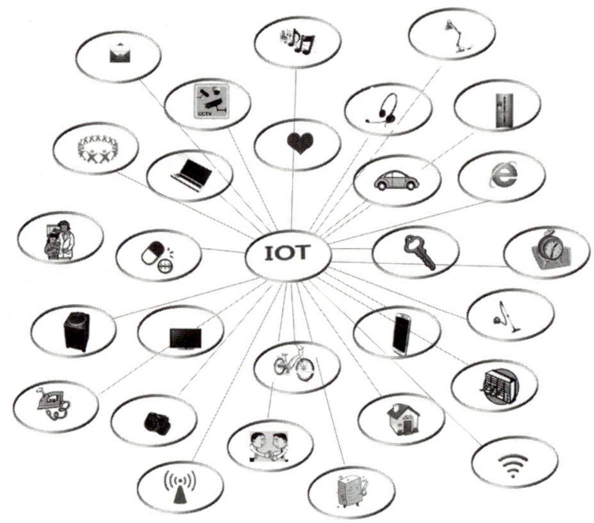

사물인터넷이 2012년부터 꾸준히 전략 기술로 선정되면서 그 중요성이 대두되고 있다. 2015년에 선정된 IoT 전략기술을 보면, 가트너는 관리, 현금화, 운영, 확장의 네 가지 모델을 이용하여 주행거리에 따른 차등 보험료 서비스, 주차장 관리, 산업용 장비의 사용시간에 따른 종량제 요금 등과 같이 인터넷을 활용한 비즈니스의 어떠한 영역에도 적용되고, 더 나아가 사물인터넷이 실생활에 들어오게 될 것이라고 전망했다.

(2) 사물인터넷의 구성요소

사물인터넷은 센싱, 네트워크 인프라, 서비스 인터페이스, 보안으로 구성된다. 센싱은 필요한 사물이나 장소에 전자태그를 부착하여 주변 상황 정보를 획득하고, 실시간으로 정보를 전달하는 핵심 기술이다. 온도, 습도, 열, 가스, 초음파 등 전통적 정보요소들에서부터 원격감지, 레이더, 위치, 모션 등의 물리적 센서를 넘어 인터페이스와 정보처리 능력을 내장한 스마트 센서로 발전중이다.

네트워크 인프라는 사물이 인터넷에 연결되도록 지원하는 기술로, IP를 제공하거나 무선통신 모듈을 탑재하는 방식으로, LTE, WIFI 등과 같은 네트워크 기술들을 포함한다. 서비스 인터페이스는 사물인터넷을 구성하는 요소들을 서비스 및 어플리케이션과 연동해주는 역할을 한다. 보안은 사물인터넷 구성요소에 대한 해킹 및 정보유출을 방지하기 위한 기술이다. 사물인터넷 환경에서 센싱된 정보는 사용자가 제공하지 않은 정보라 할지라도 누군가에 의해 수집될 수 있기 때문에 보안에 각별히 신경 써야 한다.

그림 1-2 사물인터넷(IoT)의 구성요소

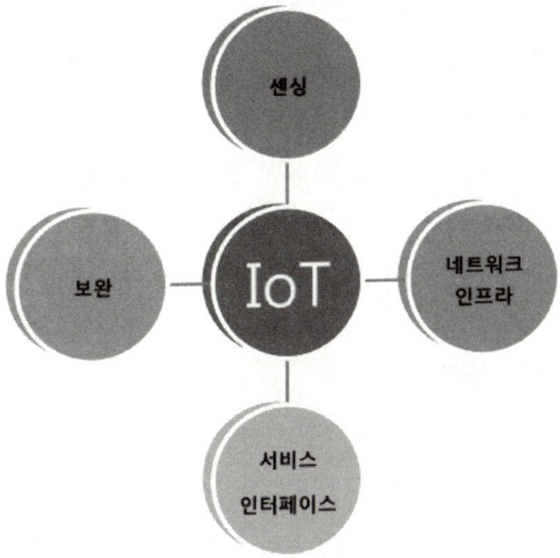

(3) 사물인터넷의 기본계획

미래창조과학부는 2015년 5월 8일 사물인터넷 기본계획을 발표하였으며, 현재 인터넷에 연결된 사물은 1% 미만에 불과하지만, 향후 모든 것이 인터넷에 연결되는 초연결 혁명 확산으로 산업 전반에서 다양한 혁신과 사업 기회가 창출될 것으로 전망했다. 이에 따라 정부는 '초 연결 디지털 혁명의 선도국가 실현'이라는 비전으로 국민 · 기업 · 정부가 세계에서 가장 활발하게 사물인터넷 서비스를 개발하고 응용할 계획이다. 또한, 소프트웨어 · 센서 · 부품 · 디바이스 등의 경쟁력을 강화하고, 창의적 서비스의 제품 창출과 혁신을 주도할 전문기업을 육성하며 보안을 내재화한 사물인터넷 제품 개발로 안전하고 역동적인 사물인터넷 발전 인프라를 조성하기 위한 전략을 추진할 계획이다.

사물인터넷의 추진전략은 다음과 같다.

첫째, 사물인터넷 서비스가 모든 분야에 확산될 수 있도록 관계부처 · 지자체, 수요기업 등과 범부처 · 민간협력을 추진한다.

둘째, 개방형 플랫폼을 활용하여 누구나 서비스를 개발하고 제공할 수 있는 오픈 이노베이션을 구축한다. 이는 창의적인 아이디어가 곧 서비스로 실현이 되면서 국민 개개인의 잠재력을 극대화 할 수 있다.

셋째, 글로벌 기업과 협력하여 중소 · 중견 기업의 제품과 서비스를 개발하고, 글로벌 시장에 동반 진출한다. 또한, 우수한 제조업과 소프트웨어를 접목하여 제품의 부가가치를 혁신하고 생산성 및 효율성을 향상시켜 전통산업과 소프트웨어 신산업의 동반성장을 추진한다.

넷째, 대 · 중소기업 · 스타트업별 맞춤형 전략을 실천한다.

(4) 사물인터넷의 국내동향

2008년 'RFID/USN 기반 구축'과 2009년 '사물지능통신 기반 구축 기본계획'이 수립되면서 사물인터넷 서비스는 점차 확신되기 시작했으며, 2000년대 중반부터 'USN 시범사업', 'u-city 시범사업' 등을 통해 사물인터넷 서비스의 기반이 될 수 있는 인프라를 구축하였다. 또한, 국내 이동통신사를 중심으로 사물인터넷 플랫폼을 개발하고, 유무선통신망을 활용하여 서비스를 제공하고 있다. 2006년부터 2G, 3G망을 이용한 M2M 서비스를 시작했고, KT는 2009년 와이브로를 이용한 M2M을 차세대 핵심 아이템으로 추진할 계획을 발표하였다.

2009년 10월 방송통신위원회는 2012년까지 세계 최고의 사물통신 기반 구축을 추진 목표로 하는 '사물지능통신 기반 구축 기본계획'을 수립하였고, 2009년 11월에는 국내 사물지능통신산업 활성화를 위한 'M2M/IoT 포럼'을 창립하였다. 2010년에는 방송통신 10대 서비스에 사물지능통신을 포함하고, 2011년 10월에는 사물인터넷을 포함한 '7대 스마트 신산업 육성 전략'을 마련하였다. 2013년 미래창조과학부에서는 사물인터넷을 인터넷 신산업 분야의 주요 기술로 선정하였으며, M2M을 '인터넷 신산업'

으로 분류하고 2017년까지 집중으로 육성하기 위하여 '인터넷 신산업 육성 방안'을 발표하였다.

5) 스마트센서

(1) 스마트 홈(Smart Home)

스마트 홈 솔루션은 보다 편리하고 쾌적한 환경의 집을 경험할 수 있도록 제공한다. 일부 스마트 홈 솔루션은 일상생활 및 건강관리 모니터링을 노인들을 위해 지원하는데 초점을 맞춘다. 큰 시장 잠재력 때문에, 시장에는 더 많은 스마트 홈 솔루션이 그들의 방법으로 만들어진다. 학문적인 관점에서의 스마트 홈 솔루션은 스마트 에너지 및 자원 관리 시스템이 인간의 상호작용과 활동관리에 주요 초점을 맞춘다.

(2) 스마트 시티(Smart City)

마을과 도시는 세계 인구의 절반을 수용하고, 도시 생활의 모든 측면에 엄청난 압력을 생성한다. 도시는 자원과 시설의 큰 농도를 가지고 있다. 효율적인 도시 관리를 향한 거대한 압력은 다양한 스마트 시티 개발을 유발하고 있다. 정부와 민간기업에서 정보에 투자하고, 통신 기술은 성장 문제에 지속 가능한 솔루션을 찾을 수 있다. 스마트 그리드는 학계, 업계, 정부의 도메인 중 하나로, 관심과 투자가 크다.

3. 디지털 경제의 구조변화와 성장

디지털 경제로의 전환은 경제성장은 물론 산업구조 및 기업조직, 고용구조 등에 커다란 변화를 초래한다. 노동시장에서는 정보통신산업 및 정보통신 기술을 이용하는 산업 부문의 고용이 증가하고 정보통신산업 관련 인력의 고임금화 현상이 심화되며, 여성들의 경제활동이 활발해진다.

1) 디지털 경제와 경제성장

정보기술의 발전과 이로 인한 경제 전반에 걸친 생산성이 향상된다. 디지털 경제로의 전환은 정보통신산업이 주도하고 이것이 경제성장을 이끄는 직접적인 결과로 연결되고 있다.

2) 미국의 디지털 경제와 성장

미국의 정보통신산업은 1990년대 10년간 미국 경제성장의 견인차 역할을 담당했고, 특히 1995년부터 미국 GDP 성장의 1/3에 기여한 것으로 평가된다. 미국의 총생산성 증가 중 40%가 정보통신 관련 제조산업(반도체, 컴퓨터, 통신장비 등)에 기인한다.

3) 우리나라 디지털 경제의 진전

디지털 경제시대의 핵심이 되는 정보통신산업에 있어서 우리나라는 비교적 경쟁력을 갖춘 편이며, 이미 경제성장에도 기여하고 있다. 우리나라의 경우 정보통신기기 부문에서는 경쟁력이 있는 편이지만 S/W, 콘텐츠, 인터넷 관련 서비스 등 중요성이 커지는 분야에서 아직은 선진국에 뒤진다. 디지털 경제시대의 수확체증과 외부효과 등이 주요한 경제 원리로 작용하게 된다.

4. 사이버 범죄의 특징

사이버 범죄란 인터넷과 같은 정보통신망으로 연결된 컴퓨터 시스템이나 이들을 매개로 한 사이버공간을 이용하여 공공복리를 저해하고 건전한 사이버 문화에 해를 끼치는 행위를 말한다.

사이버 범죄는 지리적 공간의 범죄와는 달리 발각의 원인 규명이 불명료하고, 피해 영역이 광범위하며, 증거인멸이 쉽고, 범법자의 죄의식이 희박하며, 자동성 · 반복성 · 연속성이 있고, 내부인의 범행이 많다는 등의 다음과 같은 특징을 갖는다.

1) 발각과 원인 규명이 불명료하다.

사이버 범죄는 익명적 접근이 가능하여 범죄행위에 대한 발각과 규명이 어렵다는 특징을 갖는다.

2) 피해 영역이 광범위하다.

사이버 범죄는 국경을 초월하기 때문에 체르노빌 바이러스의 피해와 같이 그 피해 영역이 광범위한 특징을 갖는다.

3) 증거인멸이 쉽다.

사이버 범죄는 익명으로 행위가 이루어지고, 언제 어디서든 쉽게 접근이 가능하기 때문에 증거인멸이 쉽다는 특징을 갖는다.

4) 범법자의 범죄의식이 희박하다.

사이버 범죄는 호기심이나 자신의 능력을 과시하기 위하여 행하는 경우가 많으며, 범죄행위에 피해를 보는 피해자가 파악되지 않기 때문에 범법자의 범죄의식이 희박하다는 특징을 갖는다.

5) 자동성 · 반복성 · 연속성이 있다.

한번 유출된 사이버 범죄는 자동복사에 의하여 확산, 반복되고 사이트를 옮겨 다니면서 피해를 주는 특징을 갖는다.

6) 내부인의 범행이 많다.

사이버 범죄는 평소에 내부 전산 시스템을 숙지하고 있는 자가 행하기 쉽다는 특징을 갖는다. 우리나라 최초의 컴퓨터 범죄는 1973년 10월 반포 AID차관 아파트에서 일어난 입주자 불법 추첨 조작사건이다. 당시 프로그래머의 조작으로 일어난 이 사건은 처벌 규정이 없었다. 우리나라에서 이러한 컴퓨터 사기나 비밀침해 등에 관한 사이버 범죄를 형법화한 것은 1995년이다.

최근에는 게임산업이 활성화되면서 컴퓨터 게임에서 돈을 버는 수단으로 인식하는 사람들에 의해 게임사기가 성행하고 있으며, 국경을 초월하여 국제적인 인터넷 사기도 범람하고 있다. 이에 따라 국제 인터넷 사기에 28개국이 공동단속에 나서는 등 국제적 사이버 범죄행위에 대한 대책을 마련하고 있다.

5. 정보의 가치

정보는 가치가 부여된 자료이다. 정보가 가치를 갖는 요인으로는 필요할 때(시간성), 필요한 장소에(공간성), 필요한 형태로(편의성), 진실된 내용이(진실성) 존재할 때 가치를 갖는다. 그 외에도 정보 소유자가 통제할 수 있는(통제성) 정보와 정보 수신자가 정보를 자신의 의사결정에 이용할 때(활용성)와 불확실한 상황일 때(불확실성) 정보는 더욱 그 가치를 갖는다.

이밖에도 정보의 질적 가치를 결정하는 요소로 적시성, 적실성, 정보제공의 빈도 다양성, 정확성, 완전성, 계량성, 보완성, 수정성, 확인성, 범위 제공의 양식 등을 들 수 있다.

1) 재화로서 정보의 가치

21세기 정보혁명은 정보가 중심에 서있는 정보사회를 가져왔으며, 이제는 그 자체가 중요한 사회적 재화로 등장하고 있다.

2) 이용 목적에 따른 정보의 가치

정보는 사용하는 목적에 따라 상업적 정보, 사적 정보, 공적 정보로 분류할 수 있으며, 그 목적에 따라 정보의 가치적 요소가 달라질 수 있다.

(1) 상업적 정보

상업적 정보가 가치를 가지려면 재생산성, 비용의 저렴성, 즉시 전달성이 확보 되어야 한다.

(2) 사적 정보

정보의 수집과 활용에 따라 유용할 수도 있지만, 오히려 개인에게 해를 끼칠 수도 있다는 특징을 갖는다.

(3) 공적 정보

정보공개에 의해 공적인 가치를 갖게 되며 이는 공공복리에 영향을 미치게 된다는 특징을 갖는다.

3) 정보의 품질

정보의 품질은 정보가 얼마나 인간 행동에 동기를 부여하고, 얼마나 효과적으로 의사결정에 공헌하는가에 따라 결정된다. 정보의 품질을 높이기 위해서는 정보의 효용과 정보의 만족도가 높고, 오류가 발생하지 않아야 한다.

6. 디지털 경제의 특징

(1) **네트워크 경제 :** 디지털 경제는 지식이나 정보가 네트워크로 연결되어 쉽게 활용되는 경제 시스템으로 네트워크를 통해 공유된 지식은 과거보다 효율적으로 활용되어 생산성과 연결된다.

(2) **지식기반 경제 :** 지식은 네트워크를 근간으로 노동, 자본, 등 전통적인 생산요소들 보다 국가의 경제성장과 산업발전에 상대적으로 더 많이 기여하게 된다.

(3) **글로벌 경제(지구촌 경제) :** 인터넷을 통해 정보의 흐름이 시간과 공간의 제약 없이 이루어지면 세계를 대상으로 한 기업활동은 최소 비용으로 이루어질 수 있다.

(4) **가상경제(사이버 경제) :** 디지털 경제는 정보 네트워크를 통해 디지털화된 정보를 기반으로 한 경제활동이 가능하게 되어 순수 온라인 산업은 물론 전통적인 제조업 · 서비스업도 정보기술과 융합하여 다양한 형태의 산업 영역으로 부상한다.

제 2 장 국내 정보통신정책의 현황과 전망

제 1 절 국내 정보통신 역사

1. 시대별 정보통신정책의 추진 체계

1) 체신부 시대

정부는 미국의 AT&T 분할 등을 염두에 두고 체신부의 통신사업 경영 기능을 분리하기 위해 1980년 3월 한국전기통신공사 창설을 제안하여 그해 12월 그 제안을 확정시켰다. 체신부는 정책부서 역할에 주력했다. 국가 이익과 국민 편익을 증진하기 위한 전기통신정책방향을 수립하고 이를 구현하기 위해 전기통신사업체를 관리하며 연구개발활동을 지원하는 한편, 전기통신기기 생산업체와 전기통신공사업체를 육성하는 임무 등을 담당했다.

1980년대 이후 통신시설을 현대화하고 기본 통신수요를 충족시키기 위한 노력을 기반으로 삼아 1990년대의 세계 통신시장 자유화 · 개방화 추세에 능동적으로 대처했다.

1991년 1월에는 체신부 내 전기통신정책을 관장하는 조직의 기능을 분리하여 기술집약적 전문분야인 국가기간전산망사업과 정보통신산업 정책을 관장하는 정보통신국을 신설했다. 정보통신국은 체신부 정보통신정책을 관장하는 주무국으로서 주요 업무는 다음과 같다.

- 국민의 편익 증진 도모와 정보선진국 실현을 위한 중장기 정보통신정책 수립 및 시행

- 국민의 다양한 정보통신서비스 욕구 충족을 위한 정보통신서비스 제공사업(자) 관리
- 첨단 정보기술 연구개발과 사업화를 위한 기술지원과 연구개발기관 지도 · 육성
- 국가기간전산망사업의 효율적 지원 · 관리

체신부는 「전기통신사업법」 제37조에 따라 1992년 3월 통신위원회를 설치했다. 1996년 12월 「전기통신기본법」과 사업법 개정으로 통신위원회의 위상 · 조직 · 기능은 그 이전에 비해 상당히 강화되었다. 1997년 8월 사무국이 설립된 이후 전기통신사업자의 공정경쟁 확보 및 분쟁조정, 전기통신이용자의 권익보호 기능 수행에 초점을 맞추었으며, 이듬해 9월에는 공정경쟁 여건을 조성하기 위하여 심의대상을 확대하고 금지행위에 대한 과징금을 부과할 수 있게 하는 등 그 기능이 더욱 강화되었다.

과거 체신부에 혼재되어 있던 정책기능과 규제기능을 분리하여 규제기능을 통신위원회에 집중시킴으로써 정보통신산업 정책 수립, 실행과 규제제도 시행에 명확한 기준을 제시했다. 특히 규제에서 절차상 투명성 확보와 사업자간 공정경쟁을 유지하기 위한 정부의 강한 의지를 보여줌으로써 통신시장을 효율적으로 관리했다. 통신위원회는 불공정행위에 대해 공정한 경쟁환경을 조성하여 사업자들이 자발적으로 준수하게 유도하는 데 큰 역할을 했으며, 통신사업의 경쟁질서를 유지하게 하는 전문기관의 역할을 더욱 강화시켰다.

그림 2-1 우리나라 정보통신 변천사

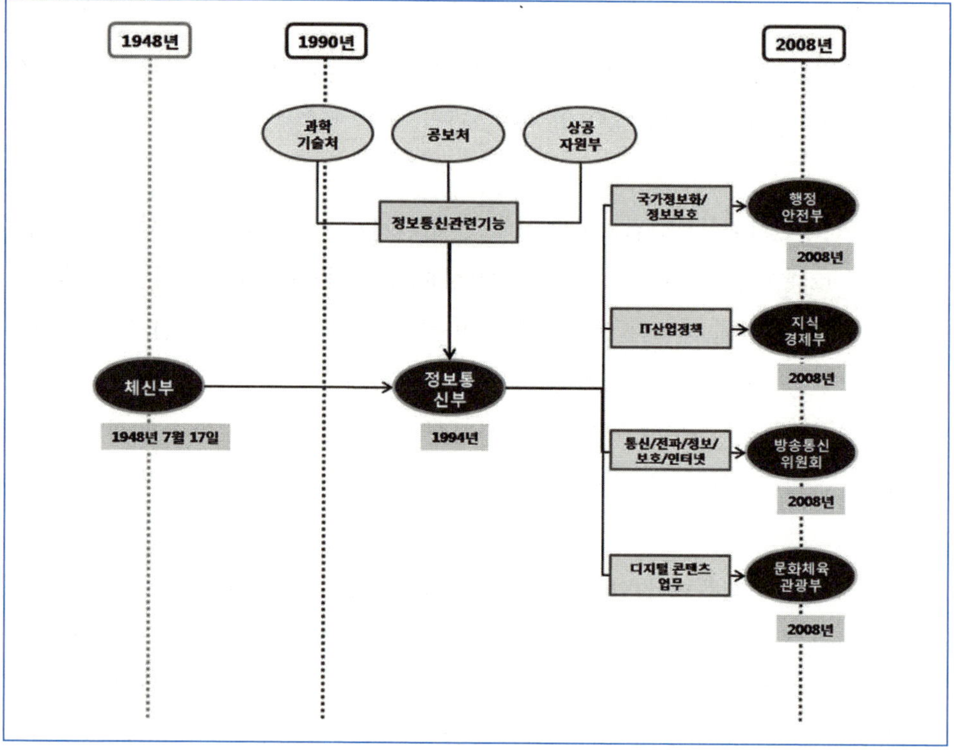

2) 정보통신부 시대

지난 1994년 12월 출범한 정보통신부(Ministry of Information & Communication)는 지금의 IT강국 코리아가 있는데 중추적인 역할을 수행했다. 세계 최초의 정보통신 전담부처로 탄생한 정통부는 IT산업 불모지였던 우리나라를 정보통신강국으로 이끌었다. 이는 네트워크를 중심으로 서비스와 기기, 소프트웨어, 콘텐츠 등 IT생태계가 유기적으로 발전하는 IT산업 특성을 고려해 정통부가 IT 관련 기능을 모아 발전 메커니즘을 구축하고 집중투자한 데서 기인했다.

그 결과로 IT산업이 국내총생산(GDP)에서 차지하는 비중은 1996년 4.4%에서 2006년 16.2%로 4배 가까이 늘어났다. IT산업이 GDP 성장에 기여하는 비율도 1996년 10.6%에서 2006년 40.8%로 증가해 이제 IT 없는 한국경제는 생각할 수 없다.

(1) 정통부 출범

정통부의 전신은 1948년 정부 수립과 함께 발족한 체신부이다. 정부의 통신업무가 본격적으로 강화된 시기는 1990년 정보통신산업 육성과 기술개발을 위해 체신부에 정보통신국을 신설하면서부터이다. 이어 1991년 통신정책실로 확대됐다.

이후 1994년「정부조직법」개정에 따라 21세기 정보화 사회에 능동적으로 대처하고, 정보통신산업을 국가발전 전략산업으로 집중 육성할 수 있도록 하기 위해 과학기술처 · 공보처 및 상공자원부의 정보통신 관련 기능을 흡수 · 통합해 정통부로 출범하게 됐다.

장관과 차관 각 1명 아래 기획관리실과 정보화기획실 2실이 있었으며 △정보통신정책국, △정보통신지원국, △전파방송관리국의 3국과 하부조직으로 6관 27과가 있었다. 전파연구소, 중앙전파관리소, 통신위원회사무국, 우정사업본부가 소속기관이었다.

(2) 정보통신부의 주요 업무

- 국가사회 정보화 정책 수립 및 종합 조정
- 초고속 정보통신망 구축 및 정보보호
- 장단기 정보통신정책 수립
- 정보통신사업 육성 및 공정경쟁 촉진
- 통신사업자 허가 · 육성 및 공정경쟁 촉진
- 전파방송에 관한 정책수립 및 관리
- 우편 · 우체국 금융사업에 관한 정책 수립 추진 등이다.

(3) IT산업 발전 1등 공신

우리나라 인터넷서비스는 지난 1994년 한국통신(현 KT)이 처음 상용화하면서 PC 통신 차원의 서비스가 시작됐다. 이에 정통부는 정보지식사회의 실현을 앞당길 중요한 수단이 인터넷이 될 것으로 보고 투자와 보급을 적극 독려하고 나섰다.

이후 하나로통신이 1999년 비대칭디지털가입자회선(ADSL) 서비스를 제공하면서 초고속서비스가 본격화되었고, 이를 계기로 가입가구가 폭발적으로 증가했다. 마침

내 한국은 2000년에 경제협력개발기구(OECD) 회원국 가운데 초고속인터넷 보급률 1위로 올라섰다.

통신기기산업 측면에서도 큰 성공을 거뒀다. 지난 1982년부터 5개년 계획으로 추진된 국산 전전자교환기(TDX) 개발의 성공은 국내 통신산업의 탄탄한 기반을 제공했다. 또 1995년에는 이동통신 분야에서 세계 최초로 코드분할다중접속(CDMA) 상용화에 성공하면서 이동통신 강국과 휴대폰 수출 세계 2위 국가로 부상하는 계기를 마련했다. 여기에 정통부가 큰 역할을 담당했음은 재론의 여지가 없다.

유선 및 이동통신 서비스산업도 국가에서 직영하던 체제에서 벗어나 세 차례에 걸친 구조조정 등을 통해 경쟁체제가 구축됐다. 정통부는 독점이었던 유선시장에도 경쟁체제를 도입하기 위해 지난 1997년 하나로통신을 설립하고 KT를 민영화하는 조치를 단행했다.

전국 144개 주요 도시를 잇는 초고속정보통신망을 세계 최초로 완성한 2000년부터는 정보통신 강국으로 본격적으로 도약했다.

정통부는 불모지나 다름없던 국내 통신서비스산업이 초고속인터넷 · 이동통신 등에서 세계 최고의 인프라를 보유하는 데 기여하고, 이를 국가발전의 원동력으로 승화시키기 위해 IT839 전략을 수립했다. IT839 전략으로 디지털멀티미디어방송(DMB)을 개발하고, 이를 국제전기통신연합(ITU)이 정하는 휴대이동방송 국제표준의 하나로 인정받았다. 우리 기술로 만든 휴대인터넷 기술인 와이브로를 세계 표준으로 만드는 데도 정통부가 톡톡한 역할을 수행했다.

(4) IT 컨트롤타워

정통부 신설은 산업화시대에 뒤졌지만 정보화시대만큼은 앞서가겠다는 의지가 반영된 것이다. 이에 따라 당시 상공부(정보통신망접속기기), 과학기술부(소프트웨어), 체신부(정보통신망) 등 각 부처에 분산되어 있던 정보기술(IT) 관련 기능을 정통부로 통합한 것이다.

정통부는 국가 IT정책을 종합 기획 · 조정 · 지원하며 우리나라 IT산업을 세계 최고로 도약시켰고 'IT코리아'라는 위상을 전 세계적으로 인정받았다.

정통부는 14년이라는 기간 동안 우리나라 경제성장의 핵심 엔진 역할을 한 IT산업을 반석에 올려놓았다. 정통부가 출범한 이후 'IT강국 코리아' 위상이 본격적으로 확대되기 시작했다고 해도 과언이 아니다. 특히 정통부는 IMF 위기를 거친 후 닷컴 붐과 함께 경제 활성화의 핵심 산업으로 IT가 자리하면서 산업을 정책적으로 지원, 육성하는 역할을 맡아 수행한 공도 있다.

3) 이명박 정부의 지식경제부 시대

정통부는 IT코리아를 궤도에 올려놓고, 체신부에서 이름을 바꿔 출범한 지 14년 만인 2008년 역사 속으로 사라졌다. 이명박 정부의 「정부조직법」개정안이 발효된 2008년 2월 29일, 정통부가 없어지는 대신 방송과 통신의 융합이라는 시대적 흐름에 맞춰 '방송통신위원회'가 새롭게 돛을 올렸다. 이에 따라 방통위는 방통 융합과 이에 따른 이종 산업 간 협력 · 발전이라는 차세대 성장 동력을 담당한다.

사실 현 정부 출범 이전에도 정통부 역할에 대한 논란은 있어왔다. 그러나 정통부는 IT산업 발전과 IT코리아 위상을 확립한 공을 인정받으며 해체 고비를 넘겨왔다.

그러나 정통부 역할과 성과가 올라갈수록 타 부처로부터 견제도 심해졌다. 유무선통합시대와 융합산업시대를 대비해 홈네트워크, 무선인식(RFID), 텔레매틱스 등을 육성하면서 이러한 견제와 이로 인한 갈등이 커졌다. 그중에서도 로봇산업을 놓고 디지털콘텐츠 · 영상콘텐츠 등에 관해 산업자원부와, 문화관광부와 갈등이 심각해졌고 결과적으로 정통부 기능을 여러 곳으로 분산하게 되는 상황을 초래하게 되었다.

4) 박근혜 정부의 미래창조과학부 시대

박근혜 정부에서는 정보통신부와 과학기술부를 독립부서로 출범해 달라는 관련지식인들의 독립부서 설립 요구와 달리 정보통신업무와 과학기술업무를 통합한 미래창조과학부를 설립하여 제1차관은 과학기술업무를 주관하고 제2차관은 정보통신업무를 주관하도록 하였다.

박근혜 정부에서는 과학기술과 정보통신기술(ICT)을 활용하여 경제성장 잠재력을 제고하고 일자리를 창출하는 창조경제의 구현이 최대의 관심 화두로 등장하고 있다. 창조경제라 함은 영국의 경영전략가인 존 호킨스(John Howkins)가 2001년 펴낸 책

〈The Creative Economy〉에서 처음 사용한 말로, 그는 창조경제란 새로운 아이디어, 즉 창의력으로 제조업과 서비스업, 유통업, 엔터테인먼트산업 등에 활력을 불어넣은 것이라고 정의하였다. 박근혜 정부에서의 창조경제에 대해서는 많은 논쟁의 요소가 있지만 IT산업 육성이 국가산업의 발전과 밀접한 관계가 있다는 것은 외국의 사례에서도 볼 수 있을 것이다.

지금 세계는 미국을 필두로 엄청난 국가혁신 및 기술의 진보라는 공통의 목표를 위해서 엄청난 연구개발투자에 적극적이며 우리나라도 투자규모 면에서 상위권에 자리매김하고 있다. 정부 발표에 따르면 2011년도 정부와 민간을 합친 총 연구 개발비는 49조 8,900억 원으로 세계 6위권으로 GDP 대비 연구개발비의 비중은 이스라엘에 이어 세계 2위를 차지하고 있고 정부의 적극적인 투자 및 이에 대응하는 민간의 투자 확대가 이루어지고 있다. 정부는 민간 투자 확대를 이끌어내기 위해서 R&D 투자에 대한 법인세 인하를 확대하는 등 많은 노력을 기울이고 있지만 그 성과는 여전히 낮은 것으로 인식되고 있고 창조경제 활성화로 고용의 확대라는 국가적 열망에는 아직도 많은 이견을 낳고 있다. 아이러니하게도 국가의 기술경쟁력은 높은 편이나 IT산업 활동으로 얻어지는 가치 창출은 점점 낮아지고 있는 추세이다.

박근혜 정부의 창조경제는 비전이 불명확하고 구체성이 떨어진다는 이유로 많은 비판을 받아왔다. 또한, 민간 중심의 창조성이 중심이 되어야 할 성장을 정부가 주도하면서 지원의 명목 하에 규제가 생겨나고 결과적으로 혁신을 저해할 수 있다는 우려가 있어 왔다. 또한, 창조경제의 모호성이 논란이 되자 박근혜 대통령은 구체적인 사례들 들기 위해 자동차 튜닝, 신도시 사업, 국방 분야, 금융사업 등 가는 곳마다 창조경제를 강조하는 행보를 보여 그렇다면 창조경제가 아닌 분야는 무엇인가에 대한 논란이 생겨났다.

결과적으로, 정책 목표가 무엇이며 구체적인 실행 계획은 무엇인지에 대한 논란은 현재 까지도 계속되고 있다. 이러한 이견들을 불식시키기 위해서 박근혜 정부는 목표정책을 구체화하고 투자 활성화에 박차를 가하기 위해서 미래창조과학부는 2014년 6월에 미래 성장 동력 실행계획을 발표하여 정책을 구체화하였다. 그 실행계획은, 미래 성장 동력이 되는 9가지 응용산업과 그 기반이 되는 4가지 기반산업을 동시에 육성하여 분야 간 융합을 촉진하는 것이다.

우리는 지금부터 창조경제의 밑바탕이 되는 우리나라의 정보통신산업 정책에 대해서 알아보고 우리나라의 향후 경제를 결정할 요소들인 인식하고 창조경제의 9대 과제 및 4대 사업에 대해서 생각해 보기로 하겠다.

제2절 한국 IT산업의 정책변화와 산업동향

우리나라는 1960년대 섬유, 의류 등 경공업 육성, 1970년대 중화학공업 육성 등을 통해 경제성장을 본격적으로 추진하였다. 당시 정보통신과 관련된 산업육성은 상대적으로 적은 규모에도 불구, 세부적인 산업정책 등을 통해 확인할 수 있다. 당시 세무, 건설, 중앙부처 업무 등에서 행정전산화를 추진하였으며 통신사업 5개년 계획, 전기통신사업의 공사화 등을 찾아볼 수 있다. 또한, 한국전자공업진흥회 발족 및 부품소개 국산화 정책 등을 통해 정보통신산업 발전의 기반이 마련되었다.

우리나라는 1980년대에야 전자산업육성계획을 통해 비로소 정보통신산업의 근간을 마련할 수 있었다. 부처별로 살펴보면, 과학기술처는 국가 R&D사업과 정보통신 관련 기초학문 육성에 주력하였으며, 상공부는 정보통신 관련 R&D 지원 및 수출지원에 중점을 두고 체신부는 통신 및 소프트웨어산업 지원 등을 통해 정책적인 활동을 전개하였다.

우리나라 정보통신정책의 전환점은 1994년 정보통신부의 설립에서 시작되었다. 당시 정부는 각 부처에 분산되어 있던 정보화 및 정보통신산업 관련 기능을 정보통신부로 이관하여 정보통신정책을 통합적으로 추진할 수 있는 체계를 마련하였으며, 곧바로 초고속 정보통신기반 구축 종합 계획을 발표하였다. 이후 1999년 「정보화촉진기본법」을 제정하고 3차에 걸쳐 정보화촉진기본계획을 수립하였으며, 2000년대에 들어서는 전자정부 31대 로드맵 설정, 10대 차세대 성장 동력 선정, IT839전략 등을 통해 정보통신산업을 집중적으로 육성하기 위한 다양한 정책을 전개하였다.

그리고 2008년부터는 융합시대의 도래에 따른 정책적 대응을 위해 정보통신부의 각 기능을 4개 부처로 분산하였다. 정보통신산업 정책은 지식경제부, 국가정보화와 관련된 정책은 행정안전부, 디지털콘텐츠 정책은 문화체육관광부, 통신 및 미디어 정책은 방송통신 위원회로 각각 이관되었다. 이명박 정권 때의 정통부의 해체는 많은 논란을 야기시켰다. 당시 인수위는 산업자원부-정보통신부 체제는 산업화와 초기 정보화를 이끌었지만, 융합과 신산업 창출에는 역부족이라고 전제하고, 이 같은 통합 확대 개편을 통해 지식기반형 경제, 기술혁신형 경제로 탈바꿈될 수 있도록 유도한다는 방침으로, 이렇게 될 경우 고질적인 영역 다툼이나 R&D 중복지원 등을 해소하고 다양한 정책 수단을 묶어 통합지원 경로를 마련할 수 있다는 거시적인 안목으로 정통부를 해체하였다.

하지만 IT 컨트롤타워의 부재로 여러 사업에서 문제가 발생, 와이브로, DMB 등에 대한 체계적인 지원 미흡으로 국내는 물론 해외에서도 실패한 기술로 전락했다는 것이다. 새로운 IT정책을 제시하여도 부처 간 의견조율과 협력 부족으로 정책 홍보가 제대로 되지 않고 추진력을 잃은 경우도 많았고, 정부정책들이 사회적 합의를 얻지 못하고 국민적 동의를 얻는 정책 홍보도 부실하여 이해와 지지 그리고 참여가 이루어지지 못하는 등 문제점들을 노출시키고 그로 인하여 우리 IT산업과 경쟁력이 다소 후퇴한 것으로 평가되고 있다.

1. IT 컨버전스시대 진입에 따른 정보통신정책 변화

융합현상은 정보통신산업이 타 산업과 융합되어 새로운 성장 동력으로 떠오르게 되면서 주목 받기 시작하였으며, 2000년대에서는 전 세계적인 화두가 되었다. 글로벌 변화의 흐름에 발맞추기 위해 우리나라에서도 2000년대 중반 이후 정부차원에서 본격적으로 육성전략을 수립하였다. 2005년 융합기술발전 전략을 시작으로, 2007년에는 국가융합기술발전 기본방침과 융합기술 종합발전 기본계획에 따른 정책추진의 근거를 마련하였다. 이후 지식경제부 주도로 2008년 New IT 전략, 2009년 IT Korea 미래전략, 2010년 IT융합 확산전략, 2012년 IT융합 확산 전략 2013~2017 등을 통해 IT융합정책을 구체화하여 본격적으로 집행하고 있다.

융합정책의 본격적인 추진은 그간 우리나라가 전통적으로 강점을 지녔던 자동차, 선박, 건축, 섬유 등 주력 산업과의 결합을 촉진화시켜 기술발전의 시너지효과와 산업적 성과를 창출하고 있다. 이처럼 우리나라의 융합정책은 초기 확산시대에 진입에 따라 융합이 국가사회 전분야로 확산될 수 있도록 크게 4가지의 정책적 방향을 제시하면서, 초기 융합 확산에 크게 기여한 것으로 평가된다.

첫째, 정보통신산업과 타 산업과의 융합을 촉진하기 위하여 노력하였다. 특히 우리나라가 비교우위를 점하고 있는 자동차, 선박과의 융합을 통해 경쟁력 향상에 집중하였으며, 2010년 소프트웨어강국 도약전략, 2011년 차세대 모바일 주도권확보전략, 콘텐츠산업진흥기본계획 수립 등 융합의 확산을 위한 핵심 역량 강화를 위해 다각적인 정책적 노력을 함께 기울여왔다.

둘째, 방송과 통신의 융합 기반을 확충하였다. 초기 융합의 개념은 IPTV와 같은 방송과 통신의 융합을 통해 본격적으로 알려지게 되었으며, 초기 방송통신 융합 확산을 위해 지속적으로 네트워크 등 정보통신 인프라의 확충 및 스마트미디어 산업의 대중화를 추진하기 위해 노력하였다. 이를 위해 2008년「인터넷 멀티미디어 방송사업법」제정, 2010년 방송통신미래서비스전략 등의 정책을 통해 본격적으로 전개되고 있다.

셋째, 융합 확산을 통한 공생발전 생태계를 조성하고자 하였다. 특히 융합시대에 적합한 산업환경 구축을 위해 하드웨어와 소프트웨어의 균형적인 발전, 대-중소기업의 동반성장 등 건강한 정보통신산업의 생태계를 구축하고자 노력하였다. 이를 위해 2011년 산업발전법 개정, 2012년「소프트웨어산업진흥법」 개정 등이 진행되었으며, 중소기업 제품의 홍보를 위한 중소기업 전용 TV홈쇼핑도 설립하는 등 동반성장을 위한 정책적 노력을 강화 하였다.

넷째, 융합 확산을 기반으로 하여 전국민 생활 전반의 스마트화를 추구하였다. '디지털 디바이드'로 표현되는 취약계층의 정보격차 완화를 위해 노력하였으며, 정보보호 관리체계도를 정비하였다. 이를 위해 2011년「개인정보 보호법」제정, 미래인터넷 발전 전략 및 사이버안보 마스터플랜 수립 등 다양한 노력을 하였다. 또한, 2010년 스마트정부, 스마트워크, 스마트교육 등의 추진을 위한 스마트워크 추진전략, 2011년 스마트전자정부 계획, 스마트교육 추진전략 등을 수립, 정책적 노력을 전개하고 있다.

2. 스마트 미디어시대의 정보통신정책

스마트폰의 등장으로 휴대전화, 인터넷, 각종 미디어의 기능적 융합현상이 가속화되고 있다. 특히 휴대폰과 인터넷 미디어의 기능들이 합쳐지면서 스마트 앱(applications) 서비스들이 폭발적으로 증가하고 있다. 플랫폼으로서 스마트미디어는 전화, 인터넷, DMB, SNS 등을 아우르는 새로운 정보통신 융합 미디어로서 스마트폰과 IPTV, 스마트TV 등을 상징하고 있다. 이러한 스마트미디어는 대단한 사회적 영향력을 지니고 있어 하나의 사회적 변혁 현상으로 나타나고 있다. 특히 스마트미디어는 일상생활은 물론 정치, 사회, 경제, 문화 등 모든 삶의 영역에서 거대한 변혁의 핵심으로 떠오르고 있다.

이러한 관점에서 스마트미디어와 정보통신을 결합한 스마트 정보통신이라는 개념이 새롭게 떠오르고 있는데, 이것은 정보통신정책 영역에서 기존의 정보통신정책에 스마트미디어의 개념이 추가된 보다 넓은 의미의 개념이라고 할 수 있다. 사실 스마트미디어시대 정보통신은 스마트 ICT산업으로 특징화되는데, 이러한 스마트 ICT산업은 새로운 경제성장의 동력이며, 경기회복과 지속적 경제성장 및 고용창출의 핵심으로 간주되고 있다. 예를 들어 스마트 ICT산업을 지렛대로 활용하여 침체되어 있는 산업 및 경제구조를 개편할 수 있고, ICT 관련 투자를 경기회복과 지속적 경제성장에 활용할 수 있다.

특히 클라우드 컴퓨팅, 사이버보안, 그린 IT, 헬스케어 IT 등은 새로운 경제성장의 동력으로 간주되고 있다. 예를 들어, 일본의 경우, 새로운 스마트 ICT산업을 2008년 세계 금융위기 이후 경기회복과 지속적 경제성장의 도구로 활용하고 있다. 뿐만 아니라 미국에서 스마트 정보통신은 전 산업분야에 있어서 기술이노베이션을 주도하는 역할을 하기 때문에 전 산업분야에서 국제경쟁력을 향상시킬 수 있는 정책으로 활용되고 있다. 이것은 향후 우리나라가 IT강국으로서 위상을 유지하기 위하여 그리고 역동적인 삶의 질 향상을 통한 복지경제로 나가기 위한 필수적인 요소로서 정책적인 시사점을 주고 있다. 다시 말해 스마트 정보통신은 스마트미디어 사회에서 국민의 삶의 질을 향상시키는데 필요한 핵심적 요소이다.

스마트미디어 및 정보통신 환경의 풍부와 좋은 환경의 질을 유지하기 위해서는

ICT관련 콘텐츠, 관련시설 투자가 요구된다. 특히 정보통신 환경의 접근에 대한 비용을 줄이기 위해 초고속인터넷 망, 클라우드 컴퓨팅 등의 구축이 필요하며, 보다 나은 스마트 정보통신 환경을 위해서는 그린 IT, 헬스케어 IT 등에 대한 투자가 요구된다. 또한, 정보통신 환경의 안정성을 위해서는 서비스의 질이 중요하다. 이러한 서비스의 질을 확보하는 방법으로 경쟁체제, 경쟁적인 가격구조정책 등이 요구된다.

또 안전성을 위해서는 사이버보안, 프라이버시 보호, 사이버테러 등에 대한 대책 등이 요구된다. 또 접근의 용이성을 위해서 특히 인식적 비용을 줄이기 위해서는 환경의 안정성이나 안전과 관련된 규제정책이 요구되는데, 환경적 스트레스와 인식적 비용을 줄이기 위해서 기술개발과 디자인, 홍보 등이 필요하고, ICT 콘텐츠의 신뢰도를 높이기 위해서 규제도 필요하다.

3. 창조경제의 발전전망

세계는 지금 문화가 지니는 강력한 잠재력에 주목하고 있다. 각국에서는 문화 · 창조산업 육성 정책을 통해 자국의 경제성장과 고용 확대, 나아가 국가 브랜드라는 이미지 향상까지 꾀하고 있다. 우리나라도 2013년 박근혜 정부가 들어서면서 국정기조로 창조경제가 부상하고 있다. 정부는 창의성을 경제의 핵심 가치로 두고 새로운 부가가치, 일자리, 성장 동력을 만들어 내는 경제로 창조경제를 정의하고 있다.

즉, 창의성과 과학기술 및 정보통신 기술(ICT)의 융합을 통해 산업과 산업이 융합하고 산업과 문화가 융합해 새로운 부가가치를 창출함으로써 새로운 성장 동력과 일자리를 만들어 내는 경제를 말한다.

새로운 정부가 추진하고 있는 창조경제는 궁극적으로 문화를 통한 국가 성장과 국민 행복을 지향한다. 창조경제 시스템의 구축이라는 가시적인 성과 외에도 창의성이 충분히 가치를 인정받고 고무될 수 있으며, 벤처와 중소기업이 상생하고 동반성장할 수 있도록 보다 거시적인 안목에서 건강한 창조생태계의 형성을 목적으로 삼고 있다. 이는 문화 다양성의 증진이나 문화 권리의 보장 등 문화 복지의 문제까지 포괄하는 과제다.

우리나라 창조경제의 추진 전략을 4가지로 요약하면 신산업 창출지원, 일자리 창출, 국가전략기술개발, 중장기 창의역량 강화이다. 한마디로 창조적 과학기술로 여는 희망의 새 시대를 말한다. 신산업 창출지원에는 중소벤처기업 기술혁신 지원, 지식기반 생태계의 조성, 기술이전사업화 촉진, 신시장 개척지원, 열악한 중소기업 환경에 국가 R&D 투자 확대를 통해 효율화를 이루겠다는 것이다. 일자리 창출로는 창업주체별 지원 체계를 구축하고 기업창업 생태계 조성을 통하여 새로운 과학기술로 일자리를 창출한다는 것이다.

국가전략기술개발에는 IT융합 신산업 창출, 미래 성장 동력 확충, 깨끗하고 편리한 환경조성, 건강장수시대조성, 안전사회구축 등이 포함된다. 중장기 창의역량 강화에는 창의적 기초연구를 활성하고 융합인재 양성을 통한 과학기술 글로벌화를 창출하며 창의적 과학문화를 조성한다는 것이다. 재정 여건에 따라 변동될 수 있지만 2017년까지 92.4조원의 정부 예산을 투자하여 중장기 창의역량 강화에 매진하고 IT 기반 일자리를 창출한다는 것이다.

4대 기반사업 : 4대 기반사업은 지능형 반도체, 미래 융·복합 소재, 지능형 사물인터넷, 빅 데이터 등이다.

9대 전략산업 : 9대 전략산업은 지능형 로봇, 스마트카, 웨어러블 스마트기기, 재난안전관리 스마트시스템, 맞춤형 웰니스 케어, 5세대 이동통신, 해양플랜트, 실감형 콘텐츠, 신재생 에너지 하이브리드 시스템 등이다.

정보통신기술(ICT)이 선도하는 창조 한국 실현을 위해 정부가 꼽은 9대 전략산업 분야다. 이 분야를 집중 육성해 새로운 국가적 먹거리로 삼겠다는 목표이다. 미래창조과학부는 K-ICT 전략을 수립해 발표하면서 SW를 비롯한 신산업 분야 9대 전략산업을 육성하고 4대 분야 17개 과제를 중점 추진한다고 발표했다.

우선 소프트웨어 분야는 2019년 수출액 규모 100억 달러를 목표로 현재보다 두 배가량 산업을 성장시킨다는 계획이다. 이를 위해 8대 SW 기초분야별 연구거점을 구축하고, VC가 투자한 창업성장 기업에 연구개발(R&D)을 지원하고. 또 GCS 사업의 자유공모형 전환과 중소 벤처 M&A 펀드에서 SW 분야에 대한 지원을 확대해 세계시장 진출을 밀착 지원한다. 그리고 소프트웨어 진흥을 위해 국가 발주 물품에 대한 대기업 참여를 배제시켜 중소기업 S/W 발전 진흥을 꾀하고 있다.

정부가 꼽은 8대 SW 기초분야는 OS, 기계학습, CPS, DBMS, UI/UX, 분산컴퓨팅, 알고리즘, 지능형SW 등이다. IoT 분야는 통신사와 같은 대기업 외에도 중소중견기업 육성에 집중한다. 창조경제혁신센터와 함께 지자체가 협력하고 헬스케어와 스마트시티 분야에는 대규모 실증단지를 조성한다는 계획이다. 나아가 7개 전략업종별로 2019년까지 1천242억 원을 투자하여 실증사업을 추진하고, 글로벌 민관 협의체를 통한 글로벌기업, 대기업과 협력해 IoT 중소벤처기업을 글로벌 전문기업으로 200개까지 육성시킨다는 계획이다.

이와 함께 IoT 센서 발전계획을 수립하고 보안 강화를 위해 20억 원을 투자해 'IoT 시큐리티 센터'를 구축한다. 클라우드 분야는 지난해 5천억 원 규모에서 다섯 배 급성장한 2조 5천억 규모로 키운다. 공공서비스의 민간 클라우드 전환을 꾀하고, 산업단지 클라우드 적용 등을 통해 공공·민간의 클라우드 이용을 늘린다는 것이다. 나아가 클라우드 투자 활성화를 위해 원스톱 해결을 지원하고 기술 맵 기반의 기업특화 R&D에 집중하여, 이를 통해 글로벌 전문기업 10곳을 육성한다는 목표를 가지고 있다.

정보보안 역시 주력 산업에 이름을 올렸다. 서비스 산업이 제 값을 받는 문화 조성이 정부가 노력하는 부분이다. 현행 수준에서 유지보수 대가 외에 10%가 추가될 수 있게 하고 사이버안전의 진단을 통해 신시장을 창출한다. 특히 주요 기반시설 지정을 늘린다는 방침이다. 보안 전문인력 양성도 동시에 추진, 특성화 대학을 7곳 지정하고, 고용계약형 석사과정을 확대하는 방식을 고려하다는 방침을 세우고 있다. 아울러 정보보호연구소, 대학, 벤처 등이 참여하는 '사이버 시큐리티 스파크'를 조성, 침해사고 대응모델에 따라 맞춤형 해외 진출도 추진한다는 것이다.

통신업계 최대 화두인 5G 이동통신에는 상용화 목표연도인 2020년까지 총 6천억 원을 투입, 2018년 평창올림픽에서 세계 최초 시연에 나선다는 계획이다. 또 국제 공동연구를 통해 중국, 유럽연합(EU) 등 주요국과 표준화 공조를 추진하고, 이동통신 시장의 경쟁 촉진을 통한 신규투자를 유도하는 계획을 세우고 있다. 방송산업은 UHD를 주력산업으로 꼽았다. UHD 주파수 분배를 통해 세계 최초로 지상파 UHD를 도입한다는 점이 눈길을 끌고 있다.

2017년까지 유료방송 가입자의 15%까지 UHD 시청가구를 확보하고 방송콘텐츠 제작지원 사업의 50%까지 UHD 콘텐츠 제작에 투입하여, 또한, 미디어 벤처 육성을 위해 '창조 ICT 스마트미디어 센터'를 확대하고, 혁신적 서비스 활성화를 위해 스마트미디어 규제 최소화 원칙을 적용해 나간다는 계획을 세우고 있다. 이를 통해 기존 방송산업과 스마트미디어 시장 규모를 17조 3천억 원 규모에서 2019년 26조 8천억 원 수준으로 키운다는 목표이다. 스마트 디바이스 부문은 10대 디바이스, 10대 핵심부품 기술개발에 나서고 지역거점과 협력해 2019년까지 1천개 제품을 새로 만든다. 이를테면 스마트 헬멧, 웨어러블 에어백 등을 일궈낸다는 것이다.

더불어 판교 창조 ICT 디바이스 랩을 대구로 확대하고, 해외 통신사업자의 국내 인증 랩을 설치하여 해외진출을 지원하고 있다. 유망한 차세대 먹거리로 꼽히는 디지털콘텐츠 분야는 '창조 ICT 콘텐츠 비즈센터' 설립으로 성장 가속도를 낸다. 콘텐츠 산업 지원기능을 체계적으로 통합하고 전국으로 확대하는 동시에 유망 콘텐츠와 원천기술을 개발한다. 중국과의 펑요우 프로젝트 추진 등으로 글로벌 스타기업을 육성도 주요 지원책을 가지고 있다.

끝으로, 빅데이터 분야는 제조, 건강, 기상, 스포츠, 재난, 유통, 금융 등 유망업종에서 선도 프로젝트를 추진한다. 이를 위해 3년간 350억 원을 투입, 빅데이터 3대 강국으로 오른다는 계획이다. 빅데이터로 시민체감형 도시문제를 해결하는 시범사업을 2017년까지 6곳에서 추진한다. 또한, 빅데이터 산업 활성화와 개인정보 보호가 조화되도록 「개인정보 보호법」 등 관련 법제 개정에 힘을 싣게 되었다.

4. 2016년 한국을 변화시킬 정보통신기술 10가지

2016년 정보통신기술을 이끌 10대 키워드로 스마트 프라이버시와 핀테크 등이 선정됐다. KT경제경영연구소는 정보통신기술 유명 키워드 10개를 다룬 '2016년 한국을 바꾸는 10가지 핵심 ICT트렌드'를 발간했다. 이 자료에 따르면, 2016년 10가지 **ICT 트렌드로 융합시대의 제조업, 스마트 프라이버시, 핀테크, 스마트 미디어, 네트워크 진화방향, 스마트 헬스케어, 스마트 에너지, 무인자동차, 사물인터넷(IoT), 빅데이터** 등이 선정됐다.

'융합시대의 제조업'은 제4차 산업혁명으로 불리고 있으며, 제조업 강국 독일은 '인더스트리 4.0'을 정부 정책으로 삼고 스마트 공장 등을 제조업에 확산시키고 있다. 미국과 일본, 중국도 전통 제조업에 정보통신기술 융합을 적극적으로 시도하고 있다.

KT경제경영연구소는 정보통신 융합 시장규모는 세계적으로 **2010년 1,390조 원**에서 오는 **2020년 4,392조 원**으로 **10년간 3배** 이상 증가할 것으로 보인다며 정보통신기술 융합에 더 많은 투자가 필요하다고 조언했다. (http://news.or.kr/news/endpage.do. 2015.12.6).

지난 반세기 동안 우리나라 정보통신산업은 급속도로 발전하고 위기 대처를 적절하게 했다고 생각한다. 현 정부에서는 정보통신과 과학기술을 합쳐서 미래창조과학기술부를 만들고 정보통신기술과 밀접한 창조경제를 중요한 국정과제로 정하고 ICT 산업을 발전시키려 하고 있다.

2016년 이후의 정보통신의 미래의 비전 및 목표를 창조경제로 정보통신산업을 증진시키고 1) 전자정보 디바이스, 2)정보통신 미디어, 3)전파방송위성으로 구분하여 발전시키기로 하였다.

1) 전자정보 디바이스

그림 2-2 반도체, 디스플레이, LED

중점분야	비전 및 목표(2016년)		주요 제품	
			2010	2016
반도체	비전	2016년 세계 2강의 반도체 강국 실현	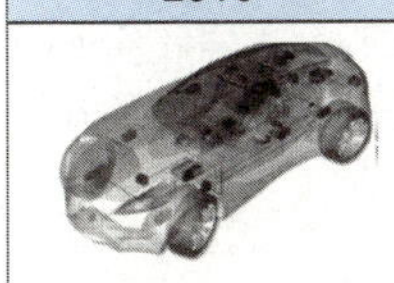 자동차퓨전반도체	 에너지퓨전반도체
	목표	기술격차 94%, 세계시장 20% 점유		
			2010	2016
디스플레이	비전	패널/부품/소재/장비산업 동반 일류화	 AMOLED	 플렉서블 디스플레이
	목표	기술격차 93%, 세계시장 50% 점유		

중점분야	비전 및 목표(2016년)		주요 제품	
LED · 광	비전	2016년 세계 3강의 LED기술 강국 실현	2010  특수/감성 조명	2016 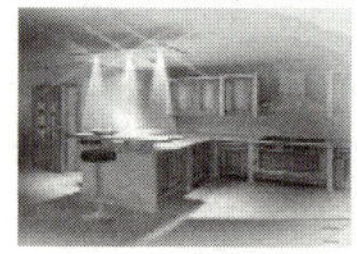 초저가/보급형 LED
	목표	기술격차 93%, 세계시장 15% 점유		

2) 정보통신 미디어

그림 2-3 디지털TV방송, 홈네트워크

중점분야	비전 및 목표(2016년)		주요 제품	
디지털TV · 방송	비전	방통융합 디지털방송 서비스 및 산업선도 국가 실현	2010  모바일 IPTV	2016  다시점 3D TV 8K급 UHDTV
	목표	기술격차 97%, 세계시장 15% 점유		
홈네트워크/정보가전	비전	지능형 홈서비스 보편화를 통하여 안전, 편리, 즐거운 그린 u-Home 실현	2010  마스터가전플랫폼 (표준 아키텍처 기반)	2016  실감 · 감성 · 그린 지능홈
	목표	기술격차 97%, 세계시장 8% 점유		

3) 전파방송위성

그림 2-4 전파방송위성

<table>
<tr><th>중점분야</th><th colspan="2">비전 및 목표(2016년)</th><th colspan="2">주요 제품</th></tr>
<tr><td rowspan="3">전파방송
위성</td><td rowspan="2">비
전</td><td rowspan="2">창의적 전파이용
기술개발을 통한 글로벌
전파 리더</td><td>2010</td><td>2016</td></tr>
<tr><td rowspan="2">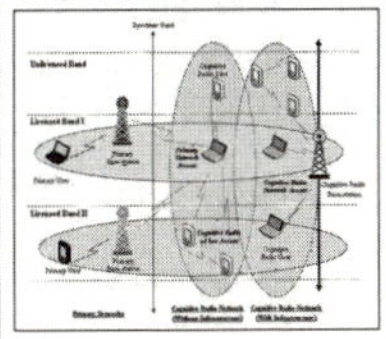
CR응용시스템</td><td rowspan="2">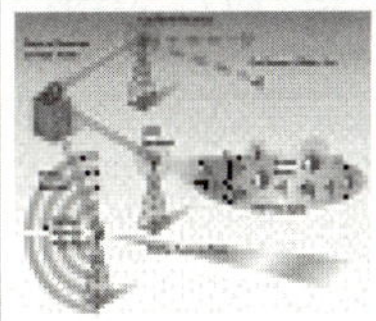
밀리미터파 및
THz대 이용</td></tr>
<tr><td>목
표</td><td>세계 최고 수준의 주파수
자원공유 기술개발</td></tr>
</table>

제3절 한국의 방송 · 통신정책 환경과 방향

1. 개요

미래창조과학부는 2015년 성과로 17개 지역에 창조경제혁신센터 설립과 R&D 혁신방안 수립, 과학기술 컨트롤타워 재정비 등을 통해 ITU ICT 발전지수는 167개국 중 1위를 차지하고, ICT 수출액은 세계 3위를 차지하게 되었다고 발표하였다. 그리고 2016년에도 과학기술과 정보통신기술(ICT) 경쟁력을 강화해 미래 성장 동력을 지속적으로 창출하겠다고 하였다.

또한, 자동차, 금융, 조선, 의료 등 다양한 분야와 ICT를 융합해 새로운 산업을 육성하고, 주파수 적기 공급, 방송통신서비스 개선 등도 계속 추진하겠다고 발표하였다. 그리고 지능정보기술을 중심으로 사물인터넷, 클라우드, 빅데이타, 정보보호 등을 신사업으로 육성하는데 더욱 매진하는 한편, 현행 법제도로 시장진입이 어려운 융합분야는 최대한 신속하게 규제를 해소하겠다고 하였다. (정보통신신문, 2016.1.4. 2면, '미래창조과학부 최양희 장관 신년사')

국내의 방송통신 정책 환경은 기술의 발전과 더불어 빠르게 변화하고 있다. 국내 방송통신 환경의 변화에서 기술적 변화는 우리의 삶의 형태를 다양하게 변화시키고 있다. 디지털 컨버전스의 심화, 지능화, 내재화(embedded), 모바일화 등 기술적 발전은 산업 환경의 변화를 가속화시키고 있다. 이러한 기술적 환경 변화 속에서 방송통신 정책도 방송통신 규제정책 기구의 일원화, IT 활용을 통한 융합시장의 창출, 글로벌 경쟁력 확보를 위한 유무선 통합 등을 통해 산업의 변화 및 성장을 주도하고 있다.

유무선통신서비스는 대표적인 네트워크서비스이기 때문에 규모의 경제 달성을 위해서는 가능한 넓은 영역을 대상으로 하는 서비스의 제공이 필요하다. 따라서 전국적인 범위를 대상으로 하는 대규모의 설비투자가 반드시 필요한 서비스라고 할 수 있다. 이와 같은 대규모의 설비투자와 이로 인한 설비기반 경쟁체계는 신규 사업자의 시장진입을 막음으로써 자연스럽게 경쟁양상을 과점 또는 자연 독점적 성격으로 변화시키기 때문에, 경쟁으로 인한 소비자 편익을 보장하기 위해서는 적절한 규제정책의 실행이 필수적이라고 할 수 있다.

2. 주파수 할당을 통한 전파자원 효율화 요구 증대

주파수는 방송 및 통신 서비스의 제공을 위해 반드시 필요한 자원이며, 특히 이동통신사업자에게는 서비스의 이동성(Mobility)과 편재성(Ubiquity)을 확보하기 위한 핵심자원이라고 할 수 있다. 주파수 자원이 가진 유한성과 희소성으로 인해 각국 정보는 전파자원의 효율적 이용을 촉진하고 가능한 한 많은 소비자가 이용할 수 있도록 하는 주파수 자원 공급 정책을 시행하고 있으며, 대표적인 방법으로는 주파수 경매제와 대가할당방식 등을 들 수 있다.

최근에는 전파자원 활용의 효율성을 제고하기 위한 주파수 공유기술(SDR : Software Defined Radio, CR : Cognitive Radio)들에 대한 연구개발과 이를 적용하기 위한 전파관리 정책에 대한 연구도 활발히 이루어지고 있다. 초기의 주파수 공급 및 관리 정책은 주파수대역 간 간섭을 방지하는데 주요 목적이 있었으며, 따라서 전파자원관리에 대한 인식도 시장 측면보다는 행정적 측면이 보다 강했다고 할 수 있다.

그러나 이동통신산업의 규모 확대에 따른 전파 수요의 증가와 전파자원이 가진 희소성과 자원으로서의 중요성이 증가함에 따라 전파자원을 효율적으로 활용하고, 이를 사적인 이윤추구를 목적으로 사용할 경우 적정한 대가를 부과하기 위한 노력들이 선진국을 중심으로 이루어지게 되었다.

주파수자원이 방송통신서비스 제공을 위한 필수재이면서 공공재이기 때문에 전파자원관리정책은 전파자원의 효율적 관리와 함께 이동통신산업의 경쟁 활성화를 위한 유용한 정책적 수단으로 활용될 수 있다. 주파수 할당을 통한 시장 경쟁의 활성화 정책으로는 주파수횟수 재배치 정책 및 신규 주파수의 할당 정책 등을 들 수 있다.

주파수자원의 효율적 이용을 위한 정책적 노력은 정부의 주도로 주파수의 분배와 할당, 그리고 대가 산정이 이루어지는 기존의 관리방식에서 점차 시장경제원리에 기반을 둔 경매제도로 이전하고 있으며, 우리나라도 현재 이러한 요구를 수용하여 전파자원관리에 시장원리를 적용한 주파수 경매제도의 도입을 적극 추진하고 있다.

주파수 경매제도(Spectrum Auction)는 제한된 주파수대역과 사용가능기간을 대상으로 하여 이를 필요로 하는 다수의 사업자들을 경매에 참여시켜 최고가격을 제시한 사업자에게 일정기간 동안의 해당 주파수대역 이용권을 부여하는 제도이다.

주파수 경매제도는 시장에서 가장 효율적인 사업자에게 주파수 이용 권리를 부여함으로써 경제적 자원의 효율적 활용과 보다 많은 이용자를 대상으로 다양한 서비스의 제공을 가능케 할 것이다.

3. 방송통신환경의 안정성 및 신뢰성에 대한 위협 증가

방송통신위원회는 사회적으로 이슈가 되고 있는 이용환경의 안정성 및 신뢰성을 제고하기 위하여 인터넷 상의 해킹이나 개인정보 유출 등 다양한 위협으로부터 정보를 보호하고 이용자 보호 강화를 도모하고 있다.

이러한 노력에도 불구하고 2009년 인터넷 침해 사고의 수는 점차 증대되었다. 2009년 발생한 해킹 신고 처리는 20,086건으로 2008년에 발생했던 15,940건에 비하여 26% 증가하였고, 2009년에 발생한 웜 · 바이러스는 9,701건으로 2008년에 발생한

8,469건에 비해 14.5% 증가하였다(2009년 11월 기준).

여러 대의 컴퓨터를 일제히 동작하게 하여 특정한 사이트 및 시스템을 공격하는 DDos공격은 인터넷이 개방된 네트워크로 공격자의 추적이 어려운 점을 악용하여 서비스를 제공하지 못하도록 하여 자원의 손실을 발생시키고 이용자의 정신적 피해를 통해 국가적 손실을 목표로 하고 있다. 사이버테러에 대한 대비는 인터넷 기반의 경제 · 사회 체제가 가져야 할 필수 기능의 하나이다. 하지만 이번 7 · 7 DDos 대란에서 나타났듯이 아직 완벽한 대응 체제가 갖추어져 있지 못하고 사태의 심각성을 인식하는 사회적 분위기도 미흡하므로 고도의 통제 수준을 갖추기 위한 국가 차원의 사이버 대응 체제를 확고히 구축할 필요성이 대두되었다.

이와 함께 인터넷 상의 개인정보 보호 강화의 필요성이 증대되고 있으나 이것은 최근 정보통신기술의 발전 및 개인 인터넷 이용 행태 다변화 등에 따라 개인에 대한 성향 정보 활용 등이 기업의 중요한 마케팅 도구로 등장하고 있고, 대다수 사업자들이 주민등록번호 등 서비스 제공과 무관한 개인정보를 관행적으로 수집 · 보관하고 있어 정보 유출의 원인이 되고 있다. 또한, 인터넷 상에서 발생하는 방대한 양의 패킷 및 스팸메일들은 자원의 손실을 초래할 뿐만 아니라 불필요한 통신장애를 발생시킨다는 점에서 문제가 되고 있다.

새로운 IT서비스의 지속적인 출현과 서비스 간 융합 가속화에 따른 신규 위협 요소도 증가할 것으로 예측하고 있다. 신규 위협에 대해서는 위협으로 초래되는 피해 및 상황을 예측하고 투자를 확대하여 기술력을 확보하고 법제를 정비하는 등 정보보호 제도 개선 및 예방 능력을 강화시켜야 할 것이다. 또한, 환경적인 요인을 중요하게 고려하고 있는 현재 시점에서 기존 위협 및 신규 위협에 대응하는 것뿐만 아니라 환경이라는 항목까지 보호할 수 있는 노력이 필요하다.

결론적으로, 방송통신위원회는 변화하는 정보통신서비스 및 기술 등 환경을 주도하기 위해 방송통신 · 미디어산업 육성, 미래 네트워크 세상 선도 및 방송통신 글로벌 리더십 확보 등의 3대 핵심 어젠다를 정하고 중 · 장기적인 로드맵을 수립하고 추진하여 정보통신산업의 발전을 이룩해 나갈 것이다.

정보통신서비스 경쟁 환경 조성, 방송광고 및 콘텐츠 육성, 차세대 방송통신기반 구축, 차세대 방송통신기술 선도 및 녹색융합서비스 확산 등을 통해 방송통신 · 미디어산업을 육성하고, 10배 빠른 초광대역망 구축, 무선인터넷활성화 및 사이버대응 강화 등으로 미래 네트워크를 선도하고 방송통신 경쟁력의 지속적 우위를 확보함과 동시에 G20 정상회의 및 남아공 월드컵을 통한 홍보 강화, 방송통신 품격 제고 등을 통해 2010 시대 방송통신 글로벌 리더십을 확보하도록 할 것이다.

제4절 정보사회의 촉진정책

1. 정보통신기반의 구축

정보통신기반이란 좁은 의미에서는 통신망이나 컴퓨터와 스마트폰 등 장비와 소프트웨어 및 정보통신서비스를 포괄하는 개념으로 정의한다. 보다 넓은 의미에서는 제도적 기반, 기술적 기반 및 인력기반이 포함되기도 하며, 가장 넓은 의미에서는 교육, 연구, 교통 및 환경 등을 포괄하는 개념으로 사용하기도 한다. e-Korea Vision 2006 수립 이후 변화된 정보화 추세 및 환경에 대한 검토를 바탕으로 2003년 12월 'Broadband IT Korea Vision 2007'을 수립하여 추진하였다.

이 계획은 세계 최고의 열린 전자정부 구현을 통한 정부혁신과 전 산업의 정보화를 통한 우리 산업 전반의 국가경쟁력 제고, 광대역통합망 구축, IT 신성장 동력의 전략적 추진, 디지털 복지사회 구현, 국제협력 강화 등을 목표로 하고 전국민 컴퓨터 교육, 법제도 정비 등을 포괄하는 개념으로 사용하고 있다.

2. 규제완화와 경쟁의 촉진

21세기 국가경쟁력을 확보하기 위해서는 정부주도형의 사업을 민간기업에 환원하는 민영화가 추진되고 있다. 민영화를 위해서는 그동안 정부가 규제하던 다양한 규제내용을 완화함으로써 민간기업뿐만 아니라 개인의 자율권을 확보하여 정부의 역할을 대신할 수 있게 된다. 정보화 촉진과정에서도 민간부문의 참여 관건은 정부의 규제완화 수위를 높이는 데 있다.

3. 정보공개의 촉진

정보사회는 정보가 자유롭게 유통되는 사회가 형성되어야 한다. 그동안 정부는 많은 공공정보를 미공개함으로써 권력의 수단으로 사용하였다. 그러나 정보사회는 정부가 소유한 정보뿐만 아니라 민간기업과 개인의 정보를 공개함으로써 정보의 상호교류를 통하여 새로운 정보를 창출하는 시너지효과를 가져올 수 있다. 이에 정부는 「정보공개법」을 제정하여 다양한 부분의 정보를 타 정부기관이나 민간기업, 그리고 개인에게 공개하고 있다.

이러한 공개제도의 의의는 다음과 같다. 즉 정보공개제도는

첫째, 국민의 알권리를 보장한다.

둘째, 국민의 국정참여를 확보할 수 있다.

셋째, 국민의 신뢰성을 확보할 수 있다.

넷째, 참된 민주주의를 실현할 수 있다.

다섯째, 국민의 권리와 이익을 보호할 수 있다.

그 밖에도 공공정보의 공개는 정책결정의 정당성을 확보하고, 책임행정을 구현하며, 부정부패 및 비리방지의 효과와 학문의 발전 및 진리발견, 그리고 국가정보의 균등한 배분 등에 기여한다.

4. 지적재산권의 보호

정보사회는 지식사회를 형성해간다. 지식정보사회에서 유통되는 수많은 정보나 이를 활용하는 소프트웨어 및 하드웨어에 대한 지적재산권의 보호는 지식정보사회를 올바르게 정착시키는 데 매우 중요한 요소이다. 정보화의 초기에 있어서는 어느 정도 지적재산권의 침해가 인정될 수 있으나, 고도 지식정보사회로 갈수록 지적재산권에 대한 철저한 보안이 필요하며 현재는 선진국이 지적재산권의 보호에 최선을 다하고 있어 모든 국가가 기초과학연구에 열중하고 있으며, 삼성 등 대기업들도 선진국의 지적재산권을 사용하는 자는 고액의 이용료를 지불하게 법과 제도를 시행하고 있다.

5. 정보화를 위한 사회 환경의 개혁

정보화를 위한 사회 환경의 개혁은 사회적 기반의 개혁으로 법 · 제도의 정비, 정보화 추진조직의 개편, 정보화 교육훈련과 정보사회에 어울리는 정보문화를 만들어가는 것이다. 정부의 정보화 과정은 물리적 · 사회적 기반 위에 정부의 정보화사업이 추진되는 단계를 밟는다.

이와 같이 정보사회는 정보가 사회 중심에 서 있으면서 정보를 유통시키고, 활용하기 위한 제반 사회적 환경의 변화가 추진된다. 이것은 산업사회를 정보사회로 바꾸기 위한 것으로, 기업구조와 문화가 개선되고 정치와 행정개혁을 통한 정부혁신이 필요하며, 새로운 직업이 창출되어 산업사회에서 많은 사람들이 선호하던 직업이 사라지고, 정보사회에 맞는 새로운 일자리가 생겨나기도 한다.

제5절 정보화 규제정책

1. 정보의 빈부격차 규제

사회계층의 빈부격차 원인은 시대에 따라 다르다. 농업사회는 토지의 소유정도에 따라 빈부격차가 발생하였다면, 산업사회에서는 기술과 지식의 수준에 따라 빈부격차가 발생한다. 그러나 정보사회에서는 정보소유 능력에 따라 빈부격차가 발생하는 사회이다. 따라서 정부는 정보혜택의 빈곤층을 위하여 정보교육과 요금감면 등 지원체계를 구축하며, 정보 혜택의 부유층에 대해서는 정보의 남용이나 정보를 활용한 부의 축적에 대한 적절한 규제정책이 필요한 사회이다.

2. 개인정보 침해에 대한 보호

정보사회는 정보의 유통이 자유로운 정보 개방의 사회이다. 정보의 자유로운 유통은 '정보의 바다'를 형성하면서 새로운 정보를 창출해 낸다. 개인정보에 대한 보호는 정보의 자유로운 유통에 질서를 유지하는 규범이 된다. 윌리암(William)은 프라이버시의 침해형태를 도용, 침해, 개인적인 문제의 공개, 공중의 오인 등 네 가지 행위로 나누고, 프라이버시법은 이 네 가지 복잡한 이익에 대한 보호가 이루어져야 한다고 보고 있다. 여기서 도용이란 성명이나 초상화처럼 사적인 것을 개인의 권익을 위하여 이용하는 행위이며, 침해란 개인의 은둔지에 침입하는 행위, 사사로운 문제의 공개란 타인에게 알리고 싶지 않은 사실을 공개하는 행위, 공중의 오인이란 그 사실을 공개함으로써 공중의 눈에 잘못된 인상을 주는 행위를 말한다. 우리나라 정부는「공공기관의 개인정보 보호에 관한 법률」(1994),「공공기관의 정보공개에 관한 법률(1996)」,「전자거래기본법(1999)」,「전자서명법(1999)」 등을 제정하여 이에 대비하고 있다.

3. 컴퓨터 범죄 예방

현재 전자입찰과 전자세금계산서 발부 등 일상생활에 컴퓨터를 이용한 업무가 많아져서 컴퓨터에 의한 범죄행위가 없도록 하여야 한다. 우리나라 최초의 컴퓨터 범죄는 1973년 10월 AID차관 아파트 입주 불법 추첨조작 사건이다. 컴퓨터 프로그래머의 조작으로 아파트 당첨자가 바뀐 이 사건은 당시 처벌규정이 없었다. 컴퓨터 범죄가 형법에 추가된 시기는 1995년이다.

2000년 9월 29일 경찰청은 각종 컴퓨터를 이용한 사이버 범죄에 대응하기 위하여 사이버테러 대응 센터를 신설하여 협력운영팀, 신고경보팀, 수사대, 기법개발팀으로 사이버 범죄, 사이버테러형 범죄에 대응하고 있다. 여기서 사이버 범죄는 인터넷과 같이 컴퓨터와 컴퓨터가 서로 네트워크로 연결되어 형성되는 가상공간(Cyber Space)에서 발생하는 범죄를 말하며, 사이버테러형 범죄란 정보통신망 자체를 공격대상으로 하는 불법행위로 해킹, 바이러스 유포, 메일폭탄, 전자기적 침해 장비 등을 이용한 컴퓨터 시스템과의 정보통신망 공격 등을 말한다.

따라서 이러한 컴퓨터 및 사이버 범죄에 대응하기 위해서는 국민과 기업 그리고 정부 모두의 협력과 노력이 필요하며, 또한, 국제사회와 연대하는 국제적 차원의 규제정책이 필요하다.

4. 불법정보와 유해정보의 규제

'정보의 바다'는 네티즌 간에 암묵적인 규제가 요구되는 공간이다. 불법정보는 법률에 저촉이 되는 범법행위이지만, 유해정보는 도덕적이고 윤리적인 문제가 되는 정보를 말한다. 이러한 반사회적 정보로는 소프트웨어 무단배포, 음란물 유포, 자살사이트, 조폭사이트, 병역거부사이트, 자퇴생사이트 등을 말한다. 따라서 이러한 정보과잉과 쓰레기정보의 유통질서를 바로잡기 위해서는 정부와 국제사회가 동의하는 수준의 규제정책이 필요하다.

제 3 장 정보통신산업이 창조경제 활성화에 미치는 영향

제 1 절 정보통신산업의 중요성

정보통신산업은 우리 사회의 커다란 축으로서 핵심 동력 산업이 되었다. 우리나라 기업들도 마찬가지로 각 브랜드마다 브랜드명을 걸고, IT분야에 열을 올리고 있다. 각종 미디어를 통해 쏟아지는 광고를 볼 때마다 우리는 그 열기를 체감할 수 있을 것이다.

IT분야를 국가발전 전략으로 채택하고 추진한지 십여 년이 넘었고, 이제 우리나라는 세계 최고 수준의 정보통신 인프라를 갖추고, 글로벌 경쟁력이 있는 IT산업을 보유한 정보통신 일등국가로 도약하고 있다. 우리가 개발한 기술이 세계 표준이 되었고, 우리의 서비스와 제품이 세계인의 삶을 바꾸고 있는 것이 현실이 되었다. 그러나 급변하는 세계 정보통신시장을 선도하기 위해서는 계속하여 기술과 정책을 연구하는 새로운 준비가 필요하다.

본격화되고 있는 통신·방송융합 등의 급격한 변화에 대응하여 법제도를 신속하게 정비하고 관련 정책을 과감하게 추진하여야 한다. 또한, 사이버 폭력으로 인한 인권 침해나 해킹과 정보격차 등 정보사회의 역기능을 해소하는 방안도 빈틈없이 강구하여야 한다. 앞으로 이런 분야에 정책 역량을 집중하여 새로운 통합과 균형의 세상, 따뜻한 정보사회를 구현해나가야 한다.

이제 정보화는 사회 각 분야의 변화를 야기하는 원동력으로 떠오르게 되었으며, 따라서 정보통신정책은 국가발전의 핵심적인 정책으로서 다른 분야의 정책기반으로 작용하여 국가경쟁력을 결정짓는 근간으로 대두되었다. 또한, 정보화는 행정 분야와 관련해서도 투명하고 신속하며 효율적인 행정을 가져오게 하였다.

2014년의 시점에 IT정책의 비중은 빅데이터, 가상화, 모바일산업 등이 있으며, 빠르게 확산되고 발전하고 있다. 인류의 탄생이 500만 년 전이라고 한다면, IT의 탄생은 불과 100년도 안 되는 시기에 많은 발전과 변화를 이루어갔다. 현시점에 가장 대두되고 있는 분야는 스마트폰을 이용한 모바일산업이다. 우리는 스마트폰을 이용하여 다양한 활동을 할 수 있게 되었다. 전 세계적으로 스마트폰이 대중화되고 있으며, 미래의 IT산업은 스마트폰에 의한 특허전쟁이 발생할 것이다.

삼성과 애플의 특허전쟁은 지금도 진행되고 있으며, 앞으로도 다양한 모바일 분야에서 이슈들이 많이 발생할 것이다. 모바일 분야의 기술 동향에 대하여 그 특징과 의미를 살려 보고자 한다. 또한, 국내외의 모바일 산업에 대한 현황과 모바일 표준화 동향, 모바일 산업 생태계 변화에 대하여 살펴보고자 한다.

미래의 발전방안을 본다면, 모바일 경제가 우리나라 정보통신산업의 성장 동력으로 발전하기 위하여 정부의 모바일 산업 주요 추진 정책과 향후 추진 과제에 대한 정책을 파악하고, 향후 우리나라 모바일 경제의 미래를 예측하면서 나가야할 방향을 제시하고자 한다. 지난 반세기 동안 우리나라 정보통신산업은 급속도로 발전하고 위기 대처를 적절하게 했다고 생각한다. 현 정부에서도 인프라를 증진시키기 위해 정통부 체제에서 부처를 분산시켜 운영하고 있다.

하지만, 본문에서 서술하였듯이 '컨트롤타워(지휘탑)'가 없어 기관별 중복 연구 사례가 빈번하고 관리상 비효율성 및 조직이 나뉘어져 있어 시너지를 극대화하지 못하고 있는 모습이 보인다. 어디든 무슨 조직이든지간에 소통은 중요한 것이며, 위·아래의 수직적인 관계보다는 수평적인 관계가 이루어져야 한다고 생각한다. 앞에서도 살펴보았듯이, 컨트롤타워 부재는 각 부처 간의 소통의 부재를 낳고 있으며, 소통의 부재가 비효율적인 업무성과를 나타내고 있다. 소통의 부재를 원만하게 해결하고, 앞으로 나아가야 할 소프트웨어산업을 비중 있게 다뤄나감으로써 국가 IT산업을 발전시켜나가야 한다.

특히, 정보사회가 발전되기 위해서는 산업구조에서 IT산업의 비중이 30% 이상이 되어야 한다. 그중 S/W, 콘텐츠 부분은 가장 중요한 부분이며 앞으로 미래 산업에 크게 지향되어야할 부분이다. 빅데이터, 클라우드, 스마트폰 등 다양한 소프트웨어산업이 점점 대두되어가고 있으며, 그중 빅데이터와 스마트폰의 비중이 점점 커지고 있다. 앞으로 IT강국이 되기 위해서는 각 부처 간의 의사소통문제를 해결하고 미래에 전략적으로 투자할 분야에 대해서 확실히 매겨져야 할 부분이다.

그림 3-1 5세대 이동통신 구성도(5세대 이동통신)

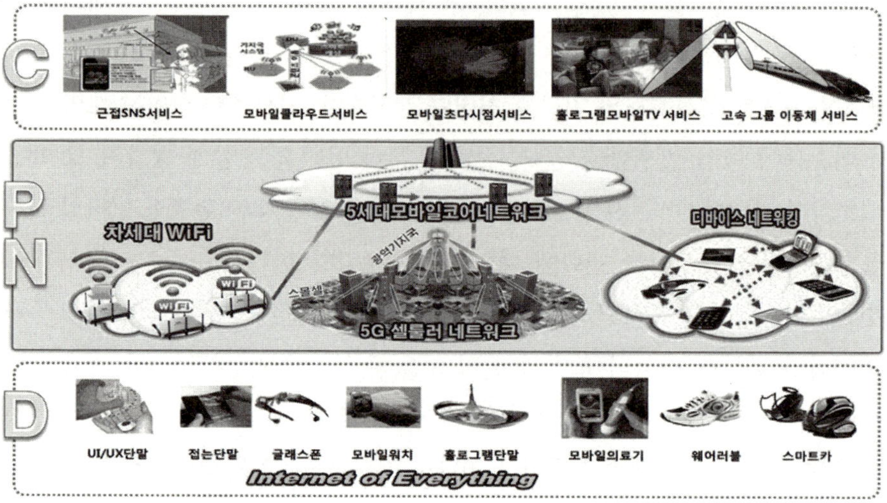

출처 : 디지털타임즈 기사(http://blog.dt.co.kr/blog/?id=2105&mb_id=dskang)

지난 2014년 1월 22일 경제관계장관회의에서 2020년 5세대(G) 이동통신 상용화를 위한 '미래 이동통신산업 발전전략'을 확정했다. 정부는 2020년 5G 서비스를 상용화함으로써 5G 주도권을 확보할 계획이다. 또 세계 단말시장 1위를 유지하는 한편, 2020년까지 세계 장비시장점유율을 20%로 끌어올리고 1만 6,000개의 일자리를 창출하는 것을 목표로 세웠다.

이미 세계 각국은 미래 5G 시장선점을 위해 민관 프로젝트를 경쟁적으로 전개하고 있다. 그 중 특히 눈에 띄는 움직임이 유럽에서 나타나고 있는데, 유럽은 4세대 이동통신 네트워크 기술 투자를 건너뛰어 곧바로 차기 기술 표준인 5G 이동통신 기술을 준비하고 있다. 정보통신산업진흥원의 해외 ICT R&D 정책동향 보고서에 따르면, 지난해 2월 닐리 크로스 EU 집행위원회(EC) 부위원장은 글로벌 모바일 산업에서 유럽의 선도적 지위 재탈환을 목표로 2020년까지 EC가 5G 이동통신 기술개발에 약 740억

원을 투자할 계획이라고 발표했다.

5G 이동통신 기술이 아직 명확한 개념이나 기술적인 프레임워크가 정의되지 않은 상황에서도 이처럼 세계 각국이 5G 이동통신 경쟁에 박차를 가하는 이유는 5G 기술의 경제적 파급효과가 엄청날 것으로 예상되기 때문이다. 기존 이동통신 네트워크 기술의 경제효과에 비춰볼 때 비교할 수 없을 정도로 빠른 속도와 다양한 서비스를 구현할 수 있는 5G 이동통신 기술의 파급효과는 매우 클 수밖에 없다.

특히 5G 이동통신 네트워크 기술 표준화 주도에 성공할 경우 기술적 우위를 확보하고, 표준기술개발과정에서 투입된 자본비용의 회수, 막대한 라이선스 비용 확보 등이 가능하며, 서비스의 조기 개발을 통해 시장 주도권을 장악할 수 있다. 이 때문에 5G 기술개발과 서비스를 둘러싼 국가 간 경쟁과 국제 표준화의 주도권을 잡기 위한 경쟁이 갈수록 치열해질 것으로 예상된다.

우리나라 IT산업 정책은 불과 100년도 되지 않은 짧은 역사를 갖고 있으며, 인류가 탄생한 시점과 비교하지도 못할 역사를 갖고 있지만, 그 비교할 수 없는 작은 기간에 인류가 지금까지 이룩해왔던 모든 일들을 편리하게 만들 수 있도록 도와준 산업이라고 볼 수 있다. 그 증거로 우리가 일상생활에서 사용하는 많은 부분들을 보더라도 지금까지 많은 발전을 이룩해왔다는 것은 부정할 수 없는 사실이다. 그동안 국가가 정보사회가 형성되기 위해서 해왔던 다양한 노력과 각 부처 간의 다양한 노력과 협업이 있었기에 가능한 일이였던 것이다. 물론 짧은 역사에 견주어 커다란 발전을 이룩한 우리나라가 여러 층의 부서를 화합하여 이끌어간다는 것은 무리가 있을 듯싶다.

정보통신부에 IT컨트롤타워가 없어 소통이 불가한 적도 있었지만, IT컨트롤타워를 중심으로 화합을 이끌어내고, 발전해나가는 게 장기적으로 바람직하다고 생각한다. IT839정책이나 신성장 동력 융합산업의 기술개발을 통해 많은 발전을 이룩해왔고, 유비쿼터스나 융합 IT기술을 통하여, 다방면의 분야에 IT기술을 접목하여 정보통신산업으로 발전시켜나가는 것이 중요한 숙제라고 생각할뿐더러 지금 발전되어가고 있는 현실이 우리가 이전에 상상했던 생각을 모두 이뤄낼 수 있을 것이라고 생각한다. 1960년대 전자계산기가 달린 컴퓨터를 최초 도입부터 시작하여 스마트폰을 통해 대중과 소통하는 방법에 이르기까지, 또한, 1세대 이동통신망부터 해서 4세대 이동통신망까지 발전해왔고, 앞으로 2020년에 상용화될 5세대 이동통신망을 통하여 앞으로 고성장을 이룰 수 있는 발판을 마련할 준비도 필요한 듯싶다.

IT강국으로써 반도체산업 1위에 삼성, LG 등 굵직굵직한 기업들이 지금의 한국을 만들었다. 지금까지 이룩한 정보기술 발전에 기반하여 미래의 정보통신산업에 있어 핵심국가가 될 수 있도록 서로 협업하여 힘을 내야 할 것 같다. 또한, IT 세계 최강국 비전을 실현하기 위한 핵심 기술 집중 개발, 기술 인프라 보강, Giga Korea 추진, 광대역 무선네트워크 구축, 다양한 모바일 서비스 창출, 개방형 생태계 조성 등에 대한 추진전략이 성공적으로 이루어질 수 있도록 정부와 기업이 협력하여 필요한 경우 신속하게 법, 제도를 개선하고 정부의 추진계획이 변질되지 않도록 모두가 노력해야 할 것이다.

참고사이트

정보통신산업진흥원 : http://www.nipa.kr/main.it

인텐츠 경영연구원 : http://www.intense.co.kr/sub_page/lu_12.htm

디지털타임즈 블로그 : http://blog.dt.co.kr/blog/?id=2105&mb_id=dskang

한국IT산업의 현황과 산업정책의 방향 : http://www.socialdesign.kr/news/articleView.html?idxno=6366

제 2 절 정보통신산업이 한국의 창조경제발전에 공헌

1. 문제제기

1970년대부터 시작된 산업화로 우리나라는 조선, 철강 등 중화학공업의 부흥기를 맞이했다. 1990년대에 접어들면서는 반도체와 정보통신산업을 중심으로 한 경제발전의 토대를 마련하였다. 이후 한국은 글로벌 금융위기를 경험하게 되었으며 기존 산업과의 융합과 조화를 통한 경제성장을 모색하게 되었다. 그 결과, '창의성'을 토대로 한 창조의 개념에 대한 사회적 관심이 도출되었다.

이러한 창조의 개념은 혁신과 창의성에 대한 시대적 요구로 확대되었다. 나아가 이러한 요구는 비단 산업분야에만 국한되지 않았다. 사회문제가 복잡하고 다원화되었으며, 이를 즉각적이고 효과적으로 해결할 수 있는 정부행정의 혁신에 대한 필요성이 대두되었다. 이에 창의성의 기본이 되는 정보통신 분야에 대한 정부부처 또한, 그 명칭과 역할, 기능을 달리하며 변화에 대응하였고, 현재는 미래창조과학부가 정보통신의 주요한 정부 부처로 그 기능을 하고 있다.

최근 미래창조과학부는 '정보통신전략위원회'를 출범시키며 본격적인 창조경제의 성장 동력을 확보하는데 총력을 기울이고 있다. 이는 「정보통신 진흥 및 융합 활성화 등에 관한 특별법」에 의거한 것으로 정보통신정책의 종합적 관리와 추진을 전담하겠다는 의지이다. 이에 본 절에서는 정보통신산업이 창조경제에서 어떠한 역할을 담당하고 있는지를 살펴보고, 정보통신산업의 주요 전략이 되는 K-ICT산업의 내용과 집행부처인 정보통신전략위원회에 대해 살펴보고자 한다. 이를 통해 향후 한국의 정보통신산업 정책이 창조경제에 기여할 수 있는 방향에 대해서 간략히 제언하고자 한다.

2. 정보통신산업(ICT)과 창조경제의 이해

본 장에서는 본격적으로 '한국의 창조경제에 정보통신산업이 미치는 영향'을 분석하기에 앞서 '창조경제'와 '정보통신산업(ICT)'의 개념을 먼저 살핀다. 이를 통해 정보통신산업이 어떻게 창조경제의 주요한 성장 동력으로써의 역할을 할 수 있는지에 대해 이해하고자 한다. 먼저 '정보통신산업(ICT, Information & Communication Technology)'은 정보기술(Information Technology)과 통신기술(Communication Technology)의 합성어로 모든 정보를 수집, 생산, 가공 및 전달하는 모든 방식을 의미한다. 따라서 정보통신산업(ICT)은 기존의 IT기반을 다양한 산업과 융합 및 통합함으로써 형성된 일종의 생태계로 이해할 수 있다.

한편 '창조경제'는 지식생태계로서 인적자본과 사회적 자본 간의 자유로운 협업과 혁신이 일상화되는 경제를 의미한다. 이는 모든 경제 주체가 아이디어와 지식을 공유함으로써 인적 자본의 고도화를 달성하여 성장가능성의 한계를 두지 않음을 의미한다. 이러한 창조경제를 영위하는 미국, 일본 및 독일 등 주요 선진국은 정보통신산업이 경제의 주요 원동력이 되고 있다.

한국의 경우, 2000년 초반 민주화와 정보화를 성공적으로 이행하면서 창조경제의 궤도에 본격적으로 올랐으며 스마트폰과 인터넷의 급속한 보급을 통해 디지털 네트워크를 달성했다. 실제로 경제패러다임의 변화를 분석한 연구에 따르면, 1990년대 반도체와 정보산업의 성과를 통해 IMF 경제위기를 극복하고, IT강국으로 발돋움한 것으로 나타났다.[1)]

3. 정보통신산업(ICT)과 국가 경제의 관계

1) 경제개발협력기구(OECD) 회원국을 중심으로

2000년 이후, 제조업을 기반으로 한 경제성장은 한계를 드러내기 시작했다. 이러한 한계를 극복하기 위해 미국과 일본 등은 고부가가치 업종에 대한 투자를 확대하였다.

선진국을 비롯한 지속 성장에 한계를 느낀 세계경제는 신성장 동력 확보에 나섰다. 미국과 일본 등 경제개발협력기구(OECD)의 주요 회원국에서 두드러졌다. 실제로 미국과 일본의 경우, 1995년 이후 정보기술산업이 실질 국내총생산(GDP) 성장률을 연평균 0.3~0.9%포인트 상승시킨 것으로 보고된 바 있다.

한국의 경우에도 ICT산업은 경제의 주요 산업으로 자리매김하며 지금까지 불멸의 기록을 달성하고 있다. 예를 들면, ICT 부문 부가가치는 2014년 2분기에 37조 1000억 원을 기록하였으며 국내총생산(GDP)의 8.6%를 차지하는 것으로 확인되었다. 2008년부터 2013년까지 최근 5년간 연평균 GDP 성장률은 3.2%에 불과했지만 ICT 부문 연평균 성장률은 7.9%에 달해 가파른 속도로 핵심산업으로 부상하였다. 특히 수출 중심의 ICT산업을 고려할 때, 2009년 이후 우리나라 전체 수출액 중 30% 가량이 ICT산업이라는 점은 이러한 핵심산업으로서의 정보통신산업을 잘 나타내고 있다.

1) 최재유, '차관칼럼-ICT새로운 60년을 준비하며', 파이낸셜뉴스, 2015. 4.

2) 한국의 정보통신산업(ICT) 현황과 경쟁력

앞서 언급한 바와 같이, 한국의 ICT산업은 국내총생산(GDP)의 12%를 차지하고, 수출의 30%를 차지할 정도로 핵심산업을 영위하고 있다. 실제로 지난 2008년부터 2013까지 최근 5년간 GDP 성장률이 3.2%에 불과한데 비해 ICT부문 연평균 성장률이 7.9%에 달한다는 것을 통해 이를 확인할 수 있다. 따라서 본 절에서는 한국의 ICT산업의 경쟁력을 총 5개의 ICT 국가경쟁력 지수와 2개의 ICT관련 지수를 연구한 자료를 통해 면밀히 살펴보고자 한다. 나아가 이를 토대로 2015년 미래부가 발표한 K-ICT 전략의 의미를 이해하고, 향후 우리나라의 정보통신산업 정책의 방향성을 전망하고자 한다.

구체적으로 본 장에서는 한국의 정보통신산업의 현황을 파악하기 위해 큰 격차를 보이는 두 가지 국제 지표를 활용한다. 먼저 한국이 높은 순위를 차지하고 있는 국제 지표로서 정보통신발전지수(IDI)를 살펴본다. 정보통신발전지수(IDI)는 국제통신연맹(ITU)이 정보사회를 측정하기 위해 작성하는 지표로 ICT관련 11개의 지표를 결합한 지수이다. 이 지표에서 한국은 꾸준히 1, 2위를 차지하고 있어 최상위 수준임을 확인할 수 있다.

제 3 절 창조경제의 개념과 발전방안

1. 창조경제(創造經濟, creative economy)의 의미

2013년 2월 25일 공식 출범한 박근혜 정부가 최우선 국정운영 전략으로 창조경제를 강조하면서, 이 용어가 큰 주목을 받았다. 박근혜 대통령은 “창조경제론을 상상력과 창의성, 과학기술에 기반한 경제운영을 통해 새로운 성장 동력을 창출하고 새로운 시장과 일자리를 만들어가는 정책”이라고 했다. 구체적인 정책의 지향방향은 추격 · 모방형 경제에서 선도 · 창의형 경제로, 경제성장률 지향의 경제에서 고용률 지향의 경제로, 양적 성장에서 인적 자본과 과학기술을 중심으로 하는 질적 성장을 지향한다.

정부에서는 창조경제(Creative Economy)를 가리켜 "통섭 학문에 기반을 둔 상상력과 창의성, 융합지식, 첨단 과학기술에 기반한 경제 운영으로 신성장 동력을 창출하고 새로운 시장, 새로운 일자리를 만들어가는 정책"이라고 한다.

그림 3-2 함께하는 창조경제 구성도

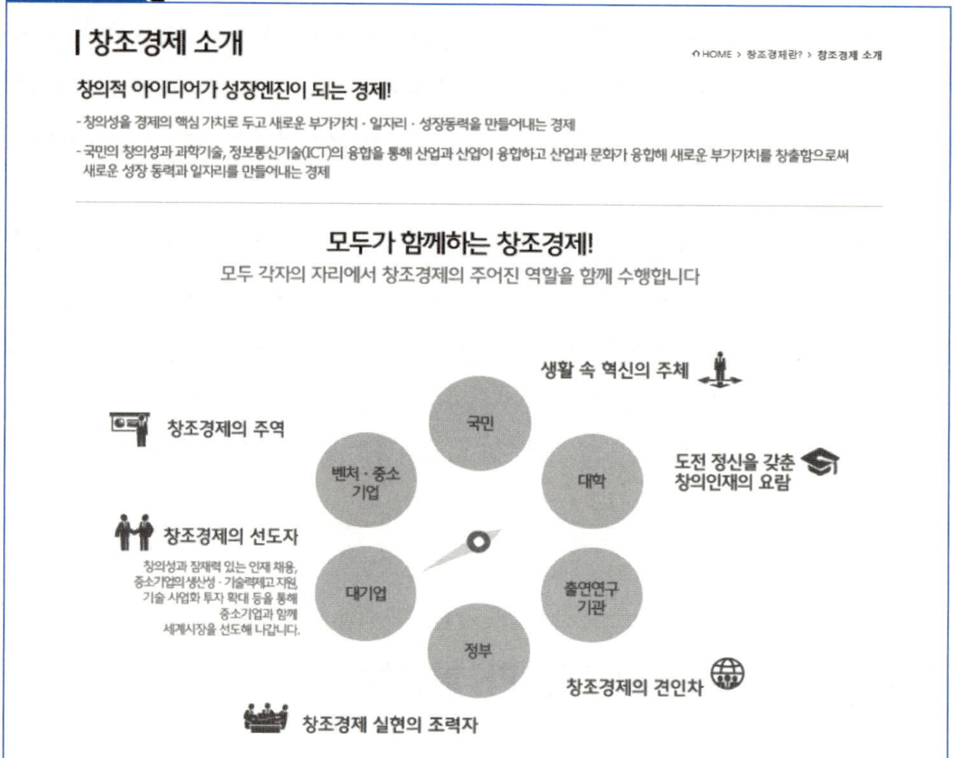

출처 : 정부의 '창조경제타운' 홈페이지, www.creativekorea.or.kr

창조경제는 한국 경제의 당면 문제를 해결하고 GHnomics의 비전을 달성하기 위한 매개체인데 박근혜 정부는 한국 경제가 지금까지와 같은 방식으로는 성장 동력을 상실할 우려가 있다고 인식하고 있다. 즉, 추격 · 모방형 경제로는 저성장을 탈피하기 어렵고, 대기업 위주 및 수출주도형 성장 전략에서 벗어나야 하며, 고용 없는 성장은 안 된다고 역설하고 있는 것이다. 넓은 의미에서 창조경제는 기존의 성장 방식을 타파하고, 선도 · 창의형 경제로 한국 경제의 체질을 변화시킴으로써 지속성장을 도모하는 것이다.

창조경제는 박근혜 정부의 비전인 국민행복시대를 달성하기 위한 GHnomics의 핵심이다. 국민행복시대의 핵심 과제는 경제안전망 구축, 경제사회적 양극화 해소, 그리고 성장잠재력 확충 및 좋은 일자리 창출이며, 좁은 의미에서 창조경제는 이 중 성장잠재력을 확충하고 좋은 일자리를 창출하기 위한 것이다.

창조경제란

첫째로, 창조경제는 "제2의 벤처신화"를 재현하겠다는 의미다. 과학기술과 정보통신기술(IT)을 융합해서 새로운 부가가치와 일자리를 창출한다는 의미로 벤처기업 창업과 유사하다. 따라서 정부가 다양한 지원을 통해서 벤처창업을 활성화하겠다는 뜻이다.

벤처(Venture)기업이란 고도의 전문 능력과 창조적 재능 그리고 기업가 정신을 살려서 대기업에서는 하기 힘든 특수한 신규 산업분야에 도전하는 연구개발형 모험적 기업을 뜻하므로 창조경제의 의미에 부합된다고 할 수 있다. 벤처기업은 초창기에는 전자 · 화학 · 기계 등의 산업을 중심으로 한 하드웨어분야에 많이 진출하였으나, 최근에는 유통 · 서비스 · 회개발 · 정보처리 등의 산업에도 점차 확산되는 추세이다.

그림 3-3 국민행복시대 융합지식도

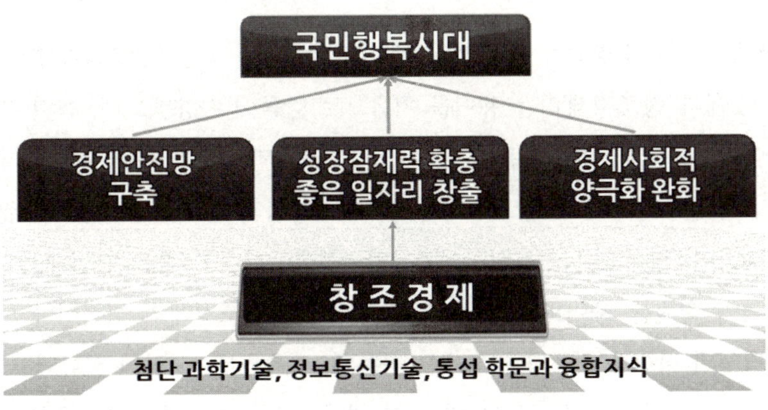

둘째로, 창조경제는 경제의 성장 동력을 만들어내자는 “창조적 파괴”의 의미이다. 경제전반에 걸친 비합리적 행태를 제거해 경제혁신을 하자는 것이다.

박근혜 정부는 다른 나라 혹은 기관의 용례와는 달리 창조경제를 경제발전 패러다임을 아우르는 보다 거시적인 개념으로 사용하고 있다. 주로 산업(군)에 초점을 맞추는 개념을 넘어서서, 성장과 복지의 선순환 구조를 창출하기 위한 경제발전 패러다임 내지 정책을 지칭한다. 특히 첨단 과학기술 및 ICT를 기반으로 한 융합적 · 창의적인 경제를 창출하고 이를 운용하는 방식도 내포한다.

다른 나라 및 기관의 창조경제 용어 사용은 영국의 DCMC(Department of Culture, Media and Sport)와 UNCTAD가 대표적이다. DCMC는 “개인의 창조성과 스킬, 재능 등에 기반한 산업 내지 지적재산권의 창출과 이용을 통해 부와 일자리를 만들어낼 수 있는 잠재력을 지닌 산업”으로 정의하고 있다. UNCTAD는 창조경제를 가리켜 “경제를 성장 · 발전시킬 수 있는 잠재력을 가진 창조적 자산 혹은 그에 기반한 산업”을 일컫는 용어로 사용하고 있다. 즉 창조적 산업(creative industries)은 본원적 투입으로써 지적 자본을 사용하는 재화 및 서비스의 창출과 생산 및 분배의 전 과정으로 정의하고 있는 것이다.

2. 창조경제 부상 배경

2001년 영국의 경영전략 전문가인 **존 호킨스**는 저서인 〈**창조경제**(The Creative Economy)〉에서 ‘창조경제’라는 용어를 처음으로 만들어 사용했으며, 책의 부제는 ‘사람은 아이디어로부터 어떻게 돈을 버는가’ 였다. 호킨스에 따르면, 창조경제는 창조생산품의 거래로 성립된다. 창조생산품, 곧 창조상품과 창조서비스는 대부분 지식재산에 해당하며, 지식재산은 특허 · 실용신안 · 상표 · 디자인 같은 산업재산권과 저작권을 통틀어 일컫는 용어로써, 요컨대 지식재산이 창조경제의 핵심이다.

국내 경제의 저성장 기조가 지속되는 가운데, 고용 없는 성장이 심화되고, 성장 잠재력이 급속 하락하는 것을 극복하기 위한 대안으로 창조경제가 새로운 성장 전략으로 부각되고 있다. 그 이유로는

첫째, 경영학의 대부인 피터 드러커 교수가 규정한 대로 21세기는 지식기반 경제(knowledge-based economy)의 시대이다. 저명한 미래학자 앨빈 토플러 박사는 신작 〈부의 미래〉에서 "21세기의 부는 고객가치를 창출할 수 있는 차별적 지식을 먼저 확보한 개인이나 기업, 국가가 차지하게 될 것"이라고 예측했다.

'창조경제' 구현은 지식기반 경제와 맥을 같이 하며, 이 시대 우리나라가 필요한 매우 적절한 방향 설정이라고 판단된다. 기존의 하드웨어 중심의 2차산업인 제조업 위주 경제로는 도저히 최근 우리나라의 저성장 기조를 탈피할 수 없고, 세계 최고 수준의 IT 인프라와 기존의 제조업 경쟁력, 우수한 과학기술, 인적자원으로 시너지 효과를 창출해 3차산업인 서비스산업(교육, 의료, 컨설팅, 문화 콘텐츠 등)과 소프트웨어 산업의 경쟁력을 강화해야만 21세기 지식기반 경제에서 한국이 선진국으로 도약할 수 있을 것이다. 즉, 창조경제론은 한국이 저성장 기조를 벗어날 수 있는 새로운 성장모델이 될 수 있다.

둘째, 우리나라의 대표 산업인 휴대폰, 반도체, 조선, 자동차, 가전 등을 보면 전형적인 업무 흐름이 R&D와 디자인 → 제조 → 마케팅 → 서비스 등으로 이어지는 가치사슬(value chain)을 가지고 있다.

산업화시대에는 이 가치사슬의 가운데에 위치한 제조단계가 이익 창출의 가장 중요한 원천이었고, 소위 '한강의 기적'을 창출한 원동력이었다. 즉, 대표 기업들은 그룹의 자본력과 낮은 인건비를 바탕으로 대규모 생산설비를 갖추고, 원가절감과 품질개선 노력에 힘입어 많은 이익을 창출했다. 그러나 지식기반 경제시대로 접어들면서 가치사슬 앞쪽에 위치한 R&D와 디자인 부분의 핵심부품, 소재, 소프트웨어, 콘텐츠 개발-창조적 디자인 개발 등의 활동과, 뒤쪽에 위치한 마케팅과 서비스 부분과 관련된 빅데이터 활용 마케팅, 토털솔루션 제공, 고객감동 서비스 등의 활동이 상대적으로 많은 부가가치를 창출한다는 것이다. 창조경제론은 이와 같은 가치사슬의 단계별 변화에 대응하는 전략이라고 볼 수 있다.

마지막으로, 일자리 창출이 우리 사회를 통합하고 성장시키는 가장 중요한 이슈가 되었다. 종래의 제조업 위주의 산업구조로는 일자리를 늘릴 수 없다. 제조업의 자동화와 전산화가 진행되면서 생산이 늘어도 일자리가 더 이상 늘지 않는 구조를 가지고 있다. R&D와 서비스 분야 등은 아직도 우리나라가 선진국 수준이 아니며, 이 분야에 앞서가는 미국이나 이스라엘을 벤치마킹하면 앞으로 개척할 무궁무진한 일자리가 있을 것이다. 창조경제론은 이러한 개념에 근거한 것이라고 평가된다.

3. 창조경제의 핵심 요소 및 발전 방안

아래의 5가지 요건이 갖추어진 경제가 바로 창조경제라고 할 수 있다. 창조경제의 각 요건들은 서로간에 상호보완적인 관계에 있으며 한 가지라도 미비하면 창조경제의 구축은 어렵다. 창조경제에서 요구되는 인적자본을 갖춘 인재는 브레인웨어(Brainware)라고 할 수 있는데 브레인웨어는 고급 두뇌의 중요성을 강조한 용어이자, 다양한 첨단 분야에 대한 이해가 높은 융합형 인재를 의미한다. 학문 · 지식분야는 물론 여러 산업 · 비즈니스 간의 경계가 불분명해지고 기업 · 산업 생태계의 중요성이 증대하고 있는 환경에서는 특정분야에만 얽매이지 않은 통섭형 인재, 즉 브레인웨어가 중요할 수밖에 없다.

그림 3-4 창조경제 브레인웨어 축적도

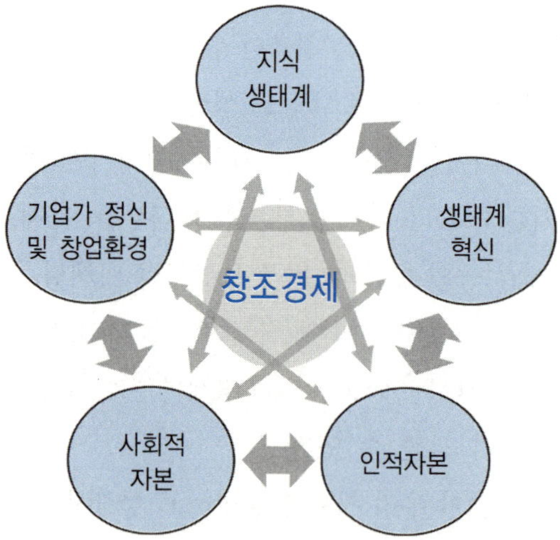

브레인웨어는 지식생태계 및 생태계 혁신의 강화에 기여하고, 이는 다시 브레인웨어의 축적에 우호적인 환경을 제공한다. 무형의 사회적 자본은 다양한 경제주체 간 협력과 소통을 증진시켜 지식생태계와 인적자본 축적, 혁신의 성공 가능성을 제고하고 생태계 혁신과 기업가 정신 · 창업환경은 상호의존적인 관계이며 지식 생태계 및 브레인웨어 축적을 보완한다.

창조 경제를 활성화하기 위한 방안으로는

첫째, 공급 측면에서 정보통신 등 첨단 과학기술을 매개로 모든 산업에서 융복합이 원활히 실현되어 신사업이 활발하게 창출되어야 한다.

둘째, 수요 측면에서 더 많은 수익과 고객을 확보할 수 있는 블루오션 시장을 끊임없이 개척해야 한다.

셋째, 제도적 측면에서 새로운 부가가치를 창출하는 혁신과 창의 정신이 왕성히 살아날 수 있는 경제사회 체제를 구축해야 한다.

이런 점에서 현 정부가 창설한 미래창조과학부에 대해 살펴보면 미래창조과학부는 현재 교육과학기술부의 과학기술(기초과학, 미래기술, 융합기술, 우주기술, 원자력 등)을 주축으로, 지식경제부의 응용 R&D, 대통령 직속의 원자력안전위원회, 과학연구개발 예산을 총괄해온 국가과학기술위원회, 그리고 기존의 방송통신위원회(방송통신 인터넷 정책과 진흥), 지식경제부(소프트웨어 등 정보통신산업 정책), 행정안전부(정보보호정책), 문화체육관광부(게임 등 콘텐츠 관련 정책) 등의 정보통신기술(ICT) 관련 기능을 흡수 통합해 박 대통령이 공약으로 내건 '과학기술 르네상스'를 구현하기 위한 소위 '슈퍼 부처'를 만든다는 계획이다.

그림 3-5 창조경제 발전을 위한 계획

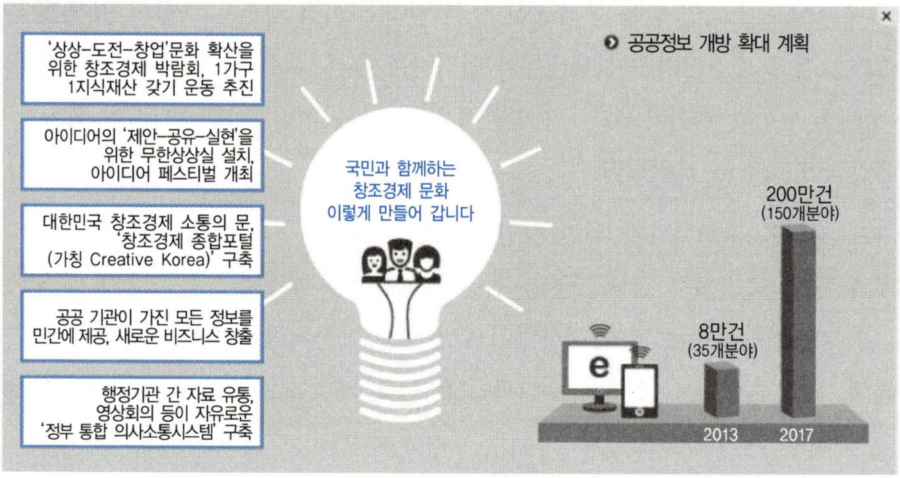

미래창조과학부는 지난 5년 동안 뒷전에 밀려 있던 과학기술 컨트롤타워가 부활했다는 의미를 가지고 있고, 국가과학기술위원회가 가지고 있던 17조원 규모의 국가 R&D 예산 배정·조정 권한을 갖게 되어 이제 창조경제를 부흥시킬 제도적 준비는 완료된 셈이다.

국가과학기술위원회가 수립한 미래 사회 전반에 대한 연구와 과학기술에 기반한 미래사회 변화 예측, 이를 토대로 국가과학기술정책의 수립과 집행기능이 미래창조과학부에 부여되어야 한다. 미래 사회 연구와 변화 예측을 위해서는 방대한 자료의 관리와 분석이 필수적이므로, 통계처리와 빅데이터 분석 능력을 가진 통계분석실의 설치가 미래창조과학부의 필수적인 성공 요소가 될 것이다.

〈표 3-1〉 2013년 상반기 「창조경제 실현계획」 관련 주요 후속대책

대책명	주요내용	주관부처
인터넷 신산업 육성방안 (6.5)	• 사물인터넷, 빅데이터, 클라우드 등 관련산업 육성을 위한 기반조성, 시장창출, 경쟁력 강화 등 추진	미래부
정부3.0 추진 기본계획 (6.19)	• 소통하는 투명한 정부, 일 잘하는 유능한 정부, 국민 중심의 서비스 정부 구현	행자부

지식재산기반 창조경제 실현 전략 (6.25)	• 고품질 특허창출, 국민 아이디어 사업화 및 지재권 금융 확대, 지식재산 서비스업 육성, 인재양성 등	특허청
콘텐츠산업 진흥계획 (7.4)	• 창의적인 기획 · 제작 여건조성, 차세대 · 주력 콘텐츠 산업 육성, 건강한 유통 및 이용환경 조성 등 추진	미래부 문체부
정보보호산업 발전 종합대책 (7.4)	• 정보보호산업 육성을 위한 수요확충 및 신시장 창출, 원천핵심기술경쟁력 강화, 글로벌 정보보호 기업 육성 등	미래부
융복합 · 개방을 통한 공간정보산업 도약방안 (7.5)	• 공간정보의 지속적 개방, 공간정보의 품질 고도화, 융복합 서비스 및 일자리 창출 지원 등	국토부
글로벌 창업 활성화 계획 (7.9)	• '글로벌 창업 지원센터' 설치, 글로벌 엑셀러레이터 육성, 해외 한인 네트워크 활성화 등	미래부
융 · 복합 촉진을 위한 규제 및 제도개선 (7.11)	• 창조경제 실현을 위해 융 · 복합이 촉진되도록 개별산업 중심의 법 · 제도를 융 · 복합 친화적으로 개편	범부처
민 · 군 기술협력 활성화를 위한 7대 중점 추진과제 실천 계획 (7.17)	• 민 · 군 기술개발사업 발굴 · 기획 프로세스 마련, 국방기술개발 결과물의 민간소유 확대, 국방기술 · 인프라의 정보 공개 및 활용 확대 등	미래부 산업부 방사청

제 4 장 해외 정보통신정책

제 1 절 주요국의 정보통신정책 개요

전 세계적으로 IT가 국가경제에 차지하는 비중이 막대해지고 IT산업 진흥이 국가 산업 전체 진흥에 큰 영향을 미친다는 전략적 인식이 확산되면서 IT에 대한 투자가 급속하게 확대되고 있으며 동남아, 동구, 중동, 중남미 등이 새로운 IT시장으로 급부상하고 있다. 미국, 캐나다, 영국, 일본 등 정보화 수준이 높은 국가의 경우 정보기술 산업의 발전이 국가 경제에 실질적으로 기여한다는 인식을 바탕으로 전자정부 구현 등 다양한 정보 인프라 구축을 추진하고 있으며, 정보화 수준 향상과 더불어 국민 상호간의 정보격차 해소에 주력하고 있다.

중국과 인도는 시장성과 지리적 이점 등을 활용하여 단시간 내에 기술력을 집중 육성하여 첨단 기술 영역인 IT분야에서도 급속한 경쟁력을 확보해나가고 있어 우리나라와의 IT산업 세부 부문별 격차가 수년 내지 수개월 내로 좁혀지고 있다. 이에 대처하기 위하여 전략적인 대응이 요구되고 있다.

한편, IT시장은 크게 정보통신서비스, 정보통신기기 및 소프트웨어로 대별되는데, 2010년까지 각 분야의 성장률(CAGR)을 보면 소프트웨어산업이 상대적으로 높은 약 6%대의 성장률을 보이며 장기적으로 세계 IT산업 성장을 주도할 것으로 예상하고 있다.

1. 미국

1) 1991.4~2000.4까지 109개월 동안 연속호황

"디지털과 인터넷"이라는 정보통신 분야의 새로운 패러다임 창출에 있는 것으로 평가되었다. 미국 행정부의 정보통신정책 방향은 신경제 혜택이 국민에게 골고루 돌아갈 수 있도록 일반시민들에게 인터넷 접근을 보장하고, 미국의 모든 어린이들에게 양질의 사이버 교육을 실시하여 인터넷시대의 역군으로 양성하는 데 중점을 두고 있다.

2) 상무부가 발표한 "Digital Economy 2000"

이 보고서에서 정보기술산업이 경제호황의 원동력으로 분석하였다. 2002년 2월 미국 상무부 보고서에 의하면, 미국 가정의 인터넷 이용 성장률이 매달 200만 명의 새로운 인터넷 사용자를 창출하였다.

3) 정보기반 보호와 역기능 방지

2001년 9.11 테러사건의 여파와 함께 많은 컴퓨터 보안사고 발생 → 컴퓨터응급대응센터의 통계에 따르면 웹사이트 공격, 바이러스, 컴퓨터 침입 등이 2001년에 5만 3천여 건이나 보고되었다(2000년도의 약 2배). → 대책 강화한다.

4) 정보격차의 해소

- 정보 소외계층 및 학교도서관의 정보화를 지원한다.
- 저소득자 월기본료 감면과 신규가입료 감면제도가 있다.
- 2000년 2월 클린턴대통령은 "**디지털 격차에서 디지털 기회**(From Digital To Digital Oppertunity)"라는 제안서를 작성한다. → 전화와 같이 **보편적 서비스**로 제공한다.

5) 정보통신사업 현황

최근 전반적인 경기악화로 통신업체 매출성장률 감소, 디지털 경제기반 → 통신서비스 및 통신기기, S/W 및 관련 서비스, H/W, 케이블 모뎀 등이 통신속도를 급속하게 증가시키며 광케이블 용량은 1년마다 두 배씩 증가한다.

6) 인터넷 현황

- 컴퓨터와 인터넷은 짧은 시간 내에 광범위하게 보급한다.
- 미국의 경제회생은 전자상거래 확산을 포함한 인터넷 활용에 기인한다.
- 인터넷 전문기업들이 은행, 증권, 상거래, 경매 등 전 분야에 걸쳐 급성장세를 보이면서 경제성장의 원동력으로 작용한다.

7) 미국의 연령별 인터넷 이용자 현황(2003년 9월 현재)

9~17세 : 68.6%, 18~24세 : 65.1%, 25~49세 : 63.9%, 50세 이상 : 37.1%.

8) 인터넷사업자 동향

2001년 11월 보고서에 따르면, 경기침체에 관계없이 e-비즈니스에 대한 투자를 계속 확대할 것으로 전망되고 있다.

2. 일본

1) e-Japan 2002 프로그램

- 일본 정부는 세계적인 규모로 전계되고 있는 정보통신기술에 의한 산업 · 사회구조적 변혁, 즉 IT혁명의 추진을 통한 IT입국 실현을 정책목표로 삼고 있다.
- 2000년 7월 "정보통신전략본부" 설치, 2001년 1월 "고도정보통신네트워크사회형성기본법"에 근거하여, 총리를 본부장으로 내각의 각료 전원과 민간의 전문가들로 구성된 **"IT전략본부"**를 새롭게 발족하고 향후 5년 이내 세계 최첨단의 IT국가 실현을 목표로 하고 있다.

5대 정책기본방침 :

① 고속·초고속 인터넷 보급의 추진

② 교육의 정보화, 인재육성의 강화

③ 네트워크 콘텐츠의 충실화

④ 전자정부의 추진

⑤ 정보통신분야의 국제적 역할 강화

2) 2002년 정보통신정책 대강

일본정부는 IT혁명에 대응하여 구조개혁을 추진하는 것이 경기회복과 지속적인 성장을 위한 열쇠라고 판단하고 전략적인 정보통신정책을 적극적으로 추진하고 있다. 중점적으로 전개해나갈 정책분야로는 다음과 같은 내용들이 있다.

① 초고속 네트워크 인프라의 정비 및 이용 촉진

② 전자정부, 전자 지방자치단체의 실현

③ 인재육성 - 전문기술자의 육성, 교육용 콘텐츠의 유통 촉진

④ 정보격차의 해소 - 연령, 신체적 등 격차 중점

⑤ 전략적 연구개발의 추진 - 자금지원, 정보보호 기술의 개발 추진 등에 중점

• 누구나 참여할 수 있는 정보통신사회의 구축 → 2002년에 42만 명의 고용효과

3) 정보통신 관련 정부조직

우정성이 정보통신 관련 정책수립과 규제업무를 담당 하다가 2001년 1월 중앙부처 재편에 따라 자치성과 함께 총무성으로 통합한다.

4) 차세대 인터넷 연구개발

정보통신분야의 국가경쟁력 강화를 목적으로 **Gigabit급 네트워크**(JGN : Japan Gigabit Network) 사업을 전개한다.

5) 이동통신

IMT-2000 도입에 있어 일본 및 유럽기업이 공동개발한 "WCDMA 방식"과 미국에서 개발한 "CDMA 2000 방식"의 두 종류를 채택한다.

6) 정보통신서비스

2002년 4월말 현재 이동전화가 유선전화를 추월하여 유선전화 가입자는 약 6,008만 건으로 1년 동안 가입 건수가 약 61만 건 감소, 이동전화 가입자는 약 7,548만 건으로 매년 비약적으로 성장한다.

7) 인터넷서비스

2002년 5월 발표한 2001년 말 인터넷 이용인구 약 5,593만 명으로 미국 약 1억 6,614만 명 다음으로 세계 2위이다.

8) 일본정보통신사업자

국내 및 국제사업의 구분 철폐와 외자규제 철폐, 완전경쟁 구축체제 - CNTT, KDD, NTT, DOCOMO

3. 중국

1) 서론

우리나라와 가까운 지리적 위치에 있으면서 거대한 시장으로 떠오른 중국을 회자하는 것은 어제 오늘의 일이 아니다. 모택동의 실용화 정책 노선을 발표한 이후 중국은 사회주의와 자본주의의 장점만을 택한 수정사회주의의 노선을 걸어왔고, 그 결과 엄청난 경제발전을 이루어왔다. 빈부의 격차가 날로 늘고, 특권층의 권력 집중화, 인권에 대한 목소리가 높아가는 부작용은 있지만 어쨌거나 중국의 경제성장에 대해서는 누구도 부인하거나 다른 의견을 내기 어려울 것이다.

오늘날 중국의 정보통신산업은 빠르게 성장해가는 중국 경제의 한 축으로 자기의 몫을 충분히 다하고 있으며, 우리나라 또는 다른 선진국과 비교해보더라도 기술격차는 거의 없는 것으로 평가되고 있다. 1978년 세계 10위였던 중국 경제규모는 2010년 일본을 넘어 미국과 함께 G2로 부상하는 성과를 달성하였으며, 전 세계 GDP 중 중국의 비중은 2013년 12.4%로 EU를 제외하면 미국 22.7%에 이어 단일국가로는 세계 2위 수준으로 도약하였다. 국제경영개발원(IMD)에 따르면, 1997년 과학·인프라 경쟁력에서 한국과 중국은 각각 20위, 28위였으나 2014년 현재 각각 6위, 7위를 차지하는 등 지난 17년 동안 중국은 무섭게 한국을 추격해왔다. 최근 중국 ICT기업들은 거대한 내수시장과 정부의 적극적인 육성 의지를 바탕으로 고속 성장을 지속해오고 있다. 중국 IT시장은 하드웨어 분야를 중심으로 점진적으로 확대되어 2014년 기준 2,071억 달러로 세계 IT시장(2조 985억 달러)의 9.9%를 차지하며 2013년 대비 13.3% 성장할 것으로 전망하고 있다.

2013년 중국의 ICT산업 수출은 8,279억 달러로 우리나라(1,767억 달러)의 4.7배이며, 우리나라(897억 달러)의 3배에 달하는 2,610억 달러의 무역흑자를 기록하여, 전 산업 수출에서 차지하는 IT산업의 비중도 37.5%로 우리나라(31.6%)보다 5.9%p 높은 것으로 추산된다. 우리나라 ICT산업을 위협하며 IT강국으로 자리매김하고 있는 중국에 대한 심층적인 논의 및 검토가 필요한 시점이며, 이를 위해 주요 ICT R&D 정책 및 최근 산업 이슈를 살펴보고자 한다.

제 2 절 미국의 정보통신정책

1. 추진동향

1993년 클린턴 행정부 이후 디지털 기회의 강조, 전자사회의 건설, 전자정부의 실현, 소비자 신뢰도의 증대, 글로벌 사이버마켓 창조, 인터넷을 통한 성장촉진 등의 6대 디지털화 핵심정책을 추진하였다. 그리고 다음과 같은 영역에서 정보통신정책이 추진되었다.

첫째, 인터넷과 정보기술산업이 미국경제의 호황에 크게 기여한 것으로 분석하고 전자상거래의 활성화 추진을 통한 디지털 경제를 구축하고자 하였다.

둘째, 일반 국민이 모든 정부정보에 접근하고 온라인을 통한 정부와의 거래가 가능하도록 하는 등의 전자정부를 구축하고자 하였다.

셋째, 정보소외계층이 인터넷과 같은 정보서비스를 쉽게 이용할 수 있도록 요금을 저렴하게 하는 등의 정보격차 해소정책을 추진하고 있다.

넷째, 인터넷 체증 등과 같은 문제 해소와 새로 발생하는 서비스에 대한 새로운 수요에 대응하기 위해 차세대 인터넷 개발을 위한 지원을 강화하고 있다.

다섯째, 21세기 정보화시대에 대비하여 학생들의 정보기술 활용능력을 향상시키기 위하여 학교정보화로 추진하고 있다.

여섯째, 미국정부는 정보통신기술 우위확보를 위해 대학과 연구기관, 기업 등에 대한 R&D 투자를 확대하고 있다.

이러한 정보통신정책의 추진은 클린턴 행정부 이후부터 지금까지 꾸준히 추진되고 있으며, 최근에는 국민 중심, 결과 중심, 시장 중심 정부의 비전실현을 위한 전자정부실현을 추진하고 있다. 1990년대 세계의 신경제를 주도한 미국은 IT산업 전반에 세계1위를 점하고 있으며 또한, 이를 바탕으로 기업 및 개인생활에 있어 정보 활용이 일상화되어 국가사회 전반의 정보 활용도가 높은 정보화 선진국으로 평가되고 있다.

2. 정보통신(ICT) 방송 정책

미국 정보통신 방송 정책 수립 및 규제 총괄기관에는 연방통신위원회(FCC : Federal Communication Commission)가 있으며 상무부 산하기관으로 미국 정부의 통신정책 담당 기관은 국가통신정보관리청(NTIA : National Telecommunications and Information Administration)이 있다. 또한, 전자통신협회에는 TechAmerica가 존재한다.

미국의 정보통신 방송 관련 업무 구조는 아래 그림과 같이 통신분야, 방송 분야로 나뉘며 통신분야에는 정부부처 내 국가정보통신관리청(NTIA)에서 역할을 하고 있으며 독립기관으로 연방통신위원회(FCC)에서 미국 방송통신 정책 수립 및 규제를 총괄한다.

그림 4-1 미국의 정보통신(ICT) 방송 관련 업무 구조

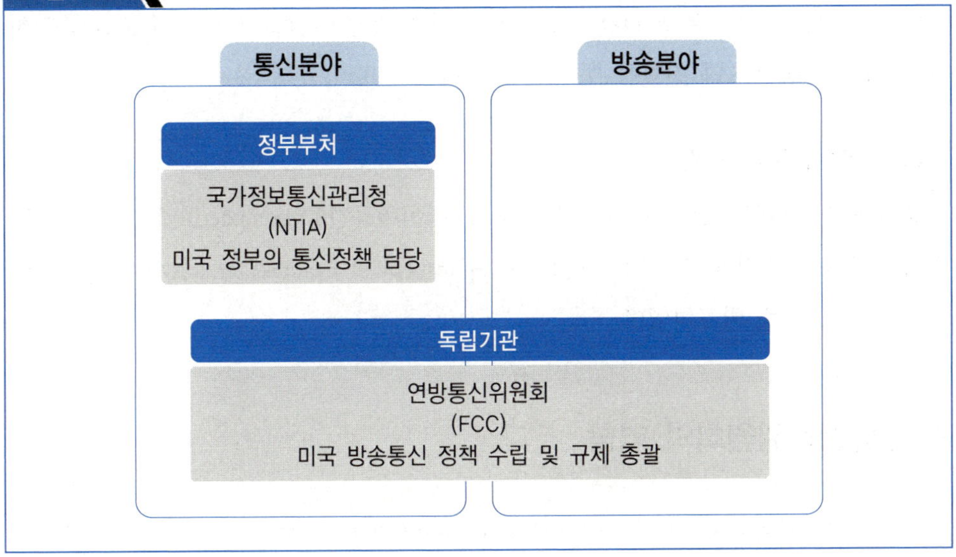

미국의 정보통신 방송 정책 주요 계획에는 연방통신위원회에서 수립한 계획을 보면 2008년 6월 연방통신위원회(FCC)는 전략 계획 2009~2014(Strategic Plan 2009~2014)를 발표하고 향후 5년간 중점적으로 추진해나갈 6개 분야의 목표를 제시하였다.

(1) 브로드밴드 계획

미국 정부가 현재 추진 중인 브로드밴드 계획에는 국가 브로드밴드 계획(National BroadbandPlan), 지방 브로드밴드 활성화 계획(CAF : Connect America Fund), 기가 인터넷 이니셔티브(US Ignite) 등이 있다.

(2) 모바일 브로드밴드 육성 정책

연방통신위원회(FCC)는 모바일 산업이 미국의 경제력 강화, 일자리 창출, 삶의 질 향상에 있어 중요한 역할을 담당한다고 강조하며, 연방통신위원회(FCC)의 모바일 산

업 육성을 통해 혁신과 투자 촉진, 경쟁 촉진, 소비자 보호 및 권한 강화 등을 실현하고자 한다.

(3) 디지털 지상파 방송 전환 정책

미국의 모든 방송국은 2009년 6월 12일 자정을 기해 아날로그 신호 송출을 중단하고 디지털 방송으로의 전환을 목표로 하였다.

(4) 사이버 보안 전략

2011년 7월 14일, 국방부(DoD)가 최초로 '사이버공간(Cyberspace)'에서의 공격 및 위협에 대응하기 위한 '사이버 보안전략(Department of Defense Strategy for Operating in Cyberspace)'을 발표하였다.

3. 연방통신위원회의 역할

연방통신위원회(FCC : Federal Communication Commission)는 1934년에 제정된 '연방통신법(Communications Act of 1934)'에 의거하여 설립된 미국 연방정부의 정보통신(ICT) · 독립 행정기관으로서 라디오, TV방송 등 무선 주파수를 사용하는 모든 비정부 기구와 유 · 통신, 위성, 케이블 커뮤니케이션을 규제하고 관리하며, 주요 업무로는 정보통신(ICT)에 관한 기본계획 수립 등 정책 총괄, 소유제한 등 시장규제 및 경쟁정책 수립, 정보통신(ICT) · 사업자 허가 및 감독, 주파수 배분 및 할당 관리, 방송편성 및 내용 규제, 각종 위반행위에 대한 제재명령(벌금 부과, 면허 취소 등), ITU 및 OECD 등 관련 국제회의 참가 등이다. 7개 사무국(Bureau)은 라이선스 신청과 연방통신위원회(FCC) 내외부에서 제기된 이슈사항에 대한 조사 및 연구, 규제관련 프로그램의 개발과 실행, 청문회 개최 등을 주 업무로 하며 10개 사무소(Office)는 지원업무를 수행한다. 아래 [그림 4-2]에서는 연방통신위원회(FCC)의 상세 조직도를 볼 수 있다.

그림 4-2 연방통신위원회(FCC) 조직도

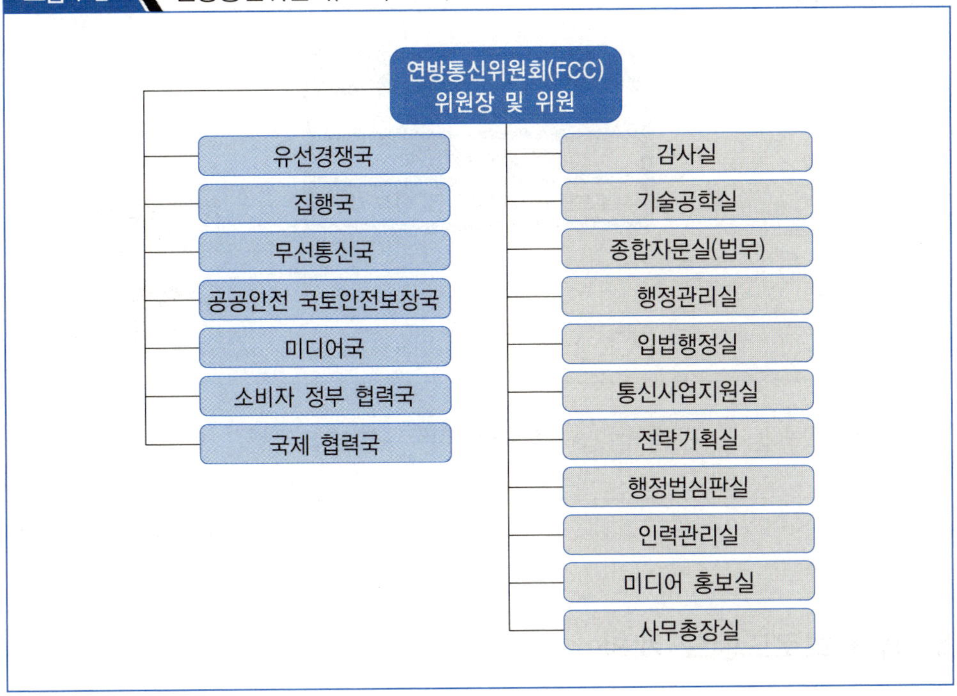

출처 : 연방통신위원회

4. 국가통신정보관리청(NTIA)

국가통신정보관리청(NTIA : National Telecommunications and Information Administration)은 1978년에 설립되었으며, 미 상무부 산하 행정집행기관으로 미국 국내외의 통신 및 정보 기술에 관한 자문역할을 한다. 연방통신위원회(FCC)가 기업 등과 같은 민간 분야의 정보통신(ICT)·인허가 및 규제를 담당하는 데 반해 국가통신정보관리청(NTIA)은 연방정부의 주파수 할당과 사용 관련 사항, 정부 주도의 통신진흥계획, 대통령과 부통령 및 상무장관의 정보통신 자문 역할 등을 담당한다.

그림 4-3 미국 국가통신정보관리청(NTIA) 조직도

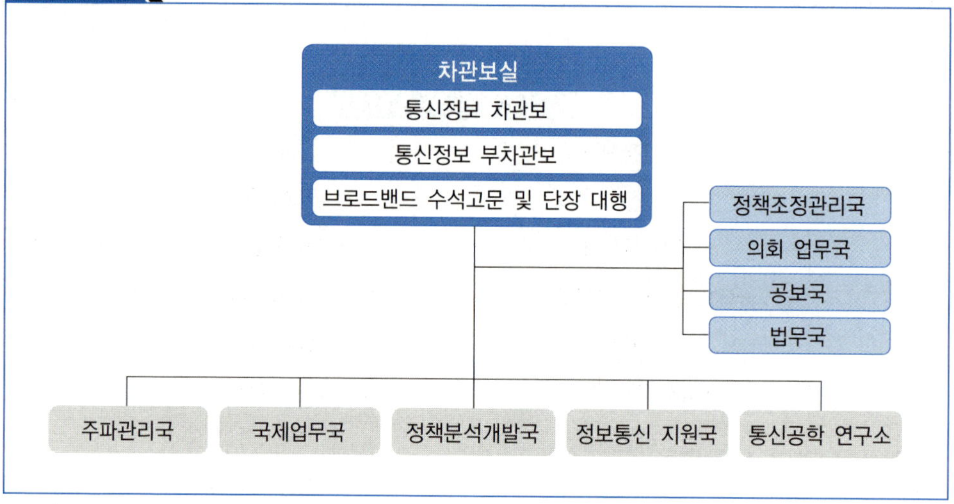

출처 : 국가통신정보관리청

5. 국가 브로드밴드 계획

연방통신위원회(FCC)는 '국가 브로드밴드 계획(National Broadband Plan)'을 발표, 2020년까지 미국의 초고속 인터넷 망 확대를 위한 정책 방향을 제시하였다. 미국 의회의 지시로 연방통신위원회(FCC)는 2009년 4월부터 모든 국민들에게 브로드밴드 서비스 보급을 목표로 하는 '국가 브로드밴드 계획(National BroadbandPlan)' 수립에 착수하였고 연방통신위원회(FCC)는 2009년 9월 관련 계획의 추진현황을 담은 보고서를 발간하였으며, 헬스케어, 교육, 에너지, 공공안전, 일자리 창출, 투자 등 국가적 우선 사항들에 대한 해결 방안을 촉진하기 위한 브로드밴드 구축, 채택, 구매능력 및 브로드밴드 사용 문제 등을 본 보고서에서 다루었다.

특히 주파수 정책과 관련해서 향후 무선 브로드밴드 대중화에 대비한 미국의 장기적인 주파수 수요에 대한 평가를 실시했으며, 2010년 3월 발간된 최종 계획 보고서에서는 중장기 주파수 수급 및 관리에 대한 정책권고안을 제시하였다. 미국의 국가 브로드밴드 계획의 방향성은 1) 경쟁 정책 수립을 통한 혁신 및 투자확대, 2) 통신망 업그레이드 추진을 위한 주파수 등 국가 자산의 효율적 활용, 3) 보편적 브로드밴드 서비스 제공, 4) 공공 분야, 교육, 보건 등의 분야의 브로드밴드 적용 확대 등이 있다.

연방통신위원회(FCC)는 2020년까지 6개의 장기 브로드밴드 목표를 수립하였으며, 내용은 다음과 같다.

- 최소 1억 가구에 최소 다운로드 속도 100Mbps, 업로드 속도 50Mbps급의 브로드밴드를 보급한다.
- 가장 신속하고 광범위한 통신망으로 글로벌 통신 시장을 주도한다.
- 모든 국민에게 저렴하고 질 높은 브로드밴드 서비스 제공 및 선택권을 보장한다.
- 학교, 병원, 정부 건물 등에 최소 1Gbps급 브로드밴드를 보급한다.
- 국민의 안전 보장을 위해 초기 대응자의 전국적이고 상호운용적인 광대역 공공 안전 통신망 접근권을 보장한다.
- 브로드밴드를 통한 개별 국민의 실시간 에너지 소비 추적 및 관리로 글로벌 그린 에너지를 주도한다.

연방통신위원회(FCC)는 지난 10년간 브로드밴드 접속과 이용이 크게 늘었으나 여전히 미국 국민들의 경제수준을 고려하면 보급률이 크게 떨어지고 있는 상황이라고 분석하며, 브로드밴드 보급률을 90% 이상 늘리는 것을 목표로 하였고 연방통신위원회(FCC)는 우선 저렴한 비용으로 1억 가구가 이용할 수 있는 100Mbps급 인터넷 서비스를 제공하고, 학교, 병원, 군사시설 등 거점시설에는 1Gbps급 초고속 브로드밴드 서비스를 지원할 예정이다. 한편, 2010년 6월 버락 오바마(Barack Obama) 대통령은 '국가 브로드밴드 계획(National Broadband Plan)'을 통해 광대역 통신에 필요한 추가 주파수 500MHz 대역의 확보를 지시예정이고, 이중 225MHz~3.7GHz 사이의 300MHz 대역은 5년 내에 확보할 예정이다.

그림 4-4 국가 브로드밴드 계획 개요

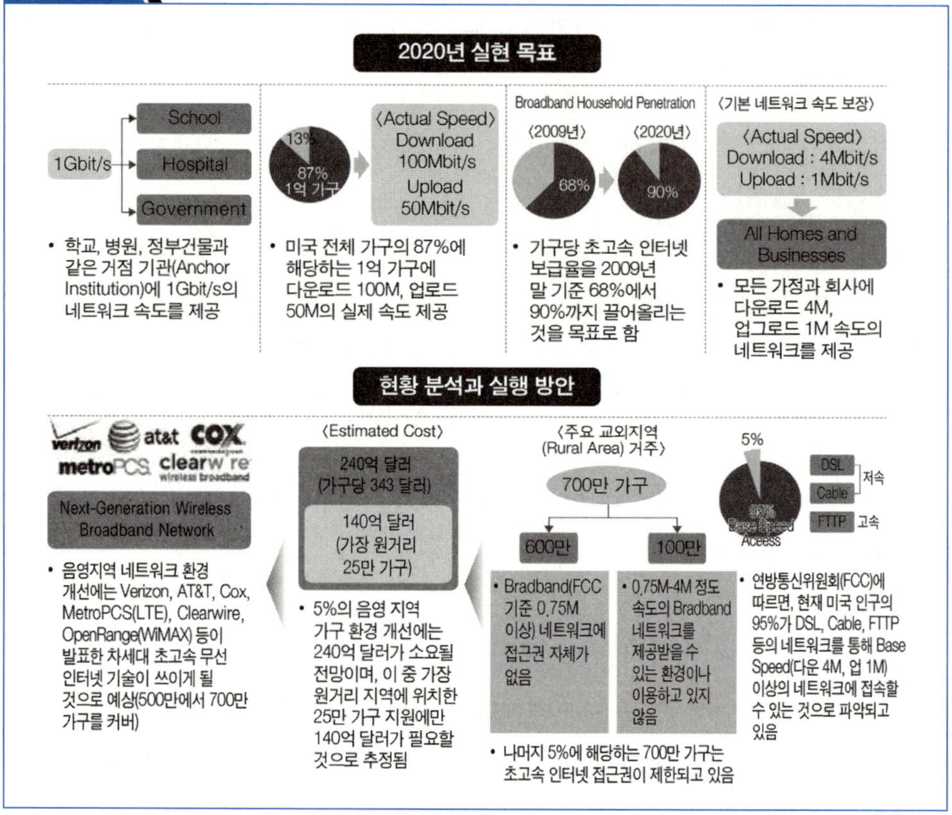

6. 모바일 브로드밴드 육성 정책

연방통신위원회(FCC)는 모바일 산업이 미국의 경제력 강화, 일자리 창출, 삶의 질 향상에 있어 중요한 역할을 담당한다고 강조하며, 연방통신위원회(FCC)의 모바일 산업 육성을 통해 혁신과 투자 촉진, 경쟁 촉진, 소비자 보호 및 권한 강화 등을 실현하고자 하였다. 특히 연방통신위원회(FCC)는 모바일 브로드밴드가 헬스케어, 교육, 에너지 산업 등 향후 미국 경제의 중추 역할을 담당하게 될 것으로 전망하며, 2009년 10월 미국 모바일 브로드밴드 육성을 위한 4대 정책 기조를 발표하였다.

7. 디지털 방송 전환 정책

2009년 6월 12일, 미국은 룩셈부르크, 핀란드, 네덜란드에 이어 네 번째로 디지털 방송 전환을 완료하였다. 따라서 미국의 모든 가구는 12일부터 아날로그 TV로 디지털 방송을 시청할 수 있는 TV 수신기(컨버터)를 장착하거나 디지털 방송 수신이 가능한 TV 수상기를 구비해야만 방송을 시청할 수 있게 되었으며, 디지털 지상파 방송 전환을 준비하지 못한 가구는 더 이상 방송을 시청할 수 없게 되었다. 하지만 아래 〈표 4-1〉과 같이 디지털 지상파 방송 전환 실행에 따른 대비책을 만들어 놓고 혼란에 대비하였다.

〈표 4-1〉 미국의 디지털 지상파 방송 전환 실행에 따른 대비책

미국의 디지털 지상파 방송 전환 실행에 따른 대비책	
디지털 전환 실행 당일	• 콜센터 임시 직원 4,000여명 배치
	• 컨버터 설치를 도와줄 자원 봉사단 구성
	• 연방통신위원회(FCC), 디지털 신호 송·수신 24시간 모니터링
디지털 전환 이후	• 6/12일부터 4주간 디지털 전환 안내 방송인 Nightlight 방영
	• 컨버터 쿠폰 지급 7월 31일까지 연장
	• 콜센터 운영 및 연방통신위원회(FCC)의 모니터링 지속

8. 망 중립성 정책

2011년 9월 23일, 미국 연방통신위원회(FCC)는 망 중립성 원칙을 담은 최종 규칙을 미국 연방정부 공보(Federal Register)에 공식 게재하였으며, 2011년 11월 20일부터 공식 발효되었다. 미국의 망 중립성 규칙의 목적은 인터넷이 소비자의 선택, 표현의 자유, 경쟁 및 혁신의 자유 등을 가능하게 하는 개방 플랫폼으로써의 역할을 하도록 하기 위함이다. 한편, 연방통신위원회(FCC)는 동 규칙과 함께 '오픈 인터넷 자문위원회(Open Internet Advisory Committee)'를 운영하여 미국의 망 중립성 원칙을 시행한다고 하였다.

〈표 4-2〉 미국의 망 중립성 정책

<table>
<tr><th>구분</th><th>유선 인터넷 전송 사업자</th><th>무선 인터넷 전송 사업자</th></tr>
<tr><td>투명성
(Transparency)</td><td colspan="2">• 네트워크 관리 관행, 성능 및 제공 조건 등에 대한 정보를 최종 이용자 및 인터넷 관련 사업자들에게 충분하고 정확하게 제공</td></tr>
<tr><td rowspan="2">차단금지
(No Blocking)</td><td colspan="2">• 합리적인 네트워크 관리 범위 내에서 콘텐츠 등의 접속 차단을 금지</td></tr>
<tr><td>• 콘텐츠, 어플리케이션, 서비스 및 단말 차단 금지</td><td>• 합법적인 웹사이트, 어플리케이션 차단 금지</td></tr>
<tr><td>불합리한 차별 금지
(No Unreasonable Discrimination)</td><td>• 합법적인 네트워크 트래픽 전송을 불합리하게 차별해서는 안 됨</td><td>• 해당사항 없음</td></tr>
</table>

9. 사이버 보안 전략

2011년 7월 14일, 미국 국방부(DoD)가 최초로 '사이버공간(Cyberspace)'에서의 공격 및 위협에 대응하기 위한 '사이버 보안 전략(Department of Defense Strategy for Operating in Cyberspace)'을 발표하였다. 국방부(DoD)가 발표한 사이버 보안 전략은 총 5개의 전략적 이니셔티브(Strategic Initiatives)로 구성되었다.

〈표 4-3〉 미국의 사이버 보안 전략의 전략적 이니셔티브

<table>
<tr><th>전략</th><th>내용</th></tr>
<tr><td rowspan="2">Strategic Initiative 1</td><td>사이버 공간을 작전 대상 영역으로 정의하여 담당 조직을 설립하고 무장하여 작전 훈련 시행</td></tr>
<tr><td>• 육지, 해상, 공중, 우주에 이어 사이버 공간을 5번째로 미군이 지켜야할 작전 대사 영역으로 정의
• 사이버 공간에서 발생 가능한 적대 행위에 대응할 수 있는 조직 체계와 장비를 정비하고 사이버 공격에 대한 방어 훈련 시행
• 미국 전략 사령부(USSTRATCOM)에 사이버 공간에서의 국방의 의무를 부여하며 산하 사이버 사령부(USCYBERCOM)를 통해 작전을 지휘함</td></tr>
<tr><td rowspan="2">Strategic Initiative 2</td><td>국방부(DoD) 네트워크 및 시스템 보호를 위한 새로운 방어 전략 도입</td></tr>
<tr><td>• 내부 위협(Insider Threats) 요인 제거를 위한 조직 커뮤니케이션, 조직적 책임 체계, 내부 모니터링, 정보관리 역량 강화</td></tr>
</table>

	• 국방부(DoD) 네트워크 · 시스템 침범을 막기 위한 사이버 방어 전략 시행 및 새로운 방어 전략 컨셉 및 컴퓨팅 아키텍처 개발 착수
Strategic Initiative 3	**미국 기타 정부부처 및 기관, 민간 영역과 협력 강화를 통한 국가 사이버 보안 전략 시행**
	• 사이버위협은 정부 및 민간 산업 분야 구분 없이 방대하게 존재하므로 민관 협력 강화로 국가 전체를 아우르는 사이버 보안 전략 실행 • 국토안보부(Department of Homeland Security) 및 기타 정부부 부처와 사이버 보안을 위한 협력 체계를 강화 • 네트워크 관련 민간 사업자들과의 협력을 통한 사이버 공간에서의 새로운 역량 개발 및 보안 전략 아이디어 공유
Strategic Initiative 4	**동맹국을 포함한 국제 협력 강화를 통해 사이버 보안의 국제 공조 강화**
	• 국가 간 사이버 사건, 악성 코드에 대한 위험 신호, 신종 위협에 대한 정보 등을 고유, 글로벌 사이버위협에 공동 대응 • 미국 국방부(DoD)는 이미 호주, 캐나다, 영국, 일본 등과 사이버 보안 관련하여 협력 관계를 체결 • 글로벌 사이버 공간에서의 개방성, 상호운용성, 보안, 신뢰성 촉진
Strategic Initiative 5	**사이버 보안 관련 우수 인력 확보 기술 혁신에 투자 확대**
	• 사이버 보안 전략을 수행할 인력 확보를 위해 과학, 교육, 경제 등의 산업 촉진하며 사이버 보안 관련 R&D 투자에 약 5억 달러를 할당 • 중소기업들과의 협력을 강화하여 사이버 보안 관련 기술 R&D 추진, 아이디어 공유, 인력 양성 등 추진

출처 : Department of Defense Strategy for Operating in Cyberspace

10. 클라우드 우선 정책

미국 연방정부의 최고정보책임자(CIO)인 Vivek Kundra는 2010년 12월 '연방정부 정보기술 관리 개혁' 중 클라우드 우선 정책(Cloud First Policy)을 발표하였다.

- 클라우드 우선 정책을 발표하기 전, 2009년 미국 정부는 클라우드 추진 전략을 발표하고 연방 GSA가 SaaS/IaaS 조달에 관한 RFI(Request for Information)를 발표하면서 미국의 클라우드 정책이 개시되었다.
- 클라우드 우선 정책의 핵심은 각 기관의 최고정보책임자(CIO)들이 반드시 클라우드 컴퓨팅으로 이관해야 하는 3가지 서비스 시스템을 정하고 이관을 위한 프로젝트 계획을 수립하라는 것이 목표이다.

- 클라우드 우선 정책의 시행을 위해서 연방정부는 연간 800억 달러에 달하는 연방정부 IT 예산 중 무려 25%를 클라우드 환경으로 전환하겠다는 계획이 첫 번째 목표로 클라우드 생태계 구축에 주력하였다.
- 클라우드 우선 정책 두 번째 목표로는 3개 시스템 중 1개는 무조건 12개월 안에 클라우드 컴퓨팅으로 이관해야 하며, 나머지 2개는 18개월 안에 이관해야 한다.

〈표 4-4〉 클라우드 서비스 도입을 통한 기대 효과

구분	기대효과	기존환경
효율성	• 정부자산 이용의 효율성 제고 (서버 이용률을 60~70%까지 향상) • 수요 통합 • 시스템 통합 활성화	• 자산 이용률 저조 • 시스템 중복 • 관리 시스템 취약
기민성	• 신뢰성 높은 업체의 클라우드 서비스 구매 • 서비스 용량을 필요에 따라 즉시 증가시키거나 감소할 수 있음 • 긴급 상황 시 민첩한 대응 가능	• 신규 서비스용 데이터센터 구축에 많은 시간이 소요됨 • 기존 서비스 용량을 늘리는 데 많은 시간 소요됨
혁신성	• 자산 소요에서 서비스 관리로 무게중심 이동 • 민간분야의 혁신성 도입 • 기업문화 향상 • 새로운 기술과의 연계성 강화	• 자산 관리에 치중 • 민간분야에 비해 혁신성 저조 • 리스크 방어적 문화 중심

출처 : 연방정부, Kundra(2011)

11. 정보통신정책 추진체계

미국 연방정부의 정보화 추진체계는 대통령을 중심으로 정보화 관련 자문위원회와 관리예산처가 구성되어 있다.

1) 정보정책 통합조정기구

정보화정책의 통합조정기구이자 연방정부의 정보자원관리업무를 총괄하는 주무기관으로 범부처 수준의 정보화 전담조직과 행정부처 간의 조정 및 전자정부 관련 지침전달과 예산과정의 일부에 대한 평가를 한다.

2) 범부처 정부개혁 총괄기구

전자정부의 목표와 정부개혁과제를 이행하고 부처 간의 조정 등을 총괄하는 기구로 각 부처 및 정부기관의 COO(Chief Operating Officer, 차관급)로 구성되어 있다.

COO는 전자정부 구현, 성과 및 예산 통합 등 대통령 개혁우선과제의 부처차원 추진의 총괄책임을 맡고 부처의 전략계획 수립, 성과측정을 통해 정보개혁 수행을 지원하는 업무를 담당한다.

3) 정보화 관련 대통령자문기구

정보기술, 과학기술 등 전반에 걸쳐 분석자료를 제공하는 대통령자문위원회이다.

12. 미국의 사물인터넷

사물인터넷을 중요한 기술분야로 인식하고, 사물인터넷 기술개발과 서비스 확산에 노력하고 있다[3]. 2007년 국방부의 운반설비에 M2M 기반 추적 시스템을 적용하고, 뉴욕은 2007년부터 택시의 텔레매틱스 도입을 의무화하고 있다. 2008년 4월에는 미국 국가정보위원회(NIC)에서 사물인터넷을 미국 경쟁력에 중요한 영향을 미치는 기술로 선정하기도 하였다.

2009년에는 2020년까지 스마트그리드, 헬스케어, IT, 광대역망 보급사업 등의 'IT 뉴딜 정책'을 계획하였고, M2M 기반의 스마트 그리드 사업 등에 투자하는 'Grid 2030' 계획을 수립하였다. 2013년에는 연방통신위원회(FCC)가 IoT 관련 규정을 제정하기 위하여 칩, 모듈, 단말, 통신업계가 참여한 공청회를 개최하여 사물인터넷 기반 조성을 위한 활동을 진행하였다.

제3절 일본의 정보통신정책

1. 정보통신정책 추진 과정

우정성의 자문기구인 전기통신위원회는 1994년 5월에 정보통신의 고도화를 위해 2010년까지 33조 엔에서 53조 엔의 예산으로 광통신망을 구축한다는 목표를 설정하였고 이를 달성하기 위한 원칙, 추진방법, 일정, 권고사항 등을 제시하였다. 그리고 동년 8월에 수상 직속으로 설치된 고도정보통신사회 추진본부에서는 관련 전문가들의 의견을 수렴하여 기본방침을 결정하였다.

이후 일본정부는 정보통신기술 활용을 통해 세계에서 일어나고 있는 사회경제구조 변화에 정확하게 대응하는 것과 고도정보통신네트워크사회 형성에 관한 시책을 신속하게 추진하는 것이 중요한 정책 중 하나라고 판단하여 2001년 정부에 IT전략본부를 설치하였다. 이 전략본부는 5년 이내에 세계 최첨단 IT국가를 목표로 e-Japan 전략을 제정하였다. 또한, 2002년 3월에는 2005년까지 IT인적자원대국을 목표로 청소년들의 IT활용능력을 높이기 위한 'IT인력 육성계획'을 책정하였다.

2. 정보통신정책의 추진현황

최근 일본의 정보화를 위한 주 정책인 e-Japan전략의 핵심적인 내용은 다음과 같다.

1) 세계 최고 수준 고도정보통신 네트워크 구축

2) 전자상거래 촉진

3) 교육진흥 및 인적자원 육성(교육, 인재육성)

4) 행정정보화 및 공공부문의 IT활용 촉진(전자정부)

5) 고도정보통신의 안정성 및 신뢰성 확보

일본정부의 정보화 추진의 중심기관은 1994년 정보화 정책 추진 이후 8월에 설립된 '고도정보통신사회추진본부'이다. 이는 2001년 6월 행정조직의 개편으로 내각총리대신을 위원장으로 하는 최고위 심의의결기구인 고도정보통신네트워크 사회전략추진본부로 바꾸어 재구성되었다.

3. 일본 유무선 통신시장 현황

1) 유선시장 현황

일본의 유선전화 가입자 수는 2007년 12월말 기준 약 5천 9백만 명(PSTN, ISDN, VoIP, CATV telephony를 포함)이며 지배적 사업자인 'NTT'가 시장의 78.8%를 차지하고 있다.

2008년 3월 기준 광대역 인터넷 서비스 가입자 수는 2,875만 명에 달하는데 이중 FTTH 가입자 수가 약 1,215만 명, DSL 및 CATV 가입자 수는 각각 1,300만 명, 387만 명으로 조사되었다. 가입자 수 기준 시장점유율은 FTTH가 42%, DSL 44%로 FTTH와 DSL의 격차가 점차 줄어들고 있으며 2008년 6월말에는 가입자 수가 같아지거나 FTTH가 역전될 것으로 예상되고 있다. 사업자를 살펴보면 광대역시장에서도 마찬가지로 NTT가 45.8%(FTTH 71.4%, DSL 37.1%)의 높은 시장점유율을 보이고 있는데 이처럼 NTT가 FTTH시장의 선도업체인 반면, DSL시장에서는 Yahoo Japan이 가장 높은 점유율을 차지하고 있다.

최근 IP전화의 보급이 활발히 이루어지면서 전 세계적으로 소매 VoIP 서비스 가입자 수가 빠르게 늘고 있다. 일본의 인터넷전화는 ADSL을 기반으로 하는데 2001년 말 Yahoo!BB폰 시험서비스를 제공하면서 본격화되었다. 이후 NTT Communication, NTT East, West 등 일본 내 전화 사업자들이 시장에 경쟁적으로 참여하면서 시장이 크게 활성화되었다. 2007년 말 현재 소프트뱅크 BB가 27.7%로 VoIP시장에서 가장 높은 점유율을 차지하고 있으며, 뒤를 이어 NTT Communication이 18.5%, NTT East & West가 각각 16.1%, 13.4%를 차지하는 것으로 나타났다.

그리고 2001년 3월에 광케이블 가입자망의 개방을 의무화하였고, 5월 사업자 사전 선택제(Carrier pre-selection)2)를 도입하였다. 브로드밴드 시장은 이러한 규제완화정책의 최고 수혜자 중 하나로 이러한 정책들은 일본을 세계 2위 브로드밴드 국가로 만들었다.

2) 무선시장 현황

2008년 4월 일본 전기통신사업자 협회가 발표한 '2007년도 이동전화 가입자 수(PHS 포함)' 통계에 의하면, 일본 이동전화 가입자 수는 1억 733만 건이며 이중 NTT 도코모 가입자가 5,338만 건으로 시장점유율이 49.7%인 것으로 나타났다. NTT 도코모의 시장점유율이 50% 밑으로 내려간 것은 1996년 이후 처음이다.

다음으로 큰 비중을 차지하는 KDDI의 시장점유율은 29.5%(전년 대비 0.4% 증가)이며, 소프트뱅크(이전 보다폰 KK)는 18.1%(전년 대비 1.7% 증가)를 차지한다. 둘다 NTT 도코모를 빠르게 추격하는 중이다. 일본은 번호이동성제도를 2006년 10월 24일에 시행하였는데 제도 시행 이후 NTT 도코모의 기존 고객층 이탈이 시작되면서 소프트뱅크와 KDDI에 신규 가입자 수가 늘어난 것으로 조사되었다.

〈표 4-5〉 일본 이동통신사업자별 가입자 및 시장 추이 (단위 : 천명, %)

	2007.12	2008.1	2008.2	2008.3	2008.4
NTT DoCoMo	53,151 (53.1%)	53,170 (52.9%)	53,214 (52.7%)	53,388 (52.3%)	53,484 (52.3%)
KDDI	29,555 (29.4%)	29,638 (29.4%)	29,839 (29.4%)	30,330 (29.6%)	30,221 (29.4%)
Softbank Mobile	17,614 (17.5%)	17,814 (17.7%)	18,042 (17.8%)	18,586 (18.1%)	18,779 (18.3%)
전체	100,319	100,622	101,095	102,313	102,483

자료 : Strabase 재인용(Credit Suisee, 2008. 5)

위의 〈표 4-5〉은 2008년 5월에 Credit Suisee에서 발표한 '일본 이동통신사업자별 가입자 및 시장점유율 추이'이다. 2008년 4월 기준 일본의 이동통신 가입자 수는 총

1억 248만 명으로 전년 동월대비 5.4% 증가하였으며 소프트뱅크는 지속적으로 증가해 전년 대비 16.8% 증가하는 등 빠른 성장세를 보여주고 있다.

3) 일본의 사물인터넷

일본의 사물인터넷은 2004년 'u-Japan'전략, 2009년 'i-Japan 2015 전략', 2012년 'Active Japan ICT 전략' 등을 통해 꾸준히 추진되고 있다. 2004년의 'u-Japan'전략은 유비쿼터스 네트워크 환경 실현을 목표로 하였고, 이를 위해 최첨단 무선네트워크 이용환경, 최첨단 네트워크 접속 환경을 갖춘 교통시스템 구축, 광대역 인프라 정비, u-네트워크 환경 구축 등을 추진했다.

2009년의 'i-Japan 2015 전략'에는 센서네트워크 기반의 M2M 기술 및 서비스를 개발하는 계획이 포함되어 있으며, 사물·기기 등 디지털 기술이 생활 속에 자연스럽게 인식되어 기술과 정보로써 경제사회 개혁을 목표로 하고 있다. 2007년에 발표된 'Active Japan ICT 전략'은 사물인터넷을 통해 정보를 수집하고, 이를 활용하여 농업, 도시, 환경, 유통, 의료 등의 생산성을 높인다. 2013년에는 'ICT 성장전략 회의'를 발족하고 ICT 활용을 촉진하기 위한 발전 전략을 수립하여 추진하고 있다.

4. 통신 규제기관

1) 총무성

일본 총무성(MIC: Ministry of Internal Affairs and Communications)은 통신산업의 규제뿐만 아니라 산업정책을 수행하는 역할을 하고 있다. 일본 정부가 독립적인 통신규제당국을 두는 것은 NTT에 대한 지분소유 행정부처와 규제기능을 수행하는 행정부처가 분리되어 있기 때문에 불필요하다는 입장을 견지하고 있다. 즉 재경부가 NTT의 지분을 가지고 있다.

총무성의 주요기능은 i) 규제하에 (상호)접속 협정에 의해 제공되어야 하는 통신설비를 지정하고, ii) 사업자 간 분쟁 시에 협상을 다시 할 것을 명령하거나 중계하며, iii) 상호접속료를 설정하거나 승인하는 역할을 수행한다.

2) 전기통신사업분쟁처리위원회

2001년 12월, 일본 정부는 사업자들의 요청에 의해 사업자 간 분쟁조정을 위한 전기통신사업분쟁처리위원회(Telecoms Business Dispute Settlement Commision)를 도입하였다.

이 위원회는 5명의 위원과 8명의 부위원으로 구성된다. 이 위원회는 정부와 독립적으로 과징금을 부과하거나 인허가를 취소하고 규제도입을 명할 수 있는 권한을 가진다. 위원회의 권한의 범위는 상호접속과 설비병설(co-location)을 위한 공동이용권(Rights of Way)에까지 확대되었다. 그러나 이 위원회의 독립성은 정부의 NTT에 대한 지분이 큰 상태여서 여전히 의심받고 있다. 그러나 이론적으로는 정부 관료들은 위원회의 판단을 번복하거나 수정할 수 없다.

3) 일반 경쟁규제기관

일본의 일반 경쟁규제기관은 일본 공정거래위원회(Fair Trade Commission)이다. 일반 경쟁규제기관과 통신규제기관은 통신산업에서 일정 부분에 대한 반경쟁 행위와 기업의 인수합병에 대해 공동의 권한을 가지고 있다.

일본에서 최근 이슈가 되고 있는 시장은 초고속 인터넷, IP플랫폼을 기반으로 한 응용서비스시장으로 이 시장이 빠르게 확산되면서 소매 VoIP 서비스 가입자 수가 빠르게 늘고 있으며, 향후 IP 장비 시장도 크게 활성화될 전망이다.

제 4 절 중국의 정보통신정책

1. 개 요

중국은 개혁개방 초기에 경제특구와 경제개발구를 지정하고 선진자본과 선진기술을 적극적으로 도입하였으며, 부족한 산업자금과 열악한 생산기술을 외자유치를 통해 보완하는 중국 특유의 사회주의 시장경제원리를 표명하였다. 이것은 중국 경제체제의 일대 혁신으로 계획경제에서 상품경제로, 행정명령에 의한 경제체제에서 시장원리에 의한 경제체제로의 전환을 의미한다.

1989년 천안문 사태와 같은 정치사회적 혼란, 시장경제의 진전에 따른 빈부격차의 확대, 부정부패의 만연 등 부정적인 요소가 존재했음에도 불구하고, 지난 20년간 연평균 9.7%의 경제성장률을 보이며 급속도로 발전하고 있다. 이하에서는 중국정부가 정보통신산업에 대해 취하고 있는 규제정책, 산업육성정책, 시장개방정책 등에 살펴보고자 한다.

2. 규제정책

1) 규제정책 동향

중국의 전기통신 규제완화 흐름을 이해하기 위해서는 다음 몇 가지 큰 획기적인 조치를 이해할 필요가 있다.

첫째는 1993년 8월에 발표된 국무원의 제 55호 문건 "전기통신사업의 시장강화에 관한 의견"이다. 이 문건에서는 무선호출, MCA(800MHz), 무선 이동통신(450MHz), 국내 VSAT(이상 허가제), 전화 정보제공서비스, 컴퓨터 정보제공서비스, 전자메일, EDI, 비디오텍스(이상 신고제) 등에 대해서 MPT(Ministry of Post & Telecommunications, 우전부) 이외의 사업자도 서비스를 제공할 수 있도록 하였다. 이 조치가 내려지기 이전까지 중국에서는 MPT만이 독점적으로 통신서비스를 제공해 왔었다. 다만, 국가 안보적 측면에서 외국법인, 개인, 외자계 합작기업은 서비스 제공을 금하였다. 따라서 현재 중국에서는 법인 자격을 갖춘 국영기업, 사업체(사업단위), 집단소유제(집체소유제) 기업만이 통신사업을 운영할 수 있는데, 이 문건은 현재의 시장구조를 규정하는 기본 규범이라 할 수 있다.

둘째는 제2의 통신사업자 차이나 유니콤(China Unicom)의 발족과 MPT로부터의 차이나 텔레콤(China Telecom) 분리이다. 1994년 7월에 발표된 국무원 문건 178호에 의해, MEI(Ministry of Electronics Industry, 전자공업부)가 중심이 된 차이나 유니콤이 설립됨으로써, 공식적으로 중국도 독점체제에서 경쟁체제로 들어서게 되었다. 그리고 1995년 5월 MPT는 국무원이 천명한 "삼정방안(三定方案)"에 의거하여, 통신운영 업무를 수행해 온 DGT(Directorate General of Telecommunications, 전신총국)를 차이나 텔레콤이라는 독립 채산 기업으로 분리, 독립시켰다. 이로써, 그동안 MPT가 가지고 있던 규제업무와 운영업무가 완전 분리되었다. 이와 함께 각 省 내의 시내·외 통신서비스를 제공하는 지방 PTA(Posts and Telecommunications Administrations, 우전관리국)는 각각의 독자성을 지니는 기업 형태로 전환되었다.

셋째는 1998년의 MII(Ministry of Information Industry, 정보산업부)의 출범이다. 1998년 3월 제9기 전국인민대표자대회 제1차 회의(1998. 3. 5~3. 19)는 21세기 중국을 이끌어 나갈 입법, 행정, 사법 지도부를 구성하고, 국영기업/정부기구/금융기관의 3대 개혁 추진을 결정하였다. 이에 따라, 국무원 산하의 장관급 부처 40개 중에서 11개를 폐지하고 29개 부처로 통폐합하면서도, 경제정책을 담당하는 국가경제무역위원회와 정보통신 분야를 관장하는 정보산업부는 확대 개편하였다.

마지막으로, 차이나 텔레콤의 분할이다. 1999년 3월, 정보산업부는 차이나 텔레콤을 고정전화, 이동통신, 위성통신, 무선호출의 4개 부문으로 분할/재편한다는 계획을 발표하였다. 제일 먼저 무선호출 분야가 분리되어(궈신, 國信呼出, Guoxin Paging) 차이나 유니콤에 합병되었다. 이어서 2000년 4월에는 차이나 텔레콤에서 이동통신분야를 전담하는 차이나 모바일(China Mobile)이 분할되었고, 7월에는 위성통신 서비스를 제공하는 그룹이 분할됨으로써 재편이 완료되었다. 정보산업부의 재편 개혁은 정부와 기업을 분리시켜 독점을 막고 경쟁을 촉진시켜 통신서비스의 질을 향상시키고, 경영관리의 개선을 통한 운영 효율성을 도모하고, 통신 분야의 국제경쟁력을 강화한다는 데 그 초점이 맞추어졌다. 〈표4-6〉은 이상에서 언급한 내용을 중심으로 규제완화의 주요 흐름을 정리한 것이다.

〈표 4-6〉 주요 전기통신 규제완화 및 발전 흐름

연도		주요내용
96년	7월	차이나 유니콤 설립, 통신서비스에 경쟁 도입
	9월	MPT, GSM 이동통신 서비스 발전 계획 발표

97년	7월	차이나 텔레콤, 이동전화 가입자 1천만 돌파, 세계 3위로 부상
	10월	차이나 텔레콤, 홍콩과 뉴욕 증시에 상장
98년	3월	정보산업부 발족(MPT와 MEI 통합)
	4월	정보산업부, 우정부문 분리키로 결정
	8월	전화가입자 1억, 이동전화 2천만 돌파
	9월	무선호출 사업자 궈신(國信)호출회사 설립
	12월	광케이블망전국전면 개통
99년	2월	차이나 텔레콤, 고정전화, 이동, 무선호출, 위성 4개 사업자로 분할
	8월	신규 통신사업자 차이나 네트콤(Netcom, 吉通: 퉁)설립
	하반기	차이나 텔레콤, 차이나 모바일, 차이나 유니콤, 차이나 네트콤, 지퉁(Ji Tong, 吉通)에 인터넷 및 IP 전화 허가, 경쟁확대
2000년	4월	차이나 텔레콤, 고정전화(차이나 텔레콤)와 이동전화(차이나 모바일) 분리 완료
	5월	차이나 텔레컴 및 차이나 모바일 각각 업무 개시
	6월	차이나 유니콤, 가입자 1천만 돌파 및 뉴욕/홍콩에 주식 상장
	7월	차이나 텔레콤으로부터 위성분야(중국 위성) 분리 완료

2) 규제기관

전반적인 정책 및 운영은 정보산업부가 담당하지만, 그 외에도 많은 기관이 관여한다. 예를 들어, 정보산업부의 중요한 의사결정과 정책은 국무원의 승인을 거쳐야 하며, 그 외 국가발전계획위원회나 과학기술부, 국가경제무역위원회 등이 각자의 업무 영역과 관련하여 전기통신정책에 영향력을 발휘하고 있다. 하지만, 군의 경우는 군이 국무원 산하에 속해 있지 않기 때문에, 정치국 회의를 통해 의견이 조율된다.

(1) 정보산업부

정보산업부의 주요 역할에 대해서는 앞서 언급한 바 있지만, 다시 언급하면 통신주권과 안전, 기술표준의 통일, 비상상황 하에서의 통신 확보 및 지휘관리, 통신망의 통일적 계획, 합리적인 자원배분과 관리, 중복건설 방지, 통신 요금체계에 대한 감독관리, 상호접속 및 보편적 서비스 제공의무 측면에서의 통신사업자 관리 등의 업무를 관장하고 있다. 정보산업부 산하에는 13개 부서가 있다.

(2) 국무원(The State Council)

행정부 내 최고 의사결정기구로, 산하에 29개의 부와 지방정부, 외청, 연구기관들이 있다. 국무원은 각 부처 간의 상이한 입장을 정리, 정책논쟁의 중재를 담당하는데, 예를 들어, 1994년 제 2의 통신사업자 차이나 유니콤의 설립을 허용하는 의사결정 중재자로서의 역할을 한 바 있다.

(3) 국가발전계획위원회(The State Development Planning Commission)

1952년에 설립된 국가계획위원회를 승계하여 중국경제의 전반적인 흐름 및 경제자원의 관리를 담당하고 있다.

(4) 과학기술부(Ministry of Science & Technology)

국가과학기술위원회가 확대 개편되었으며, 국가의 과학기술 발전의 중장기 계획과 연간 발전계획을 제정하며, 관련 정책과 법규를 연구하고, 국가 과학기술 혁신체제 확립 및 과학기술 혁신능력 향상을 책임지고 있다. 또한, 첨단기술 산업화 및 응용기술의 개발과 보급을 책임지고 있다. 횃불계획(火炬計劃), 불꽃계획(星火計劃), 성과보급계획 등의 과학기술개발계획 수행 및 국가 차원의 첨단기술 산업개발구 관리에 대한 감독/책임도 맡고 있다.

3) 통신사업 구도 및 전망

중국의 통신사업 주류는 독점에서 경쟁으로의 변화이다. 특히, WTO 가입이 가시화되면서 행정과 기업을 분리시킨다는 원칙하에 2000년에는 이를 일단락하였다. 이에 따라, 현재 중국에서는 다음과 같은 6대 기간통신사업자가 서비스를 펼치고 있다.

① 차이나 텔레콤 : 고정통신서비스 및 국제 데이터통신서비스
② 차이나 유니콤 : 고정통신서비스 및 이동통신서비스
③ 차이나 모바일 : 이동통신서비스
④ 중국 위성그룹 : 위성통신서비스

⑤ 지통 : 인터넷 접속서비스

⑥ 왕퉁(차이나 네트콤) : 광대역 네트워크서비스

이상에서 보는 것처럼, 시내/시외/국제 전화는 차이나 텔레콤과 차이나 유니콤, 이동통신은 차이나 모바일과 차이나 유니콤, IP 분야는 지퉁과 왕퉁을 포함한 5개 사업자가 모두 서비스 사업자로서 활동하고 있기 때문에, 표면상으로는 경쟁이 진전된 것처럼 보인다. 하지만, 시장구조 측면에서 볼 때 사업의 세분화, 기업체제로의 전환 외에 질적인 변화는 거의 없다고 볼 수 있다. 예를 들어, 차이나 텔레콤으로부터 차이나 모바일이 분리되었으나, 이 두 회사는 유선과 무선이라는 독자적인 영역에서 독보적인 위치를 갖고 있다.

또한, 현 시점에서 가장 수익성과 발전가능성이 높은 이동통신 분야에서는 국가의 엄격한 관리 하에 차이나 모바일과 차이나 유니콤만이 진출하여 거대 시장을 양분하고 있을 뿐이다. 더욱이, 지퉁, 왕퉁 등이 시장에 진입하기는 했어도 업무 영역이 다르고, 서비스 제공지역의 제한 등으로 인해 단기간에 현재의 경쟁구도를 변화시키지는 못할 것으로 예측된다. 중국 정부는 이동통신 분야에서 앞으로 한두 개의 진출을 허가할 계획을 갖고 있다. 이런 맥락에서, 제3세대 이동통신 업체 선정에 많은 관련 업체들의 주목을 받고 있다. 특히, 중국 이동통신 업체의 경쟁력을 키우기 위해 제3세대 이동통신 업체 선정 범위를 확대하여, 입찰경쟁방식을 도입하는 것도 고려되고 있다. 이처럼, 더욱 확대될 경쟁 구조를 효과적으로 유지하기 위해서는 새로운 제도의 확립이 시급한데, 그 일환으로 2000년 말 국가전신조례를 발표하였다. 이 조례의 제80조에는 외국 자본의 중국 투자에 관련된 내용을 규정하고 있다.

4) 인터넷 관련 정책

중국은 인터넷의 급속한 발전에 따라 국가 정보기반(CNII : China National Information Infrastructure) 구축 계획에 총력을 기울이고 있다. 1990년대 초 추진된 Golden 프로젝트(Golden Bridge Project, Golden Card Project, Golden Taxation Project, Golden Enterprise Project)와 1999년에 실시한 3대 인터넷 프로젝트(3 Major Internet

Project)에서 보여준 정부의 정책적 지원이 그 대표적이 예이다(〈표 4-7〉). 하지만, 장기간에 걸친 정부의 통제는 인터넷 산업에서도 독점과 가격구조 측면에서 바람직한 결과를 도출하지는 못했다고 보여진다. 현재 중국에서 해외에 접속할 수 있는 인터넷 망은 6개에 불과하다. 이러한 제한은 국가안보와 직결된 문제에 기인하며, 시장측면에서는 고가격이라는 비효율성을 초래하였다.

〈표 4-7〉 3대 인터넷 프로젝트

프로젝트	주요 목표
정부	• '98년 정부/지방정부 30% 웹사이트 보유, 2000년까지 80% 확대 • 각 정부 부처 차원의 대국민 서비스 포털 웹 구축
기업	• 경쟁력 제고 및 국내/외 시장 확대를 위해 200개 대기업 1만개 중기업 100만 개 소기업에게 인터넷 접속 서비스 제공
가정	• 인터넷 이용에 대한/가정용 가이드 라인 제공

3. 중국의 사물인터넷

해외 주요 국가들의 사물인터넷은 글로벌 시장 선점과 기술경쟁력 강화를 위한 계획을 바탕으로 기술개발, 연구센터 설립, 산업단지 조성, 의무화 정책 등을 통해 시장 활성화 및 국민 생활 편의를 도모하고 있다.

중국은 2006년 '국가중장기과학기술 발전계획(2006~2020년)'을 발표하여 스마트 그리드 등에 투자하고 있으며, 사물인터넷에 대한 다양한 정책을 마련하고 투자를 강력하게 추진하고 있다. 또한, 사물인터넷을 국가과락 연구의 중점분야로 발전시키기 위하여 센서 네트워크 정보센터인 '감지중국센터'를 설립하였다. 2010년에는 M2M을 10대 유망 기술로 선정하여 상하이 인근에 '사물지능통신센터'를 세계 최초로 구축하였으며, '사물인터넷 연구발전센터'를 통해 50억 위안 규모의 '사물인터넷산업 투자기금'을 조성하였다.

〈표 4-8〉 중국의 사물망 12-5 발전계획

	액션플랜	주요내용
1	핵심기술개발	• 센서기술 수준 향상 • 전송기술개발 • 처리기술 연구 강화 • 공통 기술 기초 강화
2	표준체계 구축	• 표준체계 프레임워크 구축 가속화 • 공통 핵실 기술 표준 연구 · 제정
3	산업발전 촉진	• 센서 관련 제조업 발전 • 통신산업 지원 • 서비스산업 육성
4	핵심기업 육성	• 핵심 대기업 및 중소기업 육성 • 브랜드 기업 육성
5	응용 · 시범사업추진	• 공업 · 농업 · 유통업 등에서 지원, 전통산업 고도화 • 교통 · 전력 · 환경보호 등의 영역 • 공공안전 · 의료 · 위생 · 스마트 홈 등의 영역
6	지역배포	• 자원공유, 지역 간 협력시스템, 사물망 전국 확산 위한 인프라 구축 등 • 우시 지역의 국가센서네트워크 시범 특구 구축을 시작으로 전국 확산 • 동 · 중 · 서부 지역의 중점 도시 · 도시권 기반의 사물망 종합 산업 특구 육성 계획
7	정보 안전 보장	• 안전기술 R&D 강화 • 안전보장 시스템 구축 · 보완 • 네트워크 인프라 보호 강화
8	공공서비스 역량 제고	• 플랫폼 구축: 전문 공공서비스 플랫폼 구축 및 보완 • 공공 기초기관 구축 가속화: 실험실, 센터 등 구축 지원 • 공공서비스 자원 통합

또한, 신에너지, 신에너지 자동차, 바이오, 에너지 절약과 환경보호, 신흥정보, 첨단장비 제조업, 신소재 등이 포함된 '7대 전략적 신흥산업 육성 전략'을 수립하였다. 2011년에는 중국 공업정보화부에서 '사물망 12-5 발전계획'을 수립하였고, 주요 목표는 2015년까지 국가 핵심기술개발 및 산업화, 핵심 표준 연구 및 제정, 산업체인 구축, 중대 응용 시범사업 추진 및 확산 등이며 이는 국가차원에서 관련 정책 및 프로젝트를 추진할 계획이다. 그 내용은 〈표 4-8〉과 같다.

4. 정보통신산업육성정책

1) IT 산업지원정책

(1) 제 10차 5개년 계획

중국 국가발전계획위원회는 1999년 4월 정보산업부 정보화 추진 시에 국가 정보화 제10차 5개년 계획을 수립할 것을 지시하였다. 정보산업부에서는 전문가그룹을 구성하여 1999년 6월에 초안을 완성했고, 6월 23일는 공청회를 열어 내용을 검토, 수정하여 10월 12일 국가발전계획위원회 첨단기술산업발전부에 제출하였다.

(2) 횃불계획(火炬工程)

횃불계획의 목표는 "과학의 발전을 통한 국가부강(科教興國)화"이며, 2000년도의 추진목표는 다음과 같다.

- 연간 기술공업 무역 총액 6,000억 위안 달성, 그 중 하이테크제품의 연간 총매출액은 5,000억 위안이다.
- 국가 차원 추진의 횃불계획 프로젝트 3,000개, 지방정부 차원 프로젝트 9,000개 실시하였다.
- 하이테크 산업개발단지의 발전을 통해 연간 기술공업무역 총액 5,000억 위안 달성, 그 중 공업 총생산액 4,000억 위안이다.
- 각 분야의 하이테크기업 30,000개를 육성하였다.

(3) Eight Golden Project(8金工程)

중국의 정보고속도로 건설은 8金工程으로 대표되는데 제9차 5개년 경제개발계획(九五계획, 1996~2000) 기간 중에 먼저 三金工程(삼금공정, Three Golden Project)을 구축하고, 이를 토대로 진홍(金弘), 진웨이(金衛), 진수이(金稅), 진치(金企), 진즈(金智)의 5개 정보망을 추가하여 중국정부의 정보화 사업을 완성한다는 것이다.

먼저, 진챠오 1기 프로젝트(Golden Bridge Project, 金橋工程)는 10억 위안이 투자되어 3년 만에 완성되었다. 여기에는 위성통신 네트워크 프로젝트, 무선이동 데이터 사용자 액세스 네트워크 프로젝트, 광섬유 MAN 사용자 액세스 네트워크 프로젝트, 네트워크전화/FAX 프로젝트, 인터넷 정보서비스 프로젝트, 국가 대형기업 종합정보 네트워크 기술개선 프로젝트 등이 있다. 진카 프로젝트(Golden Card Project)는 1997년 12개 도시에서 네트워크 서비스센터 시범운영을 거쳐 1998년 정식 운영에 들어갔다. 진카 프로젝트의 목표는 10년 내에 완벽한 전자화폐시스템을 구축하여, 자국 실정에 부합되는 금융카드 업무관리를 실시하며 전국 400개 도시의 3억 인구에게 금융카드를 보급하는 것이다.

2) IT산업 단지 조성정책

(1) 하이테크산업 개발단지 조성

하이테크산업 개발단지의 설립과 발전은 횃불계획의 주요 사항 중의 하나로, 고급 인력 확보와 기술개발 환경조성을 토대로 중국 독자적인 과학기술과 경쟁력을 키우는 것이 목적이다. 하이테크산업 개발단지란 최적 환경 지역을 지정하여 과학기술 성과를 최대한 산업화하고, 중국 내외 시장을 상대로 중국 하이테크산업을 발전시키는 지역이다. 우리에게 널리 알려진 중관춘(中關村) 과학기술단지를 비롯, 중국 전역에 총 53개의 국가 하이테크산업 개발단지가 있다.

(2) 소프트웨어산업단지 조성

횃불계획 소프트웨어산업단지는 산업정책, 기초시설, 종합관리 등의 면에서 최적화 환경을 제공함으로써, 중국 소프트웨어산업의 발전 촉진을 목적으로 한다. 소프트웨어산업단지는 기술성과의 상업화와 소프트웨어 기업의 육성을 촉진하며, 입주기업에 통신, 기술, 관리연수, 제품평가, 시장개척, 국내외 교류합작 등의 서비스를 제공한다. 중국 소프트웨어 단지의 핵심은 과학기술부가 횃불(火炬)계획에 따라 추진 중인 8대 소프트웨어단지 건설이다.

3) 통신 장비 국산화 정책

통신산업이 성장궤도를 지나면서 중국 정부는 현지생산과 기술이전에 대해 공격적인 정책을 펼치고 있다. 국무원과 정보산업부가 공동 주관한 통신사업자 및 통신기기업체 간 미팅에서 중국 정부는 통신인프라 구축 시 국내에서 생산된 제품을 적극적으로 사용할 것임을 강조하였다.

한편, 이 미팅에는 주관기관 관계자 외에, 5대 통신사업자, 국내/외 주요 통신장비업체 12개 업체, 국가발전계획위원회(SDPC), 국가경제무역위원회(SETC), 대외경제무역합작부(MOFTEC), 중국인민은행(PBOC)을 비롯한 3대 시중은행과 벤처캐피탈이 참석하였다.

특히, 중국정부는 교환기 제조분야에서 외국기업의 지배력을 급속도로 축소시킨 이전의 성과를 이동통신 분야에서도 재현되길 바라고 있다. 1996년 시점에서, 국내 교환기 제조업자의 시장점유율이 5%에서 40%까지 확대되었으며, 회선당 단가도 95달러에서 58달러로 내려간 전례를 갖고 있다.

5. 통신시장 개방정책

앞서 살펴본 것처럼, 중국의 통신산업은 정부의 보호정책으로 대외개방에 한계가 존재하였으며, 중국 내에서도 엄격한 보고제도와 허가제도가 있다. 그러나 WTO 가입에 따라 2003년까지 반도체, 컴퓨터, 통신설비, 기타 하이테크 제품에 대하여 관세를 면제하고, 서비스 분야에서도 〈표 4-9〉에 나타낸 것처럼 외국자본의 지분율을 49%까지 허용하고, 무선호출과 데이터 전송 사업에 대한 지분율은 50%까지 확대하여 향후 5년 내에 시장을 완전히 개방하기로 하였다.

〈표 4-9〉 WTO 가입 이후 통신서비스 개발 일정(외자 참여 비율)

서비스 분야	1년차	2년차	3년차	4년차	5년차	6년차
부가서비스	30%	49%	50%			
이동/데이터 서비스	-	25%	35%			49%
국내/국제 서비스	-	-	-	25%	35%	49%

한편, 정보산업부가 공식 발표한 WTO 가입 이후 외국 기업이 중국 통신시장에서 차지할 수 있는 점유율 및 지역 제한은 다음과 같다. 먼저, 부가 및 무선호출 서비스는 2002년 이전까지 베이징, 상하이, 광저우의 3개 도시에서 시장진출이 가능하며, 2002년 이후에는 청두, 충칭, 다롄, 푸저우, 항저우(杭州), 난징(南京), 닝버, 칭다우(淸島), 선양, 선전, 시아먼, 시안(西安), 타이웬(太原), 우한 등 14개 도시에서 49% 이하의 시장점유율이 가능하다. 그리고 2004년부터는 지역제한이 없어지며, 최고 시장점유율을 50%까지 가능하다.

이동통신 서비스에서는 2002년 전까지 베이징, 상하이, 광저우 3개 도시에서 25% 이하의 시장점유율을 허용하고, 2002년부터 위의 14개 도시에서 중국 총 시장의 35%를 차지할 수 있으며, 2004년부터 지역제한이 없고 시장점유율은 49%까지 허용된다. WTO협정은 일정 기간 동안 외국 업체의 중국 통신업체에 대한 투자를 제한하고는 있으나, 외국 업체가 중국의 네트워크 발전에 참여하는 것을 배제하지는 않고 있다.

6. 중국의 핵심 ICT 정책과 산업동향

중국 정부는 제조업 기반의 자국 경제 구조를 지식기반 산업 중심으로 전환하는 주요 매개체로 정보통신기술(ICT)을 상정하였다. 중국의 경제 및 사회 전반에 영향을 끼칠 수 있는 범용 기술로 ICT를 간주하고, 범국가 전략으로써 정보화 사업을 추진하고 있다. 중국의 정보화 전략은 10년 이상의 장기 계획을 토대로 작성된 5년 내의 중기 계획과 이를 세분화시킨 단기 산업별 정책으로 구성하고 있다. 2006~2020년 국가정보화발전전략을 근간으로, 2011년부터 2015년까지 진행되는 2012차 5개년 계획'을 통해 다양한 ICT R&D 정책 진행하고 있다. 2012차 5개년 계획'에 '전략형 신흥산업의 발전 촉진계획을 제시함으로써 자국 ICT산업의 적극적인 육성하였다.

특히, 2012차 5개년 계획'에서는 "광대역 통신망", "E디지털 TV망", "E인터넷 망"의 융합을 의미하는 '삼망융합' 등 인터넷 인프라 정비와 더불어 사물인터넷, 클라우드 컴퓨팅, 소프트웨어 등 부가가치 창출이 가능한 ICT산업 분야 육성을 강조하고 있다. 이는 ICT산업의 기본 구조를 수출 및 제조업 중심에서 내수 및 서비스 "E인프라" 중심으로 전환하겠다는 중국 정부의 의지가 반영된 결과라고 할 수 있다.

또한, 중국은 내수시장을 기반으로 스마트폰 분야에서 최강자 자리를 넘보고 있다. 스마트폰의 빠른 보급과 맞물려 중국 시장이 전 세계에서 차지하는 비중은 2010년 9.7%에서 2013년 32%까지 높아졌으며 2014년 2분기에는 34.6%로 상승 추세가 지속되고 있다. 중국은 2013년 말 TD-LTE 상용서비스를 시작으로 올해 4G 시장이 본격 성장하면서 주문자상표부착생산(OEM) 제품을 중심으로 LTE 스마트폰 수요가 빠르게 확대되고 있으며, 중국의 2014년 2분기 스마트폰 출하는 1억 200만 대(전년동기 대비 29.4%↑를 기록, 분기별 기준으로 사상 처음 1억 대를 돌파했다. 시장조사전문기관인 가트너에 보고서에 따르면, 중국 LTE 스마트폰 시장은 전년 대비 277% 성장한 9,700만 대를 기록, 미국(7,490만 대, 33.7%↑)을 제치고 세계 최대시장에 등극할 것으로 전망되었다. 2014년 2분기 LTE 세계시장은 삼성전자(32.2%)와 애플(31.9%)의 양강 구도인 반면, 중국 시장에서는 샤오미, 쿨패드 등 로컬업체 강세를 나타내고 있다.

중국 로컬 스마트폰 기업들은 거대 내수시장 및 저가폰 전략으로 빠르게 성장하고 있다. 중국의 애플이라고 불리는 샤오미는 2014년 2분기 1,510만 대의 스마트폰을 출하해 전 세계 점유율 5.1%를 기록하면서 4.9%를 기록한 LG전자를 제치고 글로벌 스마트폰 판매 상위 Top 5에 진입하였다. 약 98달러(약 10만원)의 저렴한 가격에 고급 사양을 탑재한 '홍미1S'는 인도에서 4.2초 만에 4만대의 판매량을 일으키며 세계시장에서도 돌풍을 이어갈 것을 확인시켰다.

중국의 TV 제조도 예전에 저렴한 가격을 바탕으로 저가 TV를 무기로 내세웠던 중국 가전업체들은 최근 기술력을 갖춘 신제품을 내세우며 프리미엄 경쟁자로 부상하고 있다. 중국 TV 제조업체들의 세계시장점유율은 빠르게 우상향하고 있으며, 중국 6대 TV 제조업체들의 세계시장의 저가 TV 제조국에서 프리미엄 경쟁자로 부상하였으며 중국시장점유율은 2010년 14.5%에서 2013년 23.9%까지 확대되었다. 중국 TV 제조업체의 성장은 북미 시장을 제치고 세계 최대 규모로 성장한 중국 시장과 중국 정부의 가전하향이나 이구환신, 혜민공정과 같은 보조금 정책에 기인하였다. 최근 TV 업계의 최대 이슈인 UHD TV 시장에서도 2014년 2분기 세계 판매량의 61% 이상이 중국 시장에서 판매되는 등 압도적인 위상을 과시하고 있다. 스카이워스(11.4%),

하이센스(9.2%) 등 중국 업체가 세계시장점유율 2위를 차지했으며 창홍(8.3%), 콩카(5.0%)도 나란히 10위권에 포진하고 있어 중국의 저력을 다시 한 번 보여주고 있다. 중국 TV 업체들이 자국 시장에서의 치열한 경쟁으로 축적된 기술력과 저가격을 바탕으로 세계시장 진출을 가속화할 경우 국내 기업들에게는 큰 위협이 될 것으로 예상된다.

결론적으로, ICT산업은 중국 경제를 견인하고 있으며, 급성장하는 중국 ICT 시장을 기반으로 '투자가 투자를 부르는' 선순환구조가 정착될 것으로 전망된다. ICT산업의 성장과 발전은 더 이상 ICT 후발국이 아닌 경쟁국으로서 우리 ICT산업에게 주는 압박감은 더욱 증가되고 있다. 우리나라는 중국의 ICT 기술추격에 대한 현실적인 연구개발 대응 전략의 수립이 필요하다. ICT 유망분야에 대한 한·중 R&D 협력 모델을 창안하여 중국 거대시장 진출 및 공동 표준 대응을 통한 전 세계 ICT 시장에 대한 영향력 확대를 모색하여야 할 것이다. 또한, 선택과 집중을 통해 현재 우리가 확보하고 있는 최첨단 과학기술 분야에 대해서는 독자적인 질적 발전방안을 모색하여야 할 것이다.

제 5 장 북한의 정보통신정책과 남북한 협력방안

제 1 절 남북한 ICT 교류 협력 정책 추진 방안

1. 신시장 발굴을 위한 ICT 남북협력 추진 방안

1) 남북 ICT 협력의 필요성

북한체제의 특수성을 감안할 때 모든 분야가 그렇겠지만 정보통신분야 역시 북한은 외부에 개방되지 않은 미지의 시장이라 할 수 있다. 정치적 통일논의와는 별개로 정보통신분야를 경제적 논리로 본다면 북한은 새로운 시장으로서 충분한 잠재력을 지니고 있다. 그러므로 정보통신분야의 남북교류 활성화는 미래 통일 한국의 청사진을 그리는데 훌륭한 가치가 있다.

정보통신산업이 우리 경제의 성장엔진 역할을 하고 있는 것처럼 통일한국에서 ICT 분야의 중요성은 결코 퇴색되지 않을 것이란 전망이 우세하다.

현대경제연구원은 2014년 발간한 '2050 통일한국의 경제적 미래'라는 보고서에서 정보통신을 포함한 12대 유망산업(건설, 전력, 에너지, 자원개발, 교통물류 등)을 제시했다. 이처럼 정보통신산업은 통일 한국의 핵심인프라로서 남북 경제협력의 견인차 역할을 할 것이다. 특히 현재 북한의 정보통신인프라가 열악한 상황에서, 최근 북한 내 이동통신서비스 이용자가 급증하고 일부계층의 구매력이 높아지고 있는 것은 정보통신업계의 북한시장 진출에 대한 기대치를 높이고 있다.

2) 북한 ICT산업의 현황

새로운 시장개척의 출발점은 철저한 시장조사를 통해서 최적의 현지 진출 전략을 짜는 일이다. 북한을 신시장 발굴의 구심점으로 인식한다면, 이러한 기본원칙은 분명히 유효하다. 그러나 현재 북한의 통신시장은 폐쇄된 경제체제 때문에 짙은 베일에 가려있다. 북한 통신산업 현황과 수요층에 대해 정확한 자료를 집계하고 시장의 움직임을 파악하는데 어려움이 있다.

다수 전문가들의 견해를 종합하면, 북한은 정보통신산업을 "별다른 투자 없이 인재 양성만으로 짧은 기간에 큰 돈을 벌어들일 수 있는 분야"로 판단하고 매우 중요시하고 있다. 세부적인 영역으로 나누어보면 소프트웨어분야의 기술인력은 선진국 수준으로 상당히 앞서 있고, 하드웨어 및 정보통신인프라는 매우 열악하다고 분석하고 있다. 그리고 최근 이동통신서비스가 빠르게 보급되고 있다는 점이다.

국가정보원은 2015년 10월 국회 정보위원회 보고에서 북한에 보급된 휴대전화가 370만 대에 이른다고 밝혔다. 북한의 전체 인구를 2500여만 명으로 추산하고, 이동통신서비스 이용자마다 한 대의 단말기를 갖고 있다고 가정할 때 북한의 휴대폰 보급률은 약 15.3%에 해당된다. 북한의 경제력에 비춰보면 이 정도의 비율은 매우 높은 수준이라고 할 수 있다. 이처럼, 북한의 정보통신인프라는 열악하지만 새로운 서비스에 대한 관심과 수요는 높아지고 있다는 사실에 주목할 필요가 있다. 즉, 정보통신분야에서 북한이 한국을 확실한 사업파트너로 인정할 수 있는 계기가 마련된다면 북한은 큰 발전 가능성을 지닌 유망시장으로 급부상할 수 있다고 추정할 수 있다.

3) 최근 북한의 정보통신인프라 수준

2015년 10월 KDB산업은행경제연구소가 내놓은 "북한 ICT산업 기술수준 분석 및 남북 협력방안" 보고서에 따르면, 북한은 대규모 투자가 필요한 기간망 및 모바일 통신망 부문에서 기술적으로 한국에 비해 10년 이상 뒤떨어진 것으로 보았다. 기간망의 경우 1990년대 초반 UN기구의 하나인 유엔계발계획(UNDP)의 지원 하에 평양과 주요 도시를 연결하는 광섬유 케이블 부설에 착수했다. 이를 통해 정보기술산업 및 통신산업을 위한 기간망을 구축한 것으로 전해진다.

현재 북한의 공공기관 이용자들은 북한 전국에 구축된 8Mbps급 ADSL 및 100Mbps급 광케이블을 통해 전국적인 인트라넷 체계인 광명망에 접속하고 있는 것으로 파악되었다. 개인 이용자들은 주로 모뎀과 전화회선을 사용해 네트워크에 접속하여 사용하고 있는 것으로 분석되며 별도의 고속 인터넷 망은 구축하지 않은 것으로 파악된다.

4) 북한의 모바일 통신망

북한은 2002~2004년 2세대(G) 서비스를 위해 유럽에서 주로 사용되는 모바일 통신망 기술인 GSM을 도입했다. 이후 2008년부터 이집트 통신회사인 오라스콤은 3G 모바일 기술인 WCDMA를 북한에 도입했다. 2011년 3분기 오라스콤의 실적 발표에 따르면 북한 주요 인구 거주지의 94%에서 모바일 통신이 가능한 것으로 파악된다.

또한, 평양 및 14개 주요 도시와 기타 소도시 및 교외지역의 신호강도 차이가 심해 균등한 신호강도를 보장하기 어려운 것으로 알려지고 있다. 이에 북한은 소수의 강력한 대형 중계탑을 설치해 기지국과 단말기를 연결하는 방식을 적용하고 있으며 같은 시내에서도 건물 위치 등에 따라 통신품질에 큰 차이가 발생하고 있다.

5) 한국 통신업체의 북한 현지진출을 위한 지속적인 관심과 사전준비 필수

북한지역에 보편적인 수준의 인터넷 접속을 보장하기 위해서는 추가적인 기간망 건설이 필요하다. 현재 북한에 건설된 2.5Gbps 수준의 광케이블네트워크로는 동영상 스트리밍 등 멀티미디어 데이터 활용이 보편화된 최근의 인터넷 환경에 대응하기 어렵다고 판단된다. 이러한 상황을 감안할 때 국내 통신업체들이 북한 경제상황에 대한 지속적인 관심을 바탕으로 현지진출을 위한 체계적인 준비에 나선다면, 장기적으로 시장경쟁력을 확보할 수 있을 것이다.

이와 관련하여 남북 간의 경제협력과 북한 정보통신 시장진출의 중요성을 감안해서 2015년 "남북 정보통신 협력추진위원회"를 설치했다. 위원회는 관련 전문가 및 정보통신공사업계 대표자로 구성되었으며, 남북한 정보기술의 공유와 교류 등 협력방안을 마련하는데 주력할 방침이다. 특히 위원회는 남북관련 네트워크 구축 및 정보

수집, 통일대비 법과 제도 건의 등의 사업을 추진해 나갈 예정이다('ICT엔지니어' 15호. 2015.12. KICA).

2. 남북한 통신교류 협력 방안

북한 정권은 체제유지의 목적으로 통신분야의 통제정책을 시행하고 있지만 외화벌이에 대한 압박과 국제외교 고립으로 인한 개방의 가능성도 무시할 수 없다. 따라서 5·24조치 이후 남북한 경색국면의 지속과 남북관계 개선시의 경우를 상정한 투 트랙(two-track) 전략을 마련하여 남북통신교류협력의 정책환경 변화에 대비해야 한다.

통일비용을 절감하는 투자개념으로서의 접근과 함께 경협지역의 모델이자 남북통신교류협력의 전진기지로서의 활용가치가 큰 개성공단 등에 정책적 우선순위를 두고 추진하여야 할 것이다. 사면초가의 외교국면인 북한이 **남북관계 개선의지**를 보일 경우 북측에서 인력양성 및 현대화에 주력하고 있는 ICT 부문의 학술교류를 통해 민간부문의 교류를 확대하고 남북 간 신뢰를 회복하기 위한 **국제 ICT 학술대회 등의 개최**가 필요하다.

최근 평양과학기술대학교와 연변과학기술대학교 공동 개최로 학술대회가 진행되었으며 세계적 석학 30여명이 참석하여 성공적으로 개최한 바 있다. 또한, 교육기관 간 MOU를 체결하고 학술대회 개최를 통해 향후 공동연구, 인력양성 등 학술교류의 물꼬를 트는 역할을 기대할 수 있다.

개성공단 등 경제협력 지역 등을 활용한 실효성 있는 **정례적 통신교류협력 사업수행**을 검토할 수 있다. 개성공단 통신센터 건립 및 인터넷 교류 등 서비스를 다양화하고 개성공단 ICT 교육센터 건립을 통해 북측 ICT 인력을 양성하고 금강산 관광을 재개하여 통신지원을 확대하는 방안도 추진해야 한다. 통일 대비 남북 통신부문 격차해소를 위한 사업 수행이 병행되어야 한다. 서울·평양·개성공단 또는 중국 단동 등에 **남북 정보격차해소센터 건립**을 추진하고 연구진을 파견하여 남북 통신법제 공동연구 및 학술 세미나 개최, 용어통일 등 통신표준화 및 사전 발간에 공동 참여해야 할 것이다.

남북한 경색국면이 지속될 경우에도 남북 간 동질성 회복을 위한 노력을 계속해야 한다. 남북 간의 ICT 격차를 극복하고 이질감을 극복하기 위해 △**남북 ICT 용어 표준화 작업**이 필요하다. 94년 이후 정보통신부를 중심으로 남북표준통일 기반조성의 일환으로 당국 간 ICT 표준화에 대한 직접 협의가 진행되었으나 2007년 이후 북핵문제로 인해 관련 사업이 축소된바 있다. 용어표준화는 남북 간 실제 사업추진 시 원활한 커뮤니케이션 및 협의를 위해 반드시 필요하며 ICT 교류협력사업 활성화를 위한 선결과제라 할 수 있다.

과거 관련연구가 수차례 진행되었으나 지속되지 못했고 최근 북측 ICT 분야의 대대적인 현대화 작업 및 육성 정책에 따라 남북 ICT 표준화 관련 대규모 업데이트 작업이 절실하다. 과거 남북 정보통신표준화 작업을 진행하였던 전문가를 대상으로 자문위원회를 구성하고 남북표준 관련 DB구축 및 표준화(안) 마련과 제안을 통해 남북 간 지속적인 교류를 촉진해야 한다.

〈표 5-1〉 남북 통신교류 협력방안[2)]

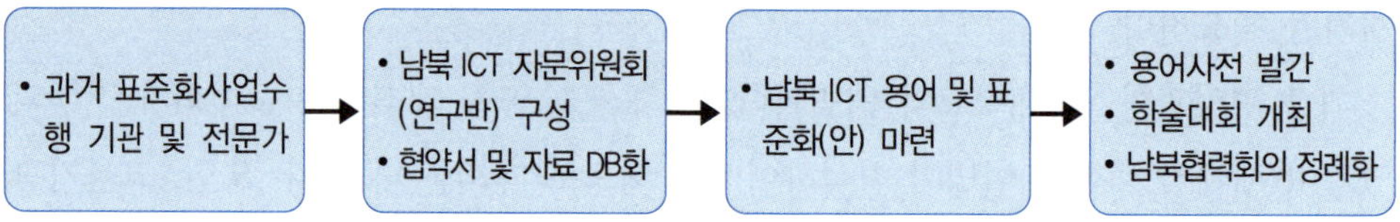

또한, 북한 주민의 안정적인 삶의 기반 마련을 위해 민생 인프라를 개선하고 통일 이후 원활한 ICT 통합망 구축을 위한 △**통신정책연구 수행**이 필요하다. 독일의 경우 통신통합에 막대한 비용(약 18조원)이 소요되었으며 이는 통합 이후 독일 경제에도 큰 손실을 야기한 바 있다. 독일은 전체 통일비용의 약 3.9%(400억 마르크)를 소요하였으며 남북 간 통신통합의 경우 약 10조 6천억 원의 소요가 추정된다(14' KISDI). 따라서 통일 이후 통신사업구조 개편, 통신요금 및 상호접속 제도 확립, 보편적 서비스 제공, 통신자원 관리, 외국 통신사업자 대응 등을 통해 통일 이전에 북한지역 ICT 통신망 고도화 및 통합망 구축을 위해 향후 이슈 및 정책 사안에 대한 협의 등 체계

2) 국회 미방위원장실 정책자료집. 2015. 「한반도 통일시대를 위한 정보통신기술(ICT) 정책 제언」

적 준비가 절실하다. 북측 또한, 외자유치 및 경제 활성화를 위해 최근 광케이블 자체생산 및 개선작업 등 인프라 현대화를 위한 노력을 지속적으로 추진하고 있다.

5 · 24 조치로 인한 북한과의 접촉전면금지를 우회할 수 있는 교류협력 원칙을 주도적으로 수립하며 실행상의 제반 문제를 교육기관 및 NGO 또는 해당 단체를 활용하는 △**간접교류협력에 정책적 지원**을 해야 한다. YUST(연변과기대), PUST(평양과기대)와의 연계를 통한 간접교류, 국제기구를 활용한 북한과의 간접교류협력 사업을 적극적으로 발굴하고 교육, 인도적 지원과 같은 비정치적 분야를 활용한 새터민 대상 IT전문교육 프로그램 운영, 전략물자반출 금지규정을 우회할 수 있는 IT관련 도서지원 등의 우회적 교류협력사업 추진을 검토해야 한다.

3. 남북한 ICT 표준화 정책 추진 방향

정부가 발표한 제3차 국가표준기본계획(2011~2015년)에는 남북한 ICT 표준화에 대한 계획 및 정책 등이 반영되어 있지 않다. 2006년 북핵문제 등 남북관계 경색으로 남북 ICT 표준화 사업은 국내표준화기반지원 사업과 통합되어 오히려 예산이 축소되었다. 최근 북한 내부에서 이동통신산업 활성화 및 디지털 TV 시범사업 등 ICT 분야의 많은 변화가 있었던 바, 통일에 대비하여 지금부터라도 남북 간 ICT 표준화에 대한 준비가 필요하다. 꾸준한 교류와 연구성과로 통일 준비를 해온 독일도 예기치 못한 동독의 현실에 추가 비용을 감내해야 했던 사실을 상기할 필요가 있다. 남북 정보통신 격차에 따른 분단비용의 최소화를 위해서는 다음과 같은 노력이 필요하다.

첫째, 북한의 표준체계에 대한 자료 수집과 체계적인 조사다. 한때 북한의 표준체계에 대한 연구가 진행되었으나 현재 중단된 상태인데, 가장 최근 연구과제는 2001년에 시작되어 5년간 지속된 '남북 산업표준 통합기반 구축사업'이다.[3] 북한 산업표준에 대한 방대한 정보를 축적하고 남북 표준의 상이한 내용을 정리하는 성과를 거두었으나 정치적 문제로 2006년 중단되고 말았다. 향후 이러한 연구과제의 지속성을 확보하는 것이야말로 통일을 준비하는 핵심 과제라 할 수 있다.

3) 남한표준정보망 홈페이지

둘째, 남북한 ICT 표준 담당기관 간 교류이다. 이는 북한의 국제표준화 활동에 대한 지원을 확대하여 자연스럽게 접촉의 면을 넓히고 깊이를 더하기 위한 것이다. 아울러 남북한뿐 아니라 동남아 및 국제적인 차원으로 교류 확대를 추진할 필요가 있다.

셋째, 표준화 협상 대비책으로 남북 ICT 정책기구 구성에 대한 전략이 필요하다. 대 북한 기술표준국과 표준화 협상을 위한 전략적 방안 및 추진체제 구성 등의 구체적인 방법론을 마련하는 것이다. 소련과 서독의 협력이 동서독 표준 통일에 긍정적 외부 요인으로 작용한 것처럼 대북한 영향력을 갖고 있는 중국과 표준협력을 추진할 필요가 있다. 통일을 대비한 중국과의 협력은 통일 이후 각 분야에 걸친 중국과의 다양한 협력을 위해서도 유용할 것이다.

넷째, 표준 통일은 사회통합의 규범으로 적극 고려되어야 한다. 표준은 정치, 경제, 사회를 포괄하는 보다 넓은 의미로 받아들일 필요가 있으며, 지난 2005년부터 추진되어 오던『겨레말 큰 사전』 편찬 작업이나 컴퓨터 자판 통일 노력 등은 이러한 노력의 결과이다.[4] 이는 남북의 생활방식과 심리적 거리감을 좁히는 시도라는 점에서 산술적 이익의 의미를 갖는다.

남북 간 정보통신산업 분야의 기술격차를 해소하는 것은 사회통합은 물론 경제발전 로드맵을 제시하는 주요인이 될 수 있다. 그간의 남북 간 정보통신산업 교류협력 범위는 기술격차로 인해 남한의 기술과 인력이 북한에 전적으로 제공되어 일회성 이벤트로 끝나는 지극히 단편적인 것이었다. 이마저도 대내외 여건에 따라 북한의 협력은 일관성이 없었다. 남북한 정보통신산업 교류를 위한 기술 분야의 우선과제로 남북한 정보통신산업표준의 통합이 절실하다. 이는 절대적으로 남한 주도의 지원이 필요한 분야로 단계적으로 세부적인 기술지원 및 협의를 통해 이루어져야 한다. 이를 위해 북한의 전자 · 통신 · 정보처리기술 관련 국가규격을 심층 분석하여 통합단계를 추진할 필요가 있다.

최근 북한의 정보통신정책 관련 주 협력 파트너가 중국, 러시아, 이집트, 미국 등으로 점차 확대되어가고 있다. 이러한 확산분위기를 활용하여 한국의 우수한 기술 인

4) 겨레말큰사전 남북공동편찬사업회 홈페이지; 산업자원부 공보관실 2001 참조

력과 지리적인 인접성을 양국이 적극 활용하면 향후 남북 간 정보통신산업 기술격차 해소 가능성은 높을 것으로 판단된다. 이러한 기술격차 해소를 위해서는 대한민국 주도의 적극적인 지원정책이 실행되어야 한다.

국제 표준화를 통한 남북 ICT 표준화 정책의 마련은 더 이상 미룰 수 없는 과제이다. 남북표준화에 앞서 국제표준화를 제안함으로써 남북공동연구를 유도하는 한편, 국제표준화 활동을 접점으로 남북한 ICT 분야의 차이점 및 격차 해소 방안을 마련하기 위한 정부의 노력이 긴요하다. 우선 상호교류가 가능한 분야부터 실행에 옮김으로써 정부의 효율적인 대북 정책수립과 민간기업의 대북사업 추진에 관한 합리적 의사결정에 도움이 될 수 있도록 추진될 필요가 있다.

정보화 사회로 진입하는 현대사회는 컴퓨터 과학기술을 비롯하여 정보통신 기술, 첨단 신지식 및 신기술 용어들이 우후죽순 생겨나고 있다. 특히 ICT 관련 용어들은 대부분 영어로 표기되어 있어 남북 간 사용용어의 이질화가 매우 심한 상황이다. 정보선진국 진입을 위한 기본요소인 첨단신기술과 정보기술 등 과학분야의 전문용어와 개념 정립이 선행되어야 남북통일 후 정보선진국으로 가는 초석을 다질 수 있을 것이다.

과거 남북 ICT 분야 표준화사업을 기 수행한 전문가를 중심으로 우선 표준화를 위한 자문위원회 설립 및 자료 수집을 통한 DB를 마련할 필요가 있다. 5·24조치로 인해 북한 내 ICT 용어사용 및 제도에 대한 자료수집이 제한적이므로 NGO 및 교육기관을 매개체로 현 북한의 ICT 현황 관련 객관적 자료를 수집해야 한다. 남북 ICT 분야 표준화에 있어 이권이 개입될 수 있으므로 제 3국의 참여는 배제하여 당국 간 협의를 우선적으로 추진하는 것이 바람직하다. 통일 이전 상이한 기술체계 및 용어에 대한 사전적 표준화 연구를 통해 통일 전후 혼란 및 경제통합비용 절감에 기여하며 심화된 남북한 언어의 이질화를 극복하고 동질성 회복으로 통일 후 정보화 선진국 대열에 조속히 합류해야 할 것이다.

4. 남북한 IT산업 협력방안

1) IT산업 분야에서 통일이 논의되어야 하는 이유는 무엇일까?

박수용 정보통신산업진흥원장은 개회사에서 IT 기업 중 해외 진출을 넘어 해당 분야 남북교류에 기여하는 곳에 주목하면서, IT분야는 차가운 산업 분야가 아니라 국민과 공감하는 기술이기에 통일 문제도 함께 논의해야 한다고 했다. 또한, IT 기술은 모든 삶의 기반이 되는 기술로서 이 분야의 통일 의식을 남북 교류에 적용하는 것은 유의미하다고 했다. 박 원장은 통일에 대한 공감대를 형성하고, 통일을 향한 정보통신분야의 새로운 패러다임을 이끌고자 했다.

통일연구원 최진욱 원장이 기조 강연을 맡아 현재 남북관계에 대해 설명하는 시간을 가졌다. 북한은 현재 총체적 난국 상황이며 평양 아파트 붕괴는 계획경제의 붕괴를 상징적으로 보여준다고 했다. 이러한 상황에서 '통일 대박론'은 과거 통일을 비용 중심적 해석을 통해 바라보았다면 현재는 비용이 많이 들더라도 편익을 우선 생각하는 추세로 바라본 것이라고 한다. 비슷한 맥락에서 '한반도 신뢰 프로세스'는 후퇴 반복이 아니라 점진적이더라도 전진을 지향하고, 수단으로써 바라보지 말고 인프라와 신뢰 차원에서 통일을 고려하는 것이므로 차근차근 단계적으로 통일을 준비해야 한다고 했다.

2) 독일 통일 사례를 통해 본 한반도 통일의 경제적 가치 창출

롤랜드버거의 이석근 대표가 한반도 통일의 경제적 가치 창출에 대하여 논했다. 그는 통일 직전의 동독의 모습과 현재의 북한이 비슷하다는 점에 주목하며, 독일 통일 후 독일 내의 삶의 질 균등화, 자본주의 시장경제의 일반화, 동독의 인프라 구축 등 어마어마한 경제적 가치가 창출된 것처럼 우리가 통일을 하게 되어도 유사한 효과를 기대할 수 있다고 했다. 그러나 독일 통일 과정에서 사회보장 등에 지출이 과다했던 점과, 통일 독일 6~7년차부터는 하나의 경제로서 성장률이 저조했다는 점을 지적했다. 독일 통일은 대체로 성공적이었지만 아직 미완의 과제가 남은 것이다.

그는 동독의 경제 개혁 과정에서 민영화와 구조조정 등을 통하여 THA(Treuhandanstalt)를 확립함으로써 산업·기업적 측면의 통일 시너지를 발현시켰다고 설명하였다. R&D, BIO, High-tech 산업을 육성하여 동독 경제를 미래 고부가산업기지화하는 전략 계획을 소개하기도 하였다. 우리 현실에 이를 적용하면 북한의 현재 수준을 고려하되, 통일비용에 주목하기보다는 편익 쪽으로 사고를 전환할 필요가 있다. 무조건 퍼주기 식의 지원보다는 폴란드식 인프라 구축을 지향하여 향후 북한의 잠재노동력과 천연자원을 이용하여 수입대체효과를 극대화시키는 것도 한 방법이라고 말했다.

3) 남북한 ICT 협력 활성화 방안

남서울대학교 최성 교수는 남북한 ICT 협력 활성화 방안에 대하여 제안했다. 그에 따르면 북한 지도부는 경제 회생에 대한 최선의 대안으로 ICT산업을 선택하고 있으며, 전통 산업은 큰 성과를 거두지 못한 만큼 경쟁력이 없다고 판단하였다. 북한은 급작스런 개혁을 원하지 않는 대신 ICT를 통하여 점진적인 변화를 이끌고자 하고 있다. 따라서 북한도 원하고 대한민국도 원하는 분야가 ICT산업 협력이라고 볼 수 있는 것이다. 북한의 통신시설들은 엄격한 국가적 통제 하에 작동하고 있으며, 전국 480개 대학에 관련 학과 및 정보센터를 설치하여 소프트웨어를 개발하는 실정이다.

독일 통일은 방송통신·과학기술을 이용한 동서독 간의 교류 끝에 얻은 결실이며, 독일은 통일 이전부터 간접 교류를 지속하고 표준통합을 진행해왔고, ICT산업 협력 관계가 유지되었다고 한다. 우리도 이를 보고 ICT산업을 이용한 자연스러운 교류를 지향할 필요가 있다. 평양과학기술대학교 정보통신 공학부 지원을 통한 ICT기술 교류·협력과 부설 R&D센터를 통한 기술공유 등이 현실적인 방안이 될 수 있다고 말하고 있다.

북 ICT교류에 대해 이것이 북한 발전에 기여할 수 있지만 북한 사이버 군사능력을 강화시켜 우리의 보안이 취약해진다는 부정적인 시각과 보안이 걱정되어 남북 ICT교류를 하지 않는 것은 어리석은 행동이라는 긍정적인 시각이 있다. 각 상반된 시각의 근거는 다음과 같다. 먼저 **부정적인 시각에 대해서는 실제로 대남전략으로써 전자기술을 적극적으로 이용하라는 지시가 있었고 이에 기술지원이 부메랑이 되어 돌아올**

위험이 있다는 것이다. 한편 긍정적인 시각 측면에서는 이와 같은 보완문제는 다른 ICT교류에서도 마찬가지로 가능한 일이므로 충분히 준비하고 극복해나가야 하는 문제라고 대응했다.

전자신문 신화수 실장은 최근 삼성전자의 휴대폰 공장이 베트남으로 옮겨지고 있는 것을 보며 생산요소적 측면에서 개성으로 그 공장을 옮겼다면 좋았을 것이라는 아쉬움을 표현하였다. 통일 이후 북한에 전략적으로 산업 개발 기지를 구축하는 큰 그림을 그려야 할 때라는 것이다.

김철완 박사는 동서독 방송통신 교류의 선례와 같이 남북 방송통신 교류는 서로의 정서를 통합하는 데에 기여할 것이라고 했다. 북한 주민들은 이미 비공식적인 경로를 통하여 한류 드라마와 영화를 많이들 본다고 하며, **NGO를 활용하여 ICT국제교류**를 지속적으로 추진 중이라는 점을 덧붙였다.

이처럼 남북 ICT교류 활성화 포럼은 100여 명의 해당 분야 전문가가 모여 앞으로의 남북 교류 방안을 논의하고, 실현 가능성을 고민하는 뜻 깊은 자리였다. 정치 · 경제적인 분야의 현실적인 통일 환경 구축이 필요한 것 만큼이나 문화적인 교류를 통하여 남북한의 정서를 통합할 필요가 있다는 생각이 들었다. 대학생 독자 중에서도 UCC 만들기를 통한 통일 활동에 참가하거나, 정보보안 분야에서 열심히 수학하여 관련 분야에서 남북 교류를 준비하는 분들이 IT산업을 활용하여 통일에 한 발자국 더 다가갈 수 있게 정부 및 민간의 교류와 체계적인 지원책이 필요함을 느꼈다.

5. 남북한 IT 산업 교류현황

1) 인터넷 부문의 교류협력

정보통신 인프라 관련 사업은 2001년 활발하게 진행되었고, 2005년 이산가족 화상상봉을 계기로 통신망 구축을 위한 남북 간 기술진의 공동작업이 이루어졌다. 민간 차원의 정보 인프라 구축 사업으로는 2001년 한국통신, 기가링크, 비트 컴퓨터, 우암닷컴 등이 정보 통신 인프라 구축을 위한 협력사업을 추진하였다.

2) 통신부문의 교류협력

유선전화의 경우 남북한이 직접 연결된 것은 2004년 12월이며, 현재 33개의 회선이 있으며 이 중 18개의 회선이 서울과 평양의 남북회담 지원용으로 설치되어 있다. 그리고 KEDO경수로 사업용에서 개성공단 관리위원회용에 이르기까지 남북 간 간접적인 전화연결회선수도 33개에 이르고 있다. 이동전화에 있어서는 2002년 6월 평양에서 개최되었던 남북통신회담에서 남북은 평양 · 남포 일원에서 CDMA방식의 이동전화서비스와 국제전화 관문국 고도화 사업을 공동 추진하기로 합의하였으나, 이후 서해교전으로 인해 사업추진이 중단되고 CDMA 기술의 대북 반출에 대해 미국이 부정적 입장을 보임에 따라 진전을 이루지 못하고 있는 상황이다.

3) 소프트웨어부문의 교류협력

소프트웨어부문에서의 교류협력은 남북 공동소프트웨어 개발 및 북한소프트웨어의 수입 등의 형태로 진행되고 있다. 일반적으로 SW부문의 교류협력은 중국이나 북한지역 내에서 아웃소싱 형태로 추진되고 있다.

남북IT 협력의 장점으로는 적은 투자비용으로 고부가가치를 창출할 수 있다는 점과 양질의 개발인력 활용, 안정적 기술 축적이 가능하다는 점이 손꼽히고 있다. 반면, 남북 간 정보통신망 미비, 전략 물자 통제, 북한 내 인프라 미비 등은 해결해야 할 과제로 남아있다.

4) IT 인력 양성기관의 교류협력

북한 대학의 IT 인력 양성지원을 통해 장기적으로는 통일비용을 경감하고, 또 최근의 남북경색을 완화하는 데 기여한다면 이는 충분히 투자가치가 있는 일이다. 북한 교육정책은 노동당 중앙위원회의 과학교육부에서 총괄해 기획통제하고 있다. 또 정무원 산하의 교육위원회는 교육정책 집행과 교육행정을 수행하고 있다. 교육위원회 산하기관으로는 고등교육부와 보통교육부가 있으며, 시도에는 인민위원회 교육처가 각급 학교를 분장해 관리하고 있다.

〈표 5-2〉 국내 주요 SW기업 남북 IT협력현황

업체	주요 사업내용	비고
S전자	KCC와 S/W 공동개발	북경에 공동연구소 설립
K전자	KCC와 정보통신분야 공동연구 · 개발	평양
H전자	PIC와 합영으로 북측 인력IT 교육 및 S/W 공동개발 · 판매	단동
V전자	삼천리 기술회사와 휴대폰 분야 S/W 공동개발	북경에 공동연구소 설립
S사	KCC와 뇌혈관지표측정기 공동 개발 · 생산 · 판매	평양
H통신	삼천리 기술회사와 신호분배기 및 애니메이션 위탁 가공	평양
I사	삼천리총회사와 PCB 및 모니터 위탁가공	중단 상태
E사	광명성총회사와 합영으로 '고려 기술개발제작소' 설립	미 추진 상태
S사	코스타와 애니메이션 공동제작	평양
A사	광명성총회사와 CpT 공동개발	평양
J사	한방채질진단시스템 '금빛일' 반입	

북한의 교육시스템은 인민학교(4년), 고등중학교(6년), 대학교(4~7년)로 되어 있으며, 의무교육은 유치원(1년)을 포함해 고등중학교까지 11년으로 되어 있다. 북한에는 공장대학을 포함해 280여 대학에 약 30만 명의 대학생이 재학하고 있으며, 종합대학교는 김일성종합대학, 김책공업종합대학, 고려성균관대학이 있다. 일하면서 대학과정을 이수하는 공장대학 · 농장대학 · 어장대학은 야간대학이며, 이공계 단과대학으로는 평성과학원, 평양과기대 등이 있다. 즉, 대학은 전공분야별로 종합대학, 이공대학, 인문대학, 공산대학, 사범교원대학, 의학대학, 농수산대학, 공장농장어장대학, 예체능대학 등으로 구분된다. 북한의 대학은 대부분이 이공계이며, 인문사회계의 대학은 매우 극소수이다. 이런 점에 비추어 북한에 대한 IT 인력양성지원은 이공계대학에 집중되어야 한다.

북한 대학의 IT 인력양성 지원은 크게 IT 관련 표준 공동개발사업, IT 관련교재 공동개발사업, 교수요원의 상호교환사업, IT 관련 학술대회 공동개최사업 등으로 구분할 수 있다. IT 관련표준 공동개발사업으로 키보드(자판) 표준화, 컴퓨터용어 표준화 등을 부분적으로 추진한 바 있으나, 체계적으로 접근하지는 못한 것으로 판단되며,

이를 전 분야로 확대해 추진할 필요가 있다. IT 관련 교재 공동개발사업은 기초 · 기본 · 응용 · 고급 과목으로 구분, 남북이 공동개발해 공급하는 것이 좋을 것이다. IT 관련학술대회 공동개최사업도 남과 북이 분기별로 상호교차 개최, IT 교류를 더욱 활발히 추진해야 한다.

6. 남북한 IT교류협력 SWOT 분석

우리 정부는 "창조경제"를 국정 전면에 내세웠고, 미래창조과학부를 신설하였다. 북한 역시 인민경제의 정보화를 내세우며, 국제과학기술계획과 국가과학원 주력 연구과제로 IT를 강화하고 있는 실정이다. IT분야는 우리나라와 북한이 상호 보완성을 갖고 있어, 교류협력을 통하여 실익을 얻을 수 있는 분야임에는 확실하다. 우리나라는 세계적인 IT기반을 가지고 있으나 인력과 시장이 부족하고 중국에 추격을 받고 있으며, 북한은 H/W가 부족하나 S/W가 빠르게 발전하고 있다. 따라서 남북 협력으로 서로 보완하고 나간다면 세계시장에서 커다란 부가가치를 창출할 수 있을 것으로 여겨진다.

1) 남북한 IT교류협력 SWOT 분석

〈표 5-3〉 남북한 IT교류협력 SWOT 분석

SWOT 분석	
강점	• 우리나라의 뛰어난 IT인프라 • 북한의 풍부한 노동력, 저임금 및 뛰어난 S/W 기술 • 국제적 기술 및 자본의 도입
약점	• 남북한 간의 기술격차 • 북한의 열악한 IT산업 환경 • 북한의 IT산업관련 시설 및 장비의 부족 • 북한의 정보화 기구의 미흡
기회	• 북한의 점진적인 정보화의 확산 • H/W, S/W 분야의 민간교류 • 타산업의 상승효과 기대

	• 국제협력을 통한 기술인력 확대 및 기획력 제고 • 통일시대를 대비한 동질성 회복 • 남북한 간 민족정서의 통합
위협	• IT산업 교류협력에 대한 남북한 간 인식차이 • 군사적 기밀유출 문제에 따른 교류의 어려움 • 첨단 IT산업 장비 등에 대하여 대북 반출 제한 • 남북관계의 특수성과 북한의 폐쇄성 • 북한의 사회주의사상 고수 • 북한 체제유지를 위한 정보의 통제

2) 남북한 IT교류협력 방안

(1) 남북한 협력창구 개설

IT분야는 고도의 전문성과 현장에서의 문제해결방안 도출이 필요한 분야이다. 또한, 남북 간 정보통신산업 분야의 기술격차를 해소하는 것이 가장 필요하다. 그동안의 남북 간 교류협력은 기술격차로 인하여 남한의 기술과 인력이 북한에 전적으로 제공되어 일회성 이벤트로 끝나는 경우가 많았다. 또한, 대내외 여건에 따라 북한의 협력은 일관성이 없었다. 따라서 남북한의 전문가들이 잦은 만남과 토론 그리고 공동연구가 필요하다. 이를 위해서 남북 담당기관들 간의 협력창구를 개설하고 협력 프로그램을 수립할 필요가 있다고 본다.

(2) 협력추진의 단계화

천안함 폭침사건 이후 5·24조치에 따라 남북관계에 변화와 보조를 맞추며 단계적으로 발전해야 하는 것이 지금의 현실이다. 즉, 향후 발생 가능한 상황을 설정하고 이를 토대로 구체적인 교류협력 계획을 수립해야 할 것이다.

(3) 국민공감대 형성과 우려 해소

남북관계는 국민 최대 관심사에 속하고, 이들의 이해관계에 따라 수많은 갈등이 상존한다. 북한 역시 남한과의 협력에서 자신들의 이익을 강력히 추구하고, 그 안에서 남북갈등이 크게 증폭되기도 한다. 따라서 남북 IT교류협력도 이러한 갈등을 해소하고 국민적 공감대를 얻는 방향으로 추진되어야 할 것이다. 최근에 발생한 북한의 사이버테러로 인하여 IT협력에 대한 부정적 시각이다. 북한의 책임 여부에 대한 논란이 있지만, 이를 해소하지 않고는 정상적인 IT교류협력과 확대가 상당한 어려움을 겪게 될 것이다. 따라서 이를 해소하고 국민적 공감대를 형성하면서 협력하는 방안을 찾아야 할 것이다.

(4) 통일기반 구축에 기여

남북한 IT협력은 중장기적으로 통일기반 구축에 유리하게 추진되어야 한다. 여기에는 통일 후 남북한 주민들의 정보격차 해소와 북한지역 정보통신 인프라 구축, IT 인력 양성과 활용, 용어와 표준통일 IT관련 DB 구축, 미래 발전방향 설정 등이 포함될 수 있다. 북한 이탈주민들에 대한 IT교육은 이러한 사업들에 대한 준비와 경험을 축적하는 좋은 사례가 될 수 있다. 이를 통하여 통일 후에 필요한 북한 주민교육 프로그램들을 내실 있게 준비할 수 있다. 국내 청소년들에 대한 통일교육에 IT를 포함하는 것도 하나의 방법이 될 것이다.

제2절 북한의 정보통신산업 현황

1. 서 론

박근혜 대통령은 연초 신년기자회견을 통해 통일준비 기반을 구축하여 한반도 통일시대를 열어가겠다고 발표했으며, 지난 3월에는 독일 드레스덴에서 '한반도 평화통일을 위한 구상'을 발표하면서 통일 의지를 밝혔다. 박 대통령이 밝힌 △3대 대북 제안, 즉 인도적 문제 해결, 민생 인프라 구축, 민족 동질성 회복과 △북핵문제 해결을 위한 동북아다자안보협의체의 추진, 그리고 △한반도 통일과 동북아 화합의 출발점으로써의 DMZ 세계평화공원 건설은 모두 북한의 참여를 전제로 하고 있다. 하지만 현재 5·24조치로 경색된 남북국면과 대남도발과 유화정책을 넘나드는 북한 정권의 이중적 행태는 통일논의를 가로막는 난제임이 분명하다.

남북 ICT교류 역시 마찬가지이다. 한때 남북 IT교류에 대한 총체적 합의가 진행된 적도 있다. 지난 2000년 남북한 정상회담 이후 많은 IT벤처기업과 대기업이 북한과 소프트웨어, 통신분야 교류를 시작했으며, 대학 간 IT협력도 논의되었다. 통신·전자 업계는 2002년 남북 통신회담을 통해 이동통신사업의 공동 추진을 합의하기도 했지만 이어 발생한 서해교전, 북핵문제와 같은 정치적 요인들로 인하여 중단되고 말았다. 남북 긴장대치상황이 초래한 정치적 경색은 통일을 전제로 한 교류협력 확대의 가장 큰 장애요인인 것이 사실이다. 하지만, 그럼에도 불구하고 정부와 민간 및 학술 분야 등에 있어서 과연 남북 간의 동질성 회복을 위한 지속가능한 연구개발과 협력 방안이 논의되었는가 하는 점에 있어서는 되돌아볼 여지가 크다.

독일은 1972년의 동·서독 기본조약 체결로 상호 공존의 틀을 마련했고, 1989년의 베를린 장벽 철폐, 그리고 마침내 1990년의 통일조약 체결에 이르기까지 꾸준한 통일 준비를 거듭해왔다. 특히 동서독 간 격차가 컸던 정보통신분야의 경우, 1970년대 동서독 통신협정 체결 이후 지속적으로 통신망 확충 노력을 기울여왔으며, 통일 1년 전 거국적인 통신망 현대화 종합계획을 수립해 통일시대에 대비했다. 실질적인 정보 교류와 통신격차 해소를 위한 통일 전담기관의 지속적인 연구결과 덕분이다.

한반도 통일은 북한의 개방을 전제로 하는 것이며, 이는 정보통신(ICT) 부문의 남북교류를 통한 상호 신뢰를 기반으로 가능하다. 정보통신 부문의 교류협력 사업은 경제·사회·문화 등 전 부문에 걸친 교류 협력과 남북 경협의 양과 속도를 결정하는데 중요한 영향을 미친다. 따라서 본 연구는 향후 통일시대에 대비하여 북한의 최근 정보통신 현황을 분석하고 남북 교류협력 방안을 제시하는데 그 목적이 있다.

2. 최근 북한 ICT 주요 현황

북한은 정보화 인프라에 대한 통계를 대외비로 분류하고 있으나, 외신 등을 통해 일부 공개가 이루어지고 있다. 남북한의 정보 인프라 현황은 분야별로 작게는 10배에서 많게는 20배 넘는 차이를 보이고 있다. 불과 수년 전까지만 해도 남북한의 ICT 격차는 비교 자체가 무의미할 정도였지만, 현재는 북한의 인프라도 상당 수준에 이른 것으로 추정된다.

최근 세계은행이 공개한 '2014년 세계발전지표(World Development Indicators)'에 의하면 북한의 인터넷 보급률은 0%로써 세계 최저의 정보화 수준을 기록한 것으로 발표되었다. 그러나 김정은 집권 이후 북한은 정보통신부문의 경제계발계획을 중점적으로 추진하고 있으며, 체제유지를 위한 방어적 인터넷 인프라 구축을 통한 내부망 활용, 무선전화 부문의 급속한 발전을 꾀하고 있는 것으로 알려졌다.

〈표 5-4〉 남북한 정보화 인프라 및 수준 비교

구분		남한(A)	북한(B)	비교(A/B)
일반현황	총인구(천명)	4,903만 명	2,485만 명	2.1배
	총면적(㎢)	**9만 9,720㎢**	12만 540㎢	0.8배
정보화 수준	무선전화 가입자 수	**2014년 5674만**	2009년 12만 **2013년 240만**	23.6배
	인구 100명당 무선전화 가입자 수	115명	9명	12.7배
	컴퓨터 보급대수	**2014년 239만**	**2010년 12~13만**	20배
	데이터 전송속도	100Mbps~1Gbps	평양 100Mbps 지방 10Mbps	10배

1) 통신

북한에서 이동통신 서비스는 2008년 이집트 오라스콤과 협력한 '고려링크'를 통해 시작되었다. 이집트의 통신사업자 오라스콤이 2008년 12월 처음 사업권을 확보하였으며, 2033년까지 30년간 독점계약을 체결하였다. 오라스콤은 체오(CHEO) 테크놀로지를 설립한 후 체신성과 합작으로 W-CDMA(3G) 통신망을 구축하였으나 LTE 또는 LTE-A로의 전환은 아직 요원한 실정이다.

북한 이동통신 가입자는 초기 약 3000명 수준에 불과했으나, 이후 2010년 43만 명, 211년 53만 명, 2012년 150만 명, 2013년 5월에는 200만 명을 넘어선 것으로 알려졌다. 오라스콤의 사위리스 회장의 최근 인터뷰를 통해 확인된 사실인데, 북한 인구 2485만 명 중 약 8%가 휴대폰을 사용하는 것으로, 북한 주민의 휴대전화 사용이 일상화되었다고 볼 수는 없으나 보급률의 증가속도는 매우 가파르다고 할 수 있다.

사위리스 회장은 "북한에서 짧은 기간 200만 명 가입이라는 성과를 올렸다"며 "북한 진출 초기만 해도 소수의 특권층에만 혜택이 돌아갈 것이라는 부정적인 시각이 많았지만 가입자 수가 꾸준히 늘면서 휴대전화를 이용하려는 북한 주민이 증가하고 있음을 보여준다"[5]고 말했다. 한편, 미국의 인터넷매체인 '노스코리아테크(North Korea Tech)'에 따르면 2013년 6월말 현재 북한의 휴대전화 가입자 수는 240만 명을 넘어섰다고 한다. 북한의 중국산 휴대폰 완성품 누적 수입물량이 300만 대 이상이라는 점을 감안한다면 설득력 있는 통계수치가 아닐 수 없다.

실제 북한에서는 휴대전화 사용예절을 TV를 통해 가르칠 정도로 평양 등 대도시를 중심으로 휴대전화 보급이 빠르게 확산되고 있다. 북한 당국이 국경지역을 제외한 대부분의 도시들, 특히 청진, 함흥, 강계, 사리원을 비롯한 주요 도시들에 대해 2010년 8월 1일 시점으로 휴대전화 개통을 허용했고 이후 4년간 빠르게 성장하였다.[6]

〈표 5-5〉 북한의 중국 휴대폰 수입물량 (단위 : 천대)

연도	2007 이전	2008	2009	2010	2011	2012	2013	2014.7	계
물량	–	28	42	418	681	919	565	453	3,106

※ 출처 : 중국 해관통계

북한의 휴대폰 통신체계는 도시와 도시 사이에서는 유선으로, 한 도시 내에서는 무선으로 통화를 보장한다. 때문에 유선에서 무선으로 몇 번씩 신호가 중계되다보니 먼 곳으로 통화할수록 통화품질이 좋지 않았지만, 점차 각 군까지 휴대전화 기지국이 건설되고 난 뒤에는 통화품질이 다소 개선되었다고 한다. 북한 당국이 이동통신 사업을 추진하는 목적은 거시적으로는 외국인 투자자들을 유치하고 외화벌이라는 실리적 목적을 취하기 위해서이다. 하지만 지역 간 교류가 차단되어 이동이 용이하지 않은 북한 주민에 대해서도 의사소통의 신속성, 업무의 효율성 측면에서 삶의 질을 높

5) 미국의 자유아시아 방송(RFA) - 2013. 5. 31 보도인용
6) daily NK 2010. 8. 11 보도인용

여주는 의미 있는 사업이기도 하다.

최근 북한이 자체 제작한 것으로 추정되는 3G 휴대전화가 공개되었다.[7] 북한이 중국 심천에서 전자제품위탁생산(EMS) 방식을 통해 생산하고 고려링크를 통해 판매하는 3G 휴대폰 제품이다. 해당 제품은 3G 모델로 영상통화가 가능한 것으로 알려졌다.

휴대폰은 바 형태로 상단에는 액정표시장치(LCD) 화면이, 하단에는 한글 사용이 가능한 키패드가 위치해 있다. LCD 화면 아래에는 고려링크 로고가 삽입되어 있으며 중앙에 위치한 버튼에는 고려링크 로고인 천리마가 그려져 있다. 해당 제품의 구체적인 모델명이나 판매가격 등은 알려지지 않았지만 중국에서 제작된 후 북한으로 반입되어 고려링크 대리점과 체신성 산하의 전신전화국 또는 우편국 등에서 판매될 것으로 보인다.

이동통신 서비스 초기, 북한에 보급된 휴대폰 단말기는 대부분 모토로라나 노키아 제품이었으나 현재는 중국산으로 대체되었다. 중국 화웨이사에 위탁생산하면서 배터리에 조선-평양이라고 생산지를 새겨 넣었기 때문에 북한 주민들은 북한이 휴대폰을 생산·보급하고 있는 것으로 알고 있다. 당 간부와 특수기관에서 사용하는 휴대폰은 북한이 중국에서 특별한 기종을 들여온 뒤, 송수신 주파수를 변경해 북한 내에서 사용하고 있다. 북한에서 합법적으로 휴대폰을 통화하려면 기기비용은 약 300달러(2G)이며, 통신 가입비는 약 700달러 정도이고, 통화료는 1분당 50원 정도이다.

2) 소프트웨어

북한은 거대 자본과 고도의 기술을 요하는 이동통신 분야에는 발전적 한계를 나타내고 있지만, 인적자원을 활용한 소프트웨어 분야는 체계적으로 육성했다. 정보통신 분야 중에서도 과도한 비용을 들이지 않고 명석한 두뇌와 창조력만 있으면 훌륭한 제품을 생산해 낼 수 있는 소프트웨어 분야를 집중적으로 공략한 것이다. 북한은 소프트웨어 부문을 경제 및 산업 분야에서 생산성을 제고하는 수단으로 활용하고 있지만, 소프트웨어를 하나의 생산품으로 인식하고 경제 및 사회 각 부문에 필요한 소프

7) ZDNet Korea 2013. 6. 24 보도인용

트웨어를 생산 · 공급하고 있다. 대외적으로도 소프트웨어를 수출경쟁력이 있는 하나의 산업으로서 인식하고 있다.

따라서 **북한의 소프트웨어 정책**은 인재 양성을 통한 소프트웨어 개발인력 확대, 소프트웨어 개발기관에 대한 지도와 관리 강화, 개발과 보급에 대한 사회적 관심을 높이는 방향으로 추진되고 있다. 개발은 주로 국가과학원, 조선컴퓨터센터, 평양정보센터 등 연구기관들과 김일성종합대학, 김책공업종합대학, 평양컴퓨터기술대학 등 정보통신 관련 대학들에서 담당하고 있지만, 각 기업소나 지방정보센터 등에서도 자체적으로 소프트웨어를 개발 · 보급하고 있다.

북한이 특히 집중 투자 및 특화하고 있는 소프트웨어 분야는 언어처리, 암호화, 인식기술, 애니메이션 부문이다. 이는 북한의 역사적, 정치 체제적 상황과 무관하지 않은데, 언어처리의 경우 역사적 특성상 러시아 · 중국어 전문가를 상당수 보유하고 있었기 때문이며, 암호화 부문은 냉전시기 북한에 우호적이었던 독일과 러시아에서 도입한 핵심기술의 자체화가 주된 배경으로 작용한 것으로 분석된다.

애니메이션 부문은 최고지도자의 개인적인 취향, 즉 영화 관련 산업에 대한 깊은 관심에서 비롯된 것으로 보인다. 또한, 어린이의 재능을 개발시키는 게임과 교육을 접목시킨 에듀테인먼트(Edutainment) 프로그램도 많이 개발되고 있다. 이는 북한 내 수요뿐만 아니라, 남한을 포함한 대외수요를 염두에 두고 있는데, 북한에서 개발된 거의 모든 프로그램은 MS Windows 운영체계에서뿐만 아니라 MacOS, 리눅스 등 다양한 환경에서도 구동이 가능하도록 개발되고 있다.

북한의 소프트웨어 부문은 북한 당국의 육성의지 및 우수한 인적자원을 바탕으로 상당한 성장잠재력을 보유하고 있는 것으로 평가되고 있다. 특히, 영상처리, 음성인식, 문자인식, 지문인식 등 각종 인식 기술에서는 이미 상당한 기술수준에 올라 있으며, 인공지능, 퍼지이론 등 각종 제어 및 자동화 시스템에서도 국제적인 기술을 보유하고 있는 것으로 알려져 있다.

최근까지 개발된 주요 소프트웨어로는 우리말 OS, 조선글 입력체계, 조선어 문서교정기, 조선글 입력지원체계, 조선문자 인식기, 각종 번역기, 악보인식기, 지문식별기, 인물화상식별기, 체질진단기, 7개 국어사전, 삼흥사전, 교육용 대매체, 은바둑, 조선장기, 조선민속유희 묶음집, 지능씨름, 축구전술지원소프트웨어, 농구전술지원소프트웨어, 은행업무 지원체계, 각종 경영업무지원체계, 생산공정감시 및 조종체계, 금형가공 CAD/CAM, 병 진단체계 등이 있다.

3) 북한의 ICT 인력

북한의 정보화교육은 대학 등 전문교육(전공교육)을 중심으로 시작되었으며, 1990년대에 이르러 본격화되었다. 현장에 배치된 5천7백여 명의 전문가 외에도 대학의 정보통신 관련학과 졸업생을 지속적으로 배출하고 있다. 2008년 현재 활동하고 있는 정보통신 전문가들은 약 3만4천여 명 정도로 추정되며, 매년 1천4백여 명의 정보통신 관련 전공자들이 배출되고 있다고 한다. 이들은 체신성 산하 정보통신연구소와 망 관리실, 그리고 김책공업종합대학의 정보기술대학과 정보센터에 소속되어 있으며, 중국, 러시아에서도 외화벌이 업무를 수행하고 있다.

2014년 8월, 러시아 최대 IT관련 기업 협의체인 정보통신 · 컴퓨터 기술산업협회는 "회원사에 북한의 IT 전문인력을 활용할 것을 제안했다"고 한다. 이 단체는 "이날 7~8월 두 달 동안 북한의 요청으로 모스크바 주재 북한대사관과 협의를 진행했다"며 "협회가 직접 회원사의 요구에 맞게 필요한 북한 IT인력을 알선할 계획"이라고 밝혔다.[8)]

이와 함께 북한이 러시아의 요청에 따라 제출한, 북한 내 IT인력과 서비스에 관한 세부 제안서를 공개했다. 이 제안서는 평양 중구역 해방산동에 위치한 '평양광명정보기술사' 명의로 웹 개발자, 시스템 분석자, 프로그래머 등 12개 분야별 IT인력에 관한 상세 정보를 담고 있다. 제안서에는 "북한 IT 인력은 대부분 2~3년 정도 현장에서 실무 경험을 쌓았으며, 분야별로 총 67명이 러시아 측과 곧바로 작업 가능하다"고 밝혔다.

이들 가운데 윈도우는 물론 리눅스 소프트웨어와 보안 소프트웨어 개발자, 그리고 PHP5, C, 자바 등 주요 프로그래밍 언어에 능숙한 기술개발자가 포함되어 있으며, 기업 간 거래(B2B) 실무 경험을 가진 IT 영업 전문가도 있다고 한다. 북한 IT 전문가의 임금은 월 2천 달러 선으로 알려졌는데, 해외 대북 투자 전문가들은 북한의 IT 전문가들이 기술력이 뛰어나고 임금이 상대적으로 저렴해 해외시장에서 경쟁력이 있다고 평가하고 있다.

---

8) 2014. 8 자유아시아방송 보도

제3절 북한의 정보통신망 현황

1. 개 요

북한의 통신에 대해서는 자료가 부족하고 극히 단편적인 자료만이 알려져 있어 체계적인 파악을 하기 어려운 상황이다. 이에 북한과 협력하고 있는 국제기구나 제3국에 의해 단편적이나마 자료를 입수할 수 있고 이를 근거로 통신상황을 추정하는 정도에서 논하기로 한다. 북한에서의 통신은 당의 노선, 정책을 모든 부문, 단위, 노동자에게 신속 · 정확하게 전달하여 이를 관철시키는 정치적 수단으로 활용되고 있다. 특히 통신은 공공의 행정수요를 충족시키는 것이 기본적인 목적이기 때문에 일반 주민들의 통신욕구를 충족시키기에는 크게 부족한 것이 현실이다. 탈북주민과 북한 방문인사들에 따르면, 일반적으로 개인전화는 당 간부 등 주로 지도층 가정에 설치되고, 일반주민들은 주로 협동농장, 공장 등에 설치된 공동전화 및 공중전화를 이용한다는 점에서 북한의 상황을 파악할 수 있다.

2. 시내전화

설비투자 재원조달, 기술도입의 어려움 등으로 인해 북한의 통신 인프라는 열악한 상황이 지속되고 있다. 기본 통신수단인 시내전화 시설은 대략 110~140만 회선으로 추정되며 100인당 회선 수는 북한이 4.6, 남한이 46.4로 북한의 100인당 회선 수는 남한의 1/10 수준에 해당하는 것으로 나타났고, 이 또한, 평양 등 대도시에 집중되어 있다.[9]

---

9) 정보통신부 국회 제출자료(2007.2), ITU(World Telecomunication Report, 2001)는 총 100명당 5회선으로 추정하고 있으며 CIA(The World Factbook, 2004)도 총 110만 회선(2001년 기준)으로 추정하고 있어 ITU의 자료와 동일함.

3. 시외전화

시외통신망은 평양을 중심으로 도 · 시 · 군 · 리 간에 종적으로 연결되어 있다. 이러한 수직적인 통신망은 주로 여러 지역 관할구와 주요 산업기반들을 연결하여 산업목적과 행정목적으로 이용하거나 주민들에게 당국의 정책을 전파시키는데 주로 이용되고 있다. 특히 북한은 1997년 4월 8일 체신절을 기해 '국내통신분야에서 중앙 · 지방, 시 · 도 사이의 빛섬유 통신과 숫자식 통신방식에 의한 시외전화의 자동화가 실현되었다'고 발표한 바 있다. 또한, 북한은 1990년대부터 광통신망 구축에 역점을 두고 추진하고 있다.

광케이블 구축은 1995년 1월에 평양~함흥 간 300Km 구간의 광케이블 공사를 완료한 것을 비롯하여 1998년까지 평양과 35개의 주요 도시를 연결하는 광케이블망 구축공사를 완료하였다. 2001년 4월에 광케이블을 이용한 고속통신망 설치를 위해 프랑스로부터 필요한 장비를 도입하여 2001년 말에 평양과 각 도의 주요 도시를 상호 연결하는 고속통신망 구축작업을 실시하였고 그 결과 현재 평양과 각 도는 고속의 광케이블 통신망으로 상호 연결되어 있는 것으로 알려져 있다.

4. 국제전화

현재 국제통신 루트는 위성과 케이블, 아날로그 마이크로웨이브 등이 있으나 주로 위성을 통해 이루어지고 있으며 위성으로 직접 연결된 국가는 일본, 중국, 싱가포르, 홍콩, 프랑스, 독일, 이란, 루마니아 등이다. 국제전화 요금은 3~6.5달러/1분으로 매우 높은 편인데, 이는 위성을 이용한 통신의 비용이 많이 소요되고 또한, 국제전화 연결국가와의 정산료가 높이 설정되어 있기 때문이다.

미국과의 국제통신의 경우 미국의 AT&T가 서비스를 제공하고 있다. 남북 간에도 연락업무 및 회담지원용으로 직통전화 35회선(동축케이블)이 있고, 개성공단 · 평양 · 금강산 관광을 지원하기 위하여 제3국을 경유한 간접회선이 17회선 연결되어 있다. 또한, 이산가족 시범화상 상봉을 위하여 2005년 7월 18일 군사분계선 내에서 광케이블로 접속된 직통전화는 서울-평양 간 4회선과 2005년 12월 28일 개통된 개성공단 303회선으로 운영되고 있다.

북한 내의 국제전화는 대부분 통신센터의 교환원을 거쳐 수동으로 해외로 연결되나, 외국인들이 이용하는 호텔에서는 교환원을 거치지 않고 자동교환방식으로 직접 외국과 통화가 가능하다. 그러나 인공위성을 통해서 이루어지기 때문에 통화 중 울림현상이 심하게 나타나는 등 국제전화 통화품질은 상당히 떨어진다.

5. 공중전화

북한에서의 공중전화는 평양과 함흥 등 대도시의 주요 거리와 백화점, 호텔 등에 설치되어 있다. RNS 지역에서는 체신소에 2~3대씩 설치되어 있으며, 공중전화가 미설치된 경우 지역 관공서나 기업체에서 용건을 등록 후 사용이 가능하다. 북한의 공중전화에 대한 최근 자료는 ITU가 발행하는 'World Telecomunication Development Report'에도 수록되어 있지 않아 이에 대한 실정을 파악하는데 어려움이 있다.

6. 이동전화

북한에서 이동전화 서비스는 나진 · 선봉지역에서 통신망 구축을 담당하고 있는 동북아전기통신공사가 제공하고 있으며 2002년 8월 1일부터 평양지역에 안테나 기지국을 설치하고 주위 4Km로 전파를 발신해 통화시험을 하는 등 이동전화 시험운용을 거쳐 2002년 11월 11일부터 유럽의 GMS 방식으로 서비스를 제공하고 있다.

이동전화 가입자는 초기에는 고위 당정 관계자, 평양 주재 외교관, 국제기구의 현지 주재원 등으로 국한되었지만 2003년 12월 가입자 수가 2만 명으로 확대되는 등 높은 단말기 가격 및 이용요금에도 급속히 확산되는 양상을 보이고 있다(단말기 구입비 131달러, 가입비 765달러로 파악됨, 정보통신부 국회 제출자료 2007.2). 그러나 2004년 4월 용천역 폭발사고 이후 이동전화 서비스가 중단되었고, 이후 외국인을 대상으로 서비스를 제공하는 것으로 알려지고 있다.

제 4 절 북한의 방송분야 현황과 사이버테러

1. 방송분야 현황

1) 라디오 방송

북한의 라디오방송으로는 중앙방송, 평양방송, 국제방송, 평양FM, 각 도별 지방방송 등이 있다. 북한의 국내 라디오 방송은 유선방송에 의존하며, 라디오 기기 보유는 9.2명당 1대로 알려져 있다.

북한에서 주민들에게 가장 큰 비중을 두는 방송으로 평양과 지방의 각 도·시 11개소에 유선방송국이 설치되어 있고, 북한의 모든 가정과 직장, 사무실에 유선방송 스피커를 설치했으며, 중앙방송 중계와 해당지역(도·시) 뉴스와 자체제작 프로그램을 방송하고 있다.

2) TV방송

공중파 방송방식은 유럽의 PAL(Phase Alternation Line)방식이며, 중앙TV, 만수대TV, 개성TV의 3가지 방송이 있다. 이중 개성TV는 남한과 같은 NTSC 방식이다.

유일한 전국방송인 중앙TV 방송시간은 평일 오후 5시부터 저녁 11시까지, 일요일은 오전 10시~11시, 오후 3시~11시 30분까지이다.

2. 사이버테러

1) IT인프라 최고인 한국–사이버전 능력은 바닥

'한국은 해커들이 공격 경유지로 이용하는 악성코드 공화국'이라고 국가보안기술연구소장을 지낸 손영동 고려대 정보보호대학원 초빙교수는 언급하였다. 사이버전에 동원되는 병력은 500여명 수준인 반면, 통신 인프라와 문화는 짜장면 하나 시켜먹을 때도 스마트폰 앱을 켤 만큼 세계에서 가장 발달하였다. 그리고 한국은 세계무선인터넷 트래픽의 10%를 차지하고 인터넷 속도는 세계평균의 4배인 정보통신기술(ICT)

선진국이라며 그런 점 때문에 전 세계 해커들이 공격 경유지로 이용하는 '악성코드 공화국'으로 전락한 상태라고 하였다.

미국 사이버안보 전문기관인 테크놀리티스는 북한군(軍) 사이버전(戰) 역량을 세계 5위로 평가하고 반면 한국군의 역량은 9위로 평가하여 파키스탄, 사우디 등과 비슷한 수준이다. 한국이 9위라는 평가는 한국의 인프라와 ICT기술력을 감안하면 사실상 바닥 수준이라고 평가할 수 있다(조선일보, 2015.7.24. A3면, "IT인프라 최고인 한국, 사이버전 능력은 바닥").

2) 세계는 사이버전쟁 중이다.

전 세계 사이버공간은 뜨거운 전쟁터이다. 지금 이 시간에도 해킹 등을 통해 주요 군사, 산업 정보를 빼내고 전력, 통신, 교통 인프라를 마비시키는 사이버 공격이 진행되고 있다. 2014년 말 북한의 소니픽처스 해킹 공격 직후 버락 오바마 미국 대통령은 사이버공간을 '무법천지 서부 개척시대 황야'에 비유했다.

현재 사이버부대 인력은 미국이 2009년 창설한 사이버 사령부는 8만 명, 중국이 18만여 명(비공식 인력을 합치면 40만 명으로 추정함), 북한이 6000여명인데 한국은 500여명이다. 사이버전 능력은 적은 비용으로 막대한 효과를 거둘 수 있다는 점에서 '재래식 무기보다 훨씬 큰 타격을 줄 수 있는 비대칭 전력의 핵심'이라는 평가를 받는다. 주요국이 앞다투어 사이버전 능력을 키우고 있는 이유이다. 일본도 2014년 사이버공간 방위대를 설치하며 사이버전 대열에 뛰어들었다. 일본 사이버 방위대 예산은 약 2000억 원으로 추정된다.

미 국방과학위원회(DSB)는 2014년 내부 보고서를 통해 "첨단 무기시스템 설계도 최소 24개가 사이버 공격으로 유출됐다"면서 그 배후로 중국정부를 지목했다. 미국이 자랑하는 최첨단 F-35 전투기, 신형 수직 이착륙기 MV-22, 차세대 잠수함 초계기, 이지스미사일 방어체계 등이 포함되어 사이버 해킹을 통해서 중국이 무기 개발 기간을 25년 단축하였다고 평가하였다.

3) 북한의 사이버전 능력은 급속도로 성장

전 백악관 안보특보 사이버 전문가 리처드 클라크는 북한의 사이버 수행 능력을 '세계 최고 수준'으로 평가했다. 2013년 김정은은 '사이버 공격은 무자비한 타격력을 보장하는 만능의 보검'이라고 사이버전을 독려했다. 북한은 현재 노동당과 국방위 산하 경찰총국 등 7개 조직에 해커 1700여명을 보유하고 있다. 이들을 지원하는 인력만 4200여명으로 파악된다.

북한은 2005~2007년 홈페이지, 이메일 해킹 등을 하다 2008년부터는 채팅, 백신, 자료공유 사이트 등을 이용한 대규모 공격을 하고 있다. 정보당국 관계자는 '최근 좀비 PC를 동원한 디도스 공격, 홈페이지 침투 및 자료 삭제, 자폭기능 등 한층 고도화된 기술을 사용하고 있다'고 말했다(조선일보, 2015.7.24. A3면, "세계는 사이버전쟁 중", 황대진 기자).

4) 연도별 사이버테러 통계

근래에 발생했던 소니 영화사 해킹사건을 비롯하여 우리나라도 북한 해커로부터 사이버테러를 받은 사건들이 있다. 경로가 중국을 경유하므로 공격자를 찾기가 어려울 뿐만 아니라, 북한이 이를 부인하고 중국 역시 조사에 소극적이기에 IP 등 정밀추적을 통하여 결정적인 증거를 찾기에도 많은 어려움이 있다. 조사기관이 경찰에서 검찰과 민관군 합동대응팀으로 확대되면서, 적어도 5번에 걸쳐 북한이 사이버테러를 했음을 밝히고 있다. 최근 몇 년간 사이버테러 사고를 〈표 5-6〉을 통하여 정리하였다.

〈표 5-6〉 연도별 사이버테러 통계

구분	2010년	2011년	2012년	2013년	2014년 (9월까지)
해킹신고	16,295	11,690	19,570	10,600	11,364
DDoS신고	53	63	91	53	29
홈페이지 악성코드 유포대응	6,674	11,805	13,018	17,750	13,596
피싱/파밍 사이트 차단	8	1,849	6,944	7,999	7,816
악성 앱 분석건수	–	–	17	2,351	3,163

출처 : 미래창조과학부

제 5 절 남북한 정보통신산업 교류협력 장애요인 해결방안

1. 내부적 장애요인의 해결

1) 경색된 남북 관계의 화해 유도

지난 2년여 동안의 당국 간 대화단절, 개성공단의 출입제한 조치 등 긴장고조, 금강산 및 개성관광 사업 중단, 중단거리 로켓 발사, 두 차례의 핵실험, 장거리 미사일(ICBM) 발사, 북한 경비정의 서해 북방한계선(NLL) 침범 등 많은 사건들이 발생했다. 이러한 사건들로 인한 남북한 간 경색관계는 양측의 긴장을 고조시키고 경제협력에 대한 대외 신인도를 추락시켜 국제사회에서 국가역량 저하를 가져올 수 있어 남북한 간 긴장 해소를 위한 외교적 노력이 우선되어야 한다.

2) 북한의 정보통신산업 활성화 유도

남북 정보통신 교류협력은 정치체제에 대한 부담이 적고, 적은 비용으로 큰 파급효과를 기대할 수 있어 현재의 위기극복을 위한 촉매제가 될 수 있다. 이를 위해서 그간 진행해오던 정보통신산업 협력을 한 단계 업그레이드할 수 있는 다음과 같은 전략들이 필요하다.

- 한국의 최첨단 정보통신 기술과 북한의 고급 IT인력의 상호 교류
- 평양~서울~수도권을 연계한 정보통신산업벨트 구축
- 평양의 3G이동통신서비스 개통과 관련된 휴대폰 산업 경협 추구
- 남북 정보통신산업 협력 스타기업 발굴 · 육성
- 시너지 효과가 큰 분야를 중심으로 정책적 지원, 교류협력 성공 모델 확산

IT산업 육성을 통해 선진국 대열로 진입한 인도나 아일랜드의 경우 적극적인 국제개방 노력이 최우선 정책이었다. 그러나 폐쇄적인 국가인 북한에게 같은 발전모델을 적용하기에는 다소 어려움이 있다. 북한은 자본주의와의 거래를 부정적으로 간주하

며 사회주의의 포기라는 마인드를 가지고 있기 때문이다. 1990년대 후반부터 과학기술 중시 정책으로서 대외협력 확대와 특히 2002년 경제관리 개선조치에서의 실리추구 노선으로의 변화는 '개방'이라는 국제적 패러다임을 공감하는 것처럼 보여 다소 기대를 갖게 한다. 남북한 정보통신산업 교류협력이 정착되기 위해서는 급속한 기술변화 및 시장에서의 수요대처 능력이 요구된다. 따라서 북한으로 하여금 경제협력 증진을 통해 개방과 변화를 유도하는 다자간 노력이 무엇보다 절실하다.

3) 관련 정보의 부족 및 접근 통제규정의 보완

남북 정보통신산업의 교류협력 사업 추진을 위해서는 북한 정보통신산업의 현황과 기술수준, 우선 협력 가능한 세부 기술 분야 및 관련 전문가그룹과의 접촉절차 등 북한의 내부 상황에 대한 이해가 선행되어야 한다. 현재는 북한 내부의 기본적인 표준정보 조차도 알기 어려울 뿐만 아니라, 북한 측이 자국의 기술과 정보를 먼저 남측에 제공하여 교류하지 않는다는 것이다. 아울러 정보교류나 기술통합 등을 추진한다 하더라도 당국자 간 정상적인 절차를 통해 처리되는 것은 기대하기 힘든 상황이다. 이 점에서 북한의 과학기술 및 정보통신산업 전반에 대한 민간 차원의 정보교류가 지속되어야 한다.

2. 외부적 장애요인의 해결

1) 국제 규정상의 장애요인 해결

정보통신산업 교류협력 사업을 추진함에 있어 외부적 장애요인 중의 하나는「바세나르 협약」에서 규정하고 있는「전략물자통제제도」이다. 사업추진에 필요한 물품의 대북 반출에 대해서 분쟁 우려 품목의 수출을 제한하는 이 협약에 근거하여 국내 규제가 가해지고 있는 것이다.

예를 들면, 용도의 투명성이 확보되지 않은 486급 이상 컴퓨터의 대북 반출을 금지하는 것도 바로 이 같은 규제 때문이다. 이러한 국제규제는 정보통신산업 교류협력

사업추진에 직접적인 장애요인이 되고 있어 국가 간 협의를 통해 산업발전 및 민간 교류 차원에서 이를 대폭 완화하거나 규정을 수정 · 보완할 필요가 있다.

2) 미국의 개입에 따른 장애요인 해결

정보통신산업 교류협력에 필요한 대북 물품 반출 시 적용되는『미국의 수출입관리 규정(EAR)도 외부적 장애요인 중의 하나이다. 국내 정보통신 관련 제품은 대미 의존도가 높기 때문에 교류협력을 추진하는 한국기업 입장에서 EAR의 위반은 곧 대미 수출 타격으로 이어질 수 있다. 정부는 미국을 설득하기 위한 외교적 노력과 제3국의 설비 및 기술을 활용하는 방안 등을 강구하고 있으나, 무엇보다 먼저 대북 반출 · 입 물품에 관한 국내 규정부터 완화할 필요가 있다. 즉 북한 내에서 군수물자로 활용되지 못하도록 정부 차원의 협정이 이루어진 물품은 자유로운 유통을 위해 국내 규정을 보완할 필요가 있다.

3) 남북한 정보통신산업 교류협력 전략

정보통신산업 분야는 남북 경제교류의 시발점이 될 수 있으며, 나아가 통일 한국을 앞당기는데 실질적으로 기여할 수 있는 분야이다. 이처럼 정보통신산업 분야는 남북한 공동이익을 추구할 수 있는 유망한 분야이나, 북한의 기술수준이 너무나 낙후되어 있어 남한의 최첨단 정보통신 인프라를 조건 없이 제공하여 기술격차를 줄이는 것이 선행되어야 한다. 특히 정보통신산업 분야 국가기술규격 및 표준 통합은 실제적인 교류협력 확대에 견인차 역할을 할 것이므로 향후 민간 차원의 통합기반을 마련할 수 있는 적극적인 노력이 필요하다. 북한과의 정보통신산업 교류는 정치 · 사회적 이념을 넘어 공감대가 형성되기까지 많은 어려움이 산적해 있다. 대내외적으로 여건이 어려울 때는 무엇보다 먼저 양국 간 신뢰구축을 위해 정보통신산업 전후방을 통한 다각적인 접촉 및 정책적인 접근이 필요하다. 아울러 북한의 태도변화에 유연하게 대처하면서 인내심을 갖고 중 · 장기적으로 지속적인 노력이 필요하다.

3. 결 론

6.25 전쟁 이후 남북한은 서로 분단된 상태로 각각의 경제체제를 유지 발전시켜 왔다. 현대사회는 제품 및 정보의 수명주기가 짧아지고 IT분야를 중심으로 빠른 속도로 발전에 발전을 거듭하고 있다. 이런 흐름에 맞춰 남북한 역시 IT를 중심으로 새로운 국가발전 전략을 수립하고 나름대로의 노력을 지속하고 있다. 지난 과거와 비교시 남북교류협력은 눈에 띄게 발전을 해왔으나 그 질적인 면에서는 여전히 풀어야할 많은 과제를 안고 있다. 본론에서 남북한 IT교류협력의 문제점을 다루었듯이 아직도 북한의 핵문제를 포함한 여러 문제들을 풀어나가기에는 아직 시일이 더 필요하다.

국제사회에서의 북한에 대한 제재가 풀리지 않은 상태에서의 교류협력은 성과를 거두지 못할 것이라는 현실을 알 수 있다. 사회주의 체제의 붕괴와 북한의 장기적인 경제 침체 그리고 낙후된 산업구조는 북한이 중국에 대한 예속을 더욱 심화시키고 있다. 이처럼 남북한의 교류가 감소되면, 중국에 대한 북한의 경제의존도는 더욱 증가할 것이며 후에는 중국과 경쟁해야만 하는 우리나라의 경제에도 적지 않은 영향을 미칠 것으로 예상되어 남북 간의 IT교류협력은 선택이 아닌 필수가 되었다.

우리나라 기업들이 중국 또는 동남아 지역과 같은 해외지역으로 유출되고 있는 것을 비교적 입지조건이 좋은 개성공단과 같은 북한지역으로 옮겨 제도적인 보장을 받는다면 우리에게는 큰 이점이 될 것이다. 그러나 이를 해결하기 위해서는 여러 문제를 가지고 있으며, 이를 해결하지 못한다면 제한적인 범위에서 밖에 교류협력을 할 수 없고, 특히나 IT분야와 같은 정보산업은 성과를 거두기 어려울 것이다. 북한과의 IT교류협력은 통일 대한민국을 앞당기는데 실질적으로 기여할 수 있는 분야라고 생각한다.

제3의 혁명을 맞고 있는 ICT 시대는 북한을 통일논의로 이끌 수 있는 하나의 기회가 될 수 있다. 급변하는 정보통신 분야는 남북한이 교류할 수 있는 미래지향적 접점이며, 정치적 제약 요인을 극복할 수 있는 현실적인 정책분야이기도 하다. 정권이나 이념 등 외부 환경에 구애받지 않고 지속적인 연구가 보장되는 연구기관의 설립, 방송통신을 중심으로 한 실질적인 교류협력 등은 실천 가능한 과제들이다. 남북한 방송교류 사업 및 ICT 표준화 사업을 통해 교류협력의 물꼬를 트고, 인프라 구축과 공동산업단지 조성 등으로 저변을 넓혀 다가올 통일시대를 대비하려는 중장기적인 로드맵이 마련될 필요가 있다.

과거 독일은 정보통신부문의 합리적인 교류협력을 통해 동·서독 주민의 동질성을 회복하며 통일 미래를 구상했다. 이에 비해 남북 교류협력은 과거 다양한 방법으로 시도되었지만 이렇다 할 성과를 내지 못했던 것이 사실이다. 실질적인 교류협력의 확대라는 측면에서나, 분단비용의 절감 차원에서나 통일대비 독립적이고 지속가능한 연구기관의 건립은 반드시 필요하며 창의적이고 융·복합적인 통일전략이 될 수 있다.

또한, 지속가능한 ICT 교류 활성화 정책이야말로 지금 이 시대에 꼭 필요한 통일정책인 것이다. 현재 글로벌 경제를 주도하고 있는 ICT 분야에 대한 집중적인 연구를 바탕으로 중장기적인 대북정책의 로드맵이 마련되기를 기대한다. 한반도 신뢰프로세스와 창조경제 프로세스를 병행한 대북정책이야말로 성공적이고 안정적인 통일을 대비하는 지름길이 될 것이다.

제 6 장 IT융합산업정책 동향과 전망

제 1 절 IT융합산업의 동향

1. 개념 및 특성

의료, 건강, 안전, 에너지, 환경문제 등 미래 인간의 삶의 질을 향상시킬 수 있는 신기술로써 BT, NT, ET 등 독립적인 기술들을 IT 기술 및 산업과 융합하여 미래 사회에서 요구되는 산업의 고부가치화, 글로벌 경쟁력 확보 및 신산업을 창출할 수 있는 산업원천 핵심기술에 따른 융합기술의 정의이다. 기존의 산업에 IT 기술을 접목함으로써 지금까지 없었던 새로운 형태의 재화나 서비스를 창출하는 형태의 기술 진화 과정 중 하나이다.

IT를 접목시킴으로써 IT 산업 및 타 산업의 발전을 견인하여 생산, 고용, 부가가치 및 수출 유발 효과를 창출하는 기술이다.

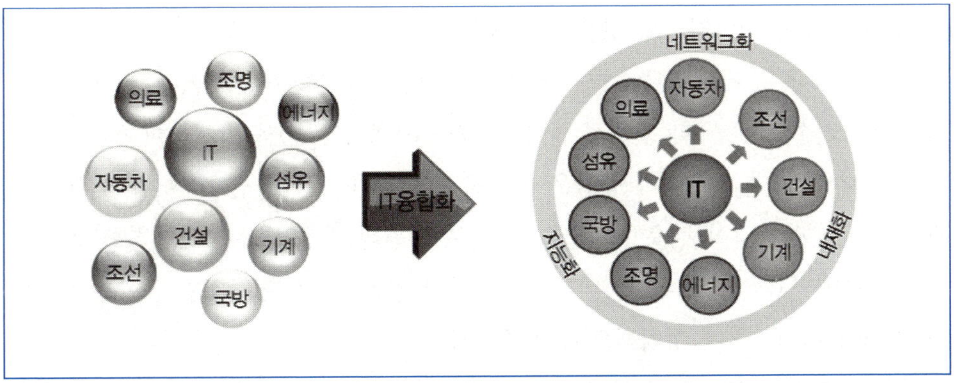

〈참고 : IT R&D 발전전략(2010~2015)보고서 IT융합 2편, 중장기 기술개발 계획(안)〉

2. 융합의 발전방향

IT산업은 2000년대까지 자체 산업 기반 내에서 성장했으나 이후 융합이 가속화되며 타산업과의 상호작용을 통해 영역이 확대하였다.

IT산업 패러다임의 변화

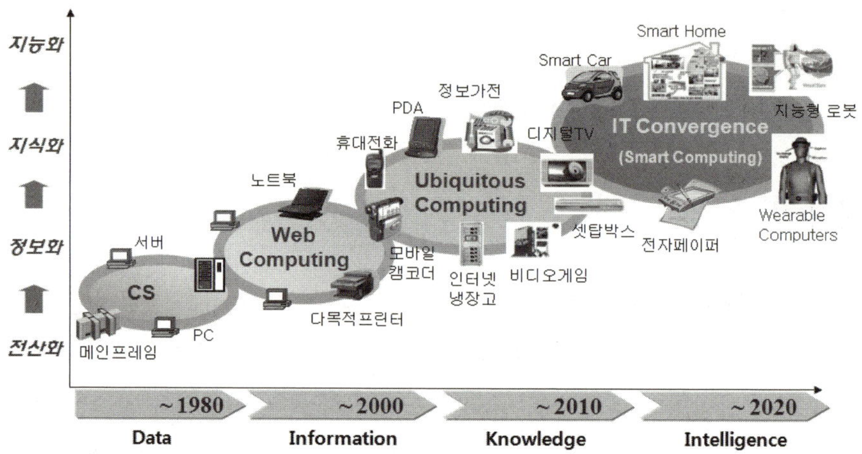

〈IT융합 확산전략 2013-2017, 관계부처 합동〉

3. 국내 융합 기술 현황

주력산업과 IT기술의 선전에도 불구하고, 국내 융합기술은 전반적으로 초기 단계로 선진국 대비 전반적으로 낮은 편이다.

첫째, 정부 수준에서는 주요 선진국에 비해 다소 늦은 2008년부터 범부처 차원의 국가 융합기술 발전 계획 등을 수립하고, 매년 시행계획(안)을 발표하여 선제적으로 대응 노력하고 있다. 그러나 융합은 다양한 전공간의 소통이 필수적이나 국내 연구자들은 이러한 노력이 부족한 상황으로, 정부 지원의 경우 상당수가 개별 연구자 중심으로 수행되고 있으며, 학제간 혹은 연구자간 공동연구가 필수적인 융합분야에 대한 지원이 미미하거나 형식적으로 이루어지고 있다.

둘째, 융합기술개발 및 신산업 창출 노력이 정부 부처별로 추진되어 국가 차원의 전략이나 컨트롤타워(control tower)가 부재한 상황이고, 정부 지원이 기술 · 제품 · 서비스 간 연계 없이 개별적으로 기획 · 추진되어 시너지 효과가 부족하며, 단위 기능(단순 혹은 특정 기술)을 위한 기술개발이 대부분으로 제품-제품, 제품-서비스 간 융합이 활발하지 않다.

셋째, 융합산업 활성화를 위한 법적 근거 및 제도가 부재하여 개발제품의 상용화 지연 등 융합 신시장 창출에 많은 제약이 있다. 이를 해결하기 위해 지식경제부에서는 『산업융합촉진법』이 제정되어 2011년 4월 공포되었다.

넷째, 융합연구를 위한 전문인력이 양적, 질적으로 부족하며, 일부 대학이 창의적 융합인재 양성을 시도 중이나 가시적 성과가 미흡한 편이다. 현재의 대학, 학과(부) 운영체계나 교수 문화가 개선되지 않는 한 융 · 복합이 매우 어려운 것이 현실로, 융합에 대한 정의가 불확실하거나 융합을 통해 얻고자 하는 사업 목표가 명확히 설정되지 않는 경우가 많다.

* 서울대(나노융합학과), 건국대(신기술융합학과), 성균관대(삼성 산 · 학 · 연계과정) 등에서 융합인재를 양성 중이나 전담교수 부족, 융합교재 부재, 전공교수 간 장벽, 기존학과(부)의 비협조 등과 같은 문제로 난항중이다.

4. 국외 IT융합 동향

1) 주요 선진국의 융합신산업 추진 현황

2002년부터 미국과학재단(NSF : National Science Foundation) 주도로, 미래과학기술은 NT, BT, IT, CT의 4대 기술을 초기 단계부터 융합하여 연구해야 한다는 "NBIC Converging Technology"를 수립하여 추진하고 있다.

2) 유럽연합(EU)

2004년 '지식사회건설을 위한 융합기술 발전전략'을 수립했는데, 경제적 측면뿐만 아니라 기술융합의 사회 · 문화적 영향을 중요시 여기고 있다. 2013년까지 진행되는 연구개발 프로젝트인 '7th Framework Programme 2007~2013'을 통해 융합기술을 구체화하고 있는데, 융합 기술개발을 확대하기 위하여 2013년까지 116.2억 유로(약 17.5조원)를 투자할 계획이다. 또한, 필립스, 지멘스, ST마이크로일레트로닉스 등 주요기업들은 헬스케어, 바이오인포메틱스, 랩온어칩 등에 중점 투자하고 있다.

3) 일본

'신산업 창조전략'('04)을 통해 콘텐츠, 헬스케어, 비즈니스 지원 서비스 등 융합 신산업 창출을 위한 정책을 추진하고 있다. 국제경쟁력 강화, 사회수요 대응 및 지역 활성화를 위해 7대 첨단산업분야 및 정책과제를 제시하였으며, 신시장 창출을 위해 제3기 과학기술기본계획(2006~'2010년)의 중점분야로 융합기술을 본격적으로 지원하기 시작하였다.

제2절 IT융합산업의 환경 분석

1. 시장현황

세계시장 : 자동차, 조선, 기계, 항공, 건설, 에너지, 의료, 조명, 섬유 등 주요 산업분야에서의 IT융합산업 세계시장은 세계 경제성장률 3~4% 수준보다 높은 연평균 13% 수준의 고성장이 전망된다.

※ ('15년) 18,851억 US$ → ('20년) 37,796억 US$

국내시장 : 2010년부터 2020년까지 한국 IT융합시장은 세계시장보다 다소 높은 연평균 16%의 성장이 전망되며, 특히 2015년 이후부터는 국내 IT융합기술의 빠른 확산으로 19%의 고성장이 예측된다.

※ ('15년) 739억 US$ → ('20년) 1,483억 US$

IT융합시장은 신산업에 해당하는 의료, 조명분야의 시장비율이 증가할 것으로 전망된다.

〈표 6-1〉 IT융합산업 세계시장 성장 추이 및 전망

년도	자동차 IT	조선 IT	건설 IT	섬유 IT	의료 IT	기계 IT	조명 IT	에너지 IT	국방 IT	합계 (단위:억$)
2015	2,112	260	3,307	2,033	2,330	2,900	1,030	69	4,810	18,851
2020	2,662	351	4,141	2,473	5,000	5,213	3,000	127	14,829	37,796

※ 근거자료 : KIAT 산업원천기술로드맵(2010), IT_R&D_발전전략보고서(2010),10대_IT 융합분야동향_NIPA(2010) 등

2. 발전 전망

최근 TPMS, ABS, Airbag 등의 안전장치의 장착 의무화, 차량 전복 규제, 보행자 보호, 충돌시험 확대 등 차량 안전에 대한 규제가 강화되는 추세이며, 유럽에서는 2014년부터 모든 신규 차량에 ESC(Electronic Stability Control) 장착 의무화를 추진 중에 있으므로 2014년 이후에 시장이 확대될 것으로 예상된다.

선박에 의한 온실가스 배출 저감, 해양사고에 의한 인명, 환경 피해를 저감하기 위한 국제기구(IMO나 IACS 등)의 환경 및 안전 규제강화는 조선해양산업 제품의 질적 변화를 전제하고 있으며, 이에 기인한 국제표준 및 새로운 기준의 제 · 개정은 시장에 대한 선제적 대응을 담보하고 있어 글로벌 표준을 주도할 수 있는 기술역량 확보와 적극적인 주도 노력이 필요한 시점이다.

전력관리 효율화 및 에너지 프로슈머 활성화를 목표로 2020년까지 지능형 전력 인프라의 구축 추진과 2018년에 우리사회는 세계적 메가트랜드인 고령화 사회로 진입이 예상되므로 고령화 사회 도래에 따른 건강한 삶에 대한 욕구 증가 대처가 필요하다.

3. 미래전망

2020년까지 국내에 등장할 융합 신 주력산업은 차량 주변 및 주행상황을 인지 · 판단하는 지능형자동차 통합시스템, 첨단 IT기술을 활용한 디지털 선박/조선, IT기술 융합으로 기존 기계제품을 혁신한 지식진화형 u-팩토리, IT기반 무인기 기반 네트워크 중심의 정보획득 시스템, IT융합을 통한 기술집약적 지능형 건설 자동화 시스템,

IT기술 융합으로 에너지의 효율화, 실시간화, 네트워크화하는 저탄소고효율 에너지 시스템들이 등장할 전망이다.

4. IT융합산업의 기술개발 동향

1) 자동차 IT

미국은 자동차–IT융합 기술의 통신표준을 기반으로 능동 안전지원시스템 개발을 주도하고 있으며, 5.9GHz WAVE 통신 기반 V2I/V2V 기술을 개발하는 DIC프로젝트는 공공 및 일반 서비스 목적으로 2010년부터 미국 전역에 20만개 노변 기지국을 설치할 예정으로 빅 3와 부품업체, IT업체가 연합한 산 · 학 · 연 · 관 개발을 추진하고 있고 VSC/VSC-A 프로젝트는 7개 완성차 업체가 참여하여 V2V와 V2I 안전기술 관련 연구가 진행 중이다.

유럽은 완성차 업체를 중심으로 개발된 ADAS 제품을 중심으로 정부주도의 보급 및 활성화를 추진하고 있고, 2004년 창립된 V2V 통신기술개발 컨소시엄인 C2C-CC는 Audi, BMW, Honda 등 산 · 학 · 연 · 관이 참여중이며, PReVENT는 EC에서 1단계 사업비 5,500만 유로를 지원한 프로젝트로 ADAS 개발 및 확산을 목표로 50여개 기관이 참여하고 있다.

일본은 20년간의 ASV 기술개발을 바탕으로 지능형 자동차 기술개발을 선도하고 있고, 경시청은 V2I 기반 DSSS, 국토교통성이 V2I 기반 AHS 및 V2V 기반 ASV 프로젝트를 추진 중이며, 총무성 및 경제산업성도 각각 무선주파수 할당 및 사용에 대한 연구와 On-Board ITS Units에 대한 표준화 사업을 추진 중이다. ASV 기술개발은 총 4기로 구성되어 있고, 1기에는 자동차 단독기술, 2기부터는 차량 단독기술과 함께 V2I 및 V2V 기술개발을 추진하고 있으며, 완성차 및 이륜차 산업체 14개사 및 관련 학 · 연 · 관으로 구성되어 있다.

한국은 차량 탑재 센서기반 시스템은 일부 상용화되고 있으며, V2X 기반의 인프라 연계형 고안전 기술의 경우 초기단계이며, 현대자동차 등은 SCC, LDWS 등을 양산출시하였으나, 핵심 센서와 제어 기술은 해외에서 상당부분 도입하였으며 2008년에 적용된 SCC의 경우 일본의 ASV 3기('05) 수준이며, 또한, (주)현대자동차, (주)만도, 현대모비스 등은 LKS, IPAS, Night Vision 등 Vision-based System과 ACC 시스템, Stop&Go 시스템, ACC 및 Stop&Go 통합시스템에 대한 연구와 다양한 CO2 저감기술을 개발하고 적용중이다.

2) 조선 IT

미국은 NTIA에서 새로운 기술 기준을 만족하는 무선항법 레이더 기술개발과 ITU-R 국제 표준을 주도하고 있으며, e-Navigation 표준화 기술개발 추진은 미국 교통부 주도로 ISIT(Integrated Shipboard Information Technology) Platform 프로젝트를 총 5년간 40개 연구기관이 연구개발을 수행하고 있다.

유럽은 EU의 경우 호화여객선, 고속선박 등 고부가가치 선박관련 기술에 우위를 가지고 있으며, 지속적으로 조선산업을 유지하기 위하여 선박 설계 관련 프로그램 및 e-Navigation 등 IT융합 기반 기자재 개발에 주력하고 있고, e-navigation 시장 선점을 위해 MarNIS 사업, SKEMA(Sustainable Knowledge Platform for the European Maritime and Logistics Industry) 등 연구개발을 통해 e-navigation 서비스 모델 개발에 주력하고 있다.

일본은 JCG(Japan Coast Guard)를 중심으로 해상종합 안전체제 구축을 위해 항해안전 및 연안경비서비스 체계 연구개발을 완료한 상태이며, 기상정보 활용 및 선박운용정보 연계 시스템을 연구 개발하고 있다.

일본에서는 "Challenge 21계획"이라는 선박해양기술개발 정책에 따라 새로운 형식의 미래첨단형 선박 개발, 조선용 CIMS 등 핵심 요소 기술을 산·학·연 공동으로 개발하고 있으며, 자동화를 통한 범용 선박분야에서의 고품질을 추구하고 있다. 또한, 일본 총무성은 시장점유율 확대를 위해 WRC2007의 새로운 기술 기준 채택에 가장 적극적인 움직임을 보이고 있다.

한국은 IT 융합을 통한 조선산업 초일류화를 달성하기 위해 2008년부터 ETRI, 현대중공업, 울산대가 공동으로 IT기반 선박용 토탈 솔루션 개발' 연구사업을 수행중이며, 한국해양연구원에서는 디지털선박 기술, 시뮬레이션 기법에 의한 조선 생산성 향상

기술개발 등 조선 건조현장의 디지털화와 선박의 디지털화를 위한 연구개발을 추진 중에 있다.

3) 기계 IT

미국은 2000년대 들어서 GM 엔진부서를 주축으로 MAP(Manufacturing Application Protocol), MMS(Manufacturing Message Specification) 연구와 OMAC(Open Modular Architecture Controller) 프로젝트 수행을 통한 응용기술개발로 실용화 준비 중에 있고, Trimble사에서는 GPS 시스템을 이용하여 측량 말뚝의 시공 없이 토공을 수행할 수 있는 상용화 목적의 자동화 시스템을 개발 중이다. terpillar Trimble Control Technologies(CTCT)에서는 건설기계 제어기술인 Ultrasonic 센서, 2차원 레이저 유도 기술, 3차원 레이저 유도기술과 GPS를 탑재하여 보다 편리하고 정확한 건설기계의 조작기술을 실현하였으며, Alstom사는 전 세계 64곳의 발전소 운전상황/설비 감시가 가능한 원격지 센터 세 곳을 운영 중에 있으며, Siemens/Hitachi/GE 등도 최신 IT와 융합하여 발전설비 진단을 통해 운전원과 관련자의 E-mail 혹은 Pager Alarm 전송서비스 등을 제공한다.

유럽은 영국 Prolec사에서 Angle Sensor를 이용한 자동화 굴삭기 제어기술을 개발해 2007년 독일 BAUMA 건설기계 전시회에 출품했고, 현재까지 가장 선진화된 제어기술을 보유하고 있으며, 또한, 차세대 굴삭기의 위치 제어기술로 Digmaster Pro를 최근 개발해 굴삭시스템에 적용 중이다. 독일 Siemens사는 원격감시에 따른 고장처리를 Telecommunication을 통해 지원하는 시스템을 개발하여 실용화 준비 중이다.

일본은 Yamazaki Mazak에서 2004년 이후 MT(Manufacturing Technology)와 IT (Information Technology) 융합개념의 장비(Integrex e시리즈) 개발에 기계, 작업자 간의 원격모니터링, 유지보수, 스케줄 정보, Virtual Training P/G 등을 제공하는 e-Tower 컨트롤러를 개발하여 탑재하였으며, 또한, 2003년 Network 기반으로 Machine Data, 머시닝 프로그램, 장착물 데이터, Cutting tool files, 생산 스케줄에 대한 접근성 향상과 실시간으로 공정을 관리하는 시스템, Cyber Factory를 개발하여 운영 중이다. 2000년 Mori Seiki사는 인터넷을 활용하여, 세계 각지의 공작기계를 원격 모니터링하는 고객

지원시스템을 개발하여 저비용 · 단시간에 유지보수할 수 있는 일본 최초의 인터넷 모니터링 서비스체계를 가동 중이며, 2003년 GE FANUC에서는 동시에 32축을 동기화시키고, 100Mega비트 Ethernet이 표준장착되어 공장 내 LAN에 직접 접속하여 가동상태를 실시간으로 관리할 수 있는 어플리케이션 패키지가 탑재된 Open CNC을 개발하였다.

한국은 두산인프라코어에서 2008년 사용자 편의프로그램, 부하감지, 가동률 측정, Virtual 시뮬레이션 기능 등을 탑재시킨 지능형 공작기계, 수직형 머시닝센터 DNM시리즈를 출시하였고, 최근에는 Total Solution 차원의 차세대 생산시스템 DPMS(Doosan Production Management System)를 개발하고 실용화를 준비 중이다. 현대중공업에서는 GPS를 이용한 굴삭기 원격관리시스템인 하이-메이트(Hi-Mate)를 실용화하여 세계 각지에 흩어져 있는 기계들을 사람의 신경망처럼 실시간으로 관리할 수 있는 솔루션을 운영하고 있다.

4) 항공 IT

미국은 세계 무인기 시장의 60% 이상을 차지하고 있으며, Northdrop Grumman의 Global Hawk 등 군수 무인기가 주요시장을 이루고 있고, 에어로바이런먼트사의 레이븐 무인기와 DARPA의 MAV 프로그램을 통해 비집중식의 군집운용 방식으로 통합하여 임무를 수행하는 연구를 하고 있다.

NASA는 HD 카메라와 고표고의 Monolithic IC 기상 탐측 복사계를 장착한 원격조정무인기를 허리케인 Earl에 최초로 보내어 온도, 증기와 구름 액체의 3D 광경, 태풍의 눈에서부터 해수면까지의 프로파일을 작성하고 있다.

유럽의 독일 연방 교육과학부는 통합 안전 시스템 과제에서 CBNRE(화학, 생물, 원자력, 방사능 물질)의 정찰을 위해 무인기 기반 센서 네트워크를 구성하여, 현재와 미래의 오염 3D 평가, 그리고 구조 행동을 위한 의사결정 지원에 활용하기 위한 연구를 2008년 7월부터 2011년 6월까지 진행하였다.

EU는 사고 현장의 실시간 3D 가상현실을 지원하기 위한 무인기 기반 센서 네트워크를 만들고, Ad-hoc 요청 기반의 셀룰러 네트워크의 커버리지를 제공하기 위하여 고성능의 무선 네트워크를 강화하는 목적을 가진 프로젝트를 2010년 1월부터 2012년 12월까지 추진 중이다.

스위스 연방기술연구소(Swiss Federal Institute of Technology in Lausanne)는 비집중식(decentralized)의 군집운용(swarming environment) 방식인 SMAVNET을 개발 중이다.

일본은 지난 10년간 산업용 무인 헬리콥터를 개발, 이용해 옴으로써 회전익 무인기 개발에 특화를 보이고 있으며, 화산활동과 지진 등 자연재해의 발생이 빈번한 관계로 인해 이러한 부문에 무인헬리콥터를 활용하고 있으며, 홋카이도 개발국의 경우 야마하의 RMAX를, 기상청에서는 후지중공업의 RPH-2A 무인헬기를 화산활동 감시와 정보수집에 활용하고 있다.

한국은 대표적으로 송골매 무인기가 운용되고 있으며, 스마트 무인기 개발 사업이 진행 중에 있으나, 군사용 무인항공기 시장 위주로 발전하고 있고, 무인항공기 기반의 센터 네트워크를 구축하여 국가의 재난재해에 대비한 연구개발이 시도되지 않고 있다.

5) 건설 IT

미국은 공기단축, 유지관리 비용 및 에너지 비용 절감, 생산성과 내구성 향상을 목표로 IT융합 가상 건설, 에너지 절감 및 친환경, 지능형 건설기술을 추진하고 있으며, u-컴퓨팅 기술, 건설 프로세스와 접목한 스마트 건설 기술 및 스마트 유틸리티 기술 개발에 치중하고 있다.

유럽의 경우 영국은 건설산업의 경쟁력 강화를 위해 정보통신기술, 구조물 유지관리, 건설자재, 구조, 전기 등의 기술개발을 추진하고 있는 추세로 친환경 건축자재와 기술통합형 친환경 도시 기술에 치중하고, 3차원 가상건설 기술의 개발에도 관심을 가지고 있다.

일본은 국토교통성을 중심으로 공공사업 비용절감 기술과, 교통과 IT기술 융합형의 차세대도로교통기술인 스마트웨이 기술을 개발 중이며, 동시에 전국망 교통정보제공서비스(VICS)를 보급하는 기술과 첨단그린도시 요소기술을 개발 중이다.

한국은 전통적인 SOC 건설기술을 고도화 및 지능화하기 위한 기술개발에 집중하고 있으며, 최근 추진하는 대표적인 건설 IT 융합 기술 동향은 지능형 교통체계 기술, 유비쿼터스 도시 기술, 차세대 공간정보(GIS) 기술, 스마트 하우스 기술개발이 있다.

6) 에너지 IT

미국은 전력망의 첨단화, 고도화를 통한 Smart Grid 체계 구축을 위한 "Grid 2030" 프로젝트(51기업, 연구소 참여)를 추진하고 있고, 그린빌딩 분야에서는 NIST의 'Cybernetic Building System(CBS)' 프로그램 추진을 통해 건물 성능과 비용을 최적화하고 기능을 통합화하여 운영하는 컴퓨터 통합 지식시스템 기술개발을 추진 중이며, 건물 분야의 에너지 효율 관리는 DOE 산하 LBNL/NIST 등 정부 주도의 R&D가 지속적으로 수행되고 있다.

유럽은 IEA의 건물분야 Annex를 토대로 실용화 위주 R&D 수행 및 보급을 추진하고 있으며 주택과 상업건물, 업무시설의 에너지 절감대책에 대한 공동 연구를 진행 중이다.

일본은 신재생에너지 기반 Micro Grid 사업을 통해 5개 실증 단지를 구축하였고 건축과 설비기술을 융합한 수동적 수법을 적용하여 건물부하를 최대한 절감하는 연구를 추진하고 있다.

한국은 2005년부터 국내 전력망 첨단화, 고도화를 위한 전력 IT 사업을 추진 중이며, 전력 IT 사업 결과물의 실증 및 차세대 전력설비구현을 위한 전력 IT 실증단지(테스트베드) 구축 사업을 착수('08)하였으며, 에너지 관리에 있어서는 지능형 건물의 경우 On/Off, 온 · 습도 감지, 예약운전 등 단순제어 기능이 주로 활용되는 수준이고 고효율 설비의 경우에도 에너지 절약관리는 한계를 나타내고 있다.

7) 의료 IT

미국의 경우 GE Healthcare에서는 차세대 성장 동력으로 헬시매지네이션을 선언하고 2015년까지 100개 이상의 헬시매지네이션 브랜드상품 개발 생산을 계획하고 있으며, IBM에서도 무선 헬스케어 플랫폼에 대한 연구개발을 진행하고 있고, Intel을 중심으로 Motorola, Oracle, Cisco 등이 Continua Health Alliance 컨소시엄을 결성하여 시장 선점을 위한 기술 표준에 적극 대응하고 있으며, Viterion, Honeywell HomMed, Health Hero Network 등은 가정에서 건강관리 서비스를 제공받는 홈 헬스케어 서비스를 제공할 계획이다.

유럽은 Siemens Healthcare Diagnostics는 질병의 분석, 측정, 관리의 토털 솔루션을 제공하려고 준비 중이며, Philips Medical System에서는 울혈성 심부전증환자의 건강관리를 위한 원격 모니터링 시스템 및 서비스를 제공하고 있으며, 텔리스테이션 중앙제어장치를 이용하여 측정데이터의 저장, 데이터센터와의 통신을 수행하고 있다.

일본은 고령자 복지 10개년 계획, New Gold Plan 등의 정책을 통해 고령친화 기술에 대한 연구개발을 적극적으로 지원하고 있으며, 마쓰시다전기는 체중, 체지방, 당뇨수치 등을 자동으로 측정하고 매일 건강상태를 확인할 수 있는 건강 화장실시스템을 개발하였고 고베시에서는 RFID기술을 활용하여 시각장애인의 보행안내시스템을 개발하여 시범운영 중이다.

한국은 신산업 가능성과 중요성을 인식하지만 기술 난이성과 시장개척 위험성 등으로 투자가 미진하나, 삼성에서는 바이오칩, u-Health사업을 미래 지속성장분야로 지정하고 비즈니스 모델을 연구 중이며 모바일 제품에 탑재해 u-Healthcare 시장에 진입할 예정이고, KT는 분당 서울대병원과 시범서비스, 조선대병원과 u-Hospital 환경 구축, 경기도 u-건강지킴이 서비스 등 다양한 시범서비스에 참여하고 있다.

8) 조명 IT

미국은 조명 IT에 가장 많은 노력과 성과를 창출하는 나라로 LED 조명시장의 확대에 따라 보다 다양한 응용 임베디드시스템 연구가 진행 중이며, 미국의 Smart Dust는 빛과 진동을 감지하여 전송할 수 있는 수mm 크기의 저전력 센싱 능력을 가지고 있다.

미국 FCE는 절전상황인지 센서 인터페이스 기술인 ContextToolkit을 개발하였고, 애리조나주립대학의 RCSM(Reconfigurable Context Sensitive Middleware) 프로젝트는 센싱 정보의 효율적인 처리를 위한 상황 기반 인터페이스 언어를 설계하였다.

미국 RPI대학 연구소에서는 LED 조명이 인체에 미치는 영향, 고급 차세대 LED 시스템(LED Wall) 등에 대한 연구가 진행 중이다. Color Kinetics사는 동적인 색변환 기능을 가진 프로그램 제어 방식의 조명 콘텐츠(LMS : Light system Manager)를 개발 보유하고 있으나 고품위 조명 환경의 제공에는 아직 한계가 있지만 현재 설치, 내구성, 조명연출 및 제어 관련 Controller와 Software의 기능이 우수하여 세계 최고의 수준의 조명연출을 보이고 있다.

유럽은 Smart-Its 프로젝트에서 저전력, 초소형의 절전 상황인지 스마트 센서를 연구하여 상용화를 앞두고 있으며, Philips, OSRAM 등 LED소자 제조업체들은 시스템 LED 조명을 경쟁적으로 개발하고 있다.

일본은 NEC, NEC Design과 SGI Japan은 LED와 음성인식, 무선통신기술을 결합하여 사용자의 목소리 톤에서 정서를 감지하여 LED의 색상을 변화시키는 LED 조명기기 KOTOHANA를 개발하였다.

중국은 LED를 사용하여 "빛의 올림픽"을 개최, 올림픽경기장을 LED를 이용 건축하여 일약 세계적인 명소로 부각되었다. 중국의 LED 조명 관련 제품은 아직 성능 면에서 국산 제품에 비해 다소 떨어지나, 많은 수의 기업들이 LED 조명제품 생산을 하고 있고 미국, 대만계 회사와 합자를 도모하고 있어 국내 업체와의 기술격차가 급격히 줄어들 것으로 예상된다.

한국은 LG CNS, 롯데정보통신, 셀론 등에서 유비쿼터스 감성 조명 실현을 위해 LED 조명 원격제어시스템 개발하고 있으며, AP시스템과 엘이디라이텍 등에서는 전력선 통신을 이용한 LED 조명 제어시스템을 개발하였다.

또한, 삼성전자, SK텔레콤 등 대기업을 중심으로 소비자 행위 및 사용상황에 대한 연구를 하고 있지만 아직 초기 단계이고, 한국전자통신연구원에서는 LED 조명과 전자통신 기술을 융합한 가시광 무선통신 기술과 미세한 디밍 제어를 위한 Advanced PWM의 새로운 IT 조명 영역을 개척 중에 있으며, 한국조명연구원은 이를 조명과 융합한 기술들을 개발하고 표준화하여 상용화시키려는 노력을 하고 있다.

9) 섬유 IT

미국은 정부 주도로 군사 관련 Wearable Electronics 기술개발이 진행되는 한편, 민간 주도하에 산업현장 및 일상생활에서 사용이 가능한 스마트 의류의 상용화와 관련된 연구개발이 진행 중이다. 미국 에너지부 주도로 유비쿼터스형 의류패션 IT융합인 DAMA Project가 추진되고 있으며, Softswitch사는 전기전도성을 갖는 e-textile을 개발하였고 Sensatex사는 착용자의 인체로부터 발생되는 생체 신호를 센싱하고 전송하여 건강상태를 원격으로 관리할 수 있는 스마트 의류를 개발하고 있다. Levi사는 사이즈 추천기능 프로모션인 3D 휴먼스캐닝 서비스와 맞춤정장 제공(바디스캔+디지털패턴제작-쇼룸가상착용) 서비스인 BrookBrothers를 NIKE에서는 스타일 · 기능 맞춤제품(신발, T-shirt) 모바일서비스를 시행하고 있다.

유럽은 EU 주도하에 'New IST(Information Society Technology) 프로젝트'를 진행하고 있으며, 의류업체와 IT업체의 협업을 통한 실용적인 스마트 의류 및 유비쿼터스 패션 서비스를 개발하였고, EU IST Project에서는 유비쿼터스형 의류패션 IT융합인 e-tailor 추진과 네덜란드, 독일, 스페인, 스웨덴, 필립스, HP 등이 참여하는 MobiHealth 프로젝트에서는 휴대폰을 통한 생체신호 측정 및 전송이 가능한 기술을 개발하고 있다. Phillips/리바이스사에서 위치추적/게임기능의 미아방지용 아동의류를 개발하였고 Bodymetrics에서는 런던에 주문형 3D스캔 맞춤 진 매장을 개소하였다.

일본은 국가주도로 전기 및 신호를 전달하는 전도성 섬유 등 융합기술개발과 공정상의 IT융합을 추진 중이며, 특히 IT산업용 부품소재 부분에서 세계 최고의 기술을 보유하고 있다. 3D 어패럴캐드를 활용하여 의류공정 IT융합을 추진하는 i-Designer가 있으며, Kanebo사에서 세탁 후에도 전도성이 유지되는 캡슐이 내장된 나일론을 개발하였고 KB-Seiren사의 반도체용 wiper, Nitta Haas사의 반도체wafer용 polishing pad가 있다.

국내 IT융합 기술은 선진국과 비교하여 격차가 적어 시장을 선점하고 선진국을 추격할 수 있는 기회를 가질 수 있으며, 생산기술연구원에서 섬유 IT융합에 의한 전도사, 건국대에서 3D기술을 활용한 i-Fashion, 패션연구원의 헬스케어의류, 제일모직, 코오롱의 MP3, 아이팟을 장착한 스마트의류 등 원천기술에서 응용제품까지 다양하게 기술개발을 추진 중이다.

제 3 절 우리나라 IT융합산업 전망 및 목표

1. 자동차 IT

자동차 IT융합 분야의 세계 기술을 선도하여, 국내 자동차의 브랜드 이미지를 향상하고, 자율주행지원 스마트 차량 시스템 기술을 기반으로 세계 자동차 시장점유율 10%를 달성함으로써 세계 4위의 자동차 강국으로 진입하였다.

목표

① 자율주행지원 스마트 차량 시스템 및 u-vehicle 시스템 개발
② V2V/ V21 및 맵 기반 Cooperative System 세계시장 선점
③ 중대형 부품업체의 글로벌화를 통한 첨단 고부가가치 시스템의 수출확대
④ 산·학·연 연계 현장실무 전문인력 양성 클러스터 구축

2. 조선 IT

조선해양산업에 IT를 접목한 새로운 기술개발을 통하여, 디지털 선박/조선 기술을 기반으로 조선해양산업의 경쟁력을 향상시켜 세계 1위의 조선 강국으로서의 위상을 굳건히 지키며, 세계 조선해양 시장점유율을 40%까지 달성하였다.

목표

① 첨단 디지털 조선/선박 개발
② 통합통신 시스템, e-Navigation 등 친환경 IT기술 기반 조선/선박 시장 주도
③ 조선소, 해운사 및 기자재업체의 협업을 통한 우수 품질 제품 육성 및 글로벌 원격 유지보수 기술 확보
④ 산·학·연 인적 네트워크 구축, 조선해양 기술개발 전문인력 양성 및 국제기구 활동 강화

3. 기계 IT

지식진화형 u-Factory 기술을 기반으로 세계 최고의 기계 IT융합 기술을 창조하고, 세계시장점유율 7%를 달성하였다.

목표

지식진화형 u-팩토리 개발 신흥 지식기반 생산기계 및 제조시스템 시장의 성장 주도 전주기 토털솔루션적인 시스템 및 서비스 기술 기반 사업화 및 맞춤형 브랜드 강화, 다학제 간 융합 교육을 통한 실무형 인재 양성 프로그램 개발, 수요견인형 혁신산업발전전략 수립, 협업네트워크 등의 제조산업 인프라 확충

4. 항공 IT

무인기 기반 네트워크 중심의 정보 기술을 기반으로 세계시장 5% 점유 및 항공 IT 산업 세계 7위의 항공기 강국으로 진입하였다.

목표

① 무인기 기반 네트워크 중심의 정보획득 시스템 개발
② 네트워크방식의 편대형 무인기 시장 창출과 민간 수요 개발
③ 무인기 기반 네트워크 중심의 정보기술 표준화 국제 컨소시엄을 통한 무인기상용화
④ 무인기 항공 관련 인준 기준 제정, IT융합 기술의 인력 양성, 항공 선진국과의 공동 개발 등의 글로벌 개발 환경 구축

5. 건설 IT

지능형 그린 건설 SOC 시스템 기술을 기반으로 2020년 녹색건설기술 선진국의 80% 수준 및 세계시장 5% 달성, 해외 건설엔지니어링시장 7위권에 진입하였다.

목표

① 지능형 그린 건설SOC 시스템 개발

② 건설SOC 설계/시공/관리 부문의 엔지니어링 시장에서 지능형/친환경 설계, 관리시장 진출
③ 친환경 녹색 건설사업 부문의 건설 재료, IT디바이스, 친환경 공법 부문의 사업 확대
④ 기술가치 창출 및 전주기 컨설팅 전문인력 양성

6. 에너지 IT

에너지 관리 시스템 기술을 기반으로 세계 에너지 IT 시장점유율 10%를 달성하였다.

목표

전력 설비/에너지 소비 EMS용 정보처리시스템 개발 글로벌 리더 중심의 그린에너지 빌딩 시장 진입 및 파트너십 강화 국내 검증기반 국산화된 표준형 시스템 사업화, 수출 실시간 전력 거래제도 도입을 통한 국가에너지 절약 환경 제시

7. 의료 IT

스마트 퍼스널 케어 시스템 기술을 기반으로 세계 의료 IT 시장점유율 13%를 달성하였다.

목표

① 스마트 퍼스널 케어 시스템 개발
② 웰니스 서비스 등의 법제도 허용된 분야 신시장 창출 및 조기 진입
③ 시범 서비스 모델을 통한 경쟁력 확보 및 시장 요구 반영 후 사업화
④ 의료법 개정, 건강보험 적용 등의 법제도 정비

8. 조명 IT

조명 IT융합 분야의 세계 기술을 선도하여, 조명 IT융합 세계시장점유율 20%를 달성함으로써 세계 4위의 조명 강국으로 진입하였다.

목표

① 인텔리전트 조명시스템 개발
② 고효율 조명제품 기반 다양한 조명 IT 콘텐츠시장 창출
③ 기술 표준화 및 조명 콘텐츠 개발을 통한 브랜드 인지도 확충에 의한 사업화
④ 인력 양성과 감성조명, 상황인지 클래스 등 정의 규정 마련

9. 섬유 IT

디지털 의류 기술을 기반으로 세계 3위의 차세대 생활섬유산업을 달성하고, 세계 섬유시장점유율 12%를 달성하였다.

목표

① 디지털 섬유제품 및 IT융합 섬유공정 시스템 개발
② 유비쿼터스 환경에 맞는 IT융합 섬유제품/서비스 시장 조기 진입
③ 헬스케어/안전보안/디지털 휴먼 제품의 사업화 추진
④ 글로벌시장 공략을 위한 산업간 협력환경 구축

제4절 IT융합산업의 동향 및 향후 비전

앞으로 기업은 내부의 지식을 활용하는 능력보다 외부의 지식을 내부화하여 활용하는 능력이 더욱 중요해질 것이다. - 피터 드러커 -

전략은 미래 예측을 기반으로 세워지지만 미래는 예측 불가능하다. 전략 패러독스란 성공할 가능성이 더 높은 전략일수록 실패할 가능성도 높아짐을 뜻한다. 이를 해결하려면 불확실성에 대한 새로운 시각으로 접근해야 한다. - 마이클 레이너 -

20세기는 닫힌 기술혁신의 시대였다. 21세기는 열린 기술혁신의 시대이다. 내부 아이디어와 함께 외부 아이디어를 활용하고 시장을 향한 내/외부 경로를 사용하는 것을 가정하는 패러다임이다.

1. 정보화시대 이후 융합의 시대 도래

현대사회는 통신기술과 IT 인프라에 기반한 20C '정보화시대'를 지나 다양한 기술과 산업 간의 창조적 결합을 통해 새로운 가치를 창출하는 21C '융합의 시대'로 급속히 전환 중에 있다. 융합은 국가, 산업, 개인의 삶 전반을 아우르는 현대사회의 중요한 화두로 자리매김하고 있다.

그림 6-1 산업 패러다임 변천 및 융합

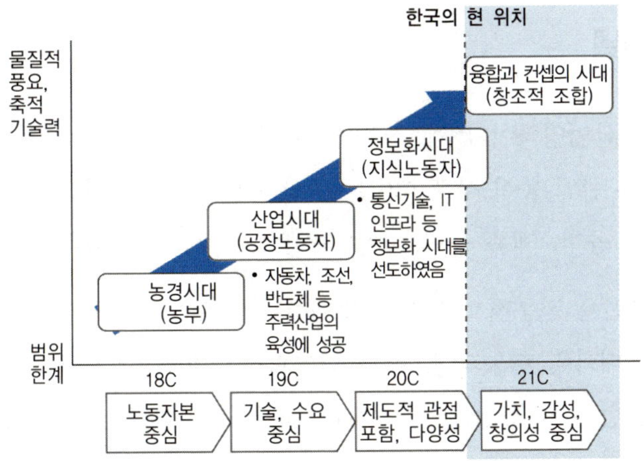

※ 출처 : 'A Whole New Mind'(2006, Daniel H. Pink), 황준석(서울대)

주요 선진국들도 가속화되는 산업융합 트렌드에 대비하여 국가경쟁력 재고 및 신성장 동력 확보를 위해 다양한 기반 정책 및 법제 정비를 추진하고 있다. 이미 선진국들은 국가 융합기술 및 산업 비전을 발표한 후 융합기술 및 산업을 활용하여 국가 이노베이션과 경쟁력 강화를 위한 산업 정책을 추진하고 있으며, 오랜 기간 산업 융합 추세에 대비한 선진국에 비해 우리나라의 융합화는 아직 미흡한 상황이라 할 수 있다.

2. IT 융합정부정책

정부는 IT와 자동차, 조선 등 산업간 융합을 촉진하여 5대 IT융합 강국으로 도약하기 위한 IT융합 확신전략을 발표하였다.

- 지식경제부, 기획재정부, 방송통신위원회 등 10개 정부기관 공동으로 IT융합 확산전략 마련
- 4대 정책과제 제시 : 창의적 IT 융합 역량 강화, IT 융합 부품산업 육성, IT융합시장 창출, IT 융합 인프라 조성 등

3. 융합의 개념

'융합'은 특정 산업영역이나 기술영역을 지칭, 한정하는 의미가 아닌 이종분야의 기술, 학문, 제품, 산업 등이 서로 섞이는 현상과 활동을 의미하고 있다. 융합은 크게 학문 융합, 기술 융합, 제품 융합, 산업 융합으로 구분 가능하다.

첫째, 학문 융합은 전통적으로 각각 존재하는 이종의 학문영역 간의 융합, 교육계에서의 대학원 협동과정, 학부 연계과정 등이 대표적이다.

둘째, 기술 융합은 Technology나 Engineering 수준에서의 융합, 미국이 주도하는 NIBC (NT/IT/BT/Cognitive Tech) 융합이 대표적이다.

〈표 6-2〉 BT, IT, NT, CT 분야 등 첨단 신기술간 융합을 통해 확보되는 혁신 기술과 제품

융합유형	사례		내용
BT+IT+CT	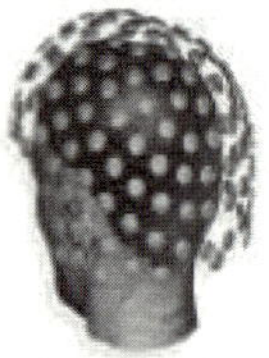	BMI (Brain Machine Interface)	• 뇌와 기계(컴퓨터 등)의 연결을 통한 인간 의지 발현 기술로, 인간과 기계의 상호작용을 활용한 삶과 건강의 향상. (예: 생각을 컴퓨터에 내재하여 다양한 신체 및 뇌신경 장애 극복

BT+IT		Bioinformatics (생물정보학)	• 인간 혹은 지구상 모든 생명체의 게놈 정보를 분석하고 그 생물학적 의미를 밝힘. (예: 이를 맞춤 의학 혹은 생물체의 산업화에 활용)
BT+NT		생체신호 측정	• 나노기술을 이용하여 생체신호를 측정하거나 조절하는 제품 개발 (예: 나노 구조체를 이용하여 문자 수준에서 생체 물질을 검출하는 기술을 개발하여 정확하거나 빠른 진단 실시)
CT+IT		가상현실	• 특정한 상황 혹은 사람을 가상으로 만들어서, 그것을 사용하는 사람이 마치 실제 상황가 상호작용을 하는 것처럼 인식하는 기술 (예: 비행 교육 시뮬레이션, 스크린골프)

셋째, 제품 융합은 상이한 제품 및 서비스의 결합을 통하여 새로운 기능의 제품을 창안하거나 기존 제품의 기능을 향상시키는 융합의 형태이다.

넷째, 산업 융합은 전통적으로 각각 존재하는 서로 다른 산업분야 간의 융합, 기술적 혹은 경영전략상의 융합을 통하여 부가가치 창출이나 새로운 시장을 개척하는 융합 형태를 말한다.

4. 융합의 대표적 성공 사례

역동적인 휴대단말기의 컨버전스 사례 : 다양한 전자기기를 융합시키는 성능 좋은 휴대폰

- 디지털 카메라, 쾌종/ 손목시계, 게임기, 각종 카드, 카세트, 전축, TV 수상기, Navigation 기기, 노트북PC , 캐디, 어군 탐지기
- Apple의 iPhone은 최첨단 디지털 컨버전스의 대표적인 Case로 다양한 제품/ 기능이 융합된 형태의 스마트폰이다.

〈표 6-3〉 신기술을 기존 제품 · 전통산업에 융합, 기존 제품의 부가가치를 증가시키는 융합

융합유형	사례		내용
자동차 + IT	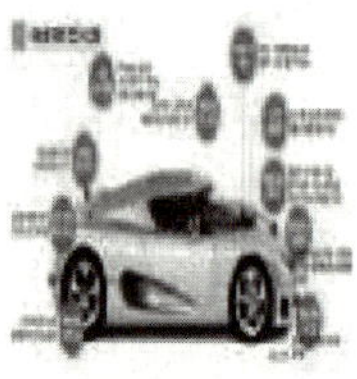	주행상황 인지 스마트 자동차	• 인프라 센서, 차량상태 센서, 서라운드 센서(레이더, 영상, 초음파 등)들을 활용하여 수집한 정보를 바탕으로 실시간 자가진단 및 정보 제공, 주행상황 위험경보, 능동안전 주행제어를 유도. 자동차에서는 이미 IT 혹은 S/W 기술이 〉80%를 차지
선박 + IT		디지털 선박	• 선박의 설계, 건조, 운항, 유지보수에 관련한 시설 및 기자재를 IT화 하고, 이를 바탕으로 조선소의 생산성 향상 및 선박의 성능 향상
의류 + NT + IT		스마트 의류	• 일반 직물의 질감과 촉감을 유지하면서 첨단 디지털 기능 (예: MP3플레이어, LED 등)이 부가된 새로운 개념의 옷으로 특수소재나 컴퓨터칩 등을 사용해 전기신호나 데이터를 교환하거나 외부 디지털 기기와 연결해 다양한 기능을 수행

〈표 6-4〉 IT, BT, NT 등의 신기술을 서비스 산업과 융합하여 고부가 혹은 신규 가치 창출

융합유형	사례		내용
IT+의료 서비스		U-헬스케어 스마트케어	• 의료서비스와 IT기술을 융합하여, 의사와 환자의 원격 진료 혹은 환자의 실시간 관리가 가능한 서비스.
로봇+의료 서비스		수술 로봇	• 로봇기술과 의료서비스를 융합하여, 수술실에서 집도의의 명령에 따라 수술을 보조하거나 가이드 역할을 해주는 로봇. 의사를 대신하여 수술 과정의 전체 혹은 일부를 수행.
IT+물류 / 유통 서비스		지능형물류	• 전자통신기술과 물류 · 유통서비스를 융합하여 실시간으로 물건의 위치를 확인하거나 상태를 파악함으로써, 배송 물건의 손실 및 비용 등을 최소화

그림 6-2 Apple iPhone

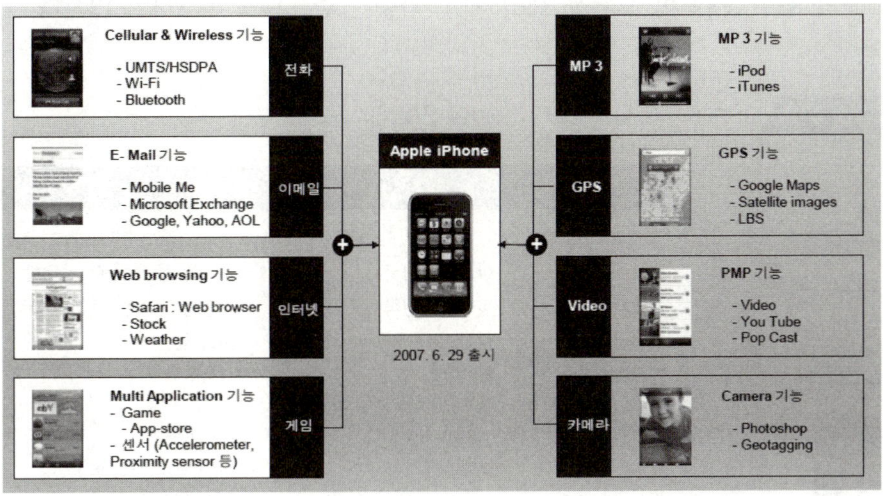

Apple은 전문 휴대폰 메이커가 아님에도 불구하고 2008년 출시 직후 세계 스마트폰 시장점유율 1%를 차지하였다. 특히, Sales Volume 기준에서는 점유율 3%에 불과하지만 Revenue 기준 15%, 영업 이익 기준 40%로 매우 높은 부가가치를 창출하는 업체로 부상하였다.

그림 6-3 2009년 세계 핸드폰 시장 점유율

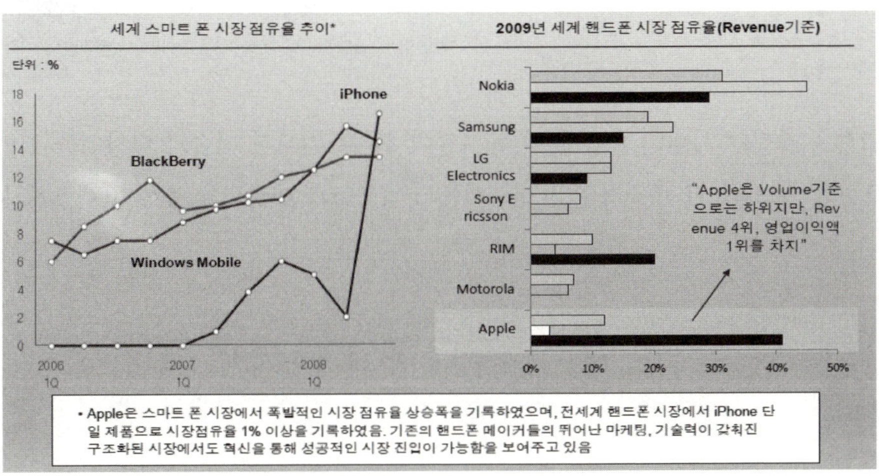

• Apple은 스마트 폰 시장에서 폭발적인 시장 점유율 상승폭을 기록하였으며, 전세계 핸드폰 시장에서 iPhone 단일 제품으로 시장점유율 1% 이상을 기록하였음. 기존의 핸드폰 메이커들의 뛰어난 마케팅, 기술력이 갖춰진 구조화된 시장에서도 혁신을 통해 성공적인 시장 진입이 가능함을 보여주고 있음

하지만 사실상 글로벌 네트워크형 산업 모델에 의해 전 공정이 외부에서 제작되는 iPhone의 경우 Apple이 보유한 핵심 제조 기술은 한부분도 존재하지 않는다.

그림 6-4 iPhone 제조 Value Chain상 기업리스트

iPhone 제조

iPhone 제조 Value Chain상 기업리스트*

구분	제조사	기능
프로세서	삼성전자(한국)	SW구동 등 휴대폰 뇌 역할
플래시메모리	삼성전자(한국)	음악, 동영상 등 데이터 저장
배터리	삼성SDI(한국)	전력공급
터치스크린	발다(독)	휴대폰 화면
오디오프로세서	울프슨마이크로일렉트로닉스	오디오 재생
무선랜	(영국)	무선인터넷
블루투스	마벨(미국)	헤드세트로 무선통화
통신전력증폭기	케임브리지실리콘(영국)	통신신호증폭
터치스크린컨트롤러	스카이웍스솔루션(미국)	터치스크린 제어
RF/베이스밴드 칩	브로드컴(미국)	통신기능
탄탈콘덴서	인피니언(독일)	전기 저장 및 방출
칩 배리스터	삼성전기(한국)	정전기 방지 및 노이즈 감소
카메라 모듈	아모텍(한국)	사진촬영
PCB	라간프리시전(대만)	회로기판
케이스	유니마이크론테크놀로지(대만)	메탈케이스
제조	폭스콘테크놀로지(대만) 혼하이정밀(대만)	휴대폰조립

*iPhone 1세대 기준

Source : Appleinsider, IDG코리아, Deloitte Analysis

기술 + 감성의 시대의 흐름에 따라 기술에 집착하기보다 기술과 디자인을 결합한 창조성을 확보하는데 주력하여 Apple 제품의 독특함과 대표성을 통해 고객가치 창조에 성공하였다.

그림 6-5 Apple의 Iconic 디자인

Apple의 Iconic 디자인

기술+감성의 시대

- 소비자는 제품의 선택에 있어 뛰어난 기술이 여전히 중요한 가운데 "감성"이 구매의 결정적 요인으로 부상함
- 제품을 사용하는 소비자의 니즈는 단순한 기능보다는 차별성과 감성을 중시하며, 기술에 감성이 융합되어 있는 디자인과 컨셉, 매력과 브랜드 이미지 등을 추구함
- 기업들은 이에 대응해 디자인, 촉감, UI(User Interface) 등 구매자의 감성에 영향을 미치는 "감성파워"를 구축하는데 주력

기술+디자인(DD-Shift)

- Apple은 기술의 발달로 인해 제품의 기능과 품질이 모두 비슷해지면서 디자인이 소비자의 선택을 좌우하는 가장 중요한 요소가 되었음을 파악
- 디자인과 기술을 융합한 창조성을 확보하기 위해 주력하였으며, Apple 제품을 생각하면 누구나가 쉽게 떠올릴 수 있는 대표적인 Iconic(상징, 대표성) 디자인을 적용하여 소비자의 가치를 창조함

- 최근 제품의 선택에 가장 중요한 요소인 디자인과 브랜드 측면에서 혁신적인 Apple의 제품은 기술+감성의 융합시대를 정확히 이해하고 있는 제품으로 평가되고 있음
- 뛰어난 기술 뿐만 아니라 디자인과 같은 감성적인 가치가 복합화될 때 소비자에게 새로운 가치를 제공할 수 있음

*DD-Shift : Digital과 Design의 결합의 시대로 기술과 감성이 결합되는 시대적 패러다임을 뜻함

Source : Seri, Deloitte Analysis

5. 결론

세계 IT융합 시장은 2020년까지 연평균 11.8% 수준의 고성장이 될 것이라 전망하고 있으며 세계 경제성장률은 3~4달러를 전망한다.

IT융합은 우리 산업의 글로벌 경쟁력 제고를 위한 차별화 수단이다.

자동차, 조선 등 우리 주력산업에서 중국의 추격 가속화에 따른 차별화 수단으로는 IT융합을 해야 하며 IT융합은 기존 제품 서비스 및 공정의 혁신으로 새로운 부가가치를 창출할 수 있다.

제 5 절 IT융합산업의 국내외 시장전망

1. 서론

최근 미래사회에 대한 다양한 관심을 충족시키며 우리의 경제·사회적 활동에 큰 영향을 미칠 '융합기술'에 대한 관심이 고조되고 있다. 사실 '융합기술'은 현재만이 아니라 기술의 진화와 혁신이 발생하는 곳에서는 늘 존재하였다. 그러나 최근 들어 '융합'이라는 용어가 더욱 강조되고 주목을 받는 이유는 기존에 발생하였던 '점진적 융합'과는 달리 발생속도가 급격하고 그 영역이 광범위하게 나타나는 '혁신적·광역적 융합'의 성격을 띠기 때문이다.

이러한 '혁신적·광역적 융합'의 공통점은 어느 분야에서 발생하든 IT를 기반으로 하고 있으며, IT를 원천기술로 활용하고 있다. 이에 따라 IT는 우리 사회 및 산업 전반에 활용됨으로써 IT 자체의 발전 및 여러 산업분야의 획기적인 발전을 유도하게 될 것이 분명하며, 이러한 움직임은 이미 도처에서 감지되고 있다. 그러기에 IT와 각 산업 및 기술이 융합하여 어떠한 혁신적인 발전이 이루어지고 있는지 또한, 그것이 어떻게 적용되고 있는지 IT를 기반으로 한 융합기술에 대해 알아보고자 한다.

2. 융합기술의 개요

1) 융합의 개념

융합의 사전적 의미는 '서로 다른 두 개 이상의 것이 모여 구별이 없게 하나로 합쳐지는 것'이다. '구별이 없게' 된다는 점에서 '고유의 성질을 유지하면서 하위체제의 기능을 목표에 맞게 통일시키는 의식적인 과정'으로 정의되는 '통합'의 개념과 구별된다. 즉, 융합은 '서로 다른 기술이나 산업분야 간에 효율과 성능 개선 등을 목적으로 결합하여 존재하지 않았던 새로운 기능이나 서비스를 창출하는 현상'으로 정의될 수 있다.

그림 6-6 정보시대를 넘어서 융합시대로 변화

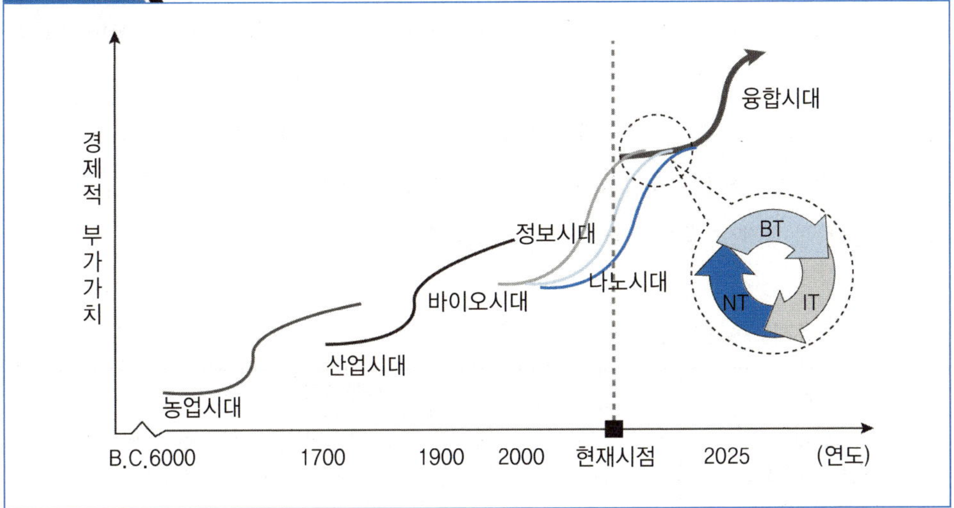

위의 그림과 같이 이제는 정보시대를 넘어서 융합시대로 변화해가고 있다. 융합기술은 IT, BT, NT, CT[10] 등 최근 급속히 발전하는 신기술 분야의 상승적인 결합(synergistic combination)으로 이러한 첨단기술과 이종기술 간 융합을 통하여 신제품과 새로운 서비스를 창출하거나 기존 제품의 성능을 향상시키는 기술로서, 과학기술적 한계를 극복하고 산업 및 사회에 혁신적 변화를 가져오는 신기술이라고 할 수 있다. 특히 IT융합기술은 향후 기술혁신을 주도할 핵심기술로서 선진국에서는 이의 조기 사업화를 위하여 다각적인 정부 지원이 이루어지고 있다.

2) IT융합 기술의 주요내용

최근 IT 기술의 급격한 발전을 기반으로 산업 및 기술 간 융합이 자리를 잡아가고 있다. 방송과 통신뿐만 아니라 자동차, 조선, 건설 등 전통산업과도 융합하면서 거대한 시장을 형성해나가고 있다. 이러한 전통산업 간의 융합은 부가가치를 제고하고 글로벌 경쟁력을 확보하기 위한 방안으로 IT기술을 적극 활용하고 있다.

10) IT: 정보통신기술, BT: 바이오기술, NT: 나노기술, CT: 문화콘텐츠기술

실제 국내외 IT 기반 융합의 진화 수준에 따라 다음과 같이 3단계로 구분하기도 한다. 1단계는 IT 기술·산업 간 결합 및 통합으로 기존 기술 및 상품과 서비스의 결합을 통한 신제품, 새로운 서비스를 창출하는 것이며, 2단계는 IT와 이종기술 산업 간 융합을 통해 기존 기술의 한계 극복을 통한 새로운 시장을 창출하는 것이고, 3단계는 IT 신기술의 화학적 융합을 통해 미래사회의 요구에 부합하는 신상품 및 새로운 서비스를 창출해내는 융합기술로 정의하였다.

〈표 6-5〉 3단계 IT융합기술

구분	주요내용
1단계 IT 기술·산업 간 결합 및 통합	• 기존 기술 및 상품·서비스의 결합을 통한 신제품·서비스 창출 – 사례1. 기기 간 융합 : 핸드폰+PDA+MP3=휴대형PC – 사례2. 서비스 간 융합 : 방송+통신=IPTV
2단계 IT와 이종기술· 산업 간 융합	• 기존 기술의 한계를 극복하여 새로운 시장 창출 – 사례1. IT+건설=IT 융합 건설(설계, 시공, 관리 등) – 사례2. IT+자동차=지능형 자동차[11] – 사례3. IT+로봇+에너지=수중에너지탐사로봇시스템(MIT)
3단계 IT 신기술의 화학적 융합	• 미래사회의 다양한 요구를 만족시키는데 부합하는 신상품 및 새로운 서비스를 창출해내는데 융합기술

3. 융합기술의 전망

융합기술은 인류에게 미치는 유용성과 파급효과가 막대하지만 장기간의 투자와 대규모 비용의 소요 등으로 인하여 그 위험도가 매우 높아 정보 차원의 지원 및 투자가 요구된다. 선진 각국은 융합기술을 21세기를 이끌어갈 국가전략 기술로 집중 육성중이며, 민간 차원에서는 IT를 기반으로 한 혁신적인 발전과 새로운 시장 진출을 위해 융합기술에 많은 투자를 하고 있다.

11) 지능형 자동차 : 자동차 자체 내부에 물리적 제어가 아닌 첨단 전기전자 제어기술이 접목되어 안정성과 주행 효율성을 높이는 디지털자동차를 말한다. 이동통신 무선인터넷 위성위치추적(GPS) 등 외부 통신 인프라와 연결되어 정보검색, 내비게이션, 엔터테인먼트 등 소위 텔레매틱스라고 불리는 다양한 서비스를 이용할 수 있게 해주는 정보 커뮤니케이션형 자동차이다.

융합기술의 전 세계 시장규모는 2005년 277억 달러에서 2010년 928억 달러로 연평균 27%의 고도성장이 예견되며, 2015년에는 1,628달러로 지속적인 고도성장을 보일 것으로 예상한다.

〈표 6-6〉 융합기술의 매출 전망 (단위 : 억 달러)

구분	2005년	2010년	2015년
융합기술 세계시장 규모	277	928	1,628
IT-BT	146	358	648
IT-NT	131	570	980

자료 : IT-BT-NT 융합기술기획위원회, 2005. 10

1) 국내의 시장전망

2007년 IT-BT-NT 등 6대 미래 유망기술(6T) 분야에 대한 정부의 연간 연구개발투자 규모가 3.5조 원을 돌파하였으며, 지속적인 성장을 보이고 있다.

〈표 6-7〉 국내 매출시장 전망 (단위: 억 달러)

구분	2005년	2006년	2007년
BT	10,547	8,983	10,165
CT	474	456	509
IT	**8,297**	**9,002**	**9,398**
ET	6,539	6,852	8,326
NT	3,094	2,996	3,075
ST	4,373	5,047	5,110
계	33,325	33,335	36,583

자료 : 2007년도 정부연구개발 투자현황(IT: 정보통신기술, BT: 바이오기술, NT: 나노기술, ET: 에너지 · 환경기술, ST: 보안기술, CT: 문화콘텐츠기술)

또한, IT 기반 융합이 부각되면서 전통산업분야에 대한 IT의 활용에 대한 논의가 활발하다. IT가 활용되어 전통산업에 어떤 옷을 입히든 융합에 대한 조작적 정의가 어떻게 이루어지든 이러한 추세는 대단히 빠르게 진행될 것이다. IT와 대표적인 전통산업 군으로 분류되는 4개 산업분야와의 융합을 통해 창출되는 시장규모는 다음과 같이 추정된다.

이는 IT가 타 산업분야의 제조원가 대비 비중을 적용하여 추정한 결과로 향후 융합의 진전속도에 따라 큰 변화를 보일 수 있다. 특히, 최근 들어 일반 국민들이 건강에 대한 관심이 증대되면서 u-헬스분야의 시장이 크게 성장할 것으로 예견되며, u-City에 대한 관심이 점증되면서 건설 분야의 융합시장도 빠르게 확대될 소지가 있다.[12] 자동차와 조선 분야는 최근 들어 협력연구에 대한 관심이 크게 증가하고 있는 분야로 향후 국가적 차원에서의 전략적 포지셔닝이 필요하다.

2) 해외 시장전망

(1) 미국

그림6-7 미국의 융합기술도

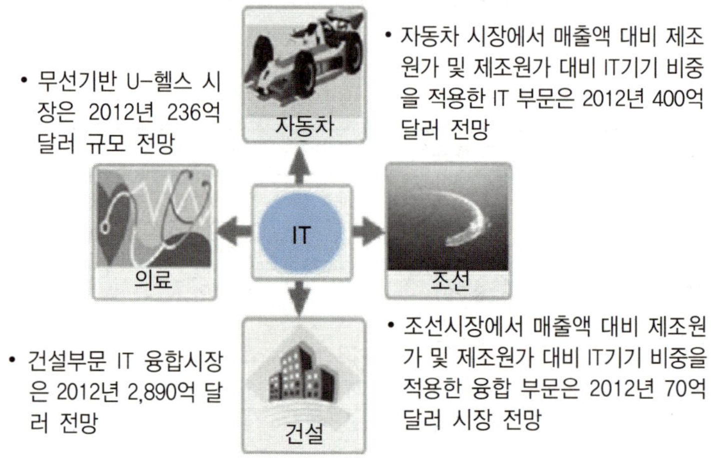

미국은 융합기술을 인간의 수행능력을 향상시키기 위한 나노기술, 바이오기술, 정보통신기술 등 기술 간에 이루어지는 상승적 결합(시너지효과)으로 정의하고, 융합기

12) U-헬스, U-시티에 사용된 'U'는 유비쿼터스에서 기인한 것으로 언제, 어디서가 이용가능하다는 것을 말함.

술 선점을 통한 신성장 동력 창출 및 안보기술 확보에 주력한다는 전략(2002)을 수립하였다. 이어 2006년에는 국가경쟁력 강화계획을 수립하여 건강(생명공학)분야, 우주분야, 에너지분야 등에 집중 투자한다는 계획을 발표하였다. 또한, 민간 차원에서는 2007년 ITIF(정보기술혁신재단)에서 IT가 경제 및 사회 등의 모든 분야에서 통합적으로 활용됨으로써 디지털 경제의 구현과 국가 경제성장 및 번영에 가장 큰 비중을 차지한다고 발표하고, 의료분야의 질 개선 및 교육 등의 분야에서 IT의 활용을 통한 혜택을 강조하였다.

이와 같이 미국은 정부 및 민간 차원에서 IT 기반의 융합 또는 IT 자체의 역할에 대한 규명을 통해 지속적인 국가발전과 경쟁력 향상을 도모하고 있다.

(2) 유럽

유럽에서는 2004년 '유럽 지식사회 건설을 위한 융합기술 발전전략'을 수립하고, 2015년까지 진행되는 제7차 프레임워크 프로그램(FP)에서는 정보기술, 생명공학, 에너지 등에 집중투자를 결정하였다. 또한, 2005년 유럽이사회 차원에서 마련된 'i2010 전략'에서는 고령화 사회, 안전하고 깨끗한 대중교통, 문화적 다양성 등 삶의 질 향상 등의 과제해결을 위해 IT가 기여할 수 있는 부문을 분석하였고, 고령화 사회에 대응한 IT 기술의 활용, 지능형 자동차 및 디지털 도서관의 구축 등 정책과제의 추진계획을 마련하였다. 특히, 'I'는 정보(information)와 혁신(innovation) 및 포용(inclusion) 등을 의미하는 복합적인 개념으로 정보기술을 통한 유럽의 혁신과 사회문제의 해결을 도모한다는 의미를 함축하고 있다.

(3) 일본

일본은 2006년 11월 총리실 산하의 IT 전략본부 주관으로 'IT 신개혁전략'을 마련하고, 의료, 환경, 안전 및 교통 등의 분야에서 IT를 활용한 구조개혁, IT를 이용한 실업문제의 해결, 장애인 복지 및 고령화 사회에의 대응 등 사회적 과제의 해결을 위해 IT를 적극 활용하고 환경배려형 사회의 구축을 목표로 하고 있다.

이러한 선진국들은 향후의 융합시대에도 새로운 돌파구의 마련을 위한 기초는 IT 기반의 융합기술임을 보여주고 있으며, 핵심적인 분야는 IT/BT 분야, 친환경(green

IT) 분야, 에너지 분야 등임을 나타내고 있다. 또한, 이러한 IT 기반의 융합기술을 기반으로 국가사회 전반에 걸쳐 제기될 다양한 사회적 과제의 해결에도 IT 기반 융합기술을 적극 활용할 필요가 있음을 보여준다.

국내외 시장전망을 토대로 융합기술의 전망은 인간의 능력 확장을 위한 신기술 융합과 산업전반의 효율성 및 경쟁력 제고를 위한 IT와 전통산업 간 융합과 에너지문제, 환경문제 등 사회적 '제'문제의 해결을 위한 기술 및 산업 융합의 방향으로 전개될 것으로 예상된다.

3) IT 융합 기술 로드맵

자동차, 조선, 안전 등 8개의 산업분야에 대한 현 산업의 특성 및 해결과제, 융합화 Concept 등을 도출하고 세계 및 국내시장 분석, 국내외 기술개발 현황, 표준화/특허/정책추진 동향, 기술 발전 및 미래전망, 국내경쟁력 분석 등을 통해 다음과 같은 비전 및 목표를 제시하였다.

그림 6-8 IT융합기술 흐름도

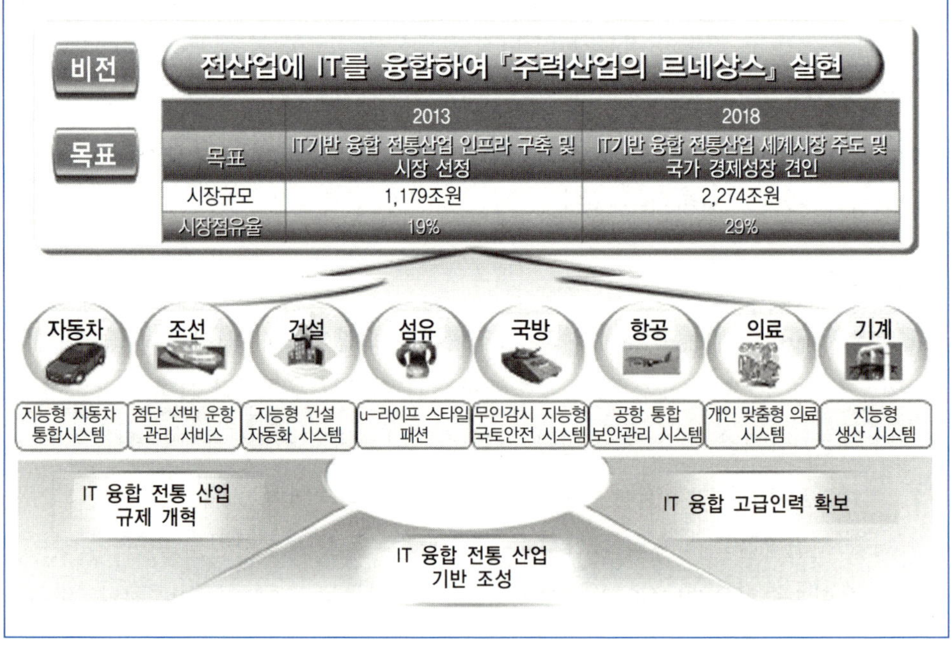

이러한 각 산업분야별 세부 목표에 따라 연도별 달성 목표 및 시나리오를 설계하여, 향후 5, 10년간의 서비스 및 제품의 이정표를 다음과 같이 설정하였다.

그림 6-9 8대 IT 융합 분야별 서비스 및 제품의 이정표

산업	2010년	2013년	2015년	2018년
섬유 IT	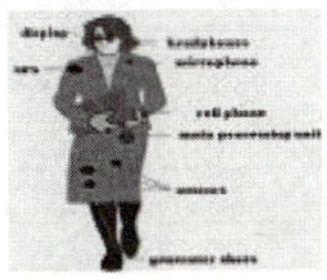		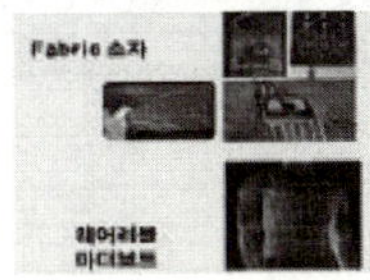	
	디지털 사 기반의 휴대가능 전자비서	전자 섬유 기반의 입는 전자 도우미	SoT(System-on-Textile) 컴퓨터	SoT 기반의 u-헬스, u-life 서비스 플랫폼
안전 IT	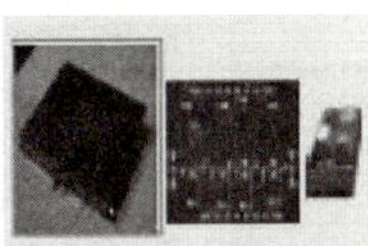	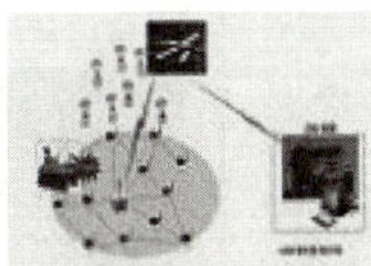		
	T/R 모듈용 핵심소자	소형 센서노트, 자율형 센서네트워크	이동탑재형 위성전송 시스템, 차량 탑재형 광대역 능동 안테나	무인체공 플랫폼용 무선통신/무선응용 탑재체 및 단말
항공 IT				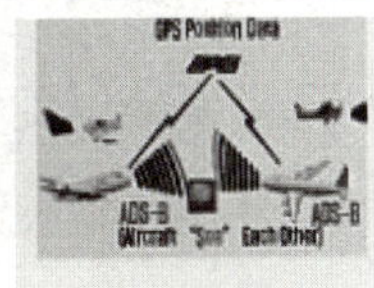
	지능형 공항 검색안내 시스템	국제공항 Hub 구축 기술	비행관제/항공교통 모니터링	차세대 자율 무인비행 시스템
의료 IT	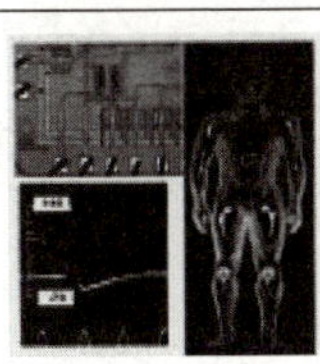		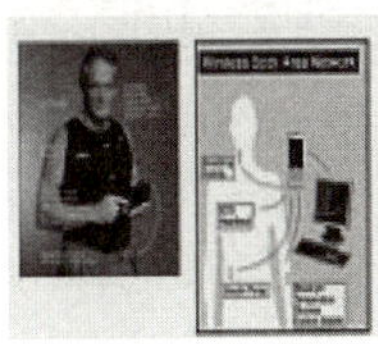	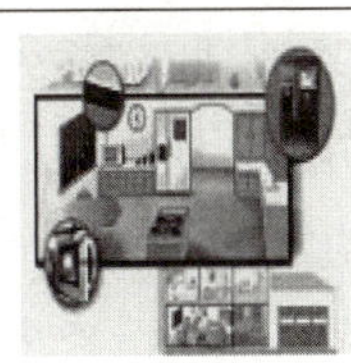
	생체진화형 IT화로 인체와 융합	스마트 개인 활동 · 의료지원 시스템	개인 맞춤형 이동 건강 관리 시스템	언제 어디서나 건강하게

구분				
기계 IT			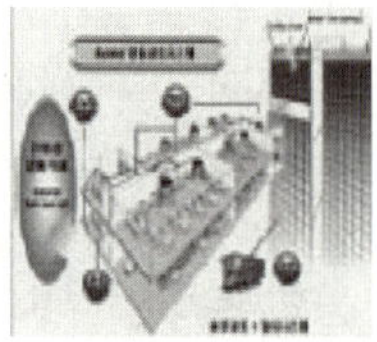	
	지능형 자율 생산기계	무인화 · 지식친화형 기계 시스템	환경친화 및 자원재생형 기계	감성을 갖는 인간중심 기계
자동차 IT				
	개별센서 기반 적응형 자동차IT	복합센서 / 통신 기반 적응형 자동차 IT	친환경 자율형 자동차IT	상황인지 기반 자율형 자동차IT
조선 IT				
	선박용 이동위성통신	실시간 항해 모니터링	선박용 통신 네트워크	지능형 원격 유지보수 시스템
건설 IT				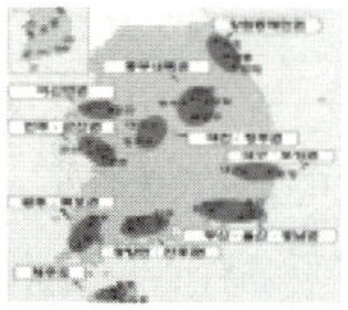
	지능형 건설	스마트 빌딩 건설	스마트 도시 건설	스마트 국토 건설

위의 8대 IT 융합 분야별 서비스 및 제품의 이정표를 바탕으로 기술의 발전 방향을 도출하여 기술로드맵을 작성하였다. 그 중 IT와 조선 융합기술 로드맵을 대표로 나타내었다.

4. IT 기반 융합기술 적용

1) IT 자동차 융합

IT-자동차 융합은 첨단 IT 신기술을 기반으로 자동차의 센서 및 전자장치가 지능적, 유기적으로 상호 작용하여 운전자의 안전 및 편의성을 증대시켜 최적의 운전환경을 제공한다. 최근 출시되는 신형 자동차는 막히지 않는 길을 알려주는 내비게이션, 엔진제어, 사고방지를 위한 타이어 압력 감지 센서, 일정하게 앞차와의 거리와 속도를 유지하는 오토크루즈, 차선과 거리를 유지하는 레인 킵(land keep), 탑승자의 위치에 맞게 에어백이 팽창하는 센서, 무인자동차에 이르기까지 안전하고 효과적인 운전에 IT가 많은 도움을 주고 있다.

그림 6-10 IT와 조선 융합기술 로드맵

자동차-IT 융합 신산업은 첨단 IT 신기술을 기반으로 자동차의 센서 및 전자장치가 지능적, 유기적으로 상호작용하여 운전자의 안전 및 편의성을 증대시켜 최적의 운전환경을 제공하고, 미래형자동차 산업에 부가가치를 창출하는 산업이다. 자동차의 IT 융합은 안전과 편리성의 고도화를 중심으로 빠르게 확대되고 있으며, 전장부품 · 텔

레매틱스 시장 등 빠르게 성장하고 있다.

이렇게 자동차에 IT를 접목하여 편의성과 안전성 등을 높인 자동차의 고부가가치화에 기여하고, 자동차 IT라는 새로운 IT 시장을 개척하여 IT 산업의 지속적 발전에 기여할 수 있다. 또 차량공간의 편의성과 오락성, 주행의 안전성 등에 초점을 맞춰 휴먼친화적인 자동차의 고급화를 달성할 수 있다.

〈표 6-8〉 IT 업계와 자동차업계 간 기술협력 현황

자동차업체	IT업체	자동차-IT 융합 협력부분
현대기아차	MS	음성 인식하는 차세대 오디오 시스템, 차량용 정보시스템, 내비게이션, 텔레매틱스 개발
	인피니언	자동차 맞춤형 반도체 공동개발
BMW	구글	커넥티드 드라이브(내비게이션에 구글 검색 기능 도입)
	인텔	모바일 오피스 키(PC, 팩스 등 내장, 이동사무실 기능 갖춤)
Fiart	MS	블루&미(블루투스를 활용해 차량과 휴대폰 간 연동) 에코드라이브(운전자의 운전성향을 분석하여 경제운전 유도)
Ford	MS	Sync(블루투스를 통한 차량과 휴대폰 간 연동과 텔레매틱스 서비스)
	소니	차량용 엔터테인먼트, 소니 오디오 장착, 차량용 정보단말기 공동개발
제규어	애플	애플이 디자인한 다이얼형 변속기 제공
	소니	카오디오, 내비게이션, 모바일 LED TV를 핸들에 장착
폭스바겐	구글	3D 맵 내비게이션
	애플	차량 내 엔터테인먼트 시스템

최근 들어 자동차에 IT 기술 적용이 증가하여 IT 업계와 자동차업계 간 기술협력이 가속화되고 있다. 자동차 업체들이 애플과 제휴하여 iPod와 차량 내 정보기기를 연결시킨 'iPod 통합차'를 발표했고, MS사는 6억대 규모의 자동차 시장을 겨냥하여 내비게이션용 운용체제인 Windows Automotive를 출시하였다. 이렇게 자동차업체와 IT업체 간 협력은 세계적인 트렌드로 자리 잡고 있다. 자동차 IT 융합산업은 이제 막 태동한 분야여서 조기 투자로 기술을 선점하면 자동차와 IT분야가 동시에 경쟁력을 높일 수 있다.

2) IT 의료 융합

IT-의료 기술의 융합은 IT기술과 의료기술이 융합된 것으로, 인간의 신체적인 수행 능력의 확장 및 내재적인 질병의 극복을 통하여 보다 편안하고 즐거운 삶을 추구하는 데 기여하며, 또한 국민의 삶을 더욱 윤택하고 행복하게 할 수 있는 따뜻한 IT, 즐거운 IT를 실현할 수 있다.

• **낙상폰**

낙상폰은 낙상 등과 같이 독거노인 등 보호자가 없는 고령자가 가속도 센서 기반의 행위감지 모듈을 허리에 착용 후 낙상 등의 위급상황을 자동 감지하여 사용자의 휴대폰을 통해 위치정보와 함께 가족, 의사, 응급센터 등에게 무선통신을 통해 구급을 요청하는 휴대폰이다. 가속도 센서를 활용한 낙상감지 알고리즘, GPS를 이용한 낙상 위치 추적, 휴대폰을 통한 위급상황 경보 및 응급조치 요청, 다단계 필터링을 통한 낙상감지 정확도 향상이 가능하다. 독거노인의 응급상황 실시간 감시 및 응급조치 서비스, 양로원, 실버타운 등의 개인 위급상황 관리 서비스, 휴대폰 기반 건강관리 플랫폼으로 활용이 가능하다.

• **고령자 생활 지원 시스템**

고령자 생활지원 시스템은 무선통신 센서를 이용하여 고령자의 일상 행위 분류와 이상 징후 감지를 통한 원격 건강생활 지원 시스템이다. 사람의 일상행위를 감지하고 데이터베이스화하여 이상 징후 감지 서비스를 제공하는 개인 건강생활 관리 시스템이다. 가속도 센서를 활용한 행위 인식 알고리즘, 압력센서를 활용한 일상행위 감지 알고리즘, 휴대폰과 웹을 통한 가족 문안 제공서비스, 독거노인의 일상생활 감지 서비스, 개인의 건강생활 관리 및 안내 서비스, 양로원, 실버타운 등의 개인 일상생활 관리 서비스 등으로 활용이 가능하다.

• **약복용 도우미**

약복용 도우미는 중앙정보시스템과 네트워크를 이용하여 고령자의 약복용 스케줄 관리, 복용 안내 등을 인공지능으로 관리해주는 smart 약상자이다. 국내의 고령화 사회에 대비하여 약복용률을 높임으로써 사회적 의료비용을 줄이고 건강을 개선할 수 있다. 약을 정기적으로 복용하고 있는 대부분의 고령자들의 약복용 상황을 체계적으로 관리할 수 있기 때문에 병원, 제약회사 등의 새로운 IT-의료 융합시장의 창출이 가능하다.

만성질환자가 정량의 약을 정시에 복용할 수 있도록 도와주는 지능형 약복용 도우미는 약복용 시간 알림, 부적절 복용 감지, 과복용 방지, 사용자에 따른 약을 배출한다. 또한 취침, 외출, 기복용, 미복용 등 만성질환자의 현재 상황을 추론하여 상황에 맞는 약복용 안내서비스 제공이 가능하다. 따라서 의사/약사/보호자가 고령의 만성질환자의 약복용 상태를 SMS, 인터넷, 통계정보 등을 통한 효율적 모니터링이 가능하다.

• **바이오 패치**

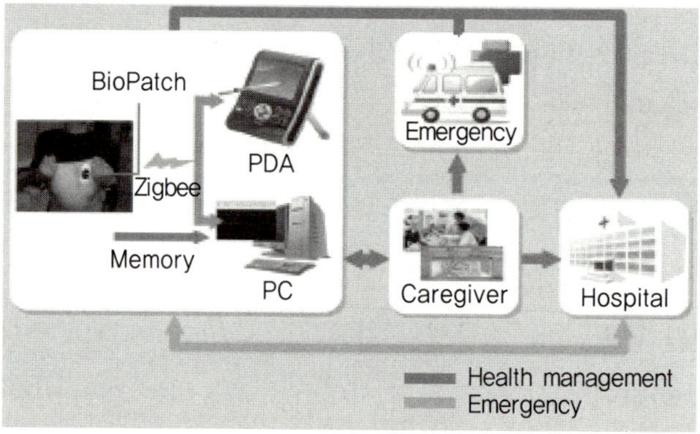

바이오 패치는 심전도와 움직임 센서를 측정하는 센서에서 측정된 생체신호를 무선통신 모듈을 통해 휴대단말기로 전송·관리한다. 일상생활 중 편리하게 안정적으로 심전도, 호흡, 움직임, 운동량 등 생체정보를 실시간으로 측정하여 건강 지표를 제공하는 시스템이다.

부착형/의복형 생체신호 실시간 모니터링 센서 모듈을 통해 심전도, 가속도 측정하여 심박수, 호흡 수, 운동량 등 생체정보를 분석하여 측정 정보를 전송한다. 심혈관 질환 등 만성질환 관리 및 고위험 환자의 응급상황을 감시하고 소방관, 군인, 경찰 등 위험 직종 종사자의 위급상황 감시, 마라톤 동호인 등 일반인의 운동관리 등에 응용할 수 있다. 몸에 부착한 채 심전도 측정센서와 무선통신을 이용하여 신체의 이상 징후를 원격에서도 모니터링할 수 있는 심전도폰으로도 활용이 가능하다.

• 골밀도 측정기

골밀도 측정기는 범용 엑스선 촬영 장비로 촬영한 영상을 이용하여 골다공증 진단을 위한 골밀도를 정확하게 측정하는 엑스선기반 골밀도 측정 소프트웨어로 범용 X-선 촬영장비와 디지털 영상처리 기술을 이용한 골밀도 측정 솔루션이다. 요골 골밀도 측정 정확도는 97%이고, 골다공증 진단을 위한 부위별 제시가 가능하다. 골다공증 진단을 위한 골밀도 측정이 가능하며 범용 엑스선 촬영장비 활용으로 저가의 골밀도 측정을 할 수 있다.

• 기타 기술

그 외에 IT-의료융합 기술에는 초음파 센서를 통해 무선으로 장애물 여부, 거리정보를 진동 및 음성으로 전달하는 시각장애인용 보조장치인 시각장애인용 단말기와 4대 식중독균의 실시간 센싱과 다채널 측정이 가능한 집단 식중독 예방 고감도 바이오 환경 센서인 휴대용 식중독균 측정기가 있다.

시각장애인을 위한 보조기기

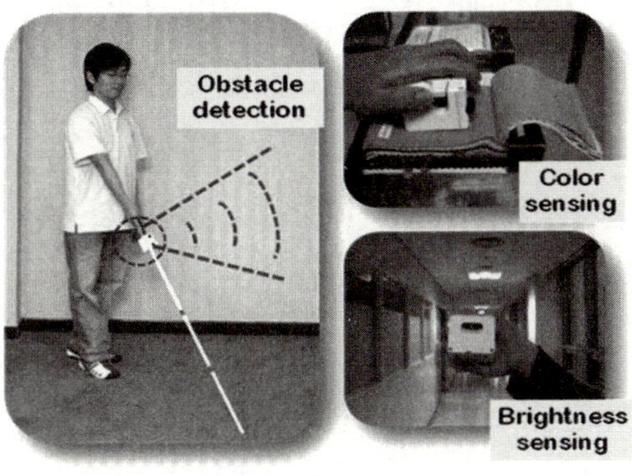

3) IT 방송 융합 (IPTV)

최근 방송과 정보통신기술의 결합이 한참이다. 휴대기기로 DMB를 시청하고, TV로 인터넷 기능을 수행(IPTV)하는 등 다양하게 활용되고 있다.

'IPTV'는 인터넷 프로토콜 텔레비전(Internet Protocol Television)이라는 단어의 약자이다. 초고속 인터넷을 이용하여 정보 서비스, 동영상 콘텐츠 및 방송 등을 텔레비전 수상기로 제공하는 서비스를 말한다. 인터넷과 텔레비전의 융합이라는 점에서 융합기술을 실현하고 있는 것이라 할 수 있다. 기존의 인터넷TV와 다른 점이라면 컴퓨터 모니터 대신 텔레비전 수상기를 이용하고, 마우스 대신 리모컨을 사용한다는 점이다.

IPTV를 이용하기 위해서는 텔레비전 수상기와 셋톱박스, 인터넷 회선만 연결되어 있으면 된다. 곧, 텔레비전에 셋톱박스(set top box)나 전용 모뎀을 덧붙이고 텔레비전을 켜듯이 전원만 넣으면 이용할 수 있다. 따라서 컴퓨터에 익숙하지 않은 사람이라도 리모컨을 이용하여 교통, 날씨 등의 간단한 검색 및 영화감상, 홈쇼핑, 홈뱅킹, 온라인 게임, MP3 등 인터넷이 제공하는 다양한 콘텐츠나 부가서비스를 제공받을 수 있다.

IPTV는 비디오를 비롯한 방송 콘텐츠를 제공한다는 점에서는 일반 케이블방송이나 위성방송과 별다른 차이가 없지만, 양방향성이 추가된다는 점이 큰 특징이다. 일반 공중파 방송이나 케이블방송 또는 위성방송과는 달리 시청자가 자신이 편리한 시간에 자신이 보고 싶은 프로그램만 볼 수 있다. 따라서 TV 방송의 주도권이 방송사나 중계업자로부터 시청자에게 넘어가는 셈이 된다. 현재 홍콩, 이탈리아, 일본 등 일부 국가에서 IPTV 서비스를 실시하고 있지만 전 세계적으로 초기단계라고 할 수 있다. 국내의 경우, 통신사업자들이 기존의 인프라를 최대한 활용하여 범위의 경제효과를 투리고자 IPTV 제공에 적극적으로 나서고 있다.

한편 국내 IPTV 기술의 외산 의존도가 높아 기술경쟁력의 제고가 시급하다는 인식이 대두되어, 단말기 호환 등 로열티 부담이 큰 현안기술개발과 차세대 IPTV에 초점을 맞춘 전략기술개발에도 역량을 집중할 계획이다.

5. 결론

지난 20여 년간 우리는, 산업화에는 늦었지만 정보화에는 앞서가려는 노력을 기울인 결과, IT분야에서 세계적인 경쟁력을 갖추게 되었다. 그러나 과거의 성공에 도취하여 환경변화를 외면해서는 안 된다. 산업 및 불안정성의 증대 및 세계 경제의 중심 이동에 따른 중국의 추격은 턱밑에까지 도달해 있기 때문이다.

위기의 순간에는 항상 상식을 뛰어 넘는 사고와 행동의 혁신이 필요하다. 급격하던 IT분야의 성장은 정체기에 머물렀다는 평가가 나오기도 하는 이러한 시점에 IT분야 자체 개발보다는 다른 산업 간의 융합 기술은 획기적인 혁신을 위한 대안이 될 수 있다. 특히, 우리의 경우 IT 기반의 융합에 있어서 IT분야의 경쟁력이라는 무기가 있다. 즉, IT가 다양한 산업에 확산 및 침투되어 IT 산업의 도화와 정체 극복을 통하여 전통산업의 생산성 향상 및 새로운 성장계기를 마련해야 한다.

IT의 활용은 모든 기술 및 산업 분야에 광범위하게 퍼져 있으나, 아직까지 그 조직화의 수준은 낮은 것으로 평가된다. 그러므로 이들을 조직화하고 체계화시키는 작업이 필요하며, 이것이 융합정책의 근간을 이루는 정책이 마련되어야 할 것이다. 이러한 정책의 방향은 IT융합 기술을 중심으로 인간을 위한 기술, 동반 성장을 위한 융합, 당면한 사회문제의 해결, 기업가 정신의 함양을 위한 방향으로 가닥을 잡아 나가야 한다.

더불어 IT를 기반한 융합기술의 경우 혁신적인 무기가 될 수 있지만, 그 성공을 위한 많은 시간 및 노력이 요구되며, 실패 시 리스크가 또한 크다. 그러기에 정부차원의 조세, 금융, 제도상의 인센티브 제공 등의 적극적인 지원이 필요하며, IT융합 기술의 다양성을 수용하고 사업화하기 위해 정부차원에 IT융합 기술에 대한 법·제도를 확립하여야 할 것이다.

민간 차원에서는 IT융합 기술에 대한 기초연구와 원천기술개발을 강화하고, 업계별 독자개발보다는 협력을 통하여 비용과 인력, 시간 등을 절감하도록 해야 한다. 또한, 성공적인 비즈니스 모델을 확립하여 장기적인 계획을 수립하고 핵심기술에 집중투자를 하여야 한다.

끝으로, 경제가 어려운 요즘 위와 같은 정부·민간 차원에서의 IT융합 기술에 대한 노력으로 다양한 산업들이 부가가치를 높이고, 중소기업에서도 이를 돌파형 기술로 활용하여 혁신을 도모하여 어려운 경제위기를 극복하고, 글로벌 선진대국으로 나아갔으면 하는 바람이다.

제 7 장 국내 소프트웨어산업의 중요성과 발전방안

제 1 절 소프트웨어산업의 중요성

1. 소프트웨어산업, 시장을 주도하다.

1) 소프트웨어, 사람을 이해하고 닮아가는 진화

국내에서도 소프트웨어 지능화를 위한 연구가 진행되고 있는데, ETRI 주관의 액소 브레인과 딥뷰 과제, 그리고 학교 주관 과제인 평생기계학습, 자율지능 인지에이전트와 뇌-컴퓨터 인터페이스 기술 등이 있다. 액소 브레인은 외부에 있는 뇌라는 의미로 인간처럼 지식을 학습하고, 문제를 해결 가능한 언어지능 기술에 해당된다. 2013년부터 10년간 그랜드 챌린지 과제로 추진하고 있으며, 왓슨을 뛰어넘어 문장으로 리포팅할 수 있는 해답을 찾는 것을 목표로 하고 있다.

사람을 닮아가면서 진화하고 있는 소프트웨어 기술은 2045년에는 특이점(Singularity)이 올 것이라고 예측하고 있다. 특이점이 오면 컴퓨터가 가지는 인공지능이 사람의 모든 기능을 합친 것보다 우수하게 될 것이고, 사람은 영생을 살게 될 것이라는 내용이다. 빌게이츠와 스티븐 호킹 등은 사람의 직업을 빼앗아갈 인공지능이 인간에게 치명적일 수 있다고 경고하고 있다.

그러나 분명한 것은 '지능화를 지향'하면서 소프트웨어가 발전하고 있다는 점과 이로 인하여 인류는 새로운 전기가 마련될 것이고, 우리도 이에 대비한 기술개발과 준비를 해야 한다는 점이다(한국과학기술기획평가원, 2015.12. 제11호).

소프트웨어 융합을 통해 새롭게 형성된 시장은 기존 시장을 대체하는 것일지, 전에 없었던 새로운 시장을 만들어 내는 것인지에 대한 사용자의 인식 차이가 있었다.

하지만 이제는 기존의 시장을 개척할 수 있다고 판단될 수 있다는 점이 여러 사례를 통해 입증되었고 소프트웨어산업은 이제 기업의 입장에선 새로운 기회를 엿볼 수 있고, 또한 그 기회를 활용하여 새로운 시장을 형성하는 가치 있는 산업이 되었다.

실제로 도요타는 양산차를 만들기 전에 시작차를 네 번 제작하던 것을 소프트웨어를 활용하여 한 번으로 줄일 수 있었다. 도요타는 1996년부터 설계부터 생산 기술, 생산 현장 엔지니어들의 협업을 통해 신차를 개발하는 소프트웨어를 개발하여 각 부품의 생산라인과 동일하게 조립하는 가상조립을 실현했다. 나아가 가장 조립을 타 회사에게 외주를 맡기면서 폐쇄 환경에서 개방 환경으로 개선하였다. 이러한 모습은 도요타는 물론 도요타의 시뮬레이션을 개발한 소프트웨어 기업에게는 새로운 시장에 기회를 제공하여 각 산업이 상생하는 결과를 보여주었다.

2) 오늘날의 소프트웨어산업

1970년대 소프트웨어산업이 출현한 이후, 지난 30여 년 동안 소프트웨어산업은 여러 차례의 획기적인 기술혁신과정을 거치면서 상당한 변화를 겪어왔다. 특히, 소프트웨어는 컴퓨팅 영역뿐만 아니라 모바일 통신, 가전제품, 자동차, 항공기 등 다양한 산업의 제품과 서비스에 접목되어 새로운 지식 서비스 실현을 가능하게 하고 있다.

그림 7-1 소프트웨어산업간 융합

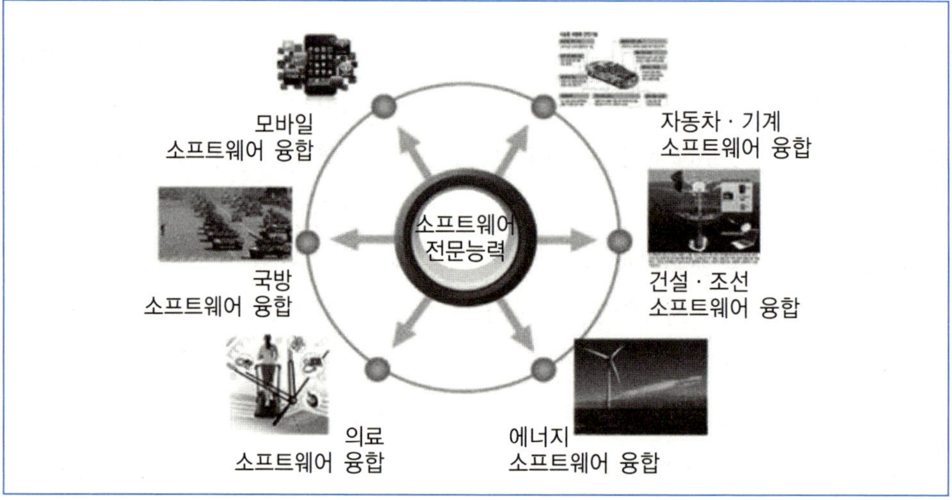

출처 : 아주대학교 소프트웨어융합학과

소프트웨어 융합은 기술적인 융합을 시작으로 제품 및 서비스, 비즈니스, 산업간 융합으로 그 수준과 범위가 점차 확대될 뿐 아니라, 그 원천적인 기술 또한 복잡해지고 있다. 이처럼 점차적으로 대형 서비스산업의 비중이 커지고 선진국의 경우 GDP에서 서비스산업의 비중이 70%를 넘어서게 되면서 서비스산업 혁신의 주요 수단으로서 소프트웨어 융합을 적극 추진하는 기업과 국가가 증가하고 있다.

대표적으로 금융, 유통 등의 분야에서 소프트웨어를 융합하여 높은 성과를 거두고 있으며, 우리나라에서도 소프트웨어 융합산업을 적극 추진하고 있다. 한편, 공급 측면에서 소프트웨어산업은 제조업을 지원하던 전통 소프트웨어 프레임워크에서 서비스산업까지를 지원하는 등 소프트웨어 융합 관점도 변화되고 있으며, 소프트웨어 융합은 생산성 및 산업혁신을 위한 소프트웨어 활용을 적극 추진하고 있다.

3) 급격한 시장 변화 흐름, '소프트웨어산업'

그림 7-2 소프트웨어 융합산업의 성장증가

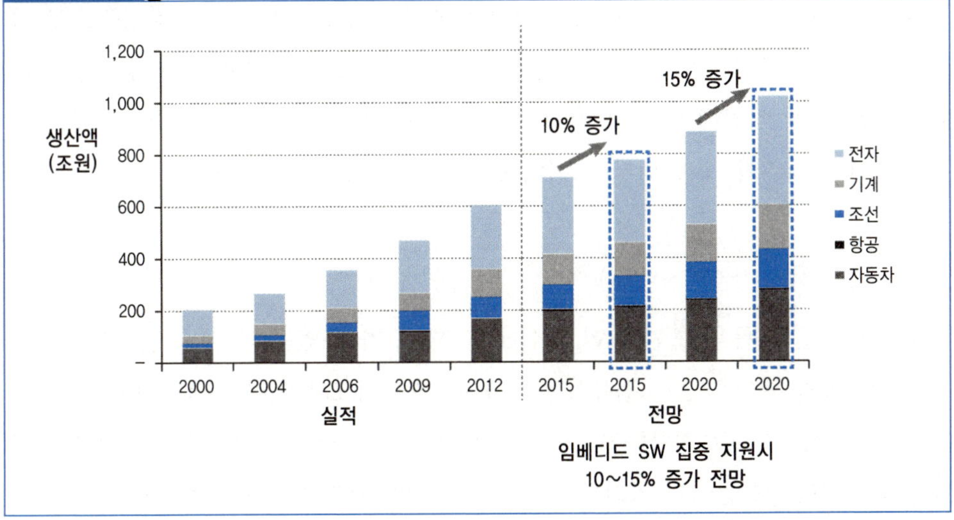

출처 : 주력산업 고도화 및 고부가가치화 전략(산업통상자원부 제공)

소프트웨어산업을 둘러싼 시장 환경변화와 융합에 따른 소프트웨어산업 자체의 혁신으로 인해 롱테일 서비스 활성화, 콘텐츠 생산 및 유통구조의 간소화로 진입장벽 완화 등 소프트웨어의 활동 범위와 그 성격이 기존의 소프트웨어산업의 특성이나 기업들의 비즈니스 방식과는 매우 다른 방식으로 급속도로 변화하고 있다.

애플의 앱 스토어를 보면, 애플은 앱 스토어를 개설해 소프트웨어와 콘텐츠 개발자들을 대상으로 커뮤니티를 개설하고 여기서 발굴한 어플리케이션과 콘텐츠를 자사의 아이폰에 탑재해 고객들이 이용에 따라 수익을 얻는 새로운 시장을 만들어냈다. 이처럼 융합을 통한 소프트웨어산업은 앞으로도 더욱 활성화될 예정이다. 또한, 서비스 등을 중심으로 소프트웨어의 융합 관점도 점점 변화해 생산성 및 산업 혁신을 포함한 의미로서 그 가치는 점점 높아질 것이다. 소프트웨어산업, 그리고 소프트웨어를 기반으로 한 융합 사업은 미래 핵심 산업이다.

2 한국 IT산업 이제 발전 한계; SW 더딘 결과

현재, IT가 잘나가는 곳들의 공통점은 보이지 않는 소프트웨어(SW)를 중심으로 하드웨어(HW)를 발전시키고 있다는 것이다. 대표적인 곳이 애플과 구글이다. 이렇게 SW를 중요하게 여김에 따라,그 인재 처우도 어떤 직업보다 좋다. 그런데 국내는 그동안의 HW 위주의 성장 발전이 이에 한계에 이르고 있다는 것이다.

1) IT산업중심 HW → SW

최근 IT산업 흐름을 보면, HW 중심에서 SW로 가고 있음을 알 수 있다.그 예로, 세계 저장장치 시장 약 30% 점유하는 대표적 HW업체 EMC이다. EMC는 매년 하락하는 HW분야에서 SW로 전환하고 있다. 또한, PC와 프린터 등 생산 기업 HP는 모바일 대중화에 따라 HW분야가 악화되자 클라우드, 빅데이터 등 SW분야로 돌리고 있다. 이렇게 HW 기업들이 자신 분야를 버리고 SW로 가는 이유는, 이제 HW 기술이 세계적으로 보편화되고 있기에, HW시대가 저물고 있기 때문이란 것이다. 그런 증거로, 오늘날 SW산업은 HW산업을 앞지르고 있다는 것이다. 조사기관 VDC에 의하면, 세계 IT시장에서 2000년에 HW분야 36%, SW는 28%를 차지했다. 하지만 2011년엔 HW 23%, SW는 30%가 되었다. 시장규모로 보면, 휴대폰 약 2500억 달러, 반도체 3000억 달러, 그리고 SW는 9600억 달러이다.

2) 한국은 왜 SW가 발전하지 못했나?

이에 대해 국내 전문가들은 선진국들은 HW와 SW를 동반자로 보고 발전시켰지만, 국내는 반도체 등의 HW산업에 중점을 두었기에 SW산업이 더디게 되었다고 말한다. 하지만, 거기엔 껄끄러운 점도 하나 있는데, 그것은 국내산업이 소수 대기업 위주로 되었기에 다양한 산업들이 어느 이상 발전할 수 없었다는 것이다. 이는 이전 국내에도 뛰어난 SW들이 있었다는 것이 말해준다.

무료전화통화 다이얼패드, 검색엔진 엠파스, 아래아 한글, SNS격인 싸이월드 등 그 당시 우수한 SW들이 있었다. 하지만, 어느 이상 크지 못하고 대부분 시장에서 사라졌다. 우리가 IT강국으로 불리게 된 것은 바로 1980년대 PC의 급속 보급과 1990년대 고속 인터넷 망이 빠르게 구축되면서였다. 하지만, 이제 그런 PC 등 기기(스마트폰) 보급이나 인터넷 망이 IT강국 기준이 아닌 시대라는 것이다.

3) IT시장 변화

1990년대 초 시가 상위 기술기업들을 보면, IBM이 1위, 히타치, 도시바, 소니 등 일본 기업들이 뒤를 이었다. 하지만, 1990년대 말(약 10년 후)에는 MS, 시스코, 인텔, 오라클 등 SW 주력이나 SW에 큰 투자한 기업들이 상위에 올랐다. 기간에 HW 중심의 일본 기업들은 밀려나 버렸다. 2014년 시가 10대 기업에 6개 기업이 SW력이 강한 기업들이다. 애플이 1위이며, 구글, 페이스북 등이뒤를 잇고 있다. 무엇보다 국내 SW 산업에 하도급 문제가 심각해져 있다는 것이다. 이러다 보니 SW 개발자들은 제대로 대우 받지 못하고 과도한 업무에 시달리게 되고 있다는 것이다. 문제는 그런 하도급이 다른 사업들도 있지만, SW산업은 더욱 심하다는 것이다.

이런 상황에 개발자가 기피되어 기초 인력은 많지만, 전문인력은 소수로 부족한 상태가 되고 있다는 것이다. 이에, 전문가들은 현재 SW개발자들을 교육시켜 중급으로 양성하는 것이 필요하다고 말한다. 그러나 그보다 중요한 것은 SW 인재에 대한 처우 향상이란 것이다. 미국 주요 기업들에서 SW인들은 가장 높은 대우를 받고 있기에 인재들이 몰리게 된다는 것이다. 캐리어캐스트닷컴에 의하면, 2014년 미국 최고 직업 상위 7위에 소프트웨어 엔지니어가 랭크되었다. 국내 현 SW의 이런 상황을 바꾸지 않는 한 IT산업은 앞으로 어려질 수밖에 없다는 것이다.

4) 한국 SW 세계시장점유율 2%

한국의 SW 세계시장점유율 집계가 나왔다 약 2%로 일본 9~10%보다 더 월등히 낮은 수치를 기록하였다.IT강국이란 이미지와 어울리지 않게 소프트웨어 시장은 현저하게 떨어지고 있다. 반면에 모두 알다시피 IT관련 제조업시장에서는 압도적으로 1위를 차지하고 있다. 스마트폰(삼성전자) 메모리, 반도체(삼성전자, SK하이닉스) 부문을 차지하고 있다. 이 같은 시장으로 보았을 때 세계시장으로 뻗어나가지 못하는 것은 무엇일까? 미국 소프트웨어의 경우 40% 이상을 차지하고 있다. 물론 소프트웨어 최고회사인 마이크로소프트, 애플이 크게 비중을 차지하고 있다.

그림 7-3 전 세계 소프트웨어 시장에서 한국 비중치 2.3%

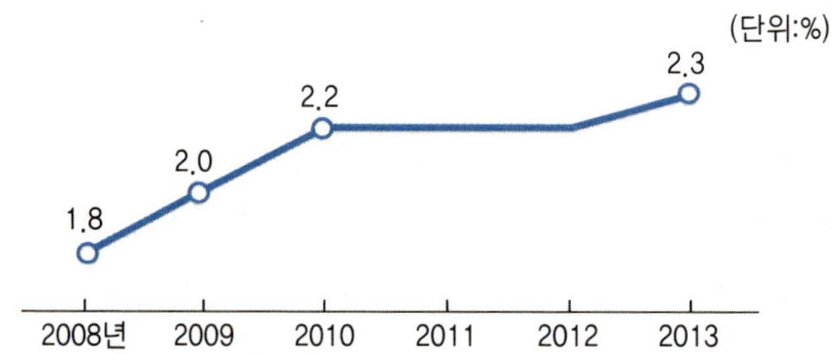

자료 : DO

모바일 운영체제만으로도 안드로이드의 구글, 애플 등 세계 스마트폰 소프트웨어의 90% 이상을 장악하고 있다. 우리나라 개발자 인력으로만 보았을 때 운영체제 개발자가 없지는 않다. 다만 운영체제가 PC나 스마트폰 하드웨어에 정착하기까지 과정이 쉽지 않다.

3. 소프트웨어교육 방향과 시장동향

소프트웨어는 영어만큼 중요한 21세기 세계 공용어이며, 미래를 이끌어 갈 핵심자원이다. 그래서 아이들이 어릴 때부터 학교 안팎에서 소프트웨어를 더 많이 경험할 수 있게 해야 한다. 이에, 아이들의 눈높이에 맞춘 창의적 인재육성 교육이 필요하다. [게임을 하는 대신 게임을 만들게 하자]는 소프트웨어 정책이 전 세계에서 붐을 일으키고 있다. 각국에서는 소프트웨어를 [초, 중, 고] 정규 교과에 포함하는 등 조기교육에 열을 올리고 있다. 우리나라도 2015년 중학교, 2017년 초등학교, 2018년 고등학교 교과과정에 정식 교과목으로 편성하여 의무적으로 가르칠 계획이다.

더 나아가 2021년 이후에는 소프트웨어 과목이 수능시험 선택과목으로도 채택될 것이라고 하며, 2016학년도 대학 입시부터는 학업 성적이 뛰어나지 않더라도 소프트웨어에 출중한 능력과 열정을 보유한 학생이 관련대학 학과를 보다 쉽게 진학할 수 있도록 "소프트웨어 특별전형"적용 계획을 세운다고 한다.

새로운 소프트웨어 교육이 정착하기 위해선 다음과 같은 요소들이 필요하다.

1) 다양한 소프트웨어 교육 콘텐츠 개발
2) 암기식 코딩 교육이 아닌 흥미유발 교육 콘텐츠 사용
3) 논리적 사고력과 문제해결 능력을 키울 수 있는 교육시스템 구축
4) 소프트웨어 교육 필요성에 대한 전략적 시장 홍보와 정부의 노력
5) 다양한 소프트웨어 과정 개발

우리나라에서도 이미 다양한 단체나 기관에서 소프트웨어 교육을 시작하고 있다.

1) 2015년 중학교, 2017년 초등학교, 2018년 고등학교 소프트웨어 정식과목 채택 교육 실시예정
2) 2016년 대학수학능력시험 "소프트웨어 특별전형" 적용 계획
3) 국민대 전교생 졸업 요건으로 프로그래밍 과목 필수 수강
4) SK플래닛 T아카데미 소프트웨어 교육 방과 후 학습전담 강사 양성
5) 삼성주니어 소프트웨어 아카데미 소프트웨어 교육 교실 개최

6) 네이버 '소프트웨어야 놀자' 교육활동 확대
7) 각 지자체 청소년 대상 소프트웨어 개발 교육 실시

2014년은 SDN 기술이 대폭 발전했다. 2015년에는 다양한 분야에서 더욱 큰 변화의 물결이 일어났고 해외와 비교했을 때 상대적으로 늦은 감이 있지만, 우리나라에서도 실제 서비스에 적용된 SDN의 모습 또한 접할 수 있으리라고 확신한다. SDN 분야는 아직 초기 단계로 다양한 기회가 존재한다. 세계시장과의 격차를 줄이고 경쟁력을 확보하기 위해서는 단계적이고 전략적인 접근이 필요하다. 정부의 적극적인 지원과 산·학·연이 함께 산업활성화 방안을 수립해야 할 것이다. 과연 SDN은 지금까지의 어떤 네트워크 기술보다 우리에게 무한한 가능성을 열어 두고 있다.

제 2 절 소프트웨어산업의 현황과 중요성

1. 소프트웨어산업 현황

1) 산업규모

그림 7-4 소프트웨어 시장 규모의 국내외 비교

구 분	2008	2009	2010p	2011p	2012p	2013p
세 계	10,188	10,090	10,337	10,800	11,372	11,985
국 내	176	178	195	216	240	258
국내비중	1.7	1.8	1.9	2.0	2.1	2.2

주 : IDC의 환율 재환산으로 기존 발표치와 차이가 있으며 p는 예상치임
자료 : 지식경제부, 「2010 정보통신산업의 진흥에 관한 연차보고서」

(1) 자동차분야 등 산업융합측면에서 임베디드 소프트웨어와 휴대폰 분야에서 스마트폰 관련 소프트웨어 증가가 이 분야의 성장을 주도한다.

(2) 특히, 스마트폰 보급의 확대는 모바일오피스, SNS(소셜 네트워크 서비스) 등의 확산을 가져오게 되고, 소비자의 니즈에 맞는 다양한 응용소프트웨어에 대한 요구가 증가한다.

2) 연도별 사업체 수

(1) 국내 소프트웨어 기업 수는 2005년 4,758개에서 2009년 7,625개 잠정치로 연평균 12.5%씩 꾸준히 증가한다.

그림 7-5 국내 소프트웨어 기업 수

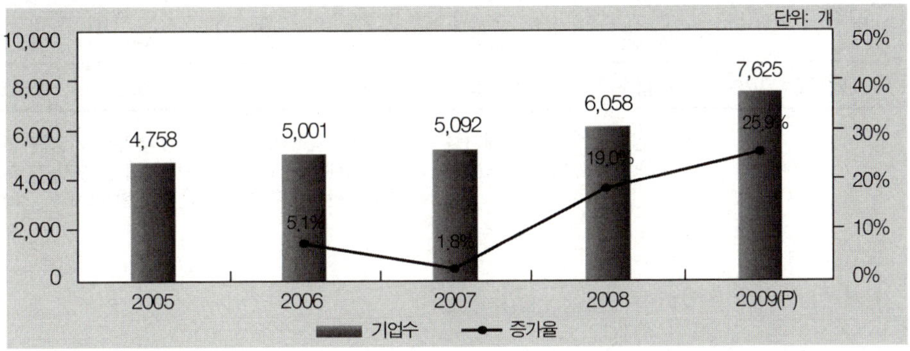

출처 : 한국전자정보통신산업진흥회

(2) 2009년 기준 10억 원 이하 기업 수 비중이 49%, 10억 원 초과 기업 수 비중은 33.9%로 대부분 중소기업으로 구성되었다.

〈표 7-1〉 소프트웨어 기업의 매출

구 분		2005	2006	2007	2008	2009(P)
5,000억 초과	기업수	5	5	6	11	17
	비 중	0.1	0.1	0.1	0.2	0.2
300억 초과	기업수	118	141	152	170	218
	비 중	2.5	2.8	3.0	2.8	2.9
100억 초과	기업수	240	294	308	335	425
	비 중	5.0	5.9	6.0	5.5	5.6
50억 초과	기업수	361	438	473	513	644
	비 중	7.6	8.8	9.3	8.5	8.4
10억 초과	기업수	1,551	1,847	1,871	2,052	2,585
	비 중	32.6	36.9	36.7	33.9	33.9
10억 이하	기업수	2,483	2,276	2,282	2,977	3,736
	비 중	52.2	45.5	44.8	49.1	49.0
합 계	기업수	4,758	5,001	5,092	6,058	7,625

주1) 임베디드 소프트웨어를 제외한 패키지소프트웨어 및 IT서비스 기업에 한함
주2) 2008년부터 IT서비스의 범위(홈페이지 제작, 호스팅서비스 추가)가 확대
출처 : 한국전자정보통신산업진흥회(KEA, 2010)

3) 소프트웨어분야 부문별 산업 현황

(1) 웹 개발 분야

- 웹 프로그래밍과 웹 인프라 구축한다.
- 웹 개발자의 종사자 수는 20,772명이고 월평균 임금은 242.2만원이다.
- 스마트폰의 확대, 유비쿼터스 환경 도래, 온라인 민원업무처리 등으로 웹을 사용할 수 있는 환경이 확대됨에 따라 웹을 사용하는 사람과 홈페이지 등이 계속 늘어나게 되어 웹 관련 전문가의 역할이 커지고 있다.

〈표 7-2〉 10년간 한국의 평균 인터넷 이용자 변화

	2000	2010	변 화
주 평균 이용시간	11.7시간	14.7시간	3시간 증가
적극적 인터넷 이용자(하루 1회 이상 이용자)	56.4%	82.5%	26.1%p 증가
가정에서 인터넷 이용자 비율	48.8%	98.5%	49.7%p 증가
이메일 계정 보유율	76.3%	85.5%	9.2%p 증가
인터넷쇼핑 이용률	12.3%	64.3%	52.0%p 증가

자료 : 방송통신위원회 · 한국인터넷진흥원, 「2010년 인터넷이용실태조사」

(2) 스마트폰 어플리케이션 개발 분야

- 스마트폰 기반의 비즈니스에 각종 게임, 인터넷 검색, 방송, 교육, 전자책, 음악 서비스 및 GPS 등의 적용이 가능하도록 프로그램을 짜거나 어플리케이션을 개발한다.
- 스마트폰 어플리케이션 개발자를 포함한 응용소프트웨어 개발자의 종사자 수는 111,402명이고 월평균 임금은 314.3만원이다.
- 스마트폰의 대중화로 언제 어디서나 유용한 모바일서비스에 대한 기대가 커 이 분야 전문인력에 대한 수요는 계속될 것이다.

〈표 7-3〉 2010년부터 2014년까지 전 세계 앱시장의 증가 정도

구 분	2000	2010	변 화
시장규모	52억 달러(5조8000억 원)	580억 달러(65조 원)	10배
다운로드 횟수	82억 건	1,850억 건	20배

자료 : 가트너(2011, 4월) 발표자료

(3) 응용 소프트웨어 개발 분야

- 응용소프트웨어 개발은 기업이나 개인 등이 사용하는 워드프로세서, 회계관리 프로그램, 데이터베이스, 통계처리 프로그램, 문서결재 프로그램 등 각종 소프트웨어를 특정 업무에 사용할 수 있도록 개발한다.

- 응용소프트웨어 프로그래머의 종사자 수는 111,402명이고 월평균 임금은 314.3만원이다.
- 최근 스마트폰 보급이 대중화되면서 모바일오피스, SNS 등이 확산되고 있어 향후 모바일 응용소프트웨어 개발 관련 응용소프트웨어 전문인력에 대한 수요가 증가할 것이다.

〈표 7-4〉 최근 응용소프트웨어 생산액 및 수출액 추이

단위 : 억 원, 천 달러

구 분	2008	2009	2010	2011.6
응용소프트웨어 생산액(억 원)	19,077	18,511	20,516	9,953
응용소프트웨어 추출액(천 달러)	95,396	99,000	129,600	55,977

자료 : 지식경제부 · 한국전자 · 정보통신산업진흥회, 「정보통신산업월보(2011.6)」

(4) 임베디드 및 펌웨어 개발 분야

- 하드웨어 제어 프로그램 및 특수목적의 응용 프로그램을 개발한다.
- 임베디드 및 펌웨어 프로그래머를 포함한 시스템소프트웨어 개발자의 종사자 수는 42,354명이고 월평균 임금은 328.6만원이다.
- 모바일 산업의 급격한 성장과 자동차, 조선 등의 전통산업과의 융합추세로 지속적으로 성장한다.

〈표 7-5〉 최근 임베디드소프트웨어 생산액 및 수출액 추이

단위 : 억 원, 백만 달러

구 분	2008	2009	2010	2011(e)
임베디드소프트웨어 생산액(억 원)	94,140	108,276	124,476	144,004
임베디드소프트웨어 수출액(백만 달러)	6,146	6,970	7,891	9,061

주 : e는 예상(전망)치임

자료 : 지식경제부, 2011. 2월 보도자료(2011년도 소프트웨어산업육성대책)

(5) 시스템 소프트웨어 개발 분야

- 컴퓨터를 작동하게 하거나 컴퓨터시스템의 구성요소들을 조정하고 컴퓨터 하드웨어와 응용소프트웨어 사이를 중재하는 프로그램을 개발한다.

- 종사자 수는 42,354명이고 월평균 임금은 328.6만원이다.
- 이동단말기의 다양화, 오픈 소프트웨어의 보급 확대, 방송과 통신이 결합된 IPTV 시장 활성화, 그리고 기기와 장비의 디지털화가 가속화되고 있어서 운영 프로그램 등을 개발하는 시스템소프트웨어 프로그래머에 대한 인력수요가 증가하였다.

2. 소프트웨어산업의 경제적 중요성

1) 자동차는 이제 가솔린이 아니라 소프트웨어로 달린다.

메르세데스 벤츠(Mercedes-Benz) CEO인 디터 제체(Dieter Zetsche)가 한 말이다. 디터 제체의 말대로 자동차 분야에서 무인자동차를 개발하고 있는 BMW와 같은 경우는 실제로 R&D 비용의 90%가 IT개발비에 달할 정도로 이제 전통적인 제조 기업들은 점차 소프트웨어 기업으로 탈바꿈하고 있다.

전기차를 개발하는 기업인 테슬라의 경우도 바로 소프트웨어 기술이 핵심을 차지하고 있다.

이제 제조업의 경쟁력을 결정하는 요소는 소프트웨어에 달려있다고 해도 과언이 아니다. 하버드대학 경영대학원의 조쉬 러너(Josh Lerner) 교수와 런던 정치경제대학 마크 섄커맨(Mark Schankerman) 교수의 연구에 따르면, 소프트웨어 관련 특허 중에서 소프트웨어 기업이 낸 특허는 13%에 불과하고, 제조 기업이 낸 특허가 87%에 달한다.

소프트웨어와 경제성장 사이에는 깊은 관계가 있다 고건 전 전주대 총장(전 서울대 교수)은 지난 2013년 12월 5일 코엑스에서 열린 '포스콘 코리아 2013(FOSS Con Korea 2013, Free Open Source Software Conference, Korea 2013)'에서 "소프트웨어와 경제적 성장 사이에는 깊은 관계가 있다"고 밝혔다.

그는 "소프트웨어는 모든 산업에 광범위하게 내재되어 있다"며 "이제 소프트웨어는 국가경쟁력을 결정하는 중요한 요소가 되어가고 있다"고 말했다.

아울러 고건 전 총장은 "소프트웨어의 중요성이 날로 커지고 있지만, 한국은 소프트웨어 기술이 영세하여 공개소프트웨어가 한국에서는 중요하다"고 밝혔다.

한편 고건 전 총장은 "소프트웨어 때문에 코닥이 되출되었다"며 "월마트 같은 전통적인 유통업체도 RFID나 CRM 등의 소프트웨어가 핵심"이라고 말했다. 한편 애플과 판도라는 음악분야에서, 아마존은 도서 분야에서 소프트웨어로 가장 큰 시장점유율을 나타내고 있다.

구글은 무인운전자동차를 개발 중이고, 리쿠르팅 분야에서 Linkedin이 소프트웨어로 가장 큰 시장점유율을 보이고 있는 상황이다. 이처럼 소프트웨어는 이제 기업의 경쟁력을 결정하는 가장 중요한 요소가 되어가고 있다. 통신 분야에서는 소프트웨어 회사인 Skye를 마이크로소프트가 인수하여 통신사업에 진출하였으며, AT&T와 베리존(Verizone)은 소프트웨어 회사로 전환하고 있는 중이다.

통신 소프트웨어에서 혁신에 실패한 노키아와 블랙베리는 모바일 인터넷과 스마트폰으로의 변화에 대응을 하지 못해 몰락하고 말았다. 국방 분야에서는 무인비행기와 무인탱크, 스마트 폭탄, 전자교란기 등 소프트웨어가 무기체계에 광범위하게 사용되고 있다. 그리고 노스룹그루먼은 무인 로봇헬기를 개발하고 있다.

그림 7-6 소프트웨어 중심의 산업 패러다임 도래

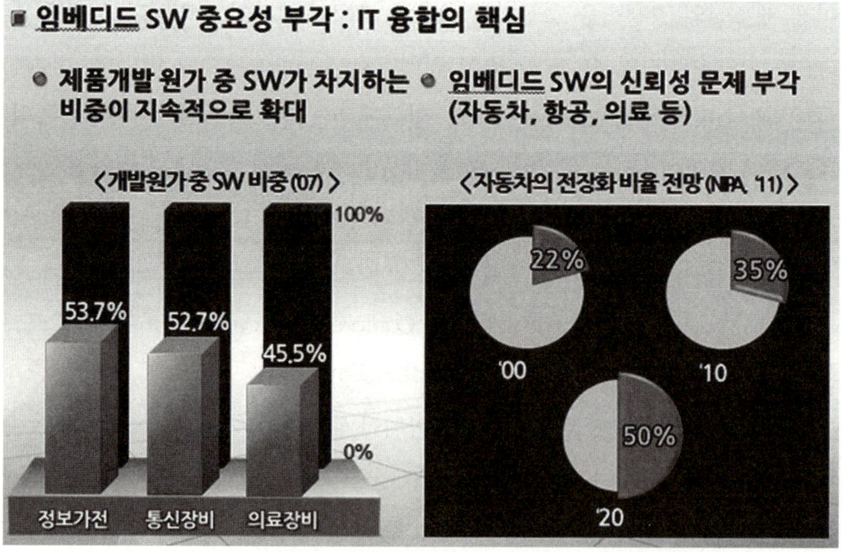

출처 : 산업통산자원부 발표자료

또 교육 분야에서는 뉴욕주립대학 총장이 3년 내에 10만 명에게 온라인 학위를 주겠다고 밝혔으며, 하버드대학과 MIT는 6천만 달러를 온라인에 투자한다는 계획을 밝힌 바 있다. 구글은 구글 글래스를 교육 분야에도 활용할 계획이다. 이처럼 이제 소프트웨어는 기업과 산업뿐만 아니라 국방, 교육 등 국가의 모든 분야에서 국가경쟁력과 국력을 결정하는 요소가 이미 되어버린 상황이다.

2) 삼중고에 처한 우리나라 주력 제조산업

우리나라의 전통적인 주력산업인 제조산업은 전 세계적인 소프트웨어산업으로의 변화에 대해 아직까지도 그다지 발 빠르게 대응하지 못하고 있는 실정이다. 또한, 우리나라 주력산업은 미국과 EU의 경기회복 지연과 중국의 성장세 둔화라는 글로벌 성장 정체를 비롯해 중국의 기술 성장 강화와 일본의 엔화 약세 등 경쟁국의 추격 심화, 범용 기술 위주에 그쳐 하드웨어만의 차별화에 한계를 드러내는 등 혁신 기술 부족이라는 삼중고에 처해 있는 상황이다.

무한경쟁시대의 도래에 따라 소프트웨어 중심으로의 혁신이 더욱더 필요하게 되었고, 소프트웨어 중심의 산업 패러다임이 도래하게 되었다.

IT융합의 핵심으로 임베디드 소프트웨어의 중요성이 부각되고 있으며, 제품개발 원가 중에서 소프트웨어가 차지하는 비중이 지속적으로 증가하고 있는 상황이다. 하지만 자동차, 항공, 의료 분야 등에서는 임베디드 소프트웨어의 신뢰성 문제도 부각되고 있다.

이처럼 글로벌 기업들은 소프트웨어 기업으로의 역량을 강화하고 있는 상황에서 우리나라도 소프트웨어를 통한 기업의 성장과 제조기업의 소프트웨어 기업으로의 전환과 혁신에 대해 하루 빨리 서둘러야 한다. 한편 산업통상자원부는 지난 2012년 전 세계 임베디드 소프트웨어 시장이 164조원에서 오는 2017년에는 197조원으로 연평균 4.6% 성장할 것으로 전망하고 있다.

또 우리나라 임베디드 소프트웨어 시장은 지난 2012년 17조원에서 오는 2017년에는 27조원으로 연평균 9.1% 성장할 것으로 내다보고 있다. 하지만 산업통상자원부는 "국내기술력은 선진국 대비 기술 수준 평균 77%로 높은 해외기술 의존도와 전문인력

부족이 문제점"이라고 밝혔다. 또한, 산업통상자원부는 "우리나라 소프트웨어는 범용 소프트웨어와 인포테인먼트 등에 집중되어 있다"며 "전문인력이 전체 소프트웨어 종사자의 6.8%(2만명)에 불과하고, 연간 약 2천여 명의 전문인력 공급 부족"이라고 말했다.

그림 7-7 임베디드 SW시장 및 국내 기술력

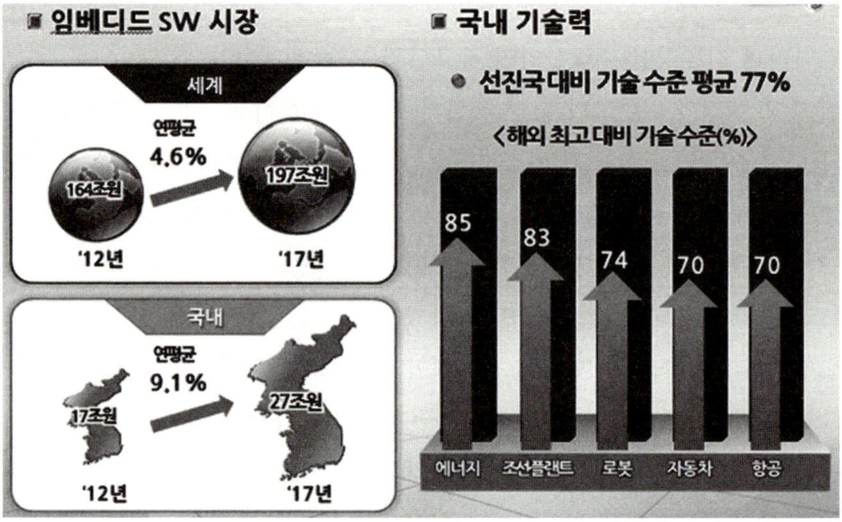

출처 : 산업통산자원부 발표자료

전 세계가 소프트웨어 경쟁력을 강화하기 위해 이미 수많은 돈과 인력을 쏟아붓고 있는 상황에서 우리나라는 지금이라도 하루 빨리 소프트웨어, 그 중에서도 특히 임베디드 소프트웨어의 강화와 전문인력 양성에 정부와 기업이 나서야만 한다. 고건 전 총장은 우리나라의 소프트웨어 경쟁력을 강화하기 위해 대학은 오픈소스 소프트웨어 실습교육과 지적재산권(Intellectual Property) 교육 강화, 동영상을 활용한 교육 강화를 서둘러야 한다고 주문했다.

또한, 그는 정부의 역할로는 정부가 오픈소스 소프트웨어 구매에 앞장서야 하며, 소프트웨어에 대한 공정한 제값 주기를 비롯해 법과 제도, 홍보를 통한 지적재산 보호 등 소프트웨어 생태계 바로잡기에 나서야한다고 말했다.

아울러 고 전 총장은 기업의 역할로는 오픈소스 소프트웨어가 미래에는 중요하다며 기업들이 오픈소스 소프트웨어를 적극 활용할 것을 당부했다.

그림 7-8 높은 해외기술 의존도 및 전문인력 부족

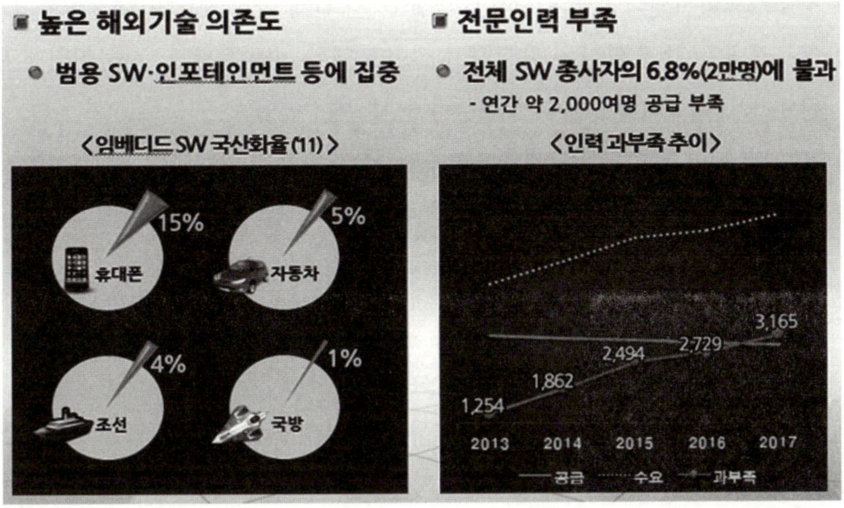

출처 : 산업통상자원부 발표자료

제 3 절 소프트웨어산업의 전망

우리나라 소프트웨어산업은 해외기술에 많은 의존을 하고 있는게 사실이다. 이러한 문제점 때문에 국내에서도 스프트웨어산업에 대한 관심과 투자가 많아지고 있다.

1. 사례 1

미래창조과학부는 2014년 업무계획보고에서 SW(소프트웨어)산업을 육성시켜 매출을 2017년까지 100조원대로 키우겠다는 내용을 담았다. 창조경제의 핵심 동력이 되는 소프트웨어산업을 키우고자 투자를 아끼지 않고 연구기관에 핵심역량을 집중하겠다는 것이다. 소프트웨어산업 육성으로 기술, 인력, 산업, 제도 등 분야 간 융합을 활성화한 창조경제 분야의 발전이 기대된다.

1) 창조경제 소프트웨어산업 육성 계획

(1) 창조경제혁신센터 2014년 상반기 대구, 대전에 개소 예정이다.

(2) 창조경제의 전국 확산을 유도하고 소프트웨어, 바이오헬스, 사물인터넷 (IoE), 콘텐츠, 우주산업 등에서 창조성과를 낼 예정이다.

(3) 2017년에는 소프트웨어 매출 100조원, 잠재성장률 4% 달성 계획이다.

(4) 과학기술 창업교육 패키지 프로그램 도입 : 2014년 과학영재학교, 2015년 과학고, 2016년 일반고로 확산

2) 창조경제를 이끌 신산업 육성

(1) 소프트웨어산업 : SW전문 창업기획사 2013년 1개 → 2014년 4개로 증가, SW특화펀드 200억 원 규모로 조성한다.

(2) 1천억 원 규모의 디지털콘텐츠코리아 펀드 운영, K팝 홀로그램 공연장 3개 건설예정이다.

(3) 공공부문 클라우드 컴퓨팅 이용 비율 2012년 0% → 2017년 15%로 늘릴 예정이다.

2. 사례 2

대전광역시의 경우는 내년에 국방산업 클러스터 구축 등 로봇, IT, 소프트웨어를 융합하는 첨단국방산업 육성을 위해 93억 원을 투입한다.

대전광역시는 이 같은 내용을 포함하는 내년도 민군기술협력사업 등 8개 분야 22개 세부과제를 확정했다고 29일 밝혔다.

대전광역시는 우선 죽동·문지지구를 시작으로 둔곡·대동지구 등 모두 165만 2000m² 규모의 새로운 산업단지를 추가 조성하고 국방산업 관련 기업과 인재를 유치

해 국방클러스터를 구축해 나갈 예정이다. 또 국방기술의 핵심기능을 전담할 민군기술협력기구의 대전 유치를 지원해 오는 2016년까지 방산기술지원센터 등 6개 관련기구를 유치하기로 했다.

이와 함께 첨단국방산업전 등 국방전시회 육성, 국방기업 해외마케팅 강화, 국방관련 전문인력 양성, 전력지원체계 협의체 신설, 정부 위탁사업 발굴 등을 추진할 계획이다. 이를 통해 대전광역시는 국방산업 경쟁력을 확보하고 방산업체와 협력업체를 유치해 지역경제를 활성화시킨다는 방침이다.

대전광역시 관계자는 "대전은 산 · 학 · 연 · 군 네트워크를 기반으로 첨단 R&D와 IT 및 소프트웨어 융복합 산업생태계 인프라가 성숙되어 있다"며, "현재 80개인 국방산업체를 2020년까지 200여 개로 확대하고 5000억 원의 생산규모에 1000명의 고용창출 효과를 달성해 국방산업 중심도시로서의 역할을 강화해나가겠다"고 말했다. 또한, 대전광역시는 이번 발표에 앞서 지난달 28일 산 · 학 · 연 · 군 관계자로 구성된 '국방산업발전협의회'를 열고 대전광역시 국방산업 발전방안 등을 논의한 바 있다.

3. 사례 3

중앙대, 삼성 · LG 손잡고 소프트웨어 인재 키운다.

대한상공회의소 회장과 두산그룹 회장을 지낸 박용성 중앙대 이사장은 기업이 필요로 하는 인재로 키워내지 못하는 한국의 대학교육 현실을 개혁해야 한다고 목소리를 높여왔다. 경제단체장으로 기업인들을 만나고, 최고경영자(CEO)로 직접 신입사원을 뽑으면서 '기업이 원하는 인재'와 '대학이 배출하는 인재'의 간극을 수십 년간 경험한 그의 일관된 소신이다.

박 이사장은 2008년 중앙대 이사장에 취임한 이후에는 '말'이 아닌 '실천'을 시작했다. 특히 공과대학엔 "대한민국 최고의 기업이 데려가는 인재를 키워야 한다"고 끊임없이 주문했다고 한다.

'맞춤형 인재'를 육성하려는 그의 노력이 첫 결실을 보게 될까. 중앙대가 실무형 소프트웨어 인재 양성을 위한 특성화 전공을 신설, 내년에 신입생 40명을 선발한다고

2일 발표했다. 박 이사장이 지난해 삼성전자와 LG전자에 협력을 제안했고, 두 회사가 호응해 3자간 업무협약 양해각서(MOU)를 지난 2월 체결했다.

컴퓨터공학부에 신설되는 '소프트웨어 특성화 전공'에 입학하면 대학에서 2년간 등록금 전액을 장학금으로 받는다. 또 2학년 2학기에 두 회사가 실시하는 채용에서 최종 합격하면 삼성·LG전자로부터 장학금을 받으며 3~4학년을 보낸 뒤 졸업과 동시에 입사하게 된다.

중앙대는 기존의 주입식 교육 대신 문제해결 능력을 키우는 데 중점을 둔 교육과정을 준비 중이다. 이를 위해 이론은 '온라인공개수업(MOOC : Massive Open Online Course)'으로 수강하게 한 뒤, 강의시간에는 실무 중심으로 학생들을 교육한다는 방침이다. 아울러 4학년 2학기엔 두 회사에 채용이 확정된 학생들을 현장으로 보내 '직장 내 교육(OJT)'을 받지 않고도 입사 후 실무에 적응할 수 있도록 지원할 계획이다.

조성래 중앙대 컴퓨터공학부 학부장은 "삼성과 LG가 소프트웨어 인력을 많이 원하고 있는데다, 소프트웨어산업을 집중 육성하려는 국가적인 상황도 고려했다"고 말했다. 앞서 박근혜 정부는 소프트웨어를 의료·금융·관광·교육 등과 함께 5대 유망서비스산업으로 선정, 적극 육성하겠다고 밝힌 바 있다.

대학이 기업과 MOU를 맺고 함께 특정 분야 전문인력 육성을 위한 학과를 개설한 사례는 처음이 아니다. 성균관대(반도체시스템공학과, IT융합학과, 소프트웨어학과), 한양대(융합전자공학부, 미래자동차공학과, 소프트웨어학과), 경북대(모바일공학과) 등도 관련 학과를 개설, 삼성전자·현대차·LG전자 등 협력 기업이 원하는 인재를 육성 중이다. 하지만 수요에 비해서는 맞춤형 인재로 배출되는 학생들이 여전히 부족하다는 게 기업들의 하소연이다. 소프트웨어 분야가 특히 심각하다.

삼성전자만 해도 국내에서 소프트웨어 인력을 찾기 어려워 인도는 물론 베트남 인도네시아 필리핀에서까지 뽑고 있는 실정이다. 삼성전자 관계자는 "한 사업부에서 소프트웨어 인력을 두 배로 늘리라는 지시가 내려왔는데 국내엔 워낙 사람이 부족해 100명도 구하지 못했다"고 말했다.

현재 삼성전자에서 근무 중인 소프트웨어 인력은 약 3만 9,000명이다. 이 가운데 절반 정도는 해외에서 일하고 있다. 해외에 사업장이 많기도 하지만 국내 인력부족 문제가 더 큰 요인이라는 설명이다. 삼성 관계자는 "소프트웨어 인력 수요는 갈수록 늘어날 것"이라며 "국내 대학들과의 협력이 기업 현장에서 바로 활용할 수 있는 인력 확보에 어느 정도 도움이 될 것으로 본다"고 말했다.

제 4 절 소프트웨어산업 활성화 방안

1. 경쟁력 강화를 위한 활성화 방안

1) 인력 측면에서의 활성화 방안

- 소프트웨어산업은 사람이 핵심이므로 우수 인력 양성이 필요하다.
- 대학 교육이 학문적 실적 생산보다는 실용적 교육에 집중이 필요하다.
- 소프트웨어 전공자에 대한 장학금 지급, 대학 복수전공 지원 등을 통해 인력 증원이 필요하다.
- 민간기업들의 경우 자체교육, SW 전문교육기관 위탁교육 등을 통해 SW 비전공자 또는 초급인력을 고급 SW인력으로 양성하는 것이 필요하다.
- 우수 고졸 인력들이 대학에 진학하지 않고도 고급 개발자로 성장할 수 있도록 정부가 기반을 조성하고 업계가 취업을 보장하는 등 지원 확대한다.
- 누구든지 쉽고 편하게 SW를 배울 수 있도록 SW교육 프로그램에 대한 콘텐츠를 개발하고 방송을 통해 방영할 수 있도록 지원한다.
- 소프트웨어 과목을 초 · 중 · 고등학교 정규 교과과정에 반영하는 방안과 수능 선택과목으로 지정하여 인재 육성을 한다.
- 소프트웨어 분야 세계 유수 대학과 제휴하여 우수한 인재를 양성하는 프로그램을 운영하는 방법을 강구한다.
- 세계적인 거장을 초빙하여 그를 중심으로 우수한 인재들이 클러스터를 구축하게 하는 방법을 활용한다.

2) 시장 측면에서의 활성화 방안

- 임베디드 소프트웨어, 인터넷 신산업을 통한 소프트웨어 융합을 적극 추진한다.
- 소프트웨어로 지역 혁신역량 강화 및 삶의 질 향상을 위해 맞춤형 지역 특화산업을 지원한다.
- 국민생활과 밀접한 분야에서 과학·IT 접목을 통해 산업 활력을 높이고 국민 편익을 증진하는 사업을 추진한다.
- SW 기초체력 강화를 위한 R&D 투자를 점진적으로 확대한다.

3) 생태계 측면에서의 활성화 방안

- '창업-성장-글로벌화'로 이어지는 기업 생태계를 조성한다.
- 공공SW 하도급 구조개선 및 공공SW 사업 추진방식을 합리화한다.
- 중소기업의 SW 기술자료를 제3의 기관에 보관해 중소기업의 고유기술임을 입증할 수 있도록 하고, 기술탈취 예방을 위한 가이드라인 작성
- 기술유출이 발생할 경우 중소기업이 신속하게 구제를 받을 수 있도록 SW분야 중소기업의 기술유출 분쟁조정제도를 신설한다.
- 중소 SW기업의 제품현지화, 투자유치 등을 세계 최대 SW시장인 미국(실리콘밸리) 등 현지에서 지원한다.
- 민관이 공동으로 태스크포스를 구성해 일반 국민 대상 인식개선 활동 및 정품 SW 활용 확산 등에 노력한다.

3) 결 론

결론적으로, 한국의 소프트웨어산업은 현 정부의 추진전략인 창조경제의 성장 동력 중 하나이며, 국내외 산업의 전반적인 환경이 소프트웨어의 필요성이 급격히 증대되는 상황이나, 위에서 살펴본 것과 같이 아직 많은 문제점을 가지고 있는 것이 현실이다. 하지만, 우리가 가지고 있는 문제점을 잘 파악하고 이에 적합한 대책을 수립하여 꾸준히 실천하면 지금의 위기를 기회로 돌릴 수 있는 좋은 시점이라고 생각한다.

소프트웨어는 모든 산업에서 경쟁력 제고의 도구이며 이를 통한 산업은 새로운 창조산업을 견인할 것이다. 이런 의미에서 소프트웨어는 우리 미래의 경쟁력이며 선진국으로 나아갈 수 있는 발판이 될 것이다. 그러기 위해서 정부, 교육기관, 기업이 서로 협동하여 인력 양성, 건강한 소프트웨어 생태계 조성, 소프트웨어 시장 활성화 등 소프트웨어산업 활성화를 위해 노력한다면 비록 지금은 세계시장의 1% 수준밖에 안 되는 상황이지만 세계시장을 선도하는 한국이 될 수 있으리라 믿어 의심치 않는다.

그러므로 현실에 처한 문제점을 직시하고 문제점을 해결해가며 외부적으로 한국의 위상을 높이고 내부적으로 소프트웨어 관련 신성장 사업 및 융합 사업을 발전시키고 그로 인한 일자리 창출을 극대화시키는 등의 노력을 기울인다면 반드시 '소프트웨어 강국'으로 도약할 수 있을 것이다.

제 8 장 정보화 격차에 대한 국내외 정보통신정책

제 1 절 국내 정보화 격차의 현황

1. 정보선도계층과 정보취약계층 간 정보격차 현황

1) 2015년 정보화 이용 분석

최근 자료에 의하면, 60대 인터넷 이용자 중 72.3%가 카카오톡을 활용한다고 하였다. 그리고 60대 인터넷 이용자 10명 중 7명은 인스턴트메신저를 쓰고, 10명 중 3명이 SNS를 이용하는 것으로 나타났다. 미래창조과학부와 한국인터넷진흥원은 전국 2만 5,000 가구를 방문하여 조사 집계한 '2015년 인터넷이용실태조사' 결과를 발표하였다. 이 조사 결과에 따르면, 국내 인터넷 이용자 수는 4194만 명으로 지난해 대비하여 82만 2,000명이 증가하였다.

인터넷 이용자의 연령별 구성비를 살펴보면 30대 18.2%, 40대 19.9%로 이용자 비중이 타 연령 대비 높았고, 10대 13.5%, 20대 16.2%, 50대 17.3%, 60대 6.9%, 70대 1.9%로 나타났다. 소셜 네트워크 서비스(SNS) 이용률은 64.9%로 전년 대비 4.2% 상승하였으며, 20대가 89.0%로 압도적으로 높았고 60대는 28.4%이다. 그리고 인터넷 쇼핑 이용률도 꾸준히 상승하여 전년 51.3% 대비 2.3%가 증가한 53.6%를 기록했다. PC로 인터넷 쇼핑몰을 이용하는 비율은 매년 감소추세이지만 스마트폰을 이용하는 비율은 매년 늘고 있다.

스마트폰으로 인터넷 쇼핑을 이용한 비율은 2013년 43.2%, 2014년 58.6%, 2015년 67.8%를 기록했다. 인터넷 쇼핑을 할 때 주로 사용하는 결제 수단은 '신용카드가

74.1%'로 제일 많았다. 신용체크카드 이용자 중 간편결제를 택한 비율은 28.7%를 기록했다. 일반결제 84.8%와 비교하면 절반에도 미치지 못하지만 쇼핑족이 늘어날수록 간편결제 이용률도 증가할 것으로 보인다. 그리고 '클라우드 서비스' 이용자도 급격히 늘어났고 이용할 때 PC보다 스마트폰을 선호하는 것으로 나타났다.

2015년 가구당 인터넷 접속률은 거의 100%에 이르렀다. 최근 3년간 가구 스마트폰 보유율은 지속적으로 상승했다. 스마트폰 보유율은 2년 전 79.9%에서 2015년 86.4%로 늘었지만 PC 보유율은 80.6%에서 77.1%로 하락했다(정보통신신문 2015.1.4. 9면, "60대 인터넷 이용자 72.3% '카톡'보낸다").

2) 정보취약계층의 정보격차 현황

4대 정보취약계층(장애인 · 장노년층 · 농어민 · 저소득층)과 정보선도계층(일반 국민 · 20대 · 사무직 · 고소득층) 간 정보격차지수는 접근 · 역량 · 활용 등 모든 부문에서 전년에 비해 감소한 것으로 나타나, 정보취약계층과 정보선도계층 간 정보격차가 완화된 것으로 분석되었다. 접근 · 역량 · 활용 부문별 정보격차 수준의 종합 측정 요약치인 종합격차지수를 기준으로 했을 때, 소득 간 격차지수 감소폭이 8.6점으로 가장 크며, 그 다음으로는 연령 간(8.4점↑), 직업 간(7.9점↑), 장애유무 간(7.7점↑) 등의 순으로 격차지수 감소폭이 크게 나타났다.

〈표 8-1〉 선도계층과 취약계층 간 부문별 정보격차지수 (단위 : 점)

구 분	접근객차지수		역량객차지수		양적활용객차지수		질적활용격차지수		종합격차지수	
	2004년	2005년	2004년	2005년	2004년	2005년	2004년	2005년	2004년	2005년
장애유무 간 (일반 국민 대 장애인)	27.0	22.4	58.9	50.0	51.1	41.4	54.5	46.9	42.5	34.8
전년 대비 감소폭	4.6		8.9		9.7		7.6		7.7	
연령 간 (20대 대 50대 이상)	33.7	26.5	82.3	76.7	74.1	66.4	79.3	70.3	59.1	50.7
전년 대비 감소폭	7.3		5.6		7.7		9.0		8.4	
직업 간 (사무직 대 농어민)	48.7	42.1	81.7	75.0	76.5	68.0	80.5	74.5	66.2	58.3
전년 대비 감소폭	6.6		6.7		8.5		6.0		7.9	

소득 간 (고소득층 대 저소득층)	38.9	30.2	50.1	41.7	46.3	38.6	50.7	43.0	44.4	35.85
전년 대비 감소폭	8.7		8.4		8.7		7.7		8.6	

자료 : 한국정보문화진흥원, 백서의 정보격차지수조사 자료임.

※ **접근격차지수** : 접근격차지수는 전체 국민의 접근지수(접근 부문의 정보화 수준 측정 점수)를 100으로 할 때 전체 국민 대비 취약계층의 접근지수 수준을 측정하여 전체 국민과 취약계층 간 접근지수의 격차로 산출된다. 접근격차지수는 100(점)에 가까울수록 전체 국민과 취약계층 간 정보접근 격차가 큰 것을 의미한다. 접근지수는 '컴퓨터 · 인터넷 이용 필요시 접근가능성', '컴퓨터 기종 및 인터넷 접속속도', '정보통신기기 보유 정도' 측정 항목을 가중 계산하여 산출한다.

※ **역량격차지수** : 역량격차지수는 전체 국민의 역량지수(역량 부문의 정보화 수준 측정 점수)를 100으로 할 때 전체 국민 대비 취약계층의 역량지수 수준을 측정하여 전체 국민과 취약계층 간 역량지수의 격차로 산출된다. 100(점)에 가까울수록 전체 국민과 취약계층 간 정보역량 격차가 큰 것을 의미한다. 역량 부문의 정보화 수준을 의미하는 역량지수는 '컴퓨터 사용능력' 및 '인터넷 사용능력' 측정 항목을 가중 계산하여 산출한다.

※ **활용격차지수** : 양적활용격차지수는 전체 국민의 양적활용지수(양적활용 부문의 정보화 수준 측정 점수)를 100으로 할 때 전체 국민 대비 취약계층의 양적활용지수 수준을 측정하여 전체 국민과 취약계층 간 양적 활용지수의 격차로 산출된다. 100(점)에 가까울수록 전체 국민과 취약계층 간 양적 정보활용 격차가 큰 것을 의미한다. 양적활용지수는'컴퓨터 및 인터넷 사용여부' 와 '하루 평균 컴퓨터 및 인터넷 사용시간' 측정 항목을 가중 계산하여 산출한다.

2. 장애유무별 정보격차 현황

장애유무 기준, 정보선도계층인 일반 국민과 정보취약계층인 장애인계층 간 부문별 정보격차지수는 접근 · 역량 · 활용 등 모든 부문에서 전년에 비해 감소한 것으로 나타나, 일반 국민과 장애인계층 간 정보격차가 완화된 것으로 분석되었다. 일반 국민과 장애인계층 간 종합격차지수는 전년 대비 7.7점 감소하였는데, 이는 일반 국민의 종합 정보화 수준을 100으로 할 때, 일반 국민 대비 장애인의 종합 정보화 수준이 2004년 57.5%에서 2005년 65.2%로 전년 대비 7.7% 상승한 것을 의미한다.

일반 국민과 장애인계층 간 부문별 전년 대비 격차지수 감소폭은 양적 활용 부문(9.7점↓), 역량 부문(8.9점↓), 질적 활용 부문(7.6점↓), 접근 부문(4.6점↓) 등의 순으로 나타나, 양적 활용 부문에서 일반 국민 대비 장애인계층의 정보화 수준이 가장 크게 상승하였다.

〈표 8-2〉 일반 국민과 장애인계층 간 부문별 정보격차지수

구 분	2004년		2005년		전년 대비 격차지수 하락폭(점)
	격차지수(점)	일반 국민 대비 수준(%)	격차지수(점)	일반 국민 대비 수준(%)	
접 근	27.0	73.0	22.4	77.6	4.6↓
역 량	58.9	41.1	50.0	50.0	8.9↓
양적활용	51.1	48.9	41.4	58.6	9.7↓
질적활용	54.5	45.5	46.9	53.1	7.6↓
종 합	42.5	57.5	34.8	65.2	7.7↓

3. 성별 정보격차 현황

남성과 여성 간 부문별 정보격차지수는 접근·역량·활용 등 모든 부문에서 전년에 비해 감소한 것으로 나타나, 성별 정보격차가 완화된 것으로 분석되었다. 남성과 여성 간 종합격차지수는 전년 대비 3.0점 감소하였는데, 이는 남성의 종합 정보화 수준을 100으로 할 때, 남성 대비 여성의 종합 정보화 수준이 2004년 81.8%에서 2005년 84.8%로 전년 대비 3.0% 상승한 것을 의미한다. 남성과 여성 간 부문별 전년 대비 격차지수 감소폭은 질적활용 부문(5.3점↓), 양적활용 부문(3.9점↓), 역량 부문(2.8점↓), 접근 부문(0.9점↓) 등의 순으로 나타나, 질적활용 부문에서 남성 대비 여성의 정보화 수준이 가장 크게 상승하였다.

〈표 8-3〉 남성과 여성 간 부문별 정보격차지수

구 분	2004년		2005년		전년 대비 격차지수 하락폭(점)
	격차지수(점)	남성 대비 수준(%)	격차지수(점)	남성 대비 수준(%)	
접 근	7.5	92.5	6.6	93.4	0.9↓
역 량	28.3	71.7	25.5	74.5	2.8↓
양적활용	23.5	76.5	19.6	80.4	3.9↓
질적활용	26.0	74.0	20.7	79.3	5.3↓
종 합	18.2	81.8	15.2	84.8	3.0↓

4. 연령별 정보격차 현황

연령 기준, 정보선도계층인 20대와 정보취약계층인 50대 이상 장·노년층 간 부문별 정보격차지수는 접근·역량·활용 등 모든 부문에서 전년에 비해 감소한 것으로 나타나, 20대와 50대 이상 장·노년층 간 정보격차가 완화된 것으로 분석되었다. 20대와 50대 이상 장·노년층 간 종합격차지수는 전년 대비 8.1점 감소하였는데, 이는 20대의 종합 정보화 수준을 100으로 할 때, 20대 대비 50대 이상 장·노년층의 종합 정보화 수준이 2004년 29.4%에서 2005년 37.5%로 전년 대비 8.1% 상승한 것을 의미한다. 20대와 50대 이상 장·노년층 간 부문별 전년 대비 격차지수 감소폭은 접근 부문(8.7점↓), 질적활용 부문(7.0점↓), 양적활용 부문(6.3점↓), 역량 부문(4.4점↓) 등의 순으로 나타나, 접근 부문에서 20대 대비 50대 이상 장·노년층의 정보화 수준이 가장 크게 상승하였다.

〈표 8-4〉 20대와 50대 이상 연령층 간 부문별 정보격차지수

구 분	2004년		2005년		전년 대비 격차지수 하락폭(점)
	격차지수(점)	남성 대비 수준(%)	격차지수(점)	남성 대비 수준(%)	
접 근	42.9	57.1	34.2	65.8	8.7↓

역 량	89.7	10.3	85.3	14.7	4.4↓
양적활용	82.3	17.7	76.0	24.0	6.3↓
질적활용	87.5	12.5	80.5	19.5	7.0↓
종 합	70.6	29.4	62.5	37.5	8.1↓

5. 직업별 정보격차 현황

정보선도계층인 사무직(전문직 포함)의 부문별 정보화 수준을 100으로 하여 사무직 대비 직업군별 정보화 수준을 분석한 결과, 사무직과 학생의 부문별 정보화 수준은 비슷한 수준이며 사무직 대비 농어민 · 생산직 · 주부 · 무직층의 정보화 수준이 특히 낮게 나타났다. 접근 부문에 비해 역량 및 활용 부문에서 사무직과 타 직업군 간 정보화 수준 차이가 컸으며, 농어민 · 생산직 · 주부 · 무직층의 정보 역량 및 활용 수준은 사무직의 절반에도 못 미치는 수준으로 나타났다.

정보선도계층인 사무직 대비 취약계층인 농어민의 부문별 정보화 수준을 비교했을 때, 접근 부문의 정보화 수준보다 역량 부문의 정보화 수준은 3.2배, 양적활용 부문의 정보화 수준은 2.3배, 질적활용 부문의 정보화 수준은 3.3배 낮은 수준이다. 사무직 대비 농어민의 접근 부문 정보화 수준은 51.3%인 반면, 역량 부문은 사무직의 16.0%, 양적활용 부문은 22.1%, 질적활용 부문은 15.6% 수준에 불과하였다.

〈표 8-5〉 사무직 대비 직업별 정보화 수준

구 분	종합 부문	접근 부문	역량 부문	양적활용 부문	질적활용 부문
농 어 민	31.0	51.3	16.0	22.1	15.6
서비스/판매직	73.0	90.5	56.0	68.1	57.5
생 산 직	61.6	85.3	42.7	53.7	39.1
전문/사무직	100.0	100.0	100.0	100.0	100.0
주 부	57.8	82.6	36.3	49.2	37.2
학 생	98.9	99.7	104.6	98.4	92.5
무직/기타	44.1	63.9	30.8	36.4	26.0

6. 학력별 정보격차 현황

1) 고학력층과 저학력층 간 부문별 격차지수

정보선도계층인 고학력층(대졸 이상)과 정보취약계층인 저학력층(중졸 이하) 간 부문별 정보격차지수는 접근 · 역량 · 활용 등 모든 부문에서 전년에 비해 감소한 것으로 나타나, 고학력층과 저학력층 간 정보격차가 완화된 것으로 분석되었다. 대졸 이상의 고학력층과 중졸 이하의 저학력층 간 종합격차지수는 전년 대비 4.9점 감소하였는데, 이는 고학력층의 종합 정보화 수준을 100으로 할 때, 고학력층 대비 저학력층의 종합 정보화 수준이 2004년 56.1%에서 2005년 61.0%로 전년 대비 4.9% 상승한 것을 의미한다.

고학력층과 저학력층 간 부문별 전년 대비 격차지수 감소폭은 질적활용 부문(6.1점↓), 접근 부문(5.6점↓), 역량 부문(4.9점↓), 양적활용 부문(1.8점↓) 등의 순으로 나타나, 질적활용 부문에서 고학력층 대비 저학력층의 정보화 수준이 가장 크게 상승하였다. 격차지수 감소폭은 전년에 비해 상승한 저학력층의 고학력층 대비 정보화 수준을 의미한다.

〈표 8-6〉 고학력층과 저학력층 간 부문별 정보격차지수

구 분	2004년		2005년		전년 대비 격차지수 하락폭(점)
	격차지수(점)	남성 대비 수준(%)	격차지수(점)	남성 대비 수준(%)	
접 근	28.1	71.9	22.5	77.5	5.6↓
역 량	51.6	48.4	46.7	53.3	4.9↓
양적활용	50.3	49.7	48.5	51.5	1.8↓
질적활용	59.5	40.5	53.4	46.6	6.1↓
종 합	43.9	56.1	39.0	61.0	4.9↓

2) 고학력층 대비 학력별 정보화 수준

정보선도계층인 고학력층(대졸 이상)의 부문별 정보화 수준을 100으로 하여 고학력층 대비 학력별 정보화 수준을 분석한 결과, 저학력일수록 고학력층 대비 정보화 수준이 낮아지며, 중졸 이하 학력층에서 고학력층 대비 정보화 수준이 크게 낮아지는 경향을 보였다. 또한, 접근 부문에 비해, 역량 및 활용 부문에서 저학력층으로 갈수록 고학력층 대비 정보화 수준이 크게 낮아졌다.

정보선도계층인 고학력층 대비 취약계층인 저학력층의 부문별 정보화 수준을 비교했을 때, 접근 부문의 정보화 수준보다 역량 및 양적 활용 부문의 정보화 수준은 1.5배, 질적 활용 부문의 정보화 수준은 1.7배 낮은 수준이다. 고학력층 대비 저학력층의 접근 부문 정보화 수준은 77.5%인 반면, 역량 부문은 고학력층의 53.3%, 양적활용 부문은 51.5%, 질적활용 부문은 46.6% 수준에 그쳤다.

〈표 8-7〉 고학력층 대비 학력별 정보화 수준 (단위 : %)

구 분	종합 부문	접근 부문	역량 부문	양적활용 부문	질적활용 부문
중졸 이하	61.0	77.5	53.3	51.5	46.6
고 졸	81.6	94.4	70.0	77.7	68.6
대졸 이상	100.0	100.0	100.0	100.0	100.0

7. 가구소득별 정보격차 현황

정보선도계층인 고소득층(월 가구소득 400만 원 이상)의 부문별 정보화 수준을 100으로 하여 고소득층 대비 소득 계층별 정보화 수준을 분석한 결과, 월 가구소득이 낮을수록 고소득층 대비 정보화 수준이 낮아지며, 월 가구소득 200만 원 미만 거주층부터 고소득층 대비 정보화 수준이 크게 낮아지는 경향을 보였다. 또한, 접근 부문에 비해, 역량 및 활용 부문에서 저소득층으로 갈수록 고소득층 대비 정보화 수준이 크게 낮아졌다.

정보선도계층인 고소득층 대비 취약계층인 저소득층의 부문별 정보화 수준을 비교했을 때, 접근 부문의 정보화 수준보다 역량 및 양적 활용 부문의 정보화 수준은 1.5배, 질적활용 부문의 정보화 수준은 1.6배 낮은 수준이다. 고소득층 대비 저소득층의 접근 부문 정보화 수준은 62.7%인 반면, 역량 부문은 고소득층의 43.0%, 양적활용 부문은 48.0%, 질적활용 부문은 39.3% 수준에 그쳤다.

〈표 8-8〉 고소득층 대비 소득별 정보화 수준

(단위 : %)

구 분	종합 부문	접근 부문	역량 부문	양적활용 부문	질적활용 부문
기초생활수급층	51.8	62.7	43.0	48.0	39.3
100~199만 원	63.3	78.7	50.6	58.1	45.3
200~299만 원	85.5	94.2	78.9	83.6	72.6
300~399만 원	95.2	99.4	91.6	95.2	87.6
400만 원 이상	100.0	100.0	100.0	100.0	100.0

8. 종합 분석

전체 국민과 취약계층 간 정보격차 수준이 감소한 결과와 마찬가지로, 정보선도계층과 취약계층 간 정보격차 수준도 전년에 비해 접근 · 역량 · 활용 등 모든 부문에서 감소한 것으로 나타나, 정보격차해소 정책이 소기의 성과를 거두고 있는 것으로 분석되었다. 정보선도계층과 취약계층 간 정보격차 수준이 모든 부문에서 전년에 비해 감소했으나, 아직까지 정보선도계층 대비 취약계층의 종합 정보화 수준은 40~60% 수준에 머물고 있는 것으로 나타났다.

장애유무 간(일반 국민 대 장애인) · 소득 간(월 가구소득 400만 원 이상 대 기초생활수급층) · 학력 간(대졸 이상 대 중졸 이하) · 성별(남 대 여) 정보격차 수준에 비해 연령 간(20대 대 50대 이상) · 직업 간(사무직 대 농어민) 정보격차 수준이 상대적으로 더 크게 나타났으며, 정보선도계층과 취약계층 간 부문별 정보격차 수준을 비교했을 때, 접근 부문의 격차에 비해 역량 및 활용 부문의 격차가 2배 정도 큰 것으로 분석되었다.

9. 정보격차해소정책의 문제점

1) 초고속망 구축, 정보이용시설 설치, PC보급 등 정보화에 필요한 기본적 환경은 조성되었으나, 평등한 정보접근 기회실현을 위해서는 정보 접근 환경의 고도화 및 다변화가 필요.

(1) 일부 농어촌지역(약 10만 가구) 등은 초고속인터넷서비스를 이용하지 못하고 있음.

(2) 전국 읍 · 면 · 동 지역의 99.7%(8,263개소)에 설치한 정보이용시설의 특화 및 상호협력체제의 미비로 인해 이용활성화 및 내실화가 미흡하다.

(3) 정보통신 보조기기 수요에 비해 보급이 미비한 실정이며, 정보통신기기, S/W 등을 설계 · 제작하거나 정보통신서비스 제공시에 정보통신 접근성 (Accessibility)에 대한 배려가 부족하다.

2) 정보화 교육의 경우, 기초 및 중급 교육 위주로 진행되어 취약계층의 정보활용 활성화, 사회참여 확대, 소득 증대 등 실질적인 정보화 혜택은 다소 미흡.

(1) S/W이용법 위주로 추진된 중급 활용교육은 유 · 무선 인터넷 기반의 정보생활 영위와 직접적인 연계성이 부족하여 개인정보화 달성 및 성과창출에는 다소 미흡하다.

(2) 정보화교육 희망자 중심의 교육을 진행함에 따라 정보사회 참여의지가 없는 계층의 편입을 유도하는 장치가 부족하다.

(3) 실생활에서의 정보활용을 통해 삶의 질을 개선하는데 필요한 장애인, 노인 등에 특화된 다양한 콘텐츠 개발 · 보급이 부족하다.

3) 정보격차해소 국제협력 사업의 경우, 수혜 대상 국가에 비해 사업규모가 적어 수요에 적절히 대응하지 못함.

IT 강국으로서 한국의 위상에 걸맞은 국제사회의 정보격차 해소 지원 및 IT 시장 선점을 위한 국제협력 노력이 주요 선진국에 비해 부족하다.

4) 부처 간 업무 협력 체계 부족으로 정책집행과정에서의 통합 · 조정이 이루어지지 못함으로써 정책 사각 · 중복지대 발생.

(1) 부처 간 상호 업무협의 및 미비점 보완 등을 종합 · 조정할 수 있는 시스템적 관리 체계 부재이다.

(2) 정책집행 이후 면밀한 평가 피드백을 통한 개선과제 도출 등의 사후 평가 작업이 적어, 효과적인 정책으로의 진전이 다소 미흡하다.

(3) 사회적 이슈인 정보격차를 효과적으로 해소할 수 있는 기업, 시민단체 등 민간의 적극적인 참여가 부족하다.

제 2 절 선진국의 정보화 격차해소방안

1. 유 럽

전 세계 인구의 12.3%가 분포해 있는 유럽은 역내 전체인구 중 38.9%가 인터넷 이용자이며, 이는 전 세계 인터넷 이용자 중 28.3%에 해당한다. 정보통신기술을 통하여 '모두를 위한 정보사회(An information for all)'를 지향하는 유럽사회는 미국과의 정보격차를 좁히기 위해 유럽연합(EU) 등 역내 국가 간 연합 차원에서 'eEurope' 등의 정보화 종합계획을 구상하고, 이에 기반하여 개별 회원국의 전략을 연계하는 방식으로 정보격차해소를 추진하고 있다.

덴마크는 최근 WEF와 EIU에서 실시한 네트워크준비지수 및 전자준비지수에서 각각 세계 1위를 차지한 정보선진국으로서 '모두를 위한 정보통신기술(ICT for all)'을 슬로건으로 하는 정보격차해소의 중요성을 정책전반에서 강조해왔다. 특히 2006년도 덴마크의 정보격차해소정책 목표는 'IT and Telecommunications PolicyReport 2006'에 잘 반영되어 있는데, 공공지식서비스에 대한 접근성 제고, ICT 역량 측정지표 마련, 국가 이러닝(e-Learning) 전략 수립, 안전한 인터넷이용 전략 추진을 목표로 정보격차해소정책을 추진하였다.

취약계층으로서 장애인을 위한 장애인 전용 소프트웨어 개발에 관심을 가지고 음성을 인식하여 기계가 받아 적는 형태로 구현된 STT(Speech-To-Text) 기술개발을 추진하였으며, 정보의 신속하고 광범위한 검색을 위하여 대국민 지식포털서비스 구축을 위한 이니셔티브를 추진하였다. 또한, 국민의 ICT 리터러시 향상을 위하여 교육부, 과학부 등의 정부부처와 각 대학 간 공동 협력망을 구축하여 이러닝의 포괄적 확산을 위한 노력을 경주하고 있다.

영국의 조사기관 포인트토픽(Point Topic)은 2006년 6월에 영국의 정보격차가 심화되고 있다는 조사 결과를 발표했다. 이 조사에 따르면, 영국 전체 가구의 44%(1,120만 가구)가 인터넷서비스에 가입하지 않았으며, 이들 가구의 70%가 인터넷에 관심이 없거나 향후 서비스 가입의사조차도 없는 것으로 나타났다. 이러한 조사 결과는 2005년 중반 50%에서 늘어난 것으로서 인터넷 보급이 확산됨에 따라 초고속인터넷 환경의 사각지대에 놓인 소외계층의 저항감이 더욱 심해질 것으로 전망된다.

포인트토픽은 또한 소외계층의 인터넷 비이용 이유를 인터넷의 필요성이나 흥미부족, 컴퓨터가 없거나 인터넷 이용요금 납부능력 부재, 인터넷 사용법을 몰라서 등의 3가지 유형으로 분류했다. 그러나 3가지 문제가 모두 해소될 경우에도 인터넷 사용의 의지를 표한 응답자가 16%에 불과한 것으로 조사되었다. 정보격차의 문제점에 대한 인식은 그 이전의 연구에서도 찾아볼 수 있다.

영국의 정보격차 현황 및 미래를 전망한 보고서 『The Digital Divide in 2025』(The Future Foundation, 2004)에서는 2025년경 영국에서 2,300만 명이 정보소외 계층으로 남아있을 것이며, 고령층 증가로 이러한 정보소외 경향이 더욱 지속될 것으로 전망했다. 또한, 상대적으로 저소득층의 정보격차해소는 완화되는 반면, 장애인의 정보화 배제상태는 심화될 것이라고 제시하고 있다. 이러한 취약계층의 정보격차 심화 전망에 대한 경각심을 인식한 영국 정부는 지난 2005년에 정보격차해소 3개년 계획인 「Connecting the UK」를 발표하는 등 정보격차해소를 위한 국가적 노력을 경주하고 있다. 특히, 2006년에 영국 정부는 계획을 보다 구체적으로 실행하기 위한 실천계획들을 구상하여 지역 및 장애인, 고령층 등 취약계층 정보격차해소를 위한 세부계획들을 추진했다.

스웨덴은 네트워크준비지수 세계 2위(WEF 발표, 2007.3), 전자준비지수 세계 2위(EIU 발표, 2007.4) 등 최근 매섭게 정보화 질주를 하고 있는 북유럽 국가의 트렌드에 동참하여 IT를 통한 국가 사회적 통합발전을 도모하고 있다. 또한, 스웨덴 정부는 2006년도 정보통신정책 추진방향을 전년도의 '모두를 위한 지속가능한 정보사회'에서 '정보사회를 위한 정책(From IT Policy for Society for IT Society)'으로 전환함으로써 모든 스웨덴 국가 내 정부부처가 정책수립과정에서 IT의 중요성을 포함할 것을 강조하였다.

또한, 2006년 국가정보화전략상 액션플랜을 통하여 정보격차해소의 중요성을 강조하면서, 정부 차원에서 각 정부 부처별 정보화 정책 추진 과정에서 반드시 장애인, 고령층, 서로 다른 언어와 문화를 가진 집단, 성 평등, 교육 및 민주적 절차를 포함할 것을 지시하였다. 다른 유럽 국가들보다 ICT에 대한 국가적 투자가 높은 나라인 스웨덴은 모바일, PC 및 인터넷 접근성과 함께 최근 브로드밴드 접근성이 크게 향상되고 있으며, 인터넷을 통하여 국제거래뿐만 아니라 상업 및 사회적으로 많은 온라인 서비스가 제공되면서 기존 소규모 소매상, 은행 및 우체국 등의 규모는 축소되는 추세이다.

이러한 기존 거래형태의 변화와 함께 고령층이 주로 이용해온 건강센터 및 고령층에 대한 지역서비스 방식도 변화하여 정부차원에서 24시간 온라인 서비스를 추진하고 있으며, 이에 따라 새로운 ICT에 대한 접근성은 사회적인 기본 요소가 되었다. 특히, 고령층의 정보격차해소를 위하여 운영되고 있는 스웨덴 시니어넷(SeniorNet Sweden)은 55세 이상 장·노년층을 대상으로 하는 비영리적·비정치적 네트워크 커뮤니티로서 전체 가입자 중 70세 이상이 20%를 차지한다.

2. 북 미

미국은 1996년 클린턴 정부 이후 정보화에서 배제된 청년들은 고용과 교육의 기회를 얻지 못할 것이라는 주장 아래 정보격차해소를 위한 연방차원의 노력을 강력하게 전개해왔다. 학교, 공공도서관, 병원 등에서 저렴한 비용으로 인터넷에 접속할 수 있는 정책들을 추진해왔고, 저소득 가정에 대하여 컴퓨터와 인터넷 접속 등의 환경마련을 위한 자금지원을 해왔다. 또한, 지역정보접근센터에 대한 정보화교육 지원업체에 대하여 세금감면을 실시하기도 하였다.

그 결과 미국의 10대 청소년들 대부분이 인터넷을 이용하게 되었으며, 지난 2006년 미국의 생활실태 조사연구기관인 퓨인터넷(Pew Internet)의 조사에 따르면 12~17세 청소년 중 90% 이상이 인터넷을 이용하는 것으로 나타났다. 미국 내 인종별 인터넷 이용도 향상되었다.

- T를 기반으로 높은 교육수준을 달성하고 시민의 사회참여 능력을 향상시켜 지역경제의 높은 성장 실현
- 모든 가정에서 초고속 통신망에 연결된 최신 컴퓨터 및 IT 활용능력을 갖춤으로써 일자리 창출, 원격교육, 정부 자원에 대한 자유로운 접근 및 커뮤니티 결성 등의 개선효과
- 학교, 공공 인터넷이용센터, 대학 등에서 지역 내 정보화 능력 향상을 위한 협력관계 구축

캐나다 정부는 브로드밴드 접속으로 발생하는 경제 · 사회적 혜택의 중요성을 크게 인식하면서 민간 및 공공분야에서 새로운 ICT 서비스 및 응용을 위한 브로드밴드 정책 수립에 주목하고 있다. 특히, 캐나다의 정보소외 지역인 시골과 북부 지역에 대하여 브로드밴드 접근성 향상 정책을 실시함으로써 교육 건강복지, 사업기회, 낙후지역 발전 및 문화향유 기회제공 등 다양한 정보기회를 기대하고 있다. 캐나다 정보통신정책의 성과분석 보고서인 'Telecommunications Policy Review Panel Final Report 2006'에 따르면, 다음과 같이 캐나다의 정보격차해소 정책방향을 요약할 수 있다.

먼저, 2010년까지 유비쿼터스 브로드밴드 국가 실현을 위하여 캐나다 내 가구의 98%를 브로드밴드 접속가구로 만들겠다는 것이다. 그러나 전문가들은 이를 위한 선결조건으로 시골이나 낙후지역에 대한 정부의 투자와 정책지원이 적극적으로 경주될 필요가 있다고 제언한다. 또한, 정부의 정책방향은 경제적 낙후지역의 브로드밴드 확장에 집중될 수 있도록 전문적이고 새로운 정부지원 프로그램의 다양한 마련이 있어야 할 것이라는데 의견을 모으고 있다.

3. 아시아 · 오세아니아

일본의 정보화 정책은 MIC(Ministry of Internal Affairs and Communications)에서 담당하는데, 여기서 e-Japan 정책에 이어, 2004년에 u-Japan 정책을 선언하였다. u-Japan 정책에는 2010년까지의 중기 ICT 정책 비전으로'세계 최고의 IT 선도국으로의 성장'을 표방하고 있다. 이와 같은 u-Japan 정책 실현에 따르는 경비 삭감 효과를 경제적 측면에서 보면, 연간 마을별 50.1만 엔(인구밀도가 높은 마을의 경우에는 530만 엔)에 이를 것이라고 전망하였다.

특히, e-Japan 추진을 통해 일본 내 초고속인터넷 서비스 보급률이 2005년 말 93.4%로 성장하여 인터넷 가입자 수 2위를 달성하였으나, 급속한 인터넷 인프라 지원에 따라 발생하는 정보격차의 문제를 절감하여 u-Japan을 통해 오는 2008년까지 브로드밴드 제로 마을 해소 및 2010년까지 전국 모든 지역의 브로드밴드를 실현하고자 정책을 수립하였다. 즉, 일본은 2008년까지 모든 현과 시에 브로드밴드 기반을 조성하고 2010년까지 전국 브로드밴드 기반 완료 및 90% 이상 차세대 쌍방향 브로드밴드 네트워크 보급달성을 추진하였다. 또한, 지역 수요에 맞는 ICT 정책의 틀을 마련하기 위한 기금 조성 및 지역 자원의 활용도 개선을 지원하여 지역 내부 인트라넷 기반구조를 구축하고 실행 및 추진하고자 하였다.

한편 연구개발을 촉진하기 위하여 2005년 7월 정보통신위원회가 발표한 UNS (Ubiquitous Network Society) 전략 프로그램에 기반해 연구개발을 장려하였고, 차세대 IP 네트워크 · 무선 브로드밴드 등 차세대 네트워크 기반 안착을 위한 국제 표준화 촉진 및 RFID태그 활용 및 센서 네트워크 기술 등 유비쿼터스 기술을 활용, 안전한 인터넷 이용환경을 위한 보안 기술개발을 촉진하였다.

이러한 UNS 전략은 유비쿼터스 기술을 통하여 정보격차해소와 적극적인 사회문제를 해결하겠다는 것이다. 즉, 유비쿼터스 네트워크 기술을 활용하여 연령, 신체적 조건, 언어, 문화 등의 장벽을 초월하여 모든 사람들이 ICT를 활용하여 원활한 커뮤니케이션을 가능하게 하고, UNS 전략에 포함된 ICT 인프라 개발 및 ICT 기술을 활용하여 고령화 및 저출산 등과 관련하여 발생하는 사회문제를 극복할 수 있는 방안을 모색하겠다는 것이다.

호주 정부는 2002년에 발표한 전자정부 전략 'Better Services, Better Government'의 중간성과를 점검해 수정 · 보완하여 새로운 환경에 전략적으로 대응하기 위한 2010년 전자정부 비전 달성을 위해 '2006 e-Government Strategy'를 발표하였다. 주요 내용을 보면, 빠르고 편리한 전자정부 서비스 제공을 통해 이용자의 만족도를 향상하고, 신속한 정부서비스 제공으로 국가사업 수행절차의 혁신을 주도하며, 많은 사람들의 전자정부 서비스 이용을 선도하여 효율적 정부를 실현하고, 2010년 전자정부 완성을 위한 공공부문의 서비스 역량을 종합적으로 개선하고자 하였다.

호주의 지역정보격차해소정책은 브로드밴드 정책을 들 수 있다. 정부차원에서 지방, 시골 및 원거리 지역 간 정보격차해소를 위해, 인터넷 서비스 업체에 대해 예산을 지원하는 '브로드밴드 정책(Broad Connect)'을 추진하고 있는데, 이 브로드밴드 전략은 2005년 8월에 발표된 호주 정보화 종합대책 'Connect Australia'의 일환으로 추진하는 것이기도 하다. 그 예산 지원 규모는 정보화 전략 예산 11억 달러 중 8억 7,800만 달러를 지원하기로 하였다.

Connect Australia의 내용을 살펴보면, 호주 역사상 최대 규모의 지역 정보격차해소 프로그램으로 지방, 시골 및 원거리 지역의 사람들에게 브로드밴드 망을 제공하여 휴대전화 이용권 확대 및 새로운 지역 정보통신 네트워크를 구축하고, 원거리 원주민 사회에 대한 핵심 정보통신서비스 환경을 제공하기 위한 정부전략이다. 한편, 장애인 정보접근 정책으로 National Relay Service(NRS)가 있는데, 호주 정부는 청각 및 언어 장애인들에게 호주 릴레이 서비스를 제공, 통신장치를 통해 커뮤니케이션 문제 해결을 위한 지원한다.

제 3 절 정보화 격차해소의 성과 및 노력사항

정부는 우선 초고속 정보통신망을 구축하고 정보이용시설을 설치, 정보통신기기의 보급 등을 통해 기본적인 취약계층의 정보접근 환경 조성에 기여하였다. 그리고 '1000만 명 정보화교육'(2001~2002. 6) 및 '2단계 정보화교육'(2002. 7~2006. 12)을 통해 2,560만 명을 교육하여 정보사회 조기실현과 IT강국으로의 발전에 기여하였다. 또한, 정보격차해소를 위한 국제협력 강화를 통해 글로벌 정보격차해소 리더로서 위상을 강화하였고 정보격차 해소정책을 체계적이고 효율적으로 추진하기 위한 기본 여건을 조성하였다는 점에서 그 성과를 찾아볼 수 있겠다.

*** 향후 노력사항은**

1. 정보격차해소정책을 통한 사회적 과제 해결에 적극 대응해야 한다.

- 정보격차해소를 통한 고령화, 경제 양극화, 낮은 국가정보화 투자성과 등 사회적 과제 해결에 적극적으로 대응하여야 한다.
- 취약계층의 취업 및 소득창출 기회, 사회참여 확대 등 정보화의 실질적 혜택을 주는 정책과 전국민이 건전하게 인터넷을 활용하도록 유도하는 정책을 병행 추진하여야 한다.

2. 정책 연계 강화를 통해 정책 중복 및 사각지대 해소해야 한다.

- 공공 및 민간부문의 추진과제나 사업방식, 실적관리 등에 있어서의 면밀한 상호 연계성 확보를 통해 정책 및 관련 정보를 공유함으로써 정책의 효율적 추진을 위한 추진체계를 구축하여야 한다.

3. 정보격차 발생을 사전에 예방할 수 있는 체계로 전환해야 한다.

- 정보격차 문제에 대한 사후적 해소정책에서 사전에 예방할 수 있는 정책으로 전환하기 위해 법 · 제도적 정비를 추진하여야 한다.
- 유비쿼터스 사회 진입에 따른 새로운 유형의 격차 발생에 대비한 적극적 예방정책 수립을 위한 연구기능을 강화하여야 한다.

4. 정보격차해소를 위한 민간협력 확대해야 한다.

- 정부주도의 사업방식에서 탈피하여, 기업, 비영리기관 등 민간부문이 함께 정보격차해소를 추진할 수 있도록 민간협력 체계 구축 및 "나눔의 IT문화" 확산 등을 통해 민간의 적극적 참여 유도하여야 한다.

제 2 부

정보사회의 행정과 보안

제 9 장 정보사회의 행정

제 1 절 정보사회의 의미

1. 정보사회

정보사회는 컴퓨터와 통신기술 등 정보기술(information technology)의 발전으로, 정보의 처리 · 축적 · 전달 능력이 획기적으로 증대되면서 정보의 가치가 산업사회에서의 물질이나 에너지처럼 중요해지는 사회이다. 컴퓨터의 발전과 함께 정보사회를 가능하게 하는 요인으로는

첫째, 정보처리 기술의 발전과 항공우주, 합성 석유화학, 반도체, 혁신적인 통신 산업 등 새로운 산업의 출현,
둘째, 정보매체의 탈 획일화,
셋째, 컴퓨터의 발달로 지적 정보가 가득 찬 환경의 출현,
넷째, 사무부문의 자동화 등을 제시하였다.

이런 정보사회의 촉진 요인은 정보사회에 대한 사회적 수요를 의미하는 필요적 요인(needs)과 정보사회를 가능하게 할 수 있는 정보기술의 발전과 같은 원인적 요인(seeds)을 들 수가 있다. 정보사회의 발전을 위한 필요적 요인은 국민의 욕구 및 가치관의 다양화, 산업사회의 성숙화, 경제 소프트화의 진전, 합리적이고 창의적인 의식수준의 발전 등과 같은 것이다. 원인적 요인은 정보전달 및 처리수단의 고도화, 다양화, 사회 네트워크화를 가져올 수 있는 전자공학과 통신기술의 발전이다.

- 컴퓨터와 통신기술 등 정보기술의 발전으로, 정보의 처리. 축적. 전달 능력이 획기적으로 증대되면서 정보의 가치가 산업사회에서의 물질이나 에너지처럼 중요해지는 사회.
- 필요적 요인 : 국민의 욕구 및 가치관의 다양화, 산업사회의 성숙화, 경제소프트화 진전, 합리적이고 창의적인 의식수준의 발전 등.
- 원인적 요인 : 정보전달 및 처리수단의 고도화, 다양화, 사회네트워크화 등 정보기술의 발달.

〈광의의 예산개혁〉

특별회계의 설치, 예산관계법의 개정과 제정, 회계연도의 변경, 계획예산제도의 도입, 예산심의방법의 변경 등 그 포괄범위가 매우 넓다.

〈협의의 예산개혁〉

예산과정을 통하여 예산의 규모와 사업선정에 관한 결정, 예산관리, 예산통제 등을 원활히 할 수 있도록 고안된 분류체계, 정보체계, 분석기법을 망라한 기법과 방법을 뜻하는 것으로 소위 예산의 분류에서 논의되는 예산제도에 해당된다.

2. 정보사회 행정의 개념 요약

1) 정보사회와 행정변화의 영향요인

(1) 행정 외부적 영향

① 컴퓨터 하드웨어의 발달 : 반도체의 급속한 발전으로 마이크로컴퓨터의 처리능력이 급격하게 향상되고, 분산형 컴퓨터, 네트워크 컴퓨터 등이 출현하였다.

② 컴퓨터 소프트웨어의 발달 : 응용 프로그램과 운영시스템의 연결 정보기기와 소프트웨어 사이의 연결이 통일된 소프트웨어 및 네트워크의 발전을 가져오고 광역 LAN, 대규모 VAN, CATV의 광대역 네트워크가 형성되었다.

③ 데이터베이스의 발전 : 공동 통신망을 통한 보편적 정보이용이 가능해지고, 데이터베이스가 통신망과 연결되었다.

(2) 행정 내부적 영향

① 행정구조와 기능의 확대 : 행정기능의 확대와 업무량의 증가 행정업무를 효율적이고 과학적으로 처리. 행정업무의 광역화, 국제화에 따른 지역적 한계를 극복하였다.

② 분권화와 민주화 : 분권화에 의한 조직 내의 민주화는 보편적 조직현상 정책결정에 관련된 정보를 획득하려고 한다.

③ 행정공개와 합리성 : 정부와 민간 및 국민들 간의 직접적 정보교환과 의사전달 정부와 기업의 정보자료들이 공개적 공적 자료로 전환. 사회의 개방화 정책결정의 합리성 추구는 관련 요인들을 체계적이고 논리적으로 분석할 수 있는 수단과 도구를 요구한다.

④ 능률성과 효과성 : 정부의 역할에 대한 기대가 커짐에 따라 행정기구의 팽창. 동시에 정부의 확대에 대한 비판과 통제기능의 증가. 따라서 효율적인 인력관리, 능률적인 예산 사용을 요구한다.

2) 행정전산화의 필요성

(1) 정책과정의 합리화

① 정보사회가 진행됨에 따라 정부는 정보공개를 전제로 한 개방적인 업무처리를 해야 한다.

② 국민의식 수준의 향상에 따라 행정과 정책과정의 신속한 정보화가 필요하다.

③ 정책과정에의 참여와 대응성 향상에 대한 필요성이 증대한다.

④ 구체적인 정책목표의 설정, 대안의 탐색과 작성, 대안의 분석, 대안의 평가와 선택의 과정을 합리적으로 수행한다.

⑤ 정책을 합리적으로 집행하기 위해 OR, PERT, CPM 등의 과학적 관리기법을 이용하여 집행의 효율성을 높인다.

(2) 행정업무의 능률성 증대

① 반복적인 업무를 기계화함으로써 인력, 예산, 시간 및 공간의 비용 절감한다.

② 행정정보의 공동활용 - 단순한 육체노동을 감소시키고 전문적인 업무에 종사할 수 있는 시간을 증가시킨다.

(3) 행정서비스 질의 향상

① 행정업무처리의 신속화를 가능하게 한다.

② 형평성의 제고로 누구에게나 동등하게 행정서비스를 한다.

③ 부패근절과 친절한 대민서비스를 증대시킨다.

④ 민원처리의 정확성 제고와 다양한 대민서비스를 개발한다.

(4) 행정업무의 개선

① 창구서비스를 종합화 및 일원화한다.

② 인접지 행정서비스를 가능하게 한다.

제2절 정보사회와 행정

1. 행정 정보화의 요인

1) 행정 외부적 영향

1946년 애니악 컴퓨터가 개발된 이후 컴퓨터를 중심으로 하는 정보기술은 급격한 발전을 거듭하여 왔다. 특히 반도체와 통신기술이 발달되고, 정보처리 소프트웨어가 다량으로 개발됨에 따라 컴퓨터의 활용과 응용범위가 점점 확대되어 왔다. 컴퓨터의 성능은 1976년까지는 1.5배씩 증가하여 그 성능은 해가 거듭됨에 따라 강력해지고 있다. 이와 같은 컴퓨터의 발전과 더불어 통신기술과 정보처리 소프트웨어 기술도 발전하여 컴퓨터 상호간의 연결과 LAN(Local Area Network), VAN(Value Added Network), 행정전산망과 같은 정보망을 형성하는 데 결정적인 역할을 하였다.

정보기술의 발달은 4가지 특성을 가지고 있다.

첫째, 정보기술은 기억 · 보관할 수 있는 기억매체를 제공한다.

둘째, 원격통신에 의해 시간과 공간의 제약에서 벗어나 인간의 간접 경험의 범위를 확대시킨다.

셋째, 조직과 환경에 관한 정보를 대량으로 저장 · 분석 · 평가할 수 있게 하고, 조직목표를 효율적으로 달성할 수 있도록 관리와 의사결정의 자동화를 가져온다.

넷째, 정보기술은 주어진 문제에 대한 대안을 논리적으로 비교 검증하여 줌으로써 여러 대안 가운데 최적의 대안을 선택할 수 있도록 해 준다.

이러한 정보기술의 특성은 정보사회를 구성하고 있는 컴퓨터 하드웨어, 소프트웨어, 네트워크와 데이터베이스와 같은 정보기반 구조(information infrastructure)의 바탕 위에서 충실히 발달될 수 있다.

첫째, 컴퓨터 하드웨어는 반도체의 급속한 발전(IC-LSI-VLSI-Ultrs-LSI)으로, 저가 고성능의 컴퓨터가 계속 출현하고 있다. 특히 마이크로컴퓨터의 현저한 처리능력 향상과 분산형 컴퓨터, 네트워크 컴퓨터의 출현은 고도의 정보화를 촉진시키는 요인이 되고 있다.

둘째, 컴퓨터 소프트웨어는 각종 정보 관련기구와 구체적인 정보처리 업무를 연결시키는 역할을 담당하는 것으로, 응용 프로그램과 운영시스템(O/S)과의 연결(interface)이나 정보 관련 시기와 소프트웨어 사이의 연결이 통일된 프로그램으로 작동할 수 있도록 한다.

셋째, 네트워크의 발전은 오늘날 광역 LAN, 대규모 VAN, CATV의 광역네트워크 등의 발전으로 개별적인 통신망뿐만 아니라 광역적인 통신망 체계를 구축할 수 있게 되었다.

넷째, 데이터베이스의 발전단계는 단순히 인쇄물 접적상태인 전데이터베이스 단계, 컴퓨터 파일화로 되어 있으나 사용자나 용도가 제한된 폐쇄형의 제1세대 데이터베이스 단계를 지나, 오늘날은 공동 통신망을 통해 보편적인 정보 이용이 가능하고 하나의 정보기반으로의 태동이 이루어지는 제2세대 데이터베이스를 일반적 상업 데이터베이스라고 하며, 앞으로 제2.5세대와 제3세대의 데이터베이스가 개발될 전망이다. 이 단계에는 데이터베이스를 통신과 연결시킴으로써 더욱 통합된 형태로의 고도화된 종합정보시스템(ISDN : Integratecd Service Digital Network)이 구성될 전망이다.

2) 행정 내부적 영향

컴퓨터의 발달로 정보기술의 활용은 정부와 기업에서 점점 더 일상화되고 있다. 행정의 경우 행정의 반복적인 업무나 단순 수작업 및 계획서 작성 등에 컴퓨터의 활용이 증대되고 있고, 행정 내부와 외부환경에 관한 정보를 대량으로 자료화하여 업무수행에 활용하고 있다. 이런 컴퓨터의 활용은 행정 외부적인 정보기술의 발달에도 기인하지만 행정 내부적인 필요성에 의해서도 크게 증대되었다. 행정적인 필요를 행정구조와 기능의 확대, 분권화와 민주화, 행정공개와 합리성, 능률성과 효과성 측면에서 고찰해 볼 수 있다.

(1) 행정구조와 기능의 확대

현대사회에서는 정치 · 경제 · 사회 · 문화 등 모든 면에 국민들의 행정에 대한 요구가 팽창하여 행정기능의 확대와 업무량의 증가를 가져왔다. 특히 경제, 과학기술, 사회, 복지 분야에서 새로운 행정기구와 기능의 설정 현상이 두르러지게 나타나고 있다. 또한, 국민들의 의식 수준과 기대 수준이 높아짐에 따라 직접 국민들과 대면적인 업무를 담당하는 일선기관에서의 업무처리 변화가 요구된다.

이에 따라 행정업무를 좀 더 효율적이고 과학적으로 처리하기 위하여 정보기술이 원용되고 행정업무의 광역화, 국제화에 따라 지역적 한계를 극복하고 광역권을 상호 연결할 수 있는 정보통신기술이 필요하게 되었다.

(2) 분권화와 민주화

오늘날 조직구성원의 지식 수준이 높아지고 독립심, 자율성이 증대함에 따라 분권화에 의한 조직 내의 민주화는 보편적인 조직현상으로 나타나고 있다. 정보의 흐름이 증대되고 행정구조와 기능이 확대될수록 권한을 상층부에서 하층부로 위임하는 분권화 경향이 높아지게 된다. 분권화 현상은 다양해지는 행정수요와 급변하는 행정환경에 신속하고 적절하게 대응하기 위해서 해당 업무를 가장 잘 파악할 수 있는 실무 담당부서에서 권한을 행사하는 것이 더욱 효과적이기 때문이다.

또한, 시민의 의식 수준이 높아짐에 따라 정책결정에 참여하려는 요구가 확대되고 있다. 이런 분권화 경향과 민주화 요구는 정책결정에 관련된 정보를 획득하려는 노력으로 나타나며, 따라서 분권화와 참여확대 현상은 이를 효과적으로 수행할 수 있는 정보기술을 발달시키게 된다.

(3) 행정공개와 합리성

정보사회가 발전하여 정보망이 구축될수록 정부와 민간 및 국민들 간에는 직접적인 정보교환과 의사전달을 증진시켜 나가게 된다. 이렇게 되면 정부와 기업의 모든 정보자료들이 점점 공개적인 공적 자료로 전환되어, 사회는 더욱 개방적인 방향으로 나아가게 된다. 이것은 정보기술의 활용을 가속화시킬 것이고, 정보기술의 활용은 정보사회를 촉진하여 조직을 더욱 개방적인 상태로 만들 것이다.

또한, 공개적인 업무처리는 특히 정책결정의 분야에서 나타난다. 정책결정의 합리성 추구는 수많은 관련 요인들을 체계적이고 논리적으로 분석할 수 있는 분석수단과 도구를 요청한다. 정책결정 및 행정 전반적인 영역에서의 합리성을 증진시키기 위해 필요한 정보기술이 도입되어야 한다.

(4) 능률성과 효과성

정부의 역할에 대한 요구가 확대됨에 따라 행정기구의 확장, 공무원 수의 증가, 재정규모의 팽창으로 국가 내에서 행정이 담당하는 경제적 · 사회적 역할 등이 커지게 된다. 이에 반해 국민의식 수준의 향상, 정치의 민주화, 이익집단의 다원화, 언론의 발달 등은 이런 정부의 확대에 대해 비판과 통제기능을 증가시켜 효율적인 인력관리, 능률적인 예산사용 등을 요구하게 된다.

2. 행정전산화 체계의 필요성

1) 정책과정의 합리화

정보사회가 진행됨에 따라 정부의 업무는 정보공개를 전제로 한 개방적인 업무처리의 방향으로 나아가게 되고, 또한 국민의식 수준의 향상에 따른 민주화의 요구는 행정과 정책과정의 신속한 정보화를 촉진시킨다. 국민소득 수준과 국민의식 수준이 높아짐에 따라 국민들의 요구가 다양해지고 욕구가 강력히 표출됨에 따라 정책과정에의 참여와 대응성 향상에 대한 필요가 증대된다. 이런 필요를 적절하게 충족시키기 위해 행정정보의 데이터베이스화와 국민의 행정정보에의 용이한 접근제도 및 이를 위한 효과적인 행정정보 체계의 구축이 요청된다.

행정정보 체계가 구축됨으로써 현대사회의 다양한 국민들의 욕구 분출에 대한 정보를 신속히 수집분석하여, 반드시 해결해야 할 사항을 정책의제의 대상으로 삼는다. 아울러 정책의제에 대해 행정정보 체계를 통해 다양하게 축적 · 저장된 행정정보를 가지고서 구체적인 정책목표의 설정, 대안의 탐색과 작성, 대안의 분석, 대안의 평가와 선택의 과정을 합리적으로 수행한다. 집행과정에서도 과학적인 모니터링 방법 등을 활용할 수 있다.

첫째, 행정전산화는 정책결정과정의 합리화에 기여한다. 행정전산화는 데이터베이스 구축에 의하여 정책결정과정 전반에 걸친 합리화에 기여한다.

둘째, 행정전산화는 정책집행과정의 합리화에 기여한다. 정책집행과정에서 OR(Operation Research), CPM(Critical Path Method) 등의 기법 활용을 용이하게 하여 정책집행과정의 합리화에 기여한다.

셋째, 행정전산화는 정책평가과정의 합리화에 기여한다. 행정전산화를 통하여 다양한 정책결과를 데이터베이스화하고 이를 공개함으로써 정책평가과정에서 일어날 수 있는 부조리를 감소시킬 수 있게 된다.

2) 행정업무의 능률성 증대

행정전산화는 중복되거나 반복적인 업무를 기계화함으로써 인력, 예산, 시간 및 공간의 제반 비용을 절감시킨다. 또한, 행정정보 네트워크를 통해 한정된 자원으로 만들어진 행정정보를 공동 활용함으로써 업무의 저장과 재생으로 인한 인적·물적 자원의 중복 투자를 방지하여 자원과 예산의 절감을 가져온다.

행정전산화의 효과는 행정업무의 추상성, 포괄성, 장기성 등으로 인해 객관적인 측정이 어려우나, 정보자료의 수집·저장·산출 등과 같은 정보자료처리의 단순한 육체적 작업을 감소시킨다. 대신 정보자료를 활용하여 분석하는 업무인 기획, 연구개발, 디자인 개발 및 고도의 정보활동 등과 같은 전문적인 업무에 전념할 수 있는 시간을 증가시킴으로써 조직구성원들의 업무 내용을 향상시켜 준다. 또한, 행정정보체계는 정보처리뿐만 아니라 구조적이고 반복적인 관리자의 의사결정을 자동화함에 따라 중간관리층의 인원수와 역할을 상대적으로 감소시킨다.

3) 행정서비스의 질 향상

행정정보 체계는 행정업무의 신속성과 정확성을 증진시키고, 공평한 민원처리, 부패 근절, 처리 서식의 간소화로 업무처리의 효율성을 높여 국민에 대한 행정서비스가 개선, 향상될 수 있게 한다. 사회 전반적인 쌍방향의 뉴미디어 보급과 정부 내의 공동이용 데이터베이스 구축으로 완전한 종합창구가 실현되게 되면 각 가정에서도 행정서비스를 받을 수 있는 재택(在宅) 서비스가 가능해진다. 행정서비스의 질적 향상의 내용을 보면 다음과 같다.

첫째, 행정전산화는 '행정업무 처리의 신속화'이다. 행정정보 체계의 구축으로 인해 수작업 시의 사무처리 속도보다 신속한 업무처리가 가능해진다. 더 나아가 사회정보시스템의 구축단계인 정부와 민간 간의 공동 정보이용 단계에 이르게 되면 전사회적인 행정서비스를 제공하게 된다.

둘째, 행정전산화는 '형평성의 제고'이다. 행정정보 체계 구축으로 대민서비스 면에서 누구나 행정에 대한 접근이 용이하게 되고, 필요에 따라 서비스를 신속하게 제공받을 수 있게 된다.

셋째, 행정전산화는 '부패 근절과 친절한 대민서비스'의 증대이다. 행정정보 체계가 구축되면 대민관계에서 행정공개제도가 정착하게 되어 행정의 부패와 부조리가 줄어들고 친절한 대민서비스가 이루어진다.

넷째, 행정전산화는 '민원처리의 정확성 제고와 다양한 대민서비스 개발의 가능성'을 제고한다. 필요한 사람에게 필요한 서비스가 제공될 수 있으며, 행정정보뿐만 아니라 기업정보, 생활정보, 법률정보 등 다양한 정보서비스가 가능해진다.

4) 행정업무의 개선

행정전산화는 행정사무자동화(POA : Public Office Automation)와 행정정보 체계의 구축 등 행정 내부의 변화와, 가정과 기업의 뉴미디어의 보급과 통신체계의 구성 등의 외부환경의 변화로 인하여 행정서비스의 내용이 다양해짐과 동시에 행정서비스의 제공방법도 변화하게 된다. 행정서비스의 제공방법의 변화를 살펴보자.

첫째, 행정전산화는 '창구 서비스의 종합화 · 일원화'가 이루어지게 된다. 행정사무자동화로 통신사무의 처리에 뛰어난 위력을 발휘하는 온라인 시스템은 행정업무의 종합 창구화를 가능하게 한다.

둘째, 행정전산화는 '행정서비스를 주민들이 좀 더 가까운 주변에서 받을 수 있게 하는 인접지 행정서비스'이다. 행정정보 체계를 통한 각 지역별 단말장치의 설치는 이 장치를 조작할 수 있는 사람이면 그 자리에서 각종 증명서 발급 및 행정정보의 활용이 가능해지게 된다.

셋째, 행정전산화는 '행정 구비서류와 서식의 간소화'를 가져온다. 행정정보 체계가 추진됨에 따라 각 부처 간에 공통적인 정보체계를 구축할 수 있도록 행정서식이 통일되고, 기존 정보체계 속에 입력된 자료들에 대한 중복적인 서류들을 간소화하게 된다. 또한, 정보 데이터베이스를 통해 신속하고 정확하며 능률적인 업무 수행을 가능하게 한다.

넷째, 행정전산화는 '행정결정 권한의 체계화와 단순화'를 가져온다. 행정결정 권한이 지나치게 분산되는 경우 종합적인 정보망을 구성할 수 없게 된다. 따라서 조직의 각 부분들이 명확한 업무 내용과 책임영역 하에 효율적으로 업무 수행을 할 수 있도록 행정결정 권한을 체계적으로 구성한다.

3. 행정정보화의 의의

행정정보화란 오늘날 눈부시게 발전하고 있는 정보통신기술을 행정과정에 도입하여 활용함으로써 행정업무 및 주민서비스의 효율성을 향상시키는 것이라고 할 수 있다. 종래의 행정정보화는 일반적으로 행정조직 내부의 업무 합리화를 통하여 행정업무를 줄이고 행정비용을 감소시키는 데 초점이 주어졌었다. 그러나 최근 들어 정보통신기술의 발달, 특히 인터넷 및 정보표현기술의 발달로 인해 행정서비스의 직접적인 수혜자인 주민, 즉 이용자 위주의 공공서비스의 확립 필요성이 제기되면서, 행정정보화는 행정업무의 전문화 · 효율화의 촉진에 그치지 않고, 주민에 대한 서비스의 질적 · 양적 개선을 위한 중요한 수단으로 인식되고 있으며 정보화를 통하여 과거에는 제공하기 어려운 많은 서비스를 제공할 수 있는 가능성을 열었다.

따라서 행정정보화를 통하여 효율적이고 사회나 주민의 요구에 신속히 대응할 수 있는 행정의 실현과 실질적으로 주민의 요구가 행정에 반영될 수 있도록 하여야 한다. 또한, 행정서비스제공시스템을 구축하고 정보공유를 통해서 주민과 행정과의 원활한 관계의 정립 등 행정업무 및 조직을 개혁하는 수단으로 정보화가 중요한 역할을 담당하게 된다. 특히 행정정보화는 정보통신 네트워크의 고속화, 대용량화와 정보처리와 통신미디어의 융합으로 문자 · 음성 · 화상 및 3차원 영상정보 등이 서로 인터넷 웹으로 통합되는 방향으로 진행되고 있으며, 경제 · 사회 활동과 국민생활을 위한 사회간접자본으로서 초고속정보통신 구축사업이 구체화되면서 행정정보화는 더욱 가속화되고 있는 실정이다.

4. 정보화와 행정수요의 변화

고도산업사회가 전개됨에 따라서 사회가 다양화, 개성화, 민주화되어 가면서 이에 따른 행정수요에도 변화가 일어나게 된다. 이와 같은 행정수요의 변화에 대응하기 위한 방법을 여러 가지가 있지만 그 중에서 가장 중요한 것 중의 하나가 정보화이다. 따라서 변화하는 행정수요와 정보화의 관계를 살펴보면 다음과 같이 요약될 수 있다.

1) 행정수요확대와 정보화

사회가 발전하고 복잡해짐에 따라 도시, 교통, 환경, 복지 등의 사회문제가 더욱 다양해지고 이들 문제해결에 대한 요구가 증대됨에 따라 이들 문제를 해결하려는 정부의 조직과 인력이 더욱 많이 요구되게 되었다. 그러나 사회의 일반적인 동향은 작고 효율적인 정부를 요구하고 있다. 다시 말하면, 행정수요는 확대되는 반면에 이를 해결하기 위한 조직과 인력은 점차 축소되는 방향으로 진행되기를 요구하는 상황에 부딪치게 되었다. 이와 같은 시대적인 요구를 해결하기 위한 방안은 기존의 반복적인 행정업무를 전자정보로 전환하여 네트워크화 함으로써 행정능력의 효율성을 제고시키는 방안이 대두되게 되었다.

도시, 환경, 교통 등의 사회문제에 대한 정보를 데이터베이스화하여 행정정보시스템 혹은 도시정보시스템을 구축하여 활용함으로써 행정서비스를 신속하고 효과적으로 제공할 수 있는 길을 열었다. 동시에 보다 나은 정보와 서비스를 제공하기 위한 프로그램의 개발과 활용에 많은 노력을 투자함으로써 행정조직 내부는 업무를 컴퓨터 네트워크가 대신하게 됨으로써 정부는 점차 작고 유연하게 되고, 그 대신 대주민 서비스에 대한 영역을 점차 질적, 양적인 면에서 향상되고 발전되는 방향으로 진행되게 되었다.

2) 정책결정과 정보화

현대의 사회문제는 매우 복잡하고 다양하기 때문에 상식이나 단순한 경험으로는 해결할 수 없는 전문적인 지식이 필요하며, 이를 해결하기 위한 정책을 결정하는 데 있어서도 과학적, 실증적인 분석이 요구된다. 따라서 이와 같은 정책결정을 효과적으로 지원하기 위해서는 전문적인 계량기법이나 분석프로그램이 필요하다.

정책결정을 지원하는 대표적인 프로그램들을 의사결정지원시스템(Decision Supporting System), 전문가시스템(Expert System) 등이 있으며(하미승, 1997), 최근 들어서 지리정보시스템(Geographic Information System), 도시정보시스템(Urban Information System) 등 다양한 프로그램이 개발되어 있고 특히 가상현실프로그램(Virtual Reality

Makeup Language)의 개발은 컴퓨터 모니터에서 실제 현실을 재현하고 정책과정을 미리 시뮬레이션(Simulation)할 수 있는 기술이 개발되어서 활용되고 있는 실정이다.

3) 지방화와 정보화

사회가 복잡하고 다양해지고 동시에 정치적으로는 분권화와 지방화 과정을 겪으면서 정보의 분산 및 교환에 대한 요구가 증대되고 있으며, 또한 다양한 요구를 수용하기 위해서는 그에 필요한 정보를 전자정보화하여 활용하는 것이 요구되며, 또한 중앙정부와 지방정부 혹은 지방정부 간에 정보의 교환 및 업무의 협조를 위해서는 각 영역별, 지역별로 정보를 데이터베이스화하여 네트워크로 연계함으로써 업무수행의 효율화는 말할 것도 없고 국가 차원에서도 정보를 체계적으로 활용할 수 있게 된다.

4) 행정의 민주화와 정보화

현대행정은 민주화를 추구함으로써 행정과정에 주민이 직접 참여할 수 있도록 하고, 또한 대외적으로는 주민들에게 서비스행정으로 전환됨에 따라서 주민들에게 필요한 정보를 공개하고, 또한 사안에 따라서는 직접 주민들의 의견을 수렴하는 절차가 필요하게 된다. 이와 같이 주민들에게 정보를 공개하고 정책결정에 있어서도 민주적인 절차를 수용하기 위해서는 행정정보들이 디지털 자료로 전환되어 인터넷에서 쉽게 활용될 수 있도록 하여야 한다. 특히 정보기술의 눈부신 발전을 전자정부의 구현이 가능하게 되었으며, 전자투표로 주민의 의견을 수렴할 수 있게 되었다. 따라서 행정의 민주화를 보다 효율적으로 추진하기 행정의 정보화 과정이 필연적으로 요구된다.

5) 행정의 국제화와 정보화

정치적으로 민주화되고 지방화됨에 따라서 지방정부가 중앙정부를 거치지 않고 다른 나라의 지방정부와 접촉하거나, 해외자본의 유치 및 수출입활동 등을 효과적으로 지원하기 위해서는 이에 필요한 인허가 절차 혹은 해당 지방정부의 정책 및 정보를 전자 정보화하여 인터넷 웹사이트에 등재함으로써 외국에서도 필요한 정보를 얻을 수 있고 이와 같은 정보를 바탕으로 국제적인 협력이 가능하게 된다. 또한, 가까운 장래에 국제적인 전자상거래가 보편화될 경우 이를 지원하기 위해서는 세금, 인허가 절차, 조직 및 기관과의 업무협조 등에 관한 정보화를 추진하여야 할 것이다.

5. 행정정보화의 현황 및 문제점

1) 행정정보화의 필요성

오늘날 눈부시게 발전하는 정보통신기술의 발달과 민주화 및 다양한 주민들의 요구를 능동적으로 수용하고 대처하기 위해서는 지금까지처럼 경직되고 주민들의 접근이 어려우며, 또한 민원업무를 수행하는 데 많은 시간이 소요되는 현재의 행정서비스 공급방법은 여러 가지 측면에서 많은 문제점을 지니고 있다. 또한, 공공행정의 대국민 서비스에 있어서 주요 장애 요인으로 복잡하고 경직되어 있으며 정보에 대한 접근이 곤란하며 특히 관료들의 불친절 및 비효율적인 업무의 수행으로 주민과 행정기관 간에 불신뿐만 아니라 정부의 공공서비스는 민간서비스에 비하여 그 질이 낮다고 평가되고 있다.

이러한 민간과 공공서비스 질의 차이는 여러 가지 요인이 있지만 정보통신기술의 활용 정도가 중요한 요인 중의 하나이다. 민간기업에서는 소비자들에게 상품정보나 회사에 대한 정보를 신속하게 제공하기 위해 정보통신기술을 적극적으로 활용하고 있지만 공공기관에서는 이와 같은 노력들이 상대적으로 적었으며, 따라서 서비스의 양적 질적인 면에서 민간기업의 수준보다 떨어지게 되었다.

따라서 정보통신기술을 적극적으로 활용하여 주민들에게 필요한 정보를 신속히 제공하여야 할 필요성이 크게 부각되고 있으며 정보통신기술의 발전은 정보의 전달·처리·유통·축적을 획기적으로 증대시킴으로써 행정기능의 새로운 변혁을 가능하게 해주며 새로운 행정 패러다임의 창출을 가속화시키고 있다. 특히, 사회가 지식정보사회로 전환되면서 정부도 지금까지의 공급자 중심의 관료정부에서 수요자 중심 혹은 주민 중심의 정부로 변해가고 있으며, 따라서 일방적인 정보의 전달이나 제공에서 벗어나서 정부와 주민 혹은 행정과 시민 간에 상호의사교류를 통하여 정책결정과정 및 집행에서 합리성을 제고시키며 이용자 중심 혹은 주민 중심의 정부를 구현하는데 필요성이 크게 증대되었다.

국민 위주의 정부는 정보통신기술과 데이터베이스 구축기술을 이용하여 다양한 행정서비스의 구축을 가능하게 해준다. 이는 행정서비스가 다양화하고, 또한 서비스의 질을 고도화 할 수 있는 중요한 기반을 제공한다. 따라서 이와 같은 수요자 중심 혹은 국민위주의 정부를 구현하기 위해서는 우선 정보통신기술이 유효한 행정수단으로서 다양하게 활용되는 행정의 정보화가 전제되어야 한다.

2) 행정정보화의 현황 및 문제점

다른 분야와 마찬가지로 정보화시대의 변화에 능동적으로 대처하기 위해 행정정보화가 빠른 속도로 진행되고 있다. 선진국들은 단순히 행정자료의 데이터베이스의 구축이나 주민서비스의 제공차원을 넘어서 지금까지의 행정의 개념을 변화시키는 인터넷 가상공간에서 전자정부의 구축에 박차를 가하고 있다. 우리나라도 최근 행정정보화에 많은 노력을 기울이고 있으며 전자정부를 구축하려는 시도가 나타나고 있다.

1986년 「전산망보급확장과 이용촉진에 관한 법률」이 제정된 이래 행정전산망 제1단계사업(1987~1991)으로 행정전산망 기본계획이 수립되고 주민등록 및 토지대장전산화 사업이 추진되었고, 또한 기관과 조직이 전국전산망으로 연계되게 되어 종전의 기관 단위의 민원서비스 체계에서 전국단위로 행정서비스를 창출할 수 있는 체계를 구축하였다. 이 시기는 행정정보화를 효과적으로 수행하기 위한 준비기간이라고 할 수 있다.

1992년부터는 제2차 행정전산망 기본계획을 바탕으로 '행정의 능률성 제고와 작업정부'를 목표로 우체국종합서비스, 기상정보관리, 수출입통관자동화 등 주로 전국 규모의 서비스가 필요한 분야에 집중적으로 투자되었으며, 특히 1994년 우루과이 라운드(UR)협상의 타결로 본격적으로 세계화 · 개방화 시대로 접어들게 됨에 따라 경제 및 통상업무, 농업기술 및 환경보전 등의 분야에 집중적으로 투자되었다. 이 시기가 본격적인 행정정보화를 수행하기 위한 데이터베이스 구축시기라고 할 수 있으며, 실질적으로 토지 및 주택, 주민, 법령 등 국민의 생활과 밀접한 연관이 있는 분야의 자료들이 디지털 자료로 전환하여 향후 행정정보화를 준비하는 시기이다. 또한, 이 시기에는 정부나 공공기관에서 행정정보화에 필요한 컴퓨터와 네트워크 등의 하드웨어를 구축하는 데 많은 노력을 기울였다.

더구나 1997년에는 정보화를 앞당기기 위해서 국가초고속망 2단계추진계획을 수립하고 본격적으로 정보화시대에 대비하기 위한 인프라구축에 투자를 하기 시작하였으며 전자정부 구축을 위한 실천작업도 시작되었다. 실질적으로 1998년부터 본격적으로 행정정보화가 실천되는 단계로 볼 수 있으며, 따라서 2000년부터는 단순한 행정자료의 정보화 차원을 넘어서 전자정부를 구축하여 가상공간에서 필요한 행정업무를 원격으로 해결할 수 있는 시스템을 구축하려는 시도가 강화되었다.

제 3 절 행정정보화의 발전방향

1. 행정서비스의 향상과 삶의 질 제고

산업사회에서 정보사회로 패러다임의 대 전환에 따라 세계화, 정보화, 지방화 등 정책환경이 크게 변화되고 이와 관련하여 행정의 역할도 이와 같은 변화에 대응하여 새로운 기능과 역할을 정립하여야 한다. 행정에 있어서 선진국의 일반적인 발전방향은 정보화의 가속화, 규제행정에서 서비스행정으로의 전환, 작고 유연한 정부, 경쟁원리의 도입 등 정보화 패러다임에 기반을 둔 작고 효율적인 정부를 추구하고 있다. 또한, 동시에 행정의 궁극적인 목적을 국내적으로는 국민의 삶의 질의 향상시키고 국제적으로는 국가의 대외경쟁력을 제고시키는 데 있다.

행정정보화는 행정의 궁극적인 목표를 달성하기 위한 수단으로써 대국민 행정서비스를 신속하고 정확하게 전달하고, 또한 국민들이 효과적으로 활용할 수 있도록 하며 공개행정 및 주민과 함께 지역이나 도시로 발전할 수 있도록 한다. 이러한 한국행정의 궁극적인 목표를 달성하는 수단의 하나로서 국민이 필요로 하는 행정서비스를 신속, 정확 그리고 편리하게 제공할 뿐만 아니라 불투명하고 비정상적인 행정관행을 제거하는데 기여해야 한다. 뿐만 아니라 행정전산화는 행정절차를 간소화하며, 경제활동의 저해요인인 교통문제와 환경문제 등의 사회문제의 해소에 기여하며 산업전반의 경쟁력을 향상시키는 데 유효한 수단이 된다. 이러한 목적으로 추진된 초기의 행정전산망사업은 행정업무나 활동의 능률화에 초점을 두었으나 행정환경이 변하면서 행정의 개방화와 시민의 참여요구의 증대에 적절히 부응하는 일이 보다 더 중요해지고 있다.

한편 공공기관에 의해 수집 · 분석되어 정리된 공공정보의 공용화가 가능해진다면 대민서비스를 종합하게 되므로 공공서비스의 절차시간 단계의 감축효과를 얻을 수 있다. 대민서비스 측면에서 기대되는 효과로는 민원인 및 고객의 대기시간이 대폭 단축될 것이고, 지역과 관계없는 광역서비스가 제공될 것이며, 전산망을 통한 새로운 서비스의 창출이 기대된다. 또한, 공공기능이 정책기능 위주로 변할 것이며, 부처 간의 정보공유 · 교환에 의한 내부 효율성 제고 이상의 성과를 기대할 수 있으며, 국가경쟁력의 제고에 지대한 역할을 할 것이다.

2. 지식기반사회의 전자정부

정보화 사회는 공공과 민간의 역할 구분이 모호하고, 또한 지역 간, 조직 간의 구분이 모호해져서 서로 기능과 역할이 통합되는 형태로 전환되게 된다. 이와 관련하여 주요 선진국은 공공행정에 있어서도 새로운 형태의 정부를 추구하고 있으며 그 대표적인 예가 [기업형 정부], [고객지향형 정부]의 실현을 추구하고 있다. 이는 주민행정서비스에 있어서 정보통신을 이용한 원스톱-논스톱 행정서비스 구현을 추구하고 있다. 이러한 새로운 차원의 행정서비스를 가능하게 하는 것은 정보통신기술의 활용에 기반을 두고 있으며, 행정업무의 전산화와 웹 기반 정보제공서비스시스템이 새로운 개념의 행정서비스체계를 창출하고 있다.

특히 행정업무의 전산화를 최대한 실현하여 신속하고 정확하며 안정적인 대국민 행정서비스를 제공하기 위해 지금까지는 전혀 볼 수 없었던 전자정부를 구축하여 새로운 서비스 제공시스템을 구축하는 방향으로 발전하고 있는데 이와 같은 정부체제는 기존의 관료제의 병리를 상당부분 해결할 수 있으며, 특히 조직의 경직성 및 행정서비스의 지체 등을 획기적으로 개선하여 실시간 행정서비스 제공이 가능한 체제로 전환된다.

이러한 전자정부는 아직 초기단계이기 때문에 어떤 형태로 나타나게 될지 아직까지 의견이 일치된 바 없다. 그렇지만 일반적인 전자정부에 대한 개념적 접근은 크게 두 가지로 대별될 수 있다.

첫째, 기술결정론적인 입장에서 '정보기술을 이용하여 업무처리를 디지털(digital)화한 정보를 바탕으로 수행하는 정부' 또는 '정부의 업무나 서비스의 제공이 데이터베이스와 네트워크를 통해 이루어지는 정부'로 규정하는 것이다.

둘째, 가치지향적인 측면에서 '정보기술을 활용하여 효율적이고 고객의 수요 실시간에 서비스를 제공할 수 있는 정부' 또는 '정보기술을 이용하여 정부 조직 내, 조직 간, 정부와 민간 간에 정보를 공유하고 업무효율, 서비스의 질, 투명성을 제고하는 정부'로 규정하는 것이다. 그렇지만 어느 측면에서는 전자정부는 정보기술의 활용이 필수적이며, 또한 동시에 그 효과는 고객지향적이고 행정서비스의 질적 · 양적 향상을 추구하게 되며, 또한 일방적인 정보의 제공에서 벗어나서 쌍방형 의견교환 혹은 주민과 정부가 함께 참여하는 행정으로 전환되게 된다.

이와 같이 미래형 정부형태인 전자정부를 효과적으로 구현하기 위한 방법을 살펴보자.

첫째, 전자정부 구현을 위한 사회간접자본인 정보인프라의 구축이 선행되어야 한다. 정부부처 간 그리고 공공부문과 준공공부문과의 정보네트워크의 구축과 동시에 각 조직 및 부처에서 수행하고 있는 업무의 디지털화가 선행되어야 한다. 이와 같은 측면에서는 전자정부도 다른 사회조직과 마찬가지로 일면 네트워크화된 정부라고 할 수 있다. 이러한 정보네트워크는 단계적으로 민간부분까지 확대되게 되며, 인터넷이 그 문제를 동시에 해결할 수 있는 방향을 제시하고 있다.

둘째, 이와 같은 정보인프라와 데이터베이스를 바탕으로 실질적으로 전자정부가 제 기능을 발휘하기 위해서는 정보의 이용의 용이성과 동시에 국민들의 정보화에 대한 기술적인 능력과 정보화 마인드의 확보가 선행되어야 한다. 따라서 우선 정부업무의 데이터베이스가 시민들이 이용하기 쉽게 효과적으로 구축되어야 한다. 최근 들어 이용자들이 쉽게 활용할 수 있는 정보시스템 구축기술이 발달되어 활용되고 있다(조덕호, 2000).

전자정부에서는 행정문서를 전자적으로 유통하고 보관되며 전자결재, 영상회의시스템을 운영하면서 자동화, 단순화, 연속화된 정보시스템을 통해 보다 신속하고 정확하게 업무처리를 할 수 있게 되어 업무의 생산성을 극대화 할 수 있다.

또한, 여러 기관이 연계된 복잡한 민원업무도 조직 간의 네트워크를 이용하면 일회에 일괄 처리될 수 있는 원스톱 서비스가 제공되고, 정부정보의 공개와 다양한 정보서비스를 제공하고 국민의 의견을 신속히 반영하는 열린 정부가 실현될 수 있다. 더구나 향후 국가초고속망 구축의 본격화로 장기적으로는 정부의 활동이나 정부가 제공하는 서비스가 음성이나 문자에 의한 것만이 아니라 화상 · 영상 · 유선 및 무선에 의한 다양한 서비스가 개발되고 이용될 수 있어서 국민의 다양한 행정서비스 수요를 충족시킬 수 있게 될 것이다.

특히, 최근 들어 급속히 발달되고 있는 원격탐사기술 및 위성기술이나 지리정보시스템(GIS : Geographic Information System), 가상현실구축프로그램 등 다양한 신기술을 초고속망과 연계시킴으로 제공될 수 있는 서비스로는 교통관제시스템 · 지하 매설물 관리 · 가상관제시스템 · 환경관리 등 국민의 일상생활 또는 안전과 긴밀한 관련이 있는 서비스이다(류중석, 2000; 조덕호, 2000).

이와 같은 정보기술의 발달과 행정수요가 다양화가 서로 결합되어 사회전반에 걸친 근본적인 변화를 초래하게 되고, 특히 행정조직의 하위체계에도 많은 변화를 가져오게 된다. 하위행정조직은 지금까지의 조직 자체의 업무를 수행하는 기관으로서의 기능을 수행하였지만 향후에는 이와 같은 업무는 정보시스템과 컴퓨터 네트워크가 대신하게 되고 행정조직원들은 보다 창의적이고 생산적인 업무에 종사하거나 주민들의 일상생활과 연계된 현장서비스 행정의 대폭적인 확대가 예상된다.

따라서 가까운 장래에 공공부문의 관리개혁이 상당부분 정보기술의 지원 없이는 불가능한 것으로 판단되며, 이에 따라 선진국들은 정보화 사회에 대응하여 국가정보통신기반 구축에 막대한 재원을 투자하는 동시에 행정정보화를 통한 행정의 생산성과 서비스 질을 향상시키기 위한 노력을 기울이고 있다. 정보기술의 발달은 그 자체가 행정변화의 촉매제로 작용하는 동시에 지금까지의 행정수행에서 거의 불가능하거나 막대한 예산과 시간이 소요되는 분야도 쉽게 제공될 수 있게 하고 있다. 예를 들면, 오늘날 정보통신의 발전으로 시간과 공간의 제약 없이 정보의 교환이 가능해짐에 따라 종래의 행정기능 및 행정업무처리방식의 근본적인 변화가 요구된다.

행정업무의 많은 부분이 정보를 처리하는 업무라는 점에서 행정의 발전적인 변화는 곧 행정정보화의 실현을 통해 이루어질 수 있으며, 특히 점차 다양해지고 증가하는 행정수요와 이에 따른 재정적 한계로 인한 불균형관계를 극복하고 보다 나은 행정서비스의 효율적인 생산과 공급이라는 정책과제를 수행해야 하는 것은 행정정보화를 필연적으로 실현해야 하는 이유가 되고 있다. 이러한 행정환경의 변화는 미국의 Access America 프로젝트를 비롯하여 영국, 캐나다, 호주, 일본, 싱가포르, 그밖에 많은 국가들이 전자정부를 구현하여 효과적인 정보서비스를 제공하기 위해서 인적 · 물적 재화의 투자에 총력을 기울이고 있다.

정보화시대에 있어서 행정의 모습을 보면, 지금까지 규제와 통제, 복잡한 행정절차에서 보다 투명하고 신속하며 효율적인 정부로서 국민을 가장 중요한 고객의 개념으로 격상시켜 대민서비스를 강조하는 정부의 실현이 강조되고 있다. 우리나라도 행정정보화 기본계획에서 고도정보사회에서 정부는 정보통신기술을 활용하여 최소의 비용으로 최고의 서비스를 생산하는 정부로 변화의 필요성을 인식하고 행정과 정보화의 결합으로 특징되는 작지만 능률적인 전자정부의 구현을 중요한 정책목표로 설정하고 있는 것도 결국 정보화를 통하여 이러한 여건변화에 행정이 효율적으로 대응하고 그 결과 국민우선의 정부구현을 가능하게 하겠다는 것으로 이해할 수 있다.

그림 9-1 전자정부의 구현과 내용

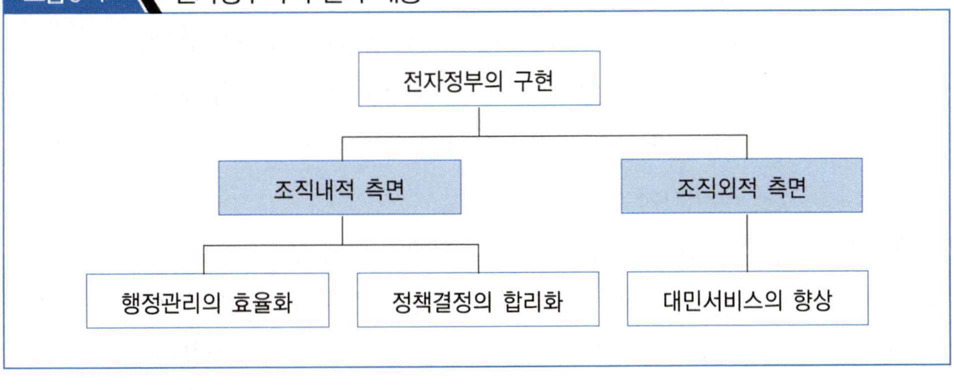

정보기술의 측면에서는 전자정부는 대부분의 행정업무가 데이터베이스 구축기술을 이용하여 정보가 디지털 정보로 전환되고 이들 정보가 온라인 정보통신기술에 의하여 온라인상에서 처리되는 것을 의미한다. 따라서 전자정부는 공통의 정보통신기반을 매개로 국민과 정부 간의 의사소통이 보다 용이하고 신속하며 네트워크로 연결된 각종 행정서비스가 언제, 어디서나, 가장 적절한 방법으로 제공될 수 있는 정부로 이해되고 있다.

실질적인 전자정부의 구현 및 활용에 대해서는 정부조직 내적인 측면은 우선 행정관리의 효율화라는 차원과 정책결정의 합리화라는 차원으로 구분할 수 있다. 행정관리의 효율화를 위한 차원은 정보기술의 활용을 통한 정보관리를 실현하여 행정관리의 효율화를 이루는 것이며, 정책결정의 합리화는 정책결정에 유용한 정보를 체계적으로 지원해줌으로써 정책결정자가 합리적으로 정책을 결정할 수 있도록 하는데 있다.

우선 정부조직 차원에서 행정관리를 효율적으로 시행하고 이를 통해 생산된 정보를 효과적으로 정책결정에 지원하여 활용할 수 있도록 하는 것이 중요하다. 이러한 정부조직의 내적인 조건이 만족될 경우 다양한 행정수요에 대응할 수 있는 조직외적인 대민서비스의 향상으로 연결될 수 있다. 따라서 전자정부의 구현은 이러한 단계를 종합적으로 실현 가능하게 할 수 있는 정부를 의미하는 것으로 이해할 수 있다.

이러한 입장에서 볼 때, 전자정부로의 방향은 정보기술을 이용한 행정의 변화를 전제로 하는 정보사회의 새로운 행정의 모습을 상징적으로 표현하고 있는 것으로 이해할 수 있으며, 보다 구체적으로는 정부는 정보의 공급자로서 조직내적인 정보의 관리차원과 조직외적인 사용자중심의 서비스 목적의 차원을 종합적으로 고려해야 할 것이다. 행정정보시스템이 이와 같이 행정관리를 효율화하고, 정책결정을 합리화하는데 중요한 역할을 수행할 뿐만 아니라 나아가 대민서비스를 향상시킬 수 있다는 믿음은 정보화를 통한 행정개혁이 국가적 과제로 볼 수 있을 만큼 중요하게 취급되어야 한다는 것을 의미한다.

그러므로 행정정보화의 추진은 정보화 사회에 있어서 행정의 변화를 전제로 하는 것이며, 단순히 각 행정기관이 최신의 정보기술을 도입하고 그것을 목표로 하는 것을 의미하지는 않는다. 오히려 정보기술을 이용한 정보의 관리와 활용에 초점이 있는 것이다. 이러한 전자정부의 개념 하에서 볼 때, 정보의 공동활용은 중요한 목표가 되며 정보기술의 발달에 따른 정보의 공유가 상하계층 간 혹은 조직 간에 자유롭게 공유될 수 있어야 한다.

이러한 정보의 공유를 가능하게 하는 정보자원의 관리가 제대로 이루어져야 한다. 특히 조직에 있어서 정보는 산업사회에 있어서 증기기관에 비유될 수 있을 만큼 중요한 자원(resource)으로 인식되며, 생명체의 혈액과 같은 것으로 비유되기도 한다. 따라서 정보자원의 관리와 활용은 전통적으로 조직에서 주요 업무로 간주되어 왔던 인적 자원이나 재정적 자원과 함께 행정의 중심업무로서 강조되고 있으며, 이의 원활한 활용 없이는 행정의 경쟁력 확보나 생산성의 제고는 힘들게 되었다. 따라서 정부는 정보를 어떻게 관리하고 활용하느냐에 따라 정보화 사회에서 성공적으로 적응할 수 있는지의 여부가 결정될 뿐만 아니라 정부가 구현하는 전자정부를 실현할 수 있다.

제 4 절 정보화가 행정에 미치는 영향

1. 행정조직에 미치는 영향

정보화가 행정조직에 미치는 영향은 행정구조적 측면의 변화와 행정조직의 활동적 측면의 변화가 발생한다. 이를 설명하면 다음과 같다.

첫째, 행정구조적 측면의 변화.

Leavitt와 Whisler의 1958년 발표논문에서 계층적 관료제는 중간계층의 수가 대폭 감소하고 수직적 조직에서 수평적 조직으로 변화한다고 하여, 조직의 형태가 피라미드형에서 종(鍾) 위에 럭비공을 올려놓은 모습으로 변화한다고 하였다.

둘째, 행정조직의 활동적 측면의 변화.

행정의 전산화는 중간관리자가 줄어들고 정책결정을 담당하는 상위직급과 단순히 정보를 수집하고 관리하는 하위직급 간의 직접적 업무가 늘어나면서 행정조직의 집권화와 분권화가 동시에 추진된다.

이에 따라 생산, 관리, 서비스제공, 문제해결에 효율성을 제고하며 합리적 관리를 지향하는 관료나 관리자에 의한 정책결정과정의 지배가 나타나며, 기술 관료의 영향력이 강화되어 기술관료 엘리트주의가 발생한다. 또한 관료, 기술자, 정치인 등 모든 계층의 이익증대를 추구하는 조직적 다원주의와 컴퓨터시스템을 활용하는 관료들의 입지가 강화되어 기술 관료의 강화정치가 발생한다.

2. 행정업무에 미치는 영향

정보시스템의 구축으로 다음과 같은 변화가 생겨난다.

첫째, 일선관료의 업무변화는 육체적 업무 감소, 정신적 업무 확대, 자료입력과 같은 단순 업무 증가, 가정 민원제도, 무인행정사무실, 전자우편, 통합고지서 발행 등의 변화가 나타난다.

둘째, 하위 및 중간관리자의 업무변화는 정보의 수집, 처리, 저장 등 정보처리 업무는 크게 감소하고 정보활용 업무 증가로 인한 분석력, 판단력, 창의력 있는 관리자의 자질이 요구된다.

셋째, 최고관리자의 업무변화는 컴퓨터시스템 활용에 의한 영향은 크지 않다고 볼 수 있다. ES(전문가시스템, Executive System), DSS(의사결정시스템, Decision Support System) 등을 활용하는 비구조화된 업무, 즉 창의력, 경험, 직관 등 초 합리성을 요구하는 업무가 최고관리자의 자질로 요구되기 때문이다.

3. 행정과 사회 환경에 미치는 영향

행정정보화는 국정감사방식의 전환, 전사남사 등의 국회활동과 판례의 전산화와 사법부에 대한 행정통제가 용이해지는 등의 법원활동의 변화에도 영향을 미친다. 그리고 가정, 공업, 교육, 기업, 문화, 의료, 복지 등 사회 각층의 변화에도 영향을 미친다.

교육부문에서는 사이버교육, 재택교육이 실현되고 교통분야에서는 지리정보시스템이 실현되고 경제분야에서는 전자상거래가 실현되며 의료분야에서는 원격진료시스템 등이 활용되면서 사회 전반에 걸쳐 생산성이 향상된다.

제 5 절 전자정부에서 행정서비스의 변화

1. 정부서비스의 패러다임 변화

급변하는 정보사회의 패러다임에 맞춰 정보기술융합 기반의 전자적 행정업무와 민원서비스 대상이 확대되는 등 정부의 형태와 기능, 역할 등도 급속히 진화하고 있다. 전자정부(e-Gov)는 행정서비스의 전자화 · 효율화를 추진하고, 국민이나 기업의 편리성 향상과 사회 전반의 효율성을 추구하고 있다. 전자정부가 성숙하면서 인터넷 양방향성을 활용해서 적극적인 정부 정보 공개나 정책결정에 시민참여를 촉진하는 열린정부(open-Gov)로 변화했으며, 점차 시민참여를 주축으로 정책성과를 향상시키고, 시민의 영향력을 확대시켜서 시민과 협력 · 상생하는 스마트정부(smart-Gov)로 진화 중에 있다.

〈표 9-1〉 인터넷 진화에 따른 정부서비스의 패러다임 변화

구 분	1995년	2000년	2005년	2010년	2015년	2020년
	Government 1.0		Government 2.0		Government 3.0	
	World Wide Web		Web 2.0		Real-World Web	
접근성	정부 중심		시민 중심		개인 중심	
	First-Stop-Shop 단일접속청구(포털)		One-Stop-Shop 정부서비스 중개기관을 통해서도 접속		My Gov 개인별 정부서비스 포털	

서비스	일방향 정보 제공	양방향 정보 제공	개인별 맞춤정보 제공
	제한적 정보공개	정보공개 확대	실시간 정보공개
	서비스의 시공간 제약	모바일 서비스	중단 없는 서비스
	공급 위주 서비스	정부 · 민간 융합서비스	개인별 맞춤형 서비스
	서비스 전자화	신규서비스 가치 창출	서비스의 지능화
채 널	유선 인터넷	유 · 무선 인터넷	유 · 무선 모바일기기 통합(채널통합)
업무통합	단위업무별 처리	프로세스 통합 (공공 · 민간 협업)	서비스 통합
기반기술	브라우저 웹 저장	브로드밴드 Rich Link/Content Models	시맨틱 기술 센서네트워크

출처 : 한국정보화진흥원. 3대 IT신기술에 기반한 정부서비스 선진화 방향. IT정책연구시리즈 제12호, 2009. 12.

웹 3.0 기술에 근간을 둔 Government 3.0이 새로운 패러다임으로 부상함에 따라 공공정보의 공유와 활용을 통한 가치창출이 기대되고 있다. 현재 인터넷은 웹 3.0을 기반으로 다양한 정보의 공유 및 참여 확대 중심의 서비스가 제공되고 있으며, 시맨틱 웹[13] 기반의 지능형 웹 서비스로 진화되고 있다. 따라서 정부서비스도 인터넷의 진화와 더불어 시민참여 중심의 양방향 서비스, 개인화 · 지능화가 가능한 정부서비스로 패러다임 변화가 전망된다. 다음에서 주요국의 공공정보 개방과 활용정책 추진 현황에 대하여 살펴보도록 하겠다.

2. 미래의 정부의 공공서비스 변화

1) 공공정보 서비스의 고도화

급격하게 변하고 있는 시장 환경의 영향과 웹 3.0의 영향으로 정부는 보다 미션이 강화되고 부처 간 협력에 대한 압력이 증대되며 성과지향적인 정부의 모습으로 변화

13) 시맨틱 웹 : 컴퓨터가 정보자원의 개념을 이해하고 논리적 추론까지 할 수 있는 차세대 지능형 웹

할 것으로 전망하고 있다. 이처럼 미래의 정부 모습으로 지칭되는 Government 3.0은 내부적으로는 정보 공유 및 커뮤니케이션의 활성화로 인해 부처 간 협업이 증대되고 보다 효율적인 행정업무 수행이 가능해질 것이고 대국민 서비스 차원에서는 웹3.0 기술을 활용한 공공정보 서비스의 고도화와 새로운 전자정부 서비스 제공이 용이해지게 될 것으로 보인다.

2) Government 3.0 시대의 공공서비스 변화

(1) 웹3.0이 공공부문에 미치는 영향

웹 3.0은 블로그, 위키, 사용자 중심의 콘텐츠 태깅(tagging)과 같은 기술을 적용하여 정부와 국민들이 상호작용하는 방식이 된다는 측면에서 정부의 역할과 서비스 전달 방식에서 커다란 변화를 가져온다. 예를 들면, 정부의 정책이나 법안을 제안하고 공유하기 위하여 커뮤니티 블로그나 정책 관련 위키(Wiki)를 활용함으로써 국민들이 정책결정에 참여할 수 있는 가능성이 높아지고 있다. 또한, 오늘날 시장에서 고객들의 구매상품 평가가 온라인 구매 행위에 중대한 영향을 미치고 있듯이 국민들은 블로그나 투표를 통하여 정부의 서비스를 평가하고 피드백함으로써 향후 정부가 새로운 서비스를 기획하는데 영향력을 행사하게 될 것이다.

웹3.0 기술은 정부와 민간부문의 데이터와 서비스의 통합을 가능하게 함으로써 완전히 새로운 행정 서비스와 비즈니스를 창출하고 있다. 예를 들면, 정부는 위치기반 서비스와 토지 정보, 건물 정보, 자동차등록 정보와 같은 공공정보를 조합(mash up)하여 세금 징수, 교통사고, 인력관리 등을 효율적으로 처리할 수 있다. 또한, 온라인 여행 서비스와 의료시스템을 통합함으로써 일반 소비자들이 여행상품 예약 시 보다 편리하고 중단 없는 서비스를 제공 받을 수 있게 될 것이다. 그동안 전자정부는 이러한 원스톱 서비스를 구현하기 위하여 행정 정보간의 통합과 연계를 위한 다양한 노력을 기울여왔다.

(2) 정부에서 국민에게로 권력 이동(Power Shift)

Government 3.0은 국민과 정부와의 관계, 시민 참여의 특성, 그리고 교육, 교통, 개인정보 보호, 국가안보 등과 같은 다양한 행정 서비스 부문에서 과거의 정부보다 국민 중심의 서비스를 제공할 것으로 보인다.

첫째, 미래 정부에서는 IT의 발전으로 인해 비교적 저렴한 비용으로 개인 맞춤형 서비스와 정보를 국민들에게 제공할 수 있게 되고, 공공부문의 개방이 확대되어 국민들의 참여와 정부의 정책에 대한 모니터링이 확대됨에 따라 정부의 역할은 축소되고 정부에서 국민으로 권력이동이 될 것이다.

둘째, 디지털화의 가속화로 국민들의 참여 방식이 변화할 것이다. 인터넷이 다양한 방식으로 정치적인 문제에 대해 토론하고 참여할 수 있는 기회를 제공함으로써 디지털시대에 적합한 새로운 참여 방식을 선택할 수 있다. 정부 정책에 대한 정보의 공유와 참여의 활성화, 정부 활동에 대한 모니터링과 분석 기술의 발전으로 국민들의 역할 또한 기존의 행정 서비스의 소비자로서의 역할에 머무르지 않고 정부 서비스 제안자로서 역할이 변화할 것으로 보고 있다.

셋째, 교육 혁신의 측면에서 미래에는 교수-학습 방식, 학교 운영 방식, 더 나아가 학교의 역할까지 변화하게 될 것이다. 특히 교육현장에서 적용되는 사례들이 늘어남에 따라 집단 지성을 활용한 보다 많은 지식을 공유하고 학생과 교사 간의 상호작용 방식이 변화하게 되어 기존의 공공교육의 체계와 구조를 근본적으로 변화시키고 있다.

넷째, 미래 교통 서비스 측면에서 변화된 모습을 살펴보면 정보기술은 도로를 움직이지 않는 평판에서 살아 있는 동적인 운송 네트워크로 바꾸고 있다. 구글 맵스와 같은 웹 서비스 기반 지리 정보를 활용하여 교통 정체 상황, 교통 통제지역, 날씨 정보와 연계된 운송 정보서비스 등의 사례에서 보듯이 다양한 소스에서 획득한 정보와 서비스를 매시업하는 것이 가능해짐에 따라 정부의 교통관리 서비스는 훨씬 더 지능적이고 풍부한 서비스를 제공하게 된다. 그리고 교통 혼잡 상황에 대한 데이터는 교통관리자들이 응급차나 운전자들에게 교통 혼잡 정보를 실시간으로 알려줌으로써 운전자들은 보다 더 많은 정보를 토대로 운전 경로를 결정할 수 있게 해준다.

(3) 정부-민간의 경계의 불명확성 증대

웹 3.0은 정보에 자유롭게 접근하고 유통시키는 것에서 더 나아가 '웹에서의 데이터 분석과 활용을 고도화'할 수 있게 한다. 웹상에서 유통되고 축적되는 데이터의 양이 늘어나고 이를 연계하는 기술을 통해 데이터의 추출이 가능하다는 말은 웹이 그 자체로 거대한 데이터베이스가 된다는 것을 의미한다. 이 웹상의 데이터에는 소비자의 웹 이용 형태와 관심사, 상품의 평가, 선호도 등과 같은 귀중한 마케팅 데이터가 포함되어 있기 때문에 이를 활용하여 새로운 가치를 창출하려는 비즈니스가 증대될 것이다.

정부와 민간 간의 연계를 통한 부가가치 창출과 새로운 비즈니스의 창출이 가능해지는 시대가 된 것이다. 기존의 전자정부 서비스를 이제는 공공부문 포털 사이트에서만 제공받을 수 있는 것이 아니라, 민간의 서비스와 검색엔진과 연계하여 민간의 포털 사이트를 통해서 제공받는다. 또한, 정부의 행정 서비스를 위하여 수집되고 생산되었던 공공정보를 활용하여 민간기업이 새로운 콘텐츠와 서비스를 창출하는 것이 가능해진다. 이처럼 웹3.0시대의 정부 서비스는 서비스 공급자와 수요자 간의 경계가 불분명하고, 정부와 민간 간의 연계를 통한 서비스의 융합과 비즈니스 생태계를 형성하는 사례가 증대하게 된다.

3) 국외 전자정부 서비스의 사례

(1) 미국 시카고 시의 범죄정보 서비스 사례 : ChicagoCrime.org

미국 시키고 시의 ChicagoCrime.org 사이트는 시카고 경찰청의 온라인 데이터베이스에서 얻은 범죄 데이터를 구글 맵 API와 매시업하여 지도 위에 디스플레이함으로써 범죄 정보를 시각화하고 사용자들이 이 사이트에서 상호작용할 수 있도록 해주고 있다. ChicagoCrime.org 사이트는 날짜, 치안구역, 우편번호, 행정구역, 도로, 경찰사건 기록부에 등록된 범죄유형별로 실시간으로 범죄상황을 검색할 수 있다.

(2) 구글 맵스를 이용한 부동산정보 서비스 사례 : HousingMaps.com

최초의 매시업 서비스는 하우징맵이다. 2005년 초 폴 레이드매처(Paul Rademacher)라는 소프트웨어 개발자가 부동산 정보를 구글의 지도 서비스와 조합하면서 부가가치가 높은 하우징맵 서비스를 제공하기 시작하였고 서비스를 시작한 지 반년 만에 85만 명이 다녀갈 정도로 인기를 얻고 있다. 기존의 부동산 서비스는 주소와 집안 사진 정도만 제공되었을 뿐, 주변 지역에 대한 정보를 확인할 수 없어 직접 방문해야 했다. 하지만 하우징맵을 통해 사람들은 매물로 나온 집주소를 입력해 지도로 위치를 확인할 수 있고, 위성사진을 통해 집 주변이 상가인지 공장지대인지 숲이나 주택가인지, 그리고 학교가 집으로부터 얼마나 떨어졌으며 통학길은 위험하지 않은지, 차가 들어가기에 골목은 좁지 않은지 확인이 가능하다.

(3) 구글의 실시간 도로상황 정보 서비스 : Traffic.com

Google의 Traffic.com은 실시간 교통정보뿐 아니라 worldweather.org의 날씨정보까지 볼 수 있는 지도 서비스이다. 이 서비스가 특히 유용한 것은 도로가 정체되거나 도로가 폐쇄된 정보를 이용자들이 확인할 수 있다.

3. 정보기술을 활용한 행정혁신

정부조직은 앞에서 살펴본 바와 같이 소위 말하는 파산의 위험이나 효율화, 능률화의 유인이 적고 변화에 대한 반응성이 다른 유형의 조직에 비해 크게 떨어져 진정한 의미의 정부혁신을 이루지 못하고 있다.

혁신 작업은 기존의 정부개혁의 모습과는 다르게 전개되어야 한다. 이를 위해 요청되는 기술이 바로 정보기술이다. 정보기술은 현재의 정보가 가지고 있는 여러 가지 문제를 그 어떤 수단이나 방법보다도 가장 효과적으로 해결할 수 있는 기술이다. 따라서 정보기술과 정부의 혁신을 효과적으로 연결시키면 정부 부문의 내부적 행정효율성을 제고하고 대국민 서비스에 충실할 수 있는 고객지향적인 전자정부로의 변화를 가져올 수 있다.

4. 행정의 투명성과 부패방지

우선 관료가 권력을 독점하고 재량권이 많을수록 부패가능성이 높아지며, 통제수단을 통하여 책임성을 높일수록 부패는 줄어든다. 따라서 행정처리 과정에 대한 정보공개를 통하여 행정을 투명하게 한다면 재량권을 줄이고 시민감시를 통하여 책임성을 높임으로써 부패를 효과적으로 통제할 수 있을 것이다.

행정의 투명성은 행정의 의사결정 및 행정서비스 제공과 관련된 적절한 모든 정보를 시민 누구나 적시에 접근가능하고 정보가 자유롭게 유통되는 정도라고 할 수 있다. 투명성의 개념에는 다음 3가지 요소가 포함되어 있다.

첫째, 누구나 평등하게 정보에 쉽게 접근 가능하여야 한다.

둘째, 시민이 정보를 얻고자 하는 분야에서 타당하고 적절한 모든 정보가 제공되어야 한다.

셋째, 정보가 제공되어야 할 시기에 질 높은 정보가 신뢰성 있게 제공되어야 한다.

5. 스마트 전자정부시대

1) 스마트 전자정부

행정안전부는 2010년 UN 전자정부 평가 1위 이후, '세계 최고의 전자정부' 위상을 지속하기 위한 '스마트 전자정부(Smart Gov) 추진계획'을 수립, 발표하였다. 행자부의 이번 추진계획은 기존 전자정부 서비스가 스마트폰, 태블릿 PC, 소셜 네트워킹, 클라우드 컴퓨팅 등 모바일 환경으로의 급격한 변화와 첨단 IT 기술의 발전을 반영하지 못하고 있다는 판단에 따른 것이다. 앞으로 추진될 '스마트 전자정부'는 진화된 IT기술과 정부 서비스의 융·복합으로 언제 어디서나 매체에 관계없이 국민이 자유롭게 원하는 서비스를 맞춤형으로 이용하고, 참여·소통할 수 있는 선진화된 정부를 지향하고 있다.

그림 9-2 스마트정부의 효과-누구든지 평등하게 정보에 쉽게 접근

2) 스마트 정부의 미래 모습

- **스마트 치안** : 범죄다발지역 등에 대한 범죄지도 구축, 미아발생 · 강력범죄 등 현장상황을 CCTV 통합관리센터 등과 연계하여 신속 대응한다.
- **스마트 재난안전** : 상습침수, 산사태 등 국민안전을 위협하는 지역에 센서 등을 설치하여 상시 모니터링 및 실시간 상황 전파한다.
- **스마트 생활민원** : 도로파손 등 일상생활에서 불편한 민원을 스마트폰(사진/동영상) 등을 활용하여 현장에서 즉시 신고하고, 공무원은 신속하게 처리 후 그 결과를 사진/동영상과 함께 즉시 피드백한다.
- **스마트 워크** : 사무실 외 출장, 회의, 이동 중에도 모바일 오피스, 원격 영상회의, 스마트워크센터 등을 통해 끊임없는 업무 수행을 한다.
- **스마트 전자정부 인프라** : 국민이 원하는 서비스를 언제 어디서나 맞춤형으로 이용할 수 있도록 유 · 무선 네트워크 고도화 및 부처별 · 기능별 서비스 연계 · 통합한다.

제 10 장 투명행정 사례와 온라인 공개시스템

제 1 절 서론

현재 행정정보공개는 모든 공공기관에서 실시되고 있는 제도 중 하나이다. 그만큼 정부의 정보에 대한 국민들의 알권리가 중시되고 있으며 그에 발맞추어 정부의 인식도 발전해가고 있는 것이다. 그동안 우리나라의 정부는 정보를 유출하는 것에 대해 철저하게 보완하였으며 정부의 정보란 베일에 가려있어 그 누구도 접근하지 못하는 비밀스러운 것이었다. 국민이 정부의 활동에 대해 알려고 하는 것조차 인정되지 않았다. 그러한 시절 정부의 부패는 그 양태가 다양한 만큼 그 원인도 다양했다.

따라서 부패를 근원적으로 척결하기 위해서는 그 원인에 따라 다양한 정책을 수립해야 했다. 다양한 부패의 원인 중에서 정보의 부족 혹은 국민과 정부 간의 정보의 비대칭성에 기인하는 부패의 문제를 해결하기 위해 행정정보공개제도가 실시된 것이다. 지금까지 정보공개로 인해 부패방지 측면에서 많은 성과를 이루고 있다. 앞으로도 보다 투명하고 바람직한 행정국가를 이룩하기 위해 국민의 알권리를 존중해주는 적극적인 행정정보공개제도는 그 필요성이 점차 증대되고 있다.

정보화와 과학기술이 발전하며 전자정부라는 개념이 생겨났고 그로 인해 온라인 상에서 이루어지는 정보공개가 더욱 활성화되고 있다. 국민이 알권리를 행사하기에 더 쉬워진 것 이다. 이번 보고서에서는 먼저 행정정보공개제도에 대해 간단히 살펴보고 정보공개제도 중 정보제공에 해당하는 대표적인 사례인 서울시의 OPEN system을 중점적으로 고찰해 볼 것이다. 발표 당시, 오픈시스템 행정정보공개의 관계가 애매하였으나 우리는 본 보고서에서 오픈시스템의 범주를 행정정보공개의 하나로 보면서, 오픈시스템이 기존의 행정정보공개와 다른 점만을 짚고 넘어가도록 하겠다.

행정정보공개의 대표적인 시스템인 서울시 오픈시스템을 통해서 국민과 정부 간의 정보의 공유를 확대할 수 있는 방법과 투명한 행정으로 나아가기 위해 앞으로 민원처리 공개시스템이 나아갈 방향에 대해 생각해 보기로 하자.

1. 행정정보공개제도란?

「공공기관의 정보공개제도」란 공공기관이 직무상 작성 또는 취득하여 관리하고 있는 정보를 수요자인 시민의 청구에 의하여 열람, 사본, 복제 등의 형태로 청구인에게 공개하거나 공공기관이 자발적으로 또는 법령에 의하여 의무적으로 보유하고 있는 정보를 배포 또는 공표 등의 형태로 제공하는 제도를 말한다. 전자를 「청구공개」라 한다면 후자는 「정보제공」이라 할 수 있다.

공개형태에는 두 가지가 있는데 다음과 같다.

- 청구공개 : 공공기관이 직무상 작성 또는 취득하여 관리하고 있는 정보를 청구인의 청구에 의하여 공개하는 제도이다(예 : 공문서의 열람 복사청구 등).
- 정보제공 : 행정정보를 보유한 공공기관이 자발적으로 또는 법령상 의무적으로 정보를 제공하는 제도이다(예 : 인터넷을 통한 정보제공, 간행물의 배포, 시정 자료관 운영).

2. 서울특별시 민원처리 온라인 공개시스템(Open System)이란?

서울시 민원처리 온라인 공개시스템(Open System : Online Procedures Enhancement for Civil Application)은 정보기술을 활용하여, 민원처리의 접수에서부터 최종처리까지의 전 과정을 실시간으로 인터넷을 통하여 공개하는 행정정보공개제도 중의 하나이다.

서울시의 Open System은 지역 주민들이 시청이나 구청 등 관공서를 직접 방문하지 않고 서울특별시 인터넷 홈페이지를 통해 어느 곳, 어느 때이든지 관계없이 원하는 민원 업무를 처리할 수 있도록 고안된 정보시스템이다.

초기 시작은 26개 주요 민원 업무에 대하여 접수에서부터 최종 결재까지 처리 절차에 따라 주요 사항을 해당 각 부서에서 입력하고 민원인 인터넷을 통해 민원이 처리되는 과정을 확인해 볼 수 있다. 현재 서울특별시 인터넷 홈페이지(http://www.metro.seoul.kr)를 통해 운영되고 있다. 그러나 현실적으로 수천 가지의 민원 업무를 수행하고 있는 서울시에서 모든 행정 업무를 동시에 공개하는 것은 불가능하다. 따라서 부정과 부패의 억제에 가장 큰 효과가 있을 것으로 판단되는 행정 업무를 중심으로 공개하고 있으며 점차 그 대상을 확대해 나가고 있다.

Open System 공개대상 업무의 선정은 다음과 같은 업무 선정 기준을 따른다.

- 과거 비리가 발생되어 사회적으로 물의를 일으킨 업무
- 업무처리과정이 복잡하여 특혜시비의 소지가 있는 업무
- 공개를 함으로써 외부 이권개입을 차단할 수 있는 업무 등

현재 공개되는 10개 분야, 54개 업무별(현재 운영되는 54개 민원 업무의 구체적 내용은 다음과 같다), 건별 민원처리 전 과정을 실시간으로 접수, 검토, 처리결과, 앞으로 예정 사항을 결재 진행 상태별로 입력하고, 처리부서와 담당자, 해당공개 업무에 대한 업무 내용, 구비 서류, 업무처리 절차 및 관련 법규를 공개하고 있다.

서울시는 분산되어 있던 민원처리 정보를 단일 창구에서 모두 확인할 수 있는 '종합민원처리시스템'을 2010년 1월 1일부터 서비스를 개시하였다. 이 '종합민원관리시스템' 구축으로 시민들이 서울시 홈페이지에 접속해 접수번호와 신청인을 입력하면 자신의 민원처리 현황을 확인할 수 있게 되었다. 대상민원은 진정과 건의를 포함한 서식민원이 총 413종이다. 민원처리 과정도 접수-수령-담당자 지정-기안-결재-결과처리로 정형화되었으며, 자신의 민원이 어느 단계에 있는지 볼 수 있고, 또한 자신의 민원처리과정에 대한 만족도를 즉시 피드백할 수도 있다.

제 2 절 온라인 공개시스템 도입 배경

행정이라 하면 국민들에게 부정부패, 관료주의를 가장 먼저 연상시킬 만큼 그 익명성과 불투명성으로 인해 신뢰받지 못하는 분야이다. 이를 획기적으로 개선하기 위해 당시 고건 서울시장은 부패척결을 기수로 시정을 이끌었다. 그러나 1998년 시의원 중 한 명이 부정부패에 연루되는 사건이 발생하면서 반부패를 최우선 목표로 하던 고건 전 서울시장은 매우 곤혹스러웠다.

기대를 갖고 있던 시민들의 신뢰를 다시 회복하기 위해서 당시 고건 서울시장이 제시한 부패방지 척결 대책은 '원인제거(규제 개혁, 부조리 악순환 차단), 처벌(일벌백계주의, 부조리 신고엽서제도), 민관공조(시민옴브즈맨 제도), 행정의 투명성 확보' 인데 특히 행정의 투명성 확보는 행정과정을 시민에게 노출시킴으로써 그 일환으로 인터넷을 통해 정책현황을 공개하는 방안을 제안함에 따라 서울시는 1999년 1월 25일, 고건 서울특별시장이 비리 척결 대책으로 시스템 개발의 일환으로써 민원처리 온라인 시스템(Open System)을 의욕적으로 도입하였다.

1. 공개시스템의 목적

1) 행정의 부정부패 예방

민원처리 온라인 시스템을 도입함으로써 시민들의 감시를 통해 시정의 투명성을 확보하고, 민원처리 업무에 신뢰성과 공정성을 확보함으로써 행정의 부정부패를 사전에 차단한다는 목표를 두고 있다. 또한, 서울시 반부패시책의 특징은 『원인요법』, 『처벌요법』, 『행정의 투명성 확보』, 『민관공조』 등 4가지 근원적인 대책을 시스템적으로 다이내믹하게 병행 실시하여 시너지효과를 극대화시키는데 있다.

2) 행정의 신뢰성을 증진

민원처리 온라인 시스템을 도입하는 것은 행정에 대한 국민의 신뢰성을 증진시키기 위해서이다. 당시 서울시를 설명할 때면 복마전(伏魔殿; 마귀가 숨어 있는 집이나

굴)이란 단어가 항상 따라붙을 정도로 서울시는 국민들로부터 신뢰성을 되찾는 것이 큰 의무였다. 그러나 행정에 대한 신뢰성을 증진하기 위해서는 서울시의 공무원들과 시민의 상호 커뮤니케이션이 필수적이었고 따라서 서울시는 행정 처리 과정 전반과 결과를 시민들에게 정확하게 공개 · 전달하는 방안을 채택하였다.

3) 행정의 접근성을 향상시킨다

시청이나 구청을 방문하지 않고 민원을 접수하고 처리 과정과 결과를 알 수 있다면 국민은 보다 쉽고 저렴한 비용으로 행정 서비스를 향유할 수 있을 것이다.

민원을 제기한 시민은 자신의 민원이 어떻게 처리되고 있는가에 대해 시스템을 통하여 정확한 정보를 얻는 동시에 이에 사용되는 공무원의 시간을 절약해 줄 수 있다.

2. 공개시스템 실제 추진 과정

민원처리온라인시스템의 프로그램 개발과 공개 대상업무 선정은 1999년 1월 26일부터 본격적으로 시작되었다. 시행 초기 실무 부서에서는 온라인 시스템 도입을 반대하였는데 행정 업무의 처리는 당연히 행정 부처 고유의 권한이라는 고정관념 때문에 업무 공개 자체를 반대했다.

그림 10-1 서울시 반부패 시책 개요

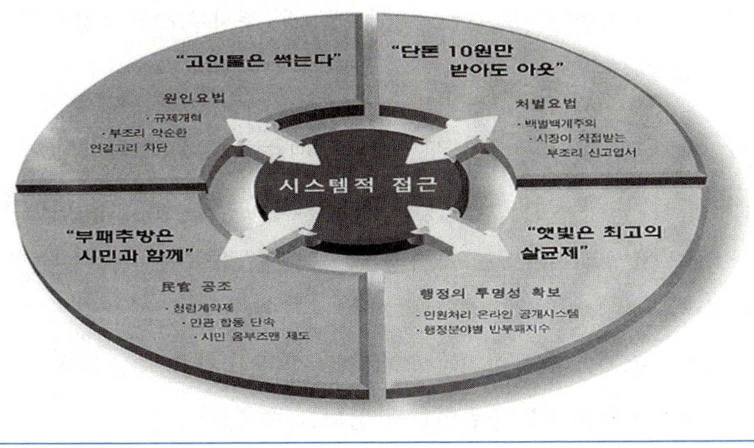

따라서 공개 대상 업무의 선정에 있어서 자체적인 감사 내용과 민원 편람을 토대로 위에서 제시한 바와 같이 과거 비리가 발생되어 사회적으로 물의를 일으킨 업무, 업무 처리 과정이 복잡하여 특혜 시비 소지가 있는 경우, 공개를 함으로써 외부 이권 개입을 차단 할 수 있는 경우를 기준으로 선정하였다. Open System 시행의 목적은 애초에 행정업무의 효율화보다는 부정부패 근절을 우선 목표로 하였으나 비록 공무원 조직 내의 조직적인 반발은 없었으나 보이지 않는 불만, 알력을 해소하는 데에는 시간이 걸렸다. 시스템 구축과 설계는 LG EDS에서 담당을 하고 실질적 데이터 입력은 서울시청 공무원의 수작업을 통해 이루어졌다.

따라서 사실상 실제 설계비용은 2,800만 원 정도만 소비되지 않은 대신 방대한 자료를 입력하는데 드는 공무원들의 노력이 매우 많이 소요되었다. 그 결과 1999년 4월 15일 26개 업무를 대상으로 민원공개시스템이 시행되었고 점차 업무가 확대되어 현재 1800여종의 민원업무를 사이트에서 확인해 볼 수 있다.

3. 공개시스템의 운영실태

시청이나 구청에 인허가 서류를 제출한 민원인과 공개업무에 대한 정보를 얻고자 하는 시민은 서울시 홈페이지(http://www.seoul.go.kr)에서 「민원처리공개시스템」을 선택하거나, 민원처리온라인공개시스템(http://open.seoul.go.kr/) 홈페이지를 직접 클릭하여 공개대상 목록에서 찾고자 하는 업무를 선택하여 보면 된다. 컴퓨터를 모르거나 인터넷을 사용할 줄 모르는 시민은 가까운 동사무소나 구청에 가면 직원의 안내를 받아 조회할 수 있다.

- **공개시스템 사이트 메뉴 소개**

① 공개목록 보기 : 신청된 민원업무 중 공개분야별로 공개민원을 열람할 수 있다.

② 자기민원찾기 : 신청자별로 자신이 낸 민원의 처리 과정을 볼 수 있다.

③ 자료검색 : 민원자료를 내용별로 검색할 수 있다.

④ 업무소개 : 공개분야별 민원처리 과정에 대한 정보를 제공한다.

⑤ 관련법규 : 민원분야별 관련법규를 검색할 수 있다.

그림 10-2 민원처리 공개시스템

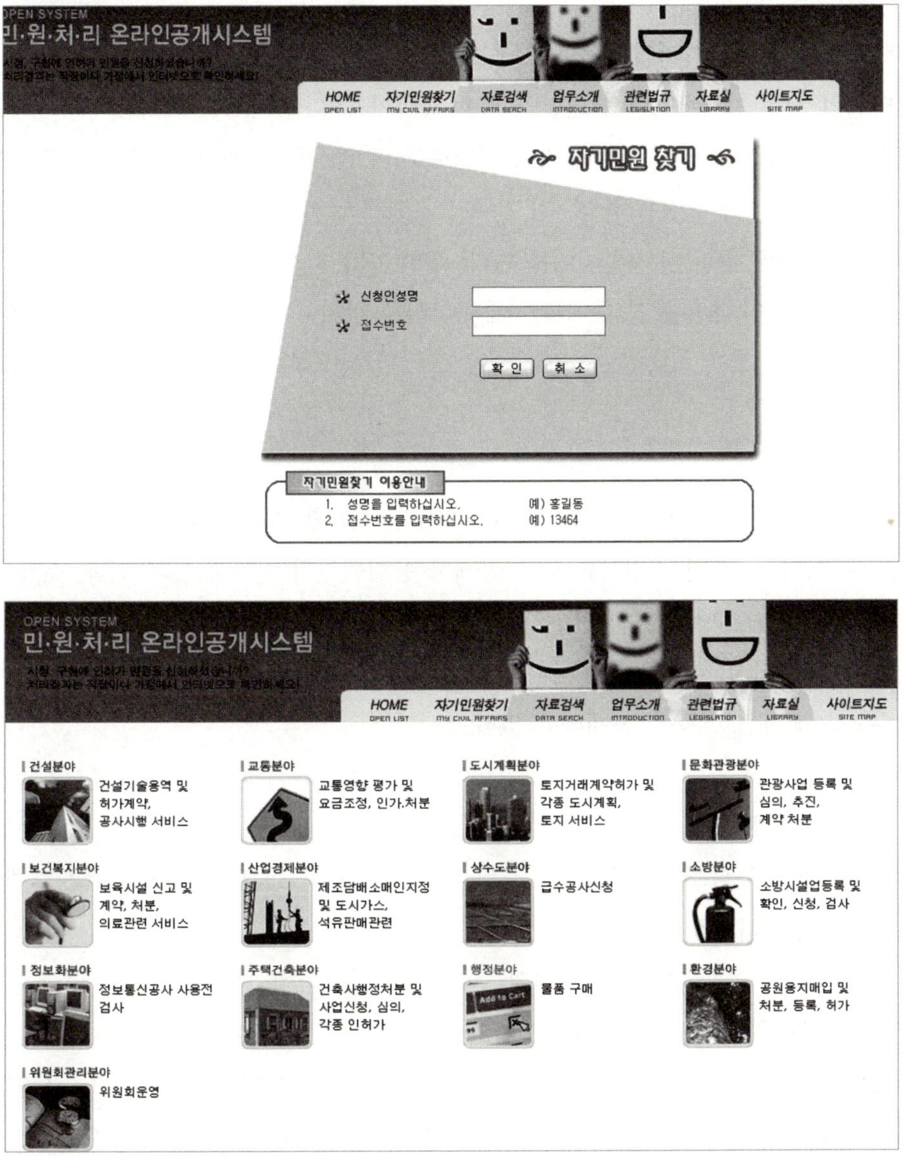

4. 공개시스템의 특징

• **접수에서 결과까지의 전 과정 공개**

민원의 접수 시점에서 해당민원의 최종 결과까지의 전 과정을 보여준다는 점에서 오픈시스템은 큰 특징을 갖는다. 각 단계별로 처리 과정을 공개한다는 것은 누가 어떤 단계에서 불합리한 결정을 하였는지 누구라도 쉽게 알 수 있어, 부정이나 부패가 발생할 수 있는 원인을 없애는데 기여를 한다. 또한, 오픈시스템에 접속한 시민이라면 누구나 민원처리의 내용을 볼 수 있다. 이에 따라서 감시와 감독의 효과가 커지고, 부정과 부패의 가능성은 더욱 최소화될 수 있으며, 발생한 부패의 적발 또한 용이해진다.

• **공개 내용**

서울시는 오픈시스템을 통해 시민에게 다양한 정보를 제공한다. 업무내용, 구비서류, 업무처리 절차 및 관련서류 등을 공개하여 민원인의 이해를 돕고 있다. 결재 진행 상태에 따라 해당 민원의 접수일, 검토 결과, 처리 결과, 앞으로의 예정사항에 대한 정보를 확인 할 수 있을 뿐 아니라 해당 민원의 처리부서와 담당자의 이름, 이메일주소와 전화번호 등을 공개하고 있다.

• **실시간공개**

서울시의 오픈시스템은 결재가 난 후 업무시간 기준 8시간 이내에 오픈시스템에 담당자가 입력하도록 되어 있다.

• **하드웨어가 아닌 소프트웨어**

대부분의 정보화 사업이 하드웨어적인 네트워크 구축이나 데이터베이스 구축 등에 초점을 두고 정보화의 기반을 마련하는데 역점을 두었다면, 서울시의 오픈시스템은 기존의 정보기술을 전략적으로 활용하는 소프트웨어적인 접근이라 할 수 있다.

인터넷 이용인구가 3천만 명을 넘어선 우리나라에서, 인터넷을 활용하여 시민들이 쉽게 민원처리 정보에 접근할 수 있도록 한 것은 정보기술의 전략적 활용으로 볼 수 있다.

5. 공개시스템의 성과

종전에는 민원의 신청자가 자신의 민원이 제대로 신청되고 접수되었는지 알기 위해 담당공무원을 직접 만나거나 소위 '급행료'라고 하는 금품을 수수하는 것이 관행처럼 있었다. 서울시의 오픈시스템 도입으로 민원인은 시 · 구청에 인 · 허가 민원을 접수하면 처리과정을 인터넷을 통해 확인할 수 있으므로 담당 공무원을 만날 필요가 없으며, 인터넷에 접속만 하면 언제 어디서든 실시간으로 처리내용을 확인할 수 있으므로 궁금증을 해소할 수 있다. 따라서 행정의 투명성이 확보되었고, 시민들은 오픈시스템을 통하여 행정 처리의 신속성과 공정성에 대하여 믿음을 갖게 되었다.

〈표 10-1〉 시민과 공무원의 설문조사

	서울시 공무원	시민
컴퓨터를 가진 사람만 쓸 수 있으므로 부자에게만 유리함.	149(7.1%)	26(5.2%)
최소한 컴퓨터를 사용할 수 있는 사람에게는 유리함.	868(41.2%)	181(36.2%)
정보가 공개되니 모든 사람에게 고르게 분배되는 서비스임.	616(29.2%)	116(23.2%)
관청에 가지 않고도 결과를 알 수 있어 서민들에게 유리함.	467(22.1%)	159(31.8%)
민원처리 공개로 비리가 없어지니 부자에게 상대적으로 덜 불리함	9(0.4%)	14(2.8%)
잘 모르겠다.		4(0.8%)
	2,109(100%)	**500(100%)**

제3절 공개시스템의 문제점

서울시 민원처리시스템의 운영성과에도 불구하고 아직까지 오픈시스템 운영에 대한 문제점이 지적되고 있다. 이러한 문제점은 시민과 시청 공무원, 이렇게 두 가지 입장에서 살펴볼 수 있다. 시민이 느끼는 문제점은 시스템 이용시민의 인터뷰와 설문조사에 근거해 살펴보았으며 시청 공무원이 느끼는 문제점은 시청 오픈시스템 담당자의 인터뷰를 중심으로 살펴보고자 한다.

1. 시민의 입장

1) 원하는 자료를 찾기 어려움

많은 시민들이 가장 큰 문제점으로 느낀 점이 바로 홈페이지에서 원하는 자료를 찾기가 어렵다는 것이다. 인터넷 문화에 익숙한 젊은 층은 정보검색을 쉽게 할 수 있으나 실제로 민원을 신청하는 대부분이 높은 연령층에 속하기 때문에 이러한 문제점이 발생한 것으로 보인다.

이를 통해 인터넷에 익숙하지 않은 시민들을 위해 보다 편리하고 알기 쉬운 서비스를 제공해야 한다. 또한, 민원처리에 대한 정보를 찾을 때 자주 신청되는 민원의 종류와 처리되지 않는 대상의 민원목록들을 따로 분류하여 제시해주어 더 쉽게 민원관련 정보를 찾을 수 있도록 해야 한다.

2) 시스템의 부화가 오래 걸림

시스템의 성격상 민원신청이 한꺼번에 이루어질 수 있으며 민원의 양 자체가 매우 많으므로 동시에 접속하는 사람이 많을 수 있다. 이 때문에 시스템의 부화가 오래 걸려 시민들이 불편을 느끼고 있다. 그러나 현재는 시스템 및 네트워크의 발달로 쉽게 해결될 수 있으며 신기술 도입 등 예산상의 문제로 남게 된다.

3) 신청한 민원이 온라인 공개시스템의 공개 대상에 해당되지 않음

민원의 내용은 여전히 공개대상이 되지 않으며 그 처리과정만 공개하고 있어서 공개대상에 제한이 있다. 투명성 제고 차원에서 더욱 더 광범위하고 자세한 정보를 공개해야 한다.

4) 홍보가 절대적으로 필요

오픈시스템이 오픈되고도 여전히 이 시스템에 대해 알지 못하는 시민들이 많다. 이는 시민참여를 통한 행정투명성 고양을 목적으로 삼는 이 시스템의 존립 자체에 위기로 적용할 수 있는 큰 문제점이다. 우리도 역시 그동안 오픈시스템에 대해 전혀 알지 못하였으며 어떻게 사용하는지에 대해 전혀 무지한 상태에 있었다. 그만큼 홍보가 절대적으로 부족한 실정이다.

5) 공개되어지는 업무의 접수와 처리는 오프라인으로 이루어지는 것

대부분의 민원신청은 여전히 구청이나 시청에 직접 방문하여 신청하여야 하며 온라인 신청 역시 그 처리과정이 복잡하고 절차가 까다롭기 때문에 효율성이 부족하다고 볼 수 있다. 업무의 접수와 처리결과 확인까지 민원인이 시청이나 구청을 방문하지 않고 가정이나 직장에서 인터넷을 통하여 민원을 제출하고 결과를 받아보는 원스톱(ONE-STOP) 종합민원서비스 체제를 구축하여 전자민주주의를 구현하는 것이 필요하다. 또한, 정보를 일방적으로 시민에게 제공하고 있는 방식이기 때문에 쌍방향의 커뮤니티가 가능한 시스템으로의 변화가 요구된다.

6) 주민등록번호 관리 실태 허술로 인한 개인정보 노출의 불안감

개인 정보보호 부분에 대한 치명적인 인권문제 등 시민들의 개인정보가 유출되는 상황이 발생하면 시민들은 그에 따른 불안감과 불신으로 온라인상으로 민원신청이나 민원 확인하는 것을 꺼릴 수 있게 된다.

2. 시청의 입장

1) 업무의 부담감

건축과 인 · 허가, 시설, 공사 등 분야의 공무원들은 민원처리온라인시스템에 대해 불만을 표하고 있다. 만나본 오픈시스템 담당 공무원 역시 업무의 비중이 크고 부가적인 업무이기 때문에 시스템 유지에 많은 노력이 요구된다고 하였다. 즉 시민들의 이용도가 높은 만큼, 본래의 업무에다가 시스템으로 처리해야할 일이 가중되어서 크게 부담이 되는 것이다. 하지만 민원처리온라인공개시스템은 부조리 해결차원에서 시작되었기 때문에 시스템 자체를 그만둘 수는 없는 것이 자명한 논리이다. 다만 다소의 부담을 덜어주기 위해 시민들이 직접 제출한 전자문서를 통한 결재나 공무원 인력증원 등의 다양한 방법이 모색되어야 할 것이다.

2) 정보격차 발생(Digital Devide)

이 부분에서는 서비스의 활용에서 보편적인 사용이 이루어지지 않아 노인, 저학력자, 장애인 층의 정보격차가 발생하는 문제점을 제시하고 있다. 즉 현재 젊은 네티즌들은 대체로 많은 이용을 하는데 반해 노인층, 저학력자, 장애인 등에서는 거의 사용을 하고 있지 않아 실질적인 정부서비스를 이용할 수 있는 시스템이 갖춰져야 하는 문제가 시급하다고 보았다.

3) 시민들의 무관심

오히려 시청의 입장에서는 자신들의 여건에서 최선의 홍보를 하고 있다고 밝혔다. 많은 시민들이 홍보에 무관심하고 시스템의 사용에 대해 알려고 하지 않는다고 하였다. 이는 시민들의 입장과는 매우 상반된 의견이어서 당황스러웠다. 정부와 국민과의 관점이 이렇게 다를 수 있구나 라는 생각이 들었다. 보다 적극적이고 실제 주민의 관심을 끌 수 있는 참신하고 효과적인 유인책을 마련하는 것이 중요할 것이다.

3. 나가야 할 방향

1) 다양한 방법의 결제제도 운영

현재 온라인과 오프라인을 통한 정보공개 청구가 모두 가능하게 되어 있어, 시민들의 편의성을 도모하고 있다. 그러나 수수료는 계속 지적되어온 대로, 오프라인 및 특정 은행을 통해서만 결제가 제한되어 있으며 결제방법을 다양화할 필요(신용카드,

핸드폰, 교통카드 등등)가 있다.

2)처리절차를 한눈에 볼 수 있는 홈페이지 구성

사기업의 배송 서비스의 경우 상품의 출발지, 경로, 운송 담당자 등과 관련한 과정과 진행상황, 담당자의 연락처 등이 세세하게 공개된다. 대한민국 전자정부 홈페이지의 '인터넷 정보공개' 사이트도, 정보공개 신청을 받으면 신청자에게 이메일을 통해 신청접수 사실을 통보함과 동시에 홈페이지에 그 과정을 상세히 보여줌으로써 시민들의 궁금증을 해소하여 국민의 알권리 증진을 할 수 있어야 한다.

3) 시민들의 의문점의 해결방안 마련

FAQ 페이지를 마련하여 평소 질문이 많은 사항에 대해서는 설명을 미리 해줘야 할 것이다. 의문이 풀리지 않을 경우에도 상담을 할 수 있는 온라인 질문 코너 등을 마련해두면, 좀 더 쉽게 양측의 불편을 해소할 수 있을 것이다.

4) 기존 자료의 공개방식 개선

이미 만들어져 있는 자료를 따로 한글파일 등으로 변환시키지 않은 경우, 전자우편으로는 자료를 받을 수 없다. 기존의 자료를 재입력하는 데 드는 시간을 절약하기 위하여 담당 공무원들은 사본을 우편으로 보내거나 청구인이 직접 와서 열람할 것을 요구한다. 기존 자료를 스캔하는 등의 방법으로 전자문서로 전송하는 등 시간과 비용을 줄일 수 있을 것이다.

5) 오픈시스템의 대중화

우리가 시청에 방문을 문의했을 때, 시청에서 근무하는 공무원들조차 오픈시스템이 무엇인지 모르는 것을 발견했다. 서울시가 독자적으로 개발한 오픈시스템이 국내외적으로 큰 호평을 받고 있으며 실제로 그 우수성은 뛰어나지만 국내에 있는 일반 시민들에게 크게 알려지지 않아 그 실용성이 떨어지는 점이 매우 아쉽다. 오픈시스템에 대한 서울시와 정부 차원의 계속되는 홍보를 통하여 시민들의 많은 참여를 도모하여 행정의 투명성을 더욱 높이도록 해야 할 것이다.

4. 결 론

서울시 공개시스템이 1999년부터 도입된 후 행정 처리의 접수에서부터 결과까지의 전 과정을 담당자의 인적사항까지 함께 실시간으로 공개하여 민원 행정 처리의 투명성이 증대되고 부정과 부패가 발생할 가능성이 줄어들었으며 그 결과 부정과 부패의 방지에 긍정적인 효과를 가져왔다는 사실을 많은 조사과 도표 등을 통해 객관적으로 알 수 있었다. 인터넷과 컴퓨터의 적극적인 활용을 통해서 민원처리의 과정을 보여줌으로써 정보의 비대칭성과 불공정성 등을 극복하고 투명행정을 구현할 수 있게 된 것이다. 이와 같은 획기적인 행정 혁명인 오픈시스템은 가지고 있는 적지 않은 문제점에도 불구하고 전 세계 많은 나라들이 큰 관심을 가지고 벤치마킹을 하러 서울시를 방문할 정도로 세계의 주목을 받고 있으며 국내의 많은 전문가들에게도 큰 호평을 받고 있다.

실제로 시민들과 공무원들을 상대로 한 많은 조사는 오픈시스템으로 인하여 행정의 투명성이 증대되어 부패지수를 감소시키는데 큰 공헌을 하였다고 나타난다. 그러나 중요한 것은 이러한 양적인 성장과 개선에만 치우쳐서는 안 되며 민원처리의 내용, 즉 민주성과 형평성의 증대라는 질적인 측면의 향상에 대한 추가적인 연구가 이루어져야 한다. 행정의 궁극적인 목적은 시민들의 입장에서 행정이 운영되는 것이며 그러기 위해서는 시민들의 편의를 일순위로 하여야 한다. 공무원 입장에서의 업무처리의 신속성이나 효율성만을 위하기보다는 시민의 입장에 서서 위에서 지적한 많은 문제점을 해결하여 형평성과 민주성을 증진할 수 있는 더욱 많은 심층적인 연구가 병행되어야 할 것이다.

제 11 장 모바일시장 현황과 소셜미디어 활용전략

제 1 절 스마트폰의 등장과 발전

1. 수평적 경쟁 도입

'모바일 코리아'라는 신조어가 등장할 정도로 아이폰으로 시작된 스마트폰의 확산은 광속에 가까웠다. 그렇지만 아이폰으로 시작된 다양한 스마트폰의 확산과 모바일 서비스들의 확대는 또 다른 문제점도 야기할 수 있겠다. 즉, 글로벌 기업의 플랫폼 독과점 문제, 과도한 개인통신 비용 지출과 인프라 중복투자, 모바일 정보접근성의 양극화 등이 심화될 수 있다는 우려의 문제점 등이 그것이다.

아이폰 등장이 가져온 가장 큰 변화 중 하나는 국내 모바일 산업계에 새로운 생태계가 생성되었다. 아이폰이 국내에 상륙하기 전까지는 국내 모바일 시장은 이동통신 3사를 비롯하여 2~3개의 휴대폰 제조사가 구축한 패쇄적인 구조로 유지되었다. 그러나 아이폰의 등장으로 이 폐쇄적인 구조는 변화되어 개방과 공유를 통한 수평적 협력을 하게 되었다.

2. '스마트한' 라이프스타일의 변화

'스마트 라이프'로 요약되는 오늘의 변화는 아침 기상부터 출퇴근 및 다양한 모임 등에서 읽히고 있다. 이제는 출퇴근 시 스마트폰으로 새로운 뉴스를 검색하고 메일을 주고받거나 동영상 콘텐츠를 즐기는 모습이 너무나 자연스럽다. 자신이 타야할 버스의 도착시간을 확인하고 오후에 비올 것에 대비해 우산을 준비하는 것도 대중화된 일상이 되고 있다. 스마트폰의 주된 이용 장소는 이동 중인 교통수단(77%)과 길거리 등 실외 장소(59.4%) 등이며, 하루 평균 인터넷 이용시간도 59.4분에 달하며 1시간 이상 이용하는 경우도 41.6%이다. 이제 어느 곳에서나 무선인터넷에 접속하여 원하는 정보를 이용하게 되어 무선 데이터 이용이 폭발적으로 증가하고 있다. 우리나라의 1인당 월평균 스마트폰 트래픽은 271Mbps로 세계 평균 85Mbps의 3.2배에 달해 세계 최고 수준으로 늘어났다.

특히 스마트폰의 확산이 가져온 라이프스타일의 변화 가운데 으뜸은 달라진 '소통' 방식이다. 스마트폰 확산에 힘입어 사용자와 사용빈도가 급격히 늘어난 소셜네트워크서비스(SNS : Social Network Service)는 관계 중심의 실시간 커뮤니케이션과 휴먼네트워크의 중요성을 부각시켰다. 초기에는 주로 친목도모와 일상생활 관련내용, 오락 등에 이용되었지만 최근에는 페이스북 등에서 전문가 수준의 콘텐츠가 공유되며 생산적인 용도로 활용도가 넓어지고 있다. 이 SNS는 단순한 정보의 공유와 확산에 그치지 않고 사용자 사이에 수정과 보완이 이루어지면서 집단소통은 물론이고 여론까지 형성하는 미디어적인 수준에 이르렀다.

3. '스마트워크' 등장으로 유연한 근무

스마트폰이 기업에 적극 도입되어 이동형 사무실이 구현되면서 일하는 방식에도 많은 변화가 나타나고 있다. '스마트워크(smart work)' 시대가 성큼 다가왔다. 날로 발전하는 정보통신기술을 이용하여 시간이나 장소의 제약을 넘어 유연하게 근무할 수 있게 되었다.

'스마트워크'는 회사에 출근하지 않고도 집 근처에 마련된 스마트워크센터에서 일을 하거나 회사 밖을 이동 중인 상황에서 업무를 처리할 수 있는 환경이다.

실제로 국내 대기업(포스코 등)이나 공기업, 외국계 기업들이 스마트워크센터를 구축하며 업무의 유연성을 높이는 작업을 시작했고 정부도 전체 노동인구의 30%가 스마트워크에 참여할 수 있도록 한다는 방침을 밝히고 있다. 기업은 스마트폰을 지급해 업무 시스템에 활용하거나 통신연결이 쉬워진 태블릿PC나 노트북과 같은 기기로 회사 밖 현장에서 업무를 끝낼 수 있도록 하고 있다. 이러한 시도들은 유무선 인터넷과 스마트폰 등 모바일 기기 그리고 소셜네트워크서비스(SNS) 등의 발전으로 멀리 떨어져서도 '협업'이 가능하게 되었다.

특히 이러한 변화는 직원의 만족도를 높이고 비용도 줄여 생산성 향상과 새로운 성장 동력으로 이어질 것이다. 더욱이 저출산, 고령화 사회로 급진전되면서 사장되기 쉬운 고품질의 여성, 노년층의 인력을 활용할 수 있는 방안으로도 평가받고 있다. 또한, 출퇴근에 소요되는 시간과 교통수단의 이산화탄소 배출도 줄여 '그린 이코노미(Green Economy)'를 실현시킬 수 있다.

공공부문에서도 모바일 서비스로 시간과 공간의 제약 없는 공공서비스를 제공하는 '스마트 정부'가 실현되고 있다. 또한, 위치정보, 기상정보 등 공공정보 공유를 통해 산업적 파급효과가 크다.

4. '스마트폰 1년' 금융을 바꾸다

스마트폰 열풍을 이끈 아이폰이 2010년 11월 28일로 국내 출시 첫돌(1년)을 맞았다.

스마트폰은 일반 개인용 컴퓨터(PC)와 비슷한 인터넷 속도와 컴퓨터의 소프트웨어 프로그램에 해당하는 각종 어플리케이션으로 무장하여 '손 안의 PC'로 불리며 고객층이 점차 확대되고 있다. 손가락 끝으로 톡톡 누르는 재미에 푹 빠진 고객들을 사로잡기 위해 은행과 보험, 카드사 등 금융회사들이 다양한 웹 개발을 하며 스마트폰을 앞세운 마케팅에 열중하고 있다.

1) 스마트폰 전용 예금에 우대금리 제공

은행권은 스마트폰 폰뱅킹이 활성화되는 추세에 맞춰 스마트폰 전용 예금을 잇달아 출시했다. 특히 은행들은 모집이나 관리비용이 종이 통장보다 적게 들어가는 스마트폰 전용예금에 금리를 추가로 얹어주고 있다. 스마트폰 폰뱅킹의 우대금리 원조는 우리은행이다.

'우리스마트정기예금'이 연 4.35%의 파격적인 금리 수준을 준 것을 시작으로 다른 은행들도 이에 가세하였다. 기업은행이 출시한 'IBK스마트펀(fun)' 통장 예금은 1년

만기 예금 금리가 연 4.5%로 '서민섬김통장' 연 4.1%보다 0.4%가 높다(조선일보, 2011.11.29. 7면).

2) 스마트금융이란?

고객이 다양한 금융 채널에서 다양한 서비스를 자신이 원하는 방식으로 스마트하게 활용할 수 있도록 지원하는 것이다(국민은행 발표자료, 2013년 한국은행 전자금융세미나).

그림 11-1 스마트금융

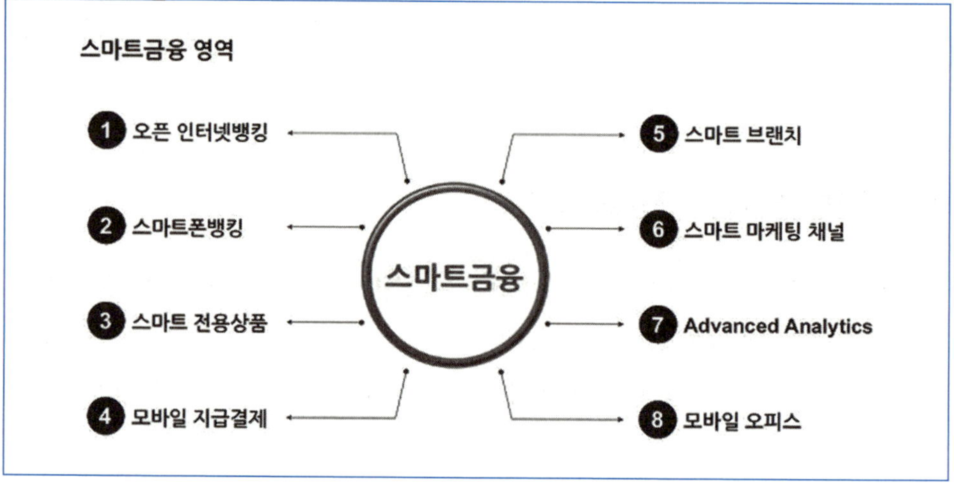

그림 11-2 통신, 정보기술, 전자 등과의 결합으로 기존의 금융거래 방식을 변화시키는 스마트금융

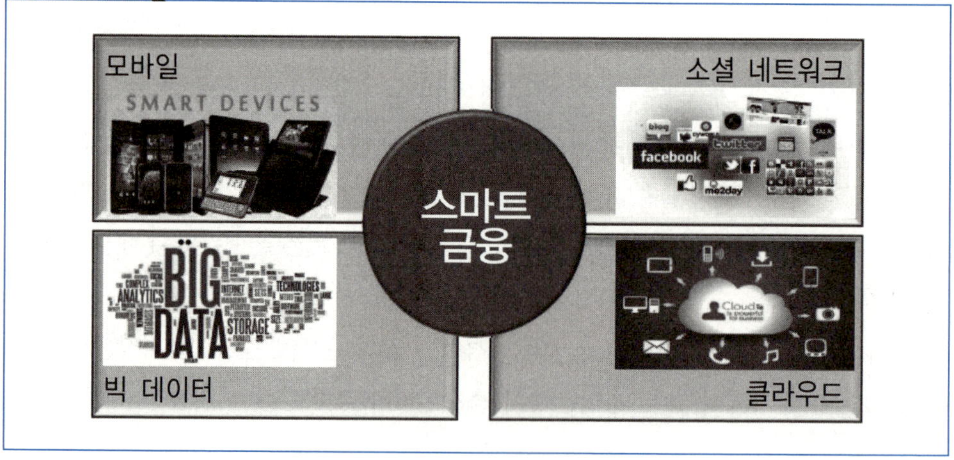

3) 국내 스마트금융 현황

- 전자금융 관련(2013말 기준)

그림 11-3 전자금융 인터넷 이용실태조사

인터넷 쇼핑	인터넷 뱅킹	모바일 뱅킹
50.4 %	**45.3 %**	**65.4 %**

출처 : 인터넷뱅킹이용현황(한국은행), 시 · 군 · 구별 주민등록인구수(행정자치부), 유무선통신가입자 수(미래창조과학부), 인터넷이용실태조사(KISA)

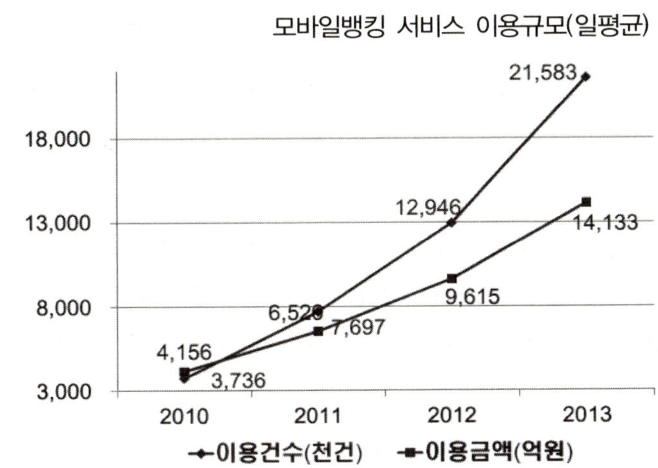

년도	등록 고객 수 (천명, %)
2010	15,748 (41.0%)
2011	23,737 (50.7%)
2012	37,092 (56.3%)
2013	49,934 (34.6%)

출처 : 인터넷뱅킹 이용현황(2014, 한국은행)

4) 스마트폰으로 보험영업시대 열리다

보험 가입자들을 위한 스마트폰 서비스도 개발되고 있다. 노트북을 활용한 영업지원 모바일 영업을 확충해온 대형 보험사들은 이제 스마트폰을 활용한 영업지원 프로그램을 잇달아 선보이며, 설계사들이 이동 중에도 고객의 요구를 즉각 들어줄 수 있도록 했다.

대한생명이 지난달 25일 출시한 '영업지원 시스템'은 고객이 보험상품 설계를 바꾸고 싶을 때 설계사가 스마트폰으로 이를 즉각 반영하도록 했다. 고객의 투자성향이나 중복 가입 여부 등 개인정보도 파악할 수 있고, GPS(위성위치확인시스템)를 통한 고객 위치 파악도 가능하다. 삼성생명도 스마트폰으로 고객 분석과 상품설계, 청약 등 절차를 원스톱으로 진행할 수 있는 인트라넷(intranet, 사내망)을 개통하여 고객들의 편의를 제공하고 있다.

5) 스마트폰 전용 예금 · 적금 급증세

2010년 6월, 우리은행을 시작으로 대부분의 시중은행들이 순차적으로 도입한 스마트폰 전용상품이 '고금리 상품'으로 인기를 끌고 있다. 2010년 11월, 젊은 층을 대상으로 재미요소를 가미한 'KB스마트폰 예 · 적금'을 내놓은 국민은행은 매일 300~400계좌씩 꾸준한 판매증가를 보이고 있다. 마케팅을 따로 하지 않아도 고객들의 입소문에 꾸준히 판매가 증가하고 있다고 한다. 국민은행의 경우 10만계좌 달성에 인터넷뱅킹 상품이 10년만에 이룬 성과를 스마트폰은 1년만에 달성하는 것이라고 하였다.

은행들은 현재 판매중인 상품 이외에 추가로 스마트폰 전용상품 출시를 검토 중이며 우리은행은 스마트폰 상품을 지속적으로 할 예정이고, 농협도 스마트폰 관련 추가 상품 출시를 한다고 하였다(전자신문, 2011.2.25. 22면).

6) 스마트폰 금융거래 정보보안

스마트폰으로 금융업무를 수행할 때는 '내 개인정보가 유출되지 않을까' 생각을 하며 사용하여야 한다. 금융감독원의 '스마트폰 금융거래 10계명'에 따르면 금융 앱(응용 프로그램)은 반드시 공식 배포처에서 다운로드 받아야 한다고 하였다. 인터넷 메신저 · 웹하드 · 블로그 · 게시판 등에 올라와 있는 프로그램은 개인정보를 빼가는 악성코드가 있을 수 있으니 주의하여야 한다. 출처가 불분명한 무선랜(Wi-Fi)을 통해 금융거래를 하면 개인정보가 노출될 수 있으니 이동통신망(3G)을 이용한다.

스마트폰을 잃어버릴 경우를 대비하여 스마트폰 메모장에 금융 아이디 · 비밀번호 · 계좌번호를 적어두지 말고, 가능하면 '자동 로그인' 기능을 사용하지 않으며 '화면 잠금 기능'을 설정해 두면 스마트폰 분실 시에도 금융사고를 어느 정도 예방할 수 있다.

5. 스마트폰 통역

1) 스마트폰 통역 2011년 세계 최초 제주도에서 실시

우리나라 중소기업이 개발한 스마트폰 실시간 음성통역 서비스가 세계 최초로 제주도에서 상용화가 시작되었다. 제주도에서 스마트폰을 활용하여 영어와 중국어, 일본어의 실시간 통역을 통역과 번역의 소프트웨어(SW)를 이용하여 제공하는 '제주관광 통역서비스' 업무를 2011년 5월에 개시하였다. 이에 따라 제주도에서는 외국어를 모르는 내국인과 한국어를 모르는 외국인이 별도의 통역사 없이 스마트폰으로 자유롭게 실시간 의사소통을 할 수 있게 되었다.

스마트폰에서 제주넷에 접속하거나 안드로이드마켓에서 '제주관광통역비서' 어플리케이션을 내려 받으면 누구나 이용할 수 있으며, 사용자가 언어 설정을 변경하기 위해 입력할 언어와 통역할 언어를 선택(한국어, 일어, 영어, 중국어)하면 양방향 동시통역을 제공받을 수 있다. 제주도에서 상용화를 시작으로 주요 자치단체에서도 스마트폰 실시간 음성 통역서비스 제공이 확산되었다.

2) 16개국 언어 동시통역

2015년 5월에 말하고 듣고, 듣고 말하는 양방향 음성인식으로 16개 국어 640만개 문장을 동시에 통역하게 되었다. 외국어를 전혀 몰라도 '인터톡통역칩'을 가지고 해외여행을 하면 의사소통이 완전히 해결된다. 말하면 바로 통역이 되는 음성인식 통역칩은 인터넷이나 와이파이 없어도 음성인식통역을 마음대로 할 수 있으며, 지금 사용하는 스마트폰에 'Micro SD Card'를 넣어 통역과 학습을 담는다.

통역이 가능한 16개국 언어는 한국어, 영어, 중국어, 스페인어, 일본어, 독일어, 이탈리아어, 프랑스어, 아랍어, 러시아어, 포르투갈(브라질), 인도네시아(말레이시아), 태국어, 터키어, 베트남어, 네덜란드어이다. '아이센스통역칩'은 앞으로 더욱 성능이 개선될 것이며 해외여행이나 해외출장 및 외국인 체류자나 외국어에 관심이 있는 모든 사람들에게 도움이 될 것이다(조선일보, 2015.5.22. C4면).

제 2 절 국외 모바일 시장 현황

1. 국외 스마트폰 시장 현황

스마트폰 시장이 본격적인 주목을 받게 된 것은 2007년 이후였다. 그리고 그 변화를 주도한 것은 기존 메이저 5대 기업이 아닌 비휴대폰 제조업체들이었다. 대표적인 기업은 Apple과 Google이다. 애플의 스티브 잡스는 '애플이 전화를 재발명한다.' 라고 발표하면서 2007년 6월에 미국에 첫 아이폰을 출시하였다. 아이폰 1세대 가격은 599달러였다. 이때 스티브 잡스는 '휴대폰, 와이드 스크린, iPod, 인터넷 단말이 하나로 된 제품'이라고 소개하였다. 아이폰은 2007년 미국의 타임지가 '올해의 발명'으로 아이폰을 선정할 만큼 아이폰은 업계에서 신선한 충격과 폭풍을 몰고 왔다.

연이어 2008년 7월 11일에는 아이폰 3G가 출시되면서 스마트폰 확산에 기폭제 역할을 톡톡히 했다. 이후에는 구글이 주도하는 스마트폰 플랫폼인 안드로이드가 출시되었다. 안드로이드는 다수의 하드웨어 및 소프트웨어 업체의 연합인 OHA(Open Handset Alliance)가 지원하는 오픈소스 플랫폼이다. 안드로이드 OS를 사용한 첫 번째 휴대폰은 대만의 HTC사가 제조하였으며, T-Mobile에 의해서 G1이라는 브랜드로 제공되었다.

기존 스마트폰의 강자인 노키아와 RIM(Research In Motion)에게는 충격이 아닐 수가 없다. 스마트폰 시장에 거의 존재감이 없었던 삼성전자, LG전자는 스마트폰 시장에서의 성장을 다짐하고 앞으로 더 많은 투자와 많은 모델라인을 제시하고 스마트폰 세계 점유율 1위를 고수하는 것에 초점을 두고 있다. 휴대폰 단말기 제조업뿐만 아니라 SW시장, OS시장, 콘텐츠시장 등 부가사업까지 미치는 영향을 생각하면 국내 IT산업에 큰 이바지를 할 수 있다고 생각한다.

〈표 11-1〉 세계 스마트폰 시장 전망 (단위 : 백만대, 억달러)

	2007	2008	2009	2010	CAGR
대수	122	105	187	254	28%
성장률(%)	52.5	24.0	23.4	35.7	
비중(%)	10.4	11.9	15.6	19.4	
금액	387	464	550	671	20%
성장률(%)	43.2	19.7	18.6	22.0	
비중(%)	24.6	29.6	40.8	50.3	
ASP(달러)	317	306	294	264	-6%

출처 : Mobile Handsets(2008.12)

〈표 11-1〉은 스마트폰 판매량과 성장률 전망이다. 2010년에는 2007년 기준으로 약 30%의 성장률을 보이고 있다.

세계시장에서는 E-mail과 IMS 등의 서비스 등이 일반화되는 통에 스마트폰의 수요는 꾸준히 증가를 하고 있다. 시장에 난무하고 있는 스마트폰 관련 수치를 종합해서 설명을 간략히 하자면, 2006년도 전체 휴대폰 시장 전체 출하량의 15%인 1억 2,300만 대 정도를 스마트폰이 차지한 것으로 보고 있다. 이는 전년 대비 75.5% 증가한 것이다. 음성 통신 기능이 빠진 순수 PDA시장은 성장률 5.7%로 시장이 점점 위축되는 반면, 현재 스마트폰 시장은 PDA 시장의 4배 규모라고 추정하고 있다.

스마트폰에서 애플사의 아이폰 성공신화는 반드시 짚고 넘어가야 한다. 아이폰의 성공 신화는 이제는 누구도 평가절하할 수 없는 수준까지 왔다. 실제로 얼마 전에 Change Wave에서 발표한 자료에 의하면 RIM은 41%, 애플의 아이폰은 23%, 팜은 9%를 차지했다. 전 세계가 스마트폰에 열광하고 있다. 스마트폰의 새로운 모델이 출시

될 때마다 단말기 매장 앞에서 줄을 서서 아이폰을 기다린다. 스마트폰에 열광하는 가장 큰 이유는 디자인과 어플리케이션이다.

그림 11-4 전 세계 스마트폰 점유율(단말기 기준)

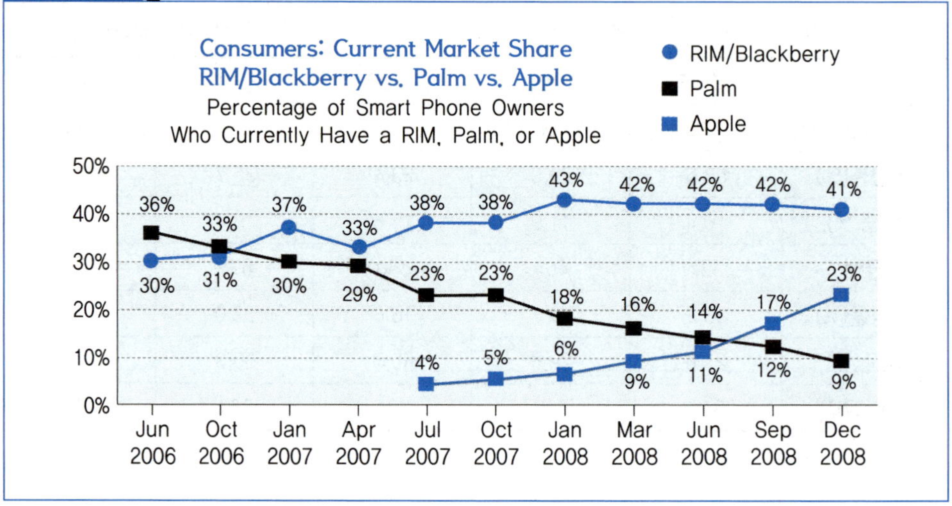

스마트폰의 등장으로 휴대폰 산업에서 플랫폼이 갖는 의미가 재조명되고 있다. 최근 수 년 동안 휴대폰 기업들의 주요 관심사로 플랫폼이 빠지지 않았다. 가격, 디자인과 같은 경쟁요소를 바탕으로 차별화하던 휴대폰 기업들이 이 경쟁요소들을 최적화해 담아낼 수 있는 플랫폼에 주목하게 된 것이다. 하지만 아이폰은 플랫폼의 중요성 이외에 콘텐츠와 연계된 어플리케이션의 중요성을 부각시키고 있다. 애플의 OS X 플랫폼은 아이튠스와 결합되어 단말기 판매수익 이외에도 영화, 음악 등의 콘텐츠 수수료 등의 수익을 애플에 안겨줄 것이다.

그림 11-5 스마트폰 소비자 선호도

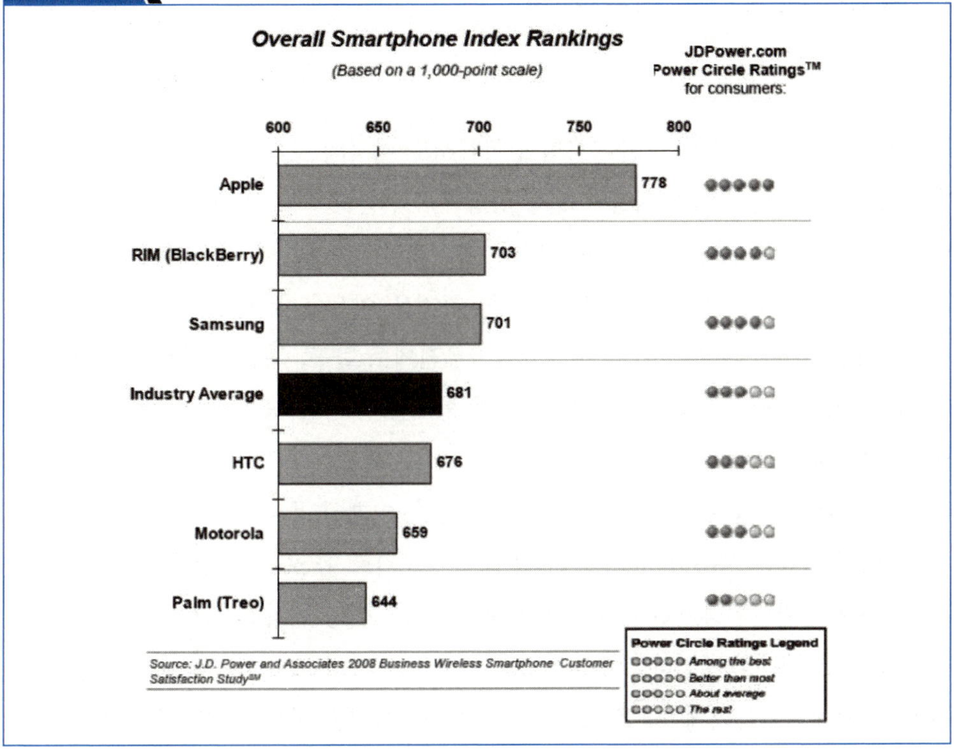

[그림 11-5]는 JDPower.com에서 조사한 소비자 선호도이다. 여기서 스마트폰 1위는 당연히 아이폰(Apple)이 차지하였다. NPD 그룹에서 발표한 미국에서 가장 잘 팔린 핸드폰에도 아이폰이 1등을 차지하였다. 2008년, 2009년은 아이폰의 해라고 해도 과언이 아니다.

사실 iPhone의 성공은 당연함과 동시에 의외인 면도 있다.

실제 미국인들의 스마트폰을 고를 때 중요시 하는 내용을 보면 인터넷 사용성(45%), E-mail 사용성(41%), 외형 디자인과 스타일(39%), 블루투스 호환성(37%), 키보드 스타일(예, QWERTY)(37%) 등이 거론된다. 이중 iPhone은 앞의 3개 항목에서는 월등하지만 뒤에 2개 항목에서는 매우 떨어지기 때문이다. 결국 시장의 성공은 몇 가지 단점보다는 몇 가지 장점으로 이루어진다고 볼 수 있겠다.

2. 국외 이동통신사 시장 현황

1) 미국

2008년 전 세계 최악의 금융위기의 상황에서도 미국의 주요 통신사들의 실적은 양호했다. 특히 무선 데이터 매출의 실적 향상에 기인한 것으로 발표되었다. 미국의 양대 이통통신사 AT&T와 Verizon Wireless(이하 '버라이즌')의 3Q 실적 분석을 통해 한국 이동통신업체의 실적과 상반된 결과를 가져온 이유를 분석해 보겠다.

미국 1위 이동통신사인 AT&T는 3Q 경기부진에도 불구, 무선 데이터 서비스 매출의 50.5%에 달하는 고성장과 함께 신규 후불요금제 가입자의 빠른 순증에 힘입어 15.4% 성장한 126억 달러를 달성하였다.

특히 무선 데이터 수입은 인터넷 접속, 메시징, 이메일 등의 콘텐츠 성장이 두드러졌다. 이런 현상은 2008년 7월 독점적으로 공급받기로 한 3G 아이폰이 가장 큰 역할을 한 것으로 판단된다. 3G 아이폰은 기존보다 2배 이상 빨라진 네트워크 속도로 최적의 인터넷 환경을 지원하고 있다. 이와 함께 애플사의 'The App Store'를 오픈하여 다양한 모바일 어플리케이션을 제공함으로써 3G 아이폰 사용자들의 무선 데이터 서비스 이용을 증가시켰다. 이런 매출 구조는 데이터 ARPU를 13.30으로 상승시켜 업계 내에서 가장 높은 데이터 ARPU를 달성할 수 있었다.

2) 캐나다

캐나다 Rogers Communications는 이동통신, 집 전화 서비스, 케이블 TV, 인터넷 등의 서비스를 제공하는 캐마다 제1위의 통신회사이다. 캐나다의 Rogers Wireless는 2008년 전년 대비 13% 증가한 58억 4,000만 캐나다달러의 네트워크 수익을 기록했다. 캐나다의 Postpaid ARPU 역시 무선 데이터의 큰 성장이 더해져서 2007년에 비해 4% 증가해 72.27 캐나다달러를 기록했고 무선 데이터 수입 역시 2007년 6억 8천 캐나다달러였던 것이 2008년에는 9억 4천 캐나다달러를 기록해 약 39%의 성장세를 보였다. 데이터 수익의 비중은 날이갈수록 점점 더 커지고 있다. 2007년 데이터 수익이 네트워크 수익에서 차지하는 비중이 13%였던 것에 비해 2008년에는 16%로 증가하였다.

Rogers Wireless의 화려한 2008년 영업 실적은 아이폰의 수혜를 톡톡히 본 결과라고 볼 수 있다. Rogers Wireless는 2008년 7월 애플사의 아이폰 3G를 출시했다. 아이폰 3G의 출시 이후 2008년 하반기 동안 약 385,000대의 아이폰 단말기 가입자를 확보했는데 이중 35%가 신규 가입자이고 65%가 기존 가입자들이 아이폰으로 기기변경을 한 경우이다.

아이폰 가입자들의 대부분이 음성과 월 데이터 패키지에 높은 가입률을 보이고 있다.

아이폰이 Rogers Wireless의 2008년 영업 실적에 크게 기여했다고 볼 수 있는 이유도 바로 여기에 있다. 앞에서 이미 언급했듯이 데이터 수익이 전체 네트워크 수익에서 차지하는 비중이 날로 커지는 만큼 Rogers Wireless의 아이폰의 성공적인 런칭이 2008년 그들의 영업 실적에 크게 기여하였음은 물론 앞으로의 수익에도 크게 기여할 가능성이 있다고 보여진다.

실제로 2009년 Rogers Wireless의 1분기 영업 실적에서 스마트폰이 가지는 영향력은 컸다. 2009년 1분기 Rogers Wireless의 영업 실적은 음성 전용 단말기 저조한 판매에 의한 실적 부진을 스마트폰과 무선 랩탑 가입자들의 증가로 인한 가입자 수의증가가 상쇄해 주는 구조를 보이고 있다.

2009년 1분기 무선(wireless) 네트워크 수익의 증가는 무선 postpaid 가입자 수의 증가와 무선 데이터 부문의 매출 증가에 의한 것으로 나타나고 있는데 특히 무선 데이터 수익의 급속한 증가는 스마트폰의 이용 증가를 반영하고 있다고 볼 수 있다. 2009년 1분기 Rogers Wireless의 무선 데이터 수익은 전년 동기 대비 43%가 증가한 2억 9천 캐나다달러에 이르고 있는데 이는 2008년 1분기 데이터 수익이 전체 네트워크 수익에서 차지하는 비중이 약 15%인데 반해 2009년 1분기 데이터 수익이 전체 네트워크 수익의 약 20%를 차지한다는 점에서 더욱 더 중요한 의미를 가진다.

3) 일본

일본에서는 일본 제 3위의 이동통신사인 Softbank가 애플과의 독점적 계약을 통해 2008년 7월 일본 시장에 아이폰 3G를 출시했다. 그러나 출시 전 많은 기대를 불러 모았던 아이폰은 당초의 예상과는 달리 일본 시장에서는 그다지 성공적이지 못한 결과를 내고 있다. 심지어 최근 Softbank는 2009년 5월말까지 2년 약정 시 8GB 아이폰을 공짜로 주는 행사를 펼치기도 했다.

이렇게 아이폰이 일본에서 인기가 없는 이유에 대해 일본 토종 단말기를 선호하는 일본 휴대폰 시장 특징이 일본 시장에서의 아이폰의 실적 저조의 원인이 되었을 것이라는 의견이 있다. 연간 5,000만대의 판매가 형성되는 세계 최대의 휴대폰 수요지 중 하나인 일본에는 10개 이상의 일본 토종 단말기 생산업체가 있다. 특징적인 것은 이러한 토종기업들에서 만들어진 일본 토종 단말기에 대한 수요가 매우 높다는 점이다.

세계 1위의 노키아가 일본 시장점유율이 1% 미만인 데 반해 일본 기업인 샤프의 점유율은 25%에 달하고 있다는 점이 이를 잘 뒷받침 해주고 있다. 또한, 3G 아이폰의 경우 일본인들에게 어필할 만한 기능을 갖추지 못했다는 것과 일본에서 적절한 마케팅 포인트를 찾지 못한 것이 실패의 원인이라는 분석도 있다.

3G 아이폰 역시 많은 기능을 내장하고 있기는 하지만 이미 대부분의 일본에서 생산되는 휴대폰 단말기들에는 고해상도 디스플레이, 디지털 TV, 위성 내비게이션 서비스, 뮤직 플레이어, 디지털 카메라의 기능이 포함되어 있으며 심지어 데빗(debt)카드나 기차표로 휴대폰을 사용할 수 있도록 하는 칩을 포함하고 있는 모델들도 이미 많이 나와 있는 실정이다. 이러한 일본 시장에서 3G 아이폰의 기능은 이미 고성능 단말기들을 많이 접해 온 일본인들에게는 크게 주목을 끌만한 것이 아니었을 것이다.

마케팅 역시 마찬가지이다. 애플사의 3G 아이폰에 대한 마케팅은 '사용자들에게 좀 더 빠른 인터넷 접속을 제공하는 3G 무선 네트워크의 가능'에 초점을 두고 있다. 그러나 이러한 3G 접속 서비스는 일본 휴대폰 시장에서는 이미 수 년 동안 이용 가능했던 평범한 서비스여서 일본 시장에 크게 어필할 수 없었던 것으로 보인다.

제3절 국내 모바일 시장 현황

1. 국내 스마트폰의 현황

인터넷의 발달로 언제 어디서든 이용자가 원할 때 네트워크에 접속할 수 있는 환경이 되었다. 이와 함께 2009년 11월 아이폰 출시 이후 2013년 7월 기준 스마트폰 이용자 3,595만명, LTE 가입자 2,399만명을 기록했다. 2013년 5월 12일 기준 세계이동통신사업자협회(GSMA) 산하 조사업체인 와이어리스 인텔리전스는 LTE 가입자 수가 1억명을 돌파했다고 발표했다. 한국을 비롯해 일본, 미국, 캐나다, 호주 등 5개 국가의 LTE 가입자 수는 전체 가입자의 90%에 이르고 있다고 밝혀 한국은 스마트 강국으로서 입지를 견고히 하고 있다.

1) 전 세계 스마트폰 출하량

2014년 5월 29일, IT 시장 분석 기관 IDC가 배포한 'Worldwide Quarterly Mobile Phone Tracker'의 최신 전망 자료에 의하면, 올해 전 세계 스마트폰 출하량은 지난해 출하량 10억 대보다 23.1% 성장한 12억 대를 넘어설 것으로 예상된다. 또한, 향후 5년간 연평균 12.3% 성장함으로써 오는 2018년 출하량 규모는 18억 대에 이를 것으로 예상된다.

〈표 11-2〉 전 세계 스마트폰 출하량 예상

Operating System	2014 Shipment Volumes*	2014 Market Share	2018 Shipment Volumes*	2018 Market Share	2013-2018 CAGR
Android	997.7	80.2%	1,401.3	77.6%	12.0%
iOS	184.1	14.8%	247.4	13.7%	10.0%

Windows Phone	43.3	3.5%	115.3	6.4%	28.1%
BlackBerry	9.7	0.8%	4.6	0.3%	-25.0%
Others	9.3	0.7%	37.7	2.1%	31.5%
Total	1,244.1	100%	1,806.3	100%	12.3%

Worldwide Smartphone Forecast by Operating System (units in millions)
출처 : IDC Worldwide Mobile Phone Tracker, May 28, 2014
* Forecast data

2) 국내 스마트폰 이용자 현황

2013 한국인터넷백서에 따르면 2012년 인터넷 주요 뉴스로 '모바일 인터넷 이용 급증'을 다루었다. 2009년 말 애플 아이폰의 국내 출시 후 3년여 만에 국민의 70% 이상이 스마트폰을 사용하고 있다. 스마트폰 이용자 급증은 전체 인터넷 시장에도 영향을 미치며 모바일 분야에도 모바일 게임 생태계, 생활밀착형 모바일 앱 등 혁신을 불러일으켰다.

〈표 11-3〉 국내 스마트폰 가입자 수 현황

(단위 : 명)

	2011.12월	2012.12월	2013.01월	2013.03월	2013.05월	2013.07월
SKT	11,085,192	15,978,717	16,330,642	16,646,700	17,102,966	17,534,073
KT	7,653,303	10,250,998	10,513,930	10,733,787	10,891,169	11,028,184
LGU+	3,839,913	6,497,534	6,453,868	6,949,216	7,199,325	7,383,794
합계	22,578,408	32,727,249	33,298,440	34,329,703	35,193,460	35,946,051

출처 : 미래창조과학부, 유무선통신서비스통계현황

3) 성별, 연령별 스마트폰 이용 현황

스마트폰 이용계기는 '다양한 응용 소프트웨어(모바일 앱 등)를 이용하고 싶어서(69.1%)'인 것으로 나타났으며, 다음으로 '수시로 인터넷을 이용하고 싶어서(56.8%)' 이용하기 시작한 것으로 조사되었다. 그 이외에 '새로운 서비스나 기술에 대한 호기심 때문에(39.0%)', '주변 사람들이 스마트폰을 이용하고 있어서(35.4%)', '고기능, 고성능의 단말기를 이용하고 싶어서(34.0%)' 등의 순으로 나타났다.

〈표 11-4〉 성별, 연령별 스마트폰 이용 실태 (단위 : %)

	다양한 응용 소프트웨어 (모바일 앱 등)를 이용하고 싶어서	수시로 인터넷을 이용하고 싶어서	새로운 서비스나 기술에 대한 호기심 때문에	주변 사람들이 스마트폰을 이용하고 있어서	고기능 고성능의 단말기를 이용하고 싶어서	학업이나 업무상 필요해서	이동통신사나 단말기 제조사의 홍보, 마케팅 및 언론 보도 때문에
전체	69.1	56.8	39.0	35.4	34.0	17.4	7.1
남성	74.2	57.6	39.8	27.2	38.3	20.7	5.7
여성	63.2	55.9	38.1	44.9	29.1	13.5	8.7
12~19세	67.6	51.5	36.8	47.2	35.7	13.3	3.6
20대	74.4	56.9	43.2	36.0	35.7	13.1	3.7
30대	69.3	61.1	39.4	33.2	33.6	14.6	7.7
40대	66.8	56.8	35.1	31.1	30.7	27.0	10.4
50대	61.1	53.5	37.9	30.3	34.2	23.2	13.4

출처 : 국민인터넷진흥원, 2012년 스마트폰이용실태조사(상반기)

4) 스마트폰 서비스 이용 현황

남성과 여성의 자료 및 정보 획득 분야별 이용률은 대부분 큰 차이가 없으나 뉴스, 금융정보, 학습 등에서 현저한 차이를 보인다. 남성은 여성에 비해 '뉴스(84.3%)', '금융 재테크 정보(40.9%)'의 이용자가 많고 여성은 남성에 비해 '교육, 학습(44.0%)'의 이용률이 높은 것으로 나타났다. 자료 및 정보 획득 분야 중 '뉴스'는 30대(84.0%)와 40대(82.3%), '날씨'는 50대(80.7%), '상품, 서비스 등 쇼핑'은 20대(71.0%), '교육, 학습'은 12~19세(51.1%), '금융, 재테크 정보'는 40대(44.7%)가 이용률이 높은 것으로 나타났다.

〈표 11-5〉 스마트폰 이용 서비스, 지료 및 정보 획득(복수응답) (단위 : %)

	기타 정보 검색 또는 일반적인 웹서핑	뉴스	날씨	상품, 서비스 등 쇼핑 정보 (소셜커머스 포함)	교육 학습 (어학, 사전 등)	금융, 재테크 정보(주식, 부동산, 보험 등)	위와 같은 서비스를 이용하지 않음
전체	85.3	78.9	75.9	65.6	41.8	33.9	1.0
남성	83.6	84.3	77.8	64.0	69.8	40.9	0.6
여성	87.3	72.7	73.6	67.5	44.0	25.8	1.5
12~19세	82.8	64.3	62.2	58.8	51.1	8.4	3.2
20대	87.8	79.6	78.2	71.0	45.7	32.3	0.5
30대	84.8	84.0	79.0	69.4	36.9	40.2	0.4
40대	84.3	82.3	76.4	64.0	39.1	44.7	0.6
50대	85.6	79.0	80.7	54.5	35.0	39.1	1.2

출처 : 국민인터넷진흥원, 2012년 스마트폰이용실태조사(상반기)

남성은 스마트폰을 통해 '이메일(75.1%)', '눈(62.4%)' 등을 여성보다 많이 이용하는 반면, 여성은 '블로그, 미니홈피(53.4%)' 이용률이 높은 것으로 나타났다. 연령별로는 12~19세는 '눈(70.8%)'을 많이 이용하고 있으며, 20대는 '모바일 인스턴스 메신저(91.2%)', '블로그, 미니홈피(59.4%)', '커뮤니티(51.4%)' 등 다양한 커뮤니케이션 형태를 이용하는 것으로 나타났다. 모바일 인터넷 전화 이용률은 28.1%로 다른 연령층에 비해 50대가 높은 것으로 나타났다.

〈표 11-6〉 스마트폰 이용 서비스–커뮤니케이션(복수응답) (단위 : %)

	모바일 인스턴트 메신저(카카오톡 등)	이메일	SNS(트위터, 미투데이, 페이스 등)	블로그 미니홈피	커뮤니티 (카페, 클럽 등)	모바일 인터넷 전화(스카이프 등)	위와 같은 서비스 이용하지 않음
전체	86.4	72.6	60.3	48.1	46.3	19.5	1.3
남성	75.1	75.1	62.3	43.4	46.6	21.4	1.4
여성	86.7	69.7	57.9	53.4	46.0	17.2	1.2

12~19세	83.5	58.3	70.8	50.9	46.5	12.6	1.1
20대	91.2	73.4	68.5	59.4	51.4	19.9	1.0
30대	88.4	73.4	53.8	48.2	46.4	19.5	1.0
40대	83.0	77.2	52.7	38.3	42.4	19.6	2.0
50대	79.2	80.9	53.3	31.8	39.6	28.1	2.0

출처 : 국민인터넷진흥원, 2012년 스마트폰이용실태조사(상반기)

스마트폰 이용자는 스마트폰을 통해 '음악 듣기 또는 다운로드(83.2%)', '게임, 오락(74.3%)', '동영상 보기 또는 다운로드(70.8%)', '실시간 TV 시청 및 라디오 청취(57.2%)' 순으로 여가활동에 활용하고 있는 것으로 나타났다. 남성은 '동영상 보기 또는 다운로드(75.4%)'와 '전자책(37.9%)'을 여성보다 많이 이용하고 있다. 12~19세, 20대, 30대는 음악감상, 게임, 동영상 시청을 모두 즐겨하는 것으로 나타났다.

〈표 11-7〉 스마트폰 이용 서비스/여가활동 (단위 : %)

	음악 듣기 또는 다운로드	게임 / 오락	동영상	실시간 TV 시청 및 라디오 청취	전자책, 잡지 읽기 또는 다운로드	위와 같은 서비스 이용하지 않음
전체	83.2	74.3	70.8	57.2	35.1	1.8
남성	82.6	75.6	75.4	58.5	37.9	1.7
여성	83.8	72.7	65.5	55.8	31.8	1.9
12~19세	89.0	81.7	73.3	41.3	27.6	1.9
20대	89.0	82.8	75.5	53.2	36.5	0.8
30대	82.2	81.8	73.0	61.6	36.5	1.0
40대	77.5	65.4	65.0	64.7	39.0	2.5
50대	71.9	37.7	59.7	66.0	31.1	5.1

출처 : 국민인터넷진흥원, 2012년 스마트폰이용실태조사(상반기)

제 4 절 소셜미디어 활용전략

1. 소셜미디어(social media)란?

개방, 참여, 공유의 가치로 요약되는 웹 2.0시대의 도래에 따라 소셜 네트워크의 기반 위에서 개인의 생각이나 의견, 경험, 정보 등을 서로 공유하고 타인과의 관계를 생성 또는 확장시킬 수 있는 개방화된 온라인 플랫폼을 의미한다. 소셜미디어는 그 자체가 일종의 유기체처럼 성장하기 때문에 소비와 생산의 일반적인 메커니즘이 적용되지 않으며, 양방향성을 활용하여 이용자들이 자발적으로 참여하고 정보를 공유하며 콘텐츠를 만들어나가는 특성이 있다. 다시 말해, TV, 신문, 잡지, 라디오 등과 같은 전통매체가 일대다(one-to-many)의 일방적 관계형에 기초한 커뮤니케이션의 속성을 가졌다면, 소셜미디어는 다양한 형태의 콘텐츠가 다양한 이용자들에 의해 생성되고 공유되는 다대다(many-to-many)의 쌍방향적 관계성을 토대로 하므로 1인 미디어, 1인 커뮤니티의 특징을 지닌다고 볼 수 있다. 소셜미디어는 방송매체의 일방적 독백을 사회적 매체의 대화로 변환시키고, 그 이용자들이 콘텐츠 소비자임과 동시에 콘텐츠 생산자가 되는 것을 가능케 함으로써 정보의 민주화와 개방화를 촉진시킨다.

1) 소셜미디어 종류

블로그(Blog), 소셜 네트워크 서비스(SNS), 위키(Wiki), 손수제작물(UCC), 마이크로 블로그(Micro-Blog)의 5가지로 구분하며, 일반적으로 사람과 사람, 또는 사람과 정보를 연결하고 상호작용할 수 있는 서비스를 제공하는 웹 기반의 플랫폼을 소셜미디어의 범주에 포함시킬 수 있다.

2) 탄생배경

- 첨단 정보통신과 멀티미디어 기술의 발전 및 융합의 결과로서 사회와 문화의 새로운 패러다임의 등장을 들 수 있다. 인터넷의 대중화, 디지털 카메라 및 MP3의 보급 등으로 오디오, 비디오 등을 활용한 사이버상의 대인 커뮤니케이션이 발전함에 따라 사용자들이 콘텐츠를 소비하는 동시에 생산도 하는 Prosumer(프로슈

머)의 활동이 가속화되었다.

- 사회의 분화와 재통합에 따른 커뮤니티 문화의 진화를 들 수 있다. 개인화와 네트워크화로 대표되는 사회의 분화와 재통합이 나타남에 따라 퍼스널미디어의 등장이 소셜 네트워킹 서비스의 등장으로 이어지고 이는 곧 퍼스널과 소셜의 융합을 촉진하게 된 것이다.
- 웹 기반 기술의 발달로 다양한 정보 공유와 네트워킹 기능이 확대된 것도 무시할 수 없다. 현재 웹 2.0 기반의 가장 대표적인 웹 기술로는 매시업(Mash-up), REST, FOX, XML 등이 있으며, 또한 웹 어플리케이션들이 새롭게 각광받고 있는 상호작용 웹 어플리케이션 구성 스타일인 AJAX(Asynchronous Javascript and XML)의 사용이 두드러지고 있다.
- 사람들의 친화욕구와 자기표현욕구가 증대하고 있다는 점이다. 개인주의화와 더불어 편리한 인터넷 매체의 발달로 누구나 손쉽게 커뮤니케이션하고 표현할 수 있는 욕구가 증대하고 이러한 트렌드의 이면에는 멀티미디어 양방향성 소통으로 인한 참여와 숙의라는 사회적 합의 체계를 가지고 있다.

2. 해외 주요국의 소셜미디어 사례

1) 주요국의 4대 활용전략 및 기대 효과

그림 11-6 4대 활용전략 및 기대 효과

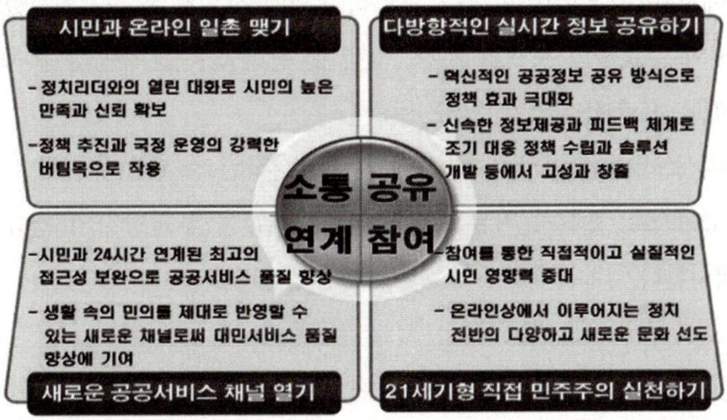

2) 주요국의 4대 활용전략 비교 분석

〈표 11-8〉 4대 활용전략 비교 분석

소통	미국	• 백악관의 'Stay Connected' : 8개 SNS 사이트 연계 • 오바마 대통령과 32명의 미국 주지사들의 트위터 운영 • 캘리포니아 주 정부는 주지사의 트위터를 통한 개인 이미지 개선과 친밀감 형성, 온라인 혁신 포럼(myidea4CA) 운영으로 정책 추진에 활용
	영국	• 세계 왕실 최초로 트위터 구축
공유	미국	• 모바일 상용 경보 시스템 구축(DHS) • 취약계층을 위한 특별 위기 대응 체계 구축(뉴저지) • 조직간 지원 협업체계 구축(FEMA) • 온라인 자선 모금활동
	호주	• 미래정부 T/F의 'Emergency 2.0 Australia' 프로젝트
연계	미국	• 샌프란시스코의 소셜미디어 센터 및 트위터 콜센터(311)
	호주	• 멜버른 경찰국의 트위터 활용 : 24시간 시민과의 정보 공유와 제공 및 연계를 통한 서비스 품질 개선에 노력
참여	영국	• '소셜미디어' 총선으로 새로운 정치문화 조성 선도 : SNS를 통한 지지와 코멘트, 온라인 선거 뱃지를 통한 선거 참여 열풍, 소셜미디어 토론회 등
	뉴질랜드	• 참여정책 수립을 위한 온라인 협의 공간(ParticipationNZ wiki) 운영

3. 국내 공공부문에 적합한 소셜미디어 제시

공공부문에 적합한 소셜미디어를 도입하고 성공적으로 활용할 수 있도록 길잡이가 되어준 해외 주요국의 정책과 지침, 법제 및 관련 공무원 행동강령 등을 참고하여 4단계 로드맵을 도출한다.

특히, 3단계(조직의 운영지침 제정)에서는 실질적인 소셜미디어 채널 운영에 기반이 되는 프로세스로 조직의 기본 운영지침과 채널 운영 담당자의 행동지침 등으로 구분하여 제시한다.

〈표 11-9〉 공공부문의 소셜미디어 도입 및 활용을 위한 4단계 로드맵

4단계 로드맵	목표 정의 및 도입 타당성 분석	인식 개선 및 내부 역량 강화	채널 선택 및 운영지침 제정	채널 운영 및 관계맺기

	1단계 (목표 정의 및 도입 타당성 분석)	2단계 (인식 개선 및 내부 역량 강화)
목표	✔ 소셜미디어 도입 여부 결정	✔ 효과적인 도입과 활용을 위한 조직의 기반 마련
세부활동	• 소셜미디어를 통한 조직의 목표 설정 • 도입에 따른 장단점 등 타당성 분석	• 조직문화 및 조직원 인식 개선 • 교육, 훈련을 통한 업무 인지도 향상 • 전담조직(인력) 구성 및 배치
예상이슈	• 뚜렷한 목표의식 없이 소셜미디어 도입 ➡ 기존 관계에 대한 신뢰와 이미지 손상 우려 및 경제적/인적 손실 분석	• 전담조직과 인력배치 지연 및 문화적 장애 발생 ➡ 시민과의 실천적 활용에서 수많은 부작용 양산 및 표면적이고 형식적인 활용 수준으로 귀결

	3단계 (채널 선택 및 운영지침 제정)	4단계 (채널 운영 및 관계맺기)
목표	✔ 소셜미디어에 적합한 조직별 운영 체계 구현	✔ 시민과의 긴밀한 온라인 관계 구축 · 유지 ✔ 다양한 위기와 상황 대응 능력 향상
세부활동	• 소셜미디어 채널 비교 선택 • 조직별 운영지침 및 내부 행동강령 제정	• 시민, 단체, 기업 등과 다양한 커뮤니케이션 형성 • 콘텐츠 생성부터 배포, 위기 관리, 이슈 대응 등 실질적인 채널 운영
예상이슈	• 조직 목적과 업무 등에 따라 차별화된 지침 제정의 어려움 ➡ 조직 내 합의를 통한 지침 준수 없이 새로운 기술 도입에 따른 기대 성과 달성은 미흡	• 예상치 못했던 복잡한 문제 발생 및 이해관계에 따른 집단간 관계 유지의 어려움 ➡ 보이지 않는 신뢰와 만족에 기반한 긴밀한 관계 구축을 위한 지속적인 관심과 준비가 필요

4. 성공적인 소셜미디어 도암과 활용을 위한 공공 조직의 4가지 실천 과제

1) 내부 인식의 중요성 감지

• 소셜미디어의 도입과 활용은 기존 온라인 채널보다 효율적인 인력 자원 배분이

필요하며, 담당자뿐만 아니라 조직적인 인지와 의지가 필요하다.

- 현재 대부분의 공공기관이 소셜미디어의 접근성이 용이하다는 이유로 해당 담당자에게 계획부터 실행 및 운영을 전담하게 하면서, 기존 업무 운영 방식과 유사한 도입, 활용 방식이 적용되어 문제이다.

* 기존 미디어 운영 업무의 KPI나 ROI 등을 적용하여 트위터의 방문자 수와 게시글 수, 댓글 수 등을 기준으로 성과를 분석하는 것이 아니라 전혀 다른 방식이 필요함을 조직 차원에서 인식하고 조정하는 것이 필요하다.

2) 내부 가이드라인 마련

- 개인의 트위터 사용과는 다른 공공부문의 기관 특성과 업무 성격에 맞는 개별 가이드라인 마련이 필요하다.

* 공공기관이 민원자나 정책고객에게 잘못된 정보나 정책을 제공 혹은 노출할 경우, 그에 따르는 책임과 파급 효과는 개인의 경우와는 현저히 다름을 인식한다.

3) 기존 자원과의 연동

- 국내 대다수의 공공기관이 2008년 이후 운영을 시작한 많은 블로그를 소셜미디어 차원에서 접근/활용하지 못하면서, 자원활용과 운영에 대한 부담이 증가한다.
- 블로그 연동과 웹사이트 내 공지사항, 정책홍보 콘텐츠들을 소셜미디어로 연동해서 공유할 수 있는 기능을 설치하는 등의 노력을 통해 기존 블로그와 마이크로블로그(트위터, 미투데이 등)를 연계하는 활성화 전략 접근이 필요하다.

4) 소셜미디어 도입에 관한 적극적인 대외 홍보

- 기존 웹사이트나 블로그에 소셜미디어나 서비스의 활용을 적극 홍보하고, 이를 통해 해당 기관이 신뢰를 기반으로 한 관계 형성에 참여하고 있음을 알림으로써 정책고객에게 긍정적 이미지를 부여한다.

제 12 장 선거에서 SNS, 네트워크, 매체별 활용전략

제 1 절 홈페이지, 블로그, SNS 등의 적극적인 활용

2011년 4월 27일에 실시했던 분당을 지역 국회의원 보궐선거에서 한나라당(현 새누리당) 손학규 후보는 공식홈페이지(www.hq.or.kr)를 별도로 운영하고 트위터, 페이스북, 미투데이 등 SNS와 연동하여 인터뷰, 기사, 새소식 등 꾸준하게 게시판을 잘 관리하여 상대 후보보다 IT기술을 이용하여서 젊은 세대에 좀 더 지지를 받을 수 있었고, 4.27 보궐선거는 이전의 보궐선거(2009년 39%)와 달리 49%라는 높은 투표율을 보였으며, SNS의 효율적인 활용으로 젊은 유권자의 투표율 상승이 전체 투표율 상승으로 이어졌다는 분석을 하고 있다. 즉, 분당을 보궐선거에서 손학규 당선자의 정보화 정치참여 수단인 홈페이지, 블로그, SNS 등의 적극적인 활용이 유효한 효과를 가지고 왔다고 분석할 수 있다.

선거는 프레임 전쟁이라고 한다. 정보화되고 감성적 사고가 지배하는 시대가 다가올수록 선거는 유권자 한 사람 한 사람에 대한 심리적 이해와 심리적 고찰이 선행되어야 한다. 앞으로 선거는 **다양한 선거 프레임을 이용한 데이터 선거와 SNS와 모바일 환경을 기반으로 한 선거전략**을 기반으로 트위터나 페이스북, 블로그와 같은 소셜미디어의 활용방안이 중요시 되고 있다.

미국의 시사 주간지 〈타임〉은 **2010년**의 인물로 페이스북의 설립자이자 CEO인 주커버그(Mark Zuckerberg)를 선정했다. 기존의 권위가 해체되고, 권력의 분산을 통한 분권화가 진행되고 있는 변화의 중심에 주커버그가 서 있다고 〈타임〉은 선정 이유를 밝혔다. 2008년도에 민주당과 오바마가 온라인 테크놀로지 활용에서 공화당을 앞섰고, 2012년 오바마 선거운동본부는 선거와 관련된 모든 IT활동을 아마존 웹 서비스의 클라우드 센터를 기반으로 이용하였다. 지난 4년 동안 IT기반 기술에는 **클라우드 컴퓨팅과 빅데이터의 등장**이 있었다.

소셜미디어는 사회운동의 참여방식에도 많은 영향을 미치고 있다. 예를 들어, 지난해 초 중동을 강타한 민주화운동, 이후 발생한 일본 동북부지방 대지진 사건, 한국 대학생들의 반값등록금 촛불시위, 이 모든 현장에는 소셜미디어가 있었다. **2011년 "소셜미디어혁명"이라고 불리는 중동의 민주화혁명**은 개방적인 플랫폼인 트위터를 통해 시위상황과 요구 등이 신속하게 전달되면서 소셜미디어는 독재와 억압에 눌린 중동 시민들의 자유로운 의사소통 공간이 되었다. 일본 동북부지방에 발생한 대지진 때도 소셜미디어를 통해 서로의 안부를 묻기도 했으며 피해지역을 돕는 모금활동이 트위터를 통해 활발히 전개되었다. 소셜미디어는 또한 한국 대학생들의 반값등록금 시위 확산과정에 중요한 역할을 했다. 이처럼 소셜미디어는 불과 몇 년 사이에 우리의 일상을 파고들었다.

소셜미디어는 국내 총선과 대선에 중요한 역할을 하고 있다. 무엇보다도 소셜미디어는 그동안 선거에 무관심했던 **10대 후반과 20대들을 투표장**으로 이끌 것으로 기대된다. 2011년 10월 26일 서울시장 보궐선거에서도 트위터를 통한 선거캠페인과 투표참여독려운동이 젊은 층의 투표참여를 확산시키는 데 큰 기여를 했다. 소셜미디어는 총선, 대선, 지방선거에서 후보자들의 당락을 좌지우지할 새로운 변수로 떠오르고 있다.

소셜미디어에 기반한 정치는 **언제 어디서나 정치적 소통과 참여가 가능한 환경을 만들고 있다는 점과 생활이슈 중심의 정치적 의제를 형성**할 수 있다는 점에서 긍정적인 측면을 가지고 있다. 소셜미디어의 파급효과와 영향을 고려하면 진솔한 이야기를 통해 유권자와 꾸준히 소통하고 공감대를 형성할수록 선거에 당선될 가능성이 높아지리라 생각된다.

선거는 당선된 사람은 모든 것을 가지는 반면에 낙선된 사람에게는 아무것도 주어지지 않는 치열한 제로섬(zero-sum game)이다. 과거와 달리 지금의 선거법은 조직선거와 돈 선거가 불가능한 정도로 조직과 돈의 사용에 대해 엄격하게 제한하고 있다. 반면에 "선거일 전 180일부터...후보자를 지지 · 추천하거나 반대하는 내용이 포함되어 있거나 정당의 명칭 또는 후보자의 성명을 나타내는 광고, 인사장, 벽보, 사진, 문서 · 도화, 인쇄물이나 녹음 · 녹화테이프 그 밖에 이와 유사한 것을 배부 · 첩부 · 살포 · 상영 또는 게시할 수 없다."고 규정한 **공직선거법 제93조 제1항에 대해 2011년 12월 29일 헌법재판소가 '한정위헌'판결을 내림에 따라 SNS 등 온라인을 이용한 선거운동은 비방과 명예훼손을 제외하고는 거의 무제한으로 허용**되었다. 헌법재판소는 재판관 6 대 2 의견으로 "트위터 · UCC · 블로그 · 홈페이지 통한 선거운동은 규제 대상 아니다."고 결정을 내렸다.

이같은 선거풍토의 변화는 그동안 세(勢)과시 중심, 조직 중심, 대규모 미디어 후보 중심이었던 선거운동 방식을 **후보 중심, 이미지 중심, 여론 중심, 온라인 중심의 새로운 선거운동 방식으로 변모**하게 만드는 계기가 되었다. 여기에서는 선거에서의 프레임 형성과 SNS 활용방안에 대하여 논의하고자 한다.

제2절 인터넷 시대의 선거환경 변화와 선거전략

1. 인터넷 시대의 선거환경 변화

1) 정치 · 경제적 환경

인터넷이 세상을 바꾸고 있다. 인터넷의 등장은 쇼핑, 놀이, 언론, 의사소통과 같은 일상생활뿐만 아니라 정치적으로도 매우 중요한 매체가 되었다. 인터넷이 정치적으로 활용되면서 정치적 의사표현이 활발해지고 또 참여의 폭도 크게 확대되었다.

오늘날의 보편적인 정당정치는 립셋과 로칸(Lipset and Rokkan, 1967)이 제시한 근대사회의 정치적 균열(cleavage)의 틀 속에서 이해할 수 있다. **근대사회의 정치적 균열은 산업화 시대의 주된 갈등인 계급정치의 형태로 정당에 반영**되었다. 좌파 진보정당이 노동계급을 대표하고, 우파 보수정당이 중산층을 대표하는 형태가 가장 단순화해서 이해할 수 있는 근대 정당정치의 패턴일 것이다. 이러한 기본적인 틀은 이들의 표현대로 오늘날까지 그 특성이 여전히 '동결(freezing)'된 채 유지되어 왔다.

그러나 이후 사회경제적인 구조가 바뀌면서 정당정치의 기반에도 변화가 생겨났다. 조선, 자동차, 탄광 등 한곳에 집중된 거대 작업장에서 블루칼라 남성 노동자를 주력으로 하는 산업사회의 고용형태는 이제는 **서비스업 중심의 3차 산업으로 그 중심**이 이동하게 되었다. 따라서 전문직, 관리직, 사무직 등 화이트칼라 노동인력의 수가 크게 늘어나게 되었고 그와 함께 파트타임의 증대, 개별 고용 협약, 여성 인력의 증대 등 여러 가지 변화가 수반되었다. 한편 계급의식을 자극할 만큼 열악했던 사업장 환경이나 사회경제적 상황도 많이 개선되었다.

정당정치가 확립된 서구 국가에서는 인터넷이 정당정치에 미치는 영향이 그리 크지 않다는 연구가 있으나 **우리나라에서 나타나는 정당정치에 대한 인터넷의 영향은 이보다 훨씬 크고 근본적**이라고 할 수 있다. 서구 국가들과는 달리 우리나라에서는 정당은 시민사회 내에 깊이 뿌리내리지 못했고 오히려 정치적 불신과 비판의 대상이 되어 왔다. 정치적 소통 구조의 중심에 정당이 위치해 있지 못했던 입장에서 인터넷의 등장과 함께 갑작스럽게 정치참여의 기회가 크게 확대되고 개방되는 상황을 맞이하였기 때문이다.

첫째, 정당의 **포괄정당화 경향**이다. 대중정당이 정치환경의 변화라는 도전에 직면하게 된 것은 물론 처음은 아니다. 1960년대 이후 서구 정치에서는 계급정치의 약화라는 상황의 변화에 대응하여 대중정당은 계급적으로 배타적인 대표성을 완화시키고 **탈계급적인 다양한 견해를 가능한 최대한 수용함으로써 득표력을 최대화**하려는 포괄정당(catch-all party)으로 변신해 왔다. 인터넷을 통한 정치참여의 확대에 정당이 대응하기 위해서는 공동의 정치적 정체성을 가진 집단이 아니라 수많은 소단위로 분절화된 다양한 소수의 요구에 응답해야 한다는 점에서 과거처럼 계급성의 약화에 대한 대응보다 더욱 어려운 도전에 직면해 있다고 할 수 있다. 다양한 요구를 만족시키면서 동시에 정책적 일관성을 유지하기도 사실상 불가능하기 때문이다.

둘째, 인터넷을 통한 정치참여의 특성은 **이슈의 연성화**이다. 안보, 국방, 외교, 권력 등 고위 정치(high politics)보다 주변의 실생활과 관련된 복지, 보건, 환경, 교육 등 하위 정치(low politics)의 중요성이 상대적으로 더욱 커졌다. 그런데 엄밀히 말한다면, 이러한 변화는 사실 인터넷 등장 이전부터 시작되었다. **탈물질주의**(post-materialism)**의 등장**과 함께 과거 근대 산업사회의 계급정치가 대표하는 물질적 가치의 배분을 둘러싼 다툼에서 벗어나, 환경과 같은 새로운 영역에 대해 관심을 갖기 시작한 것이다.

1970년대 독일을 중심으로 나타난 신사회운동 등이 이런 움직임의 좋은 예가 될 수 있을 것이다. 이러한 탈물질주의적 정치의 특성은 인터넷의 등장 이후 더욱 강화되고 있다. 이에 더하여 국제정치적으로 탈냉전, 탈이념적 시대의 분위기 역시 체제, 안보, 권력과 같은 경성 이슈보다는 자신의 일상생활과 보다 가까운 생활정치적인 영역에 보다 큰 관심을 보인다.

세계화의 추세 역시 이러한 정치적 관심의 변화에 영향을 미치고 있으며, 우리나라의 경우에는 이전에 비해 지방정치가 활성화되고 있다는 점도 **생활정치의 중요성이 부각**되고 있는 또 다른 요인일 것이다. 이런 특성은 단지 이슈의 속성뿐만 아니라 정치인의 태도에서도 잘 확인된다. 정치인들을 평가하고 판단하는데 이념, 정견과 같은 '무거운' 내용보다는 취미, 외양 등 보다 '가볍고 흥미로울 뿐만 아니라' 자신의 생활에서 유사성을 찾을 수 있는 측면을 중시하기도 한다.

셋째, 인터넷은 정당조직보다 **인물 중심**의 **결집을 더욱 강화**시킴으로써 전반적으로 정치적 요구 결집의 주체로서 정당의 기능 약화를 이끌고 있다. 1960년대 이후 TV가 선거운동의 수단으로 등장하게 되고, 선거운동의 전문화로 후보자 개인적 특성이 강조되는 경쟁, 유희적 정보 등의 현상이 부상하면서, 선거는 사회적 이슈를 다루는 정치 행사라기보다 흥미진진한 게임으로 변화해 가는 경향이 나타나게 되었다.

넷째, **롱테일 정치**는 대중 중심의 거대 담론으로부터 소수만이 주목하는 파편화된 이슈로 정치적 관심이 변화하고 있는 인터넷 시대의 정치적 특성을 잘 보여주고 있다. 경제영역에서 인터넷의 효과와 관련하여 최근 들어 주목을 끌고 있는 것이 롱테일 현상(the long-tail effect)이다. 롱테일 현상은 과거에는 전체 상품 가운데 가장 인기 있는 20%의 상품이 전체 매출 가운데 80%를 차지하게 된다는 80/20의 파레토 법칙이 인터넷 등장 이후 변화하게 되었다는 것이다. 소량이지만 보다 많은 이들이 찾게 됨으로써 80%의 소량 판매 상품이 전체적인 매출에서 차지하는 비중은 더욱 높아지게 된다는 것이다. 롱테일 현상에 주목하게 된 것은 미국 온라인 책방인 아마존이다.

인터넷 공간에서는 다양한 소수의 관심이 차지하는 비중이 점차 커지고 있음을 보여주는 것이라고 할 수 있다. **소수의 정치적 요구가 인터넷의 정치적 활용과 함께**

증대되는 현상을 롱테일 정치(long-tail politics)라고 부를 수 있을 것이다. 사회적, 문화적 소수자들이 네트워크를 통해 서로의 정체성을 확인하고 관심사나 이해관계를 공유하고 더 나아가 이를 정치적으로나 사회적으로 표출하고 있다.

2) 사회 · 문화적 환경

이제 인터넷은 더 이상 산업적 · 기술적 영역에서만 접근해야 할 문제가 아니다. 모든 사회 · 문화적 부분에서 우리의 생활 그 자체로 다가와 있기 때문이다. 이런 변화의 물결 속에서 정치도 변화할 수밖에 없다. 이런 상황에서 정치와 인터넷의 접목은 필연적이다. 인터넷은 정치에 관심이 없던 20대, 30대의 젊은 층을 정치 과정 속으로 끌어들였다.

인터넷은 이제 정치도 '즐기면서' 하는 문화로 바꾸고 있다. 정치를 소재로 한 각종 패러디와 노래, 유머 등이 유행하고 있다. 오는 6 · 4 지방선거를 앞두고 안전행정부에 따르면 수도권 66개 시 · 군 · 구에서 50대 이상 인구는 4년 전보다 144만 명 늘어난 반면 20~30대 인구는 36만 명 줄었다고 한다. 최대 격전지인 수도권에서 50대 이상 인구가 20~30대 인구를 2만 명 차이로 앞질렀다. 연령대 변화는 선거에 영향을 미칠 수밖에 없다. 연령효과에 의해서 보수적 경향을 보이고 투표 적극성도 높아져서 선거 환경에 상당한 영향을 미치고 있는 실정이다.

미국의 경우에도 2012년 11월 대선을 앞두고 세대별로 정치에 대한 관점과 정부에 대한 인식, 이념적 지향성 그리고 문화적 취향이 모두 다르기 때문에 각 정당이 유권자를 설득하기 위해선 세대별로 좀 더 차별화한 전략을 구사하였다. 미국의 여론조사 분석기관인 퓨리서치가 이 조사 결과를 바탕으로 최근 펴낸 '세대 정치 보고서(Generational Politics Report)'에 따르면 미국의 세대는 밀레니엄 세대(18~30세)와 X세대(31~46세), 베이비붐 세대(47~65세), 침묵의 세대(65세 이상)로 나뉘는데 이들의 정치적 성향엔 큰 차이가 있는 것으로 나타났다. 미국은 청년이냐 장년이냐라는 2개의 세대로 나뉘는 게 아니라 어떤 정치 · 사회적 조건에서 **생애 첫 대선투표를 했느냐에 따라 세상에 대한 인식도 다르다**는 게 확인된 바 있다.

3) 기술적 환경

2007년 6월 애플이 아이폰을 선보인 이래 미국의 모바일 시장은 급격하게 **스마트폰 중심으로 재편**되었다. 미국의 스마트폰 사용자는 2008년 대선 당시 약 2,000만 명에서 2012년 6월 말 기준 1억 1,000만 명으로 늘어났다. 이는 미국 인구(3억 1,300만 명)의 약 35%에 달하는 수이자 전체 휴대폰 사용자의 절반이 넘는 수이다. 1억 명이 넘는 스마트폰 사용자들이 언제 어디서나 인터넷에 접속하면서 소셜 네트워크 사용자도 폭발적으로 늘어났다.

모바일 서비스 측면에서 보자면, 이동통신 서비스의 3C 무제한 데이터 패키지 요금이 무선 데이터 사용자 기반을 급속히 증가시켰다. 나아가 다운로드 시 1초당 100MB의 전송속도를 가진 **4세대(4G) LTE네트워크가 등장**함으써 더 이상 유선 인터넷 서비스의 필요성을 못 느낄 정도가 되었다.

우리나라 1950~1960년대에는 유권자들과의 만남을 목표로 하는 선거광고로는 거리유세와 연설회가 가장 일반적이었고, 거리유세만큼이나 중요하게 생각했던 선거 벽보는 처음 등장한 1954년 이후 점차 기술의 발달과 여러 가지 법 제정을 통해 현재의 모습으로 변화되었다. 1970년 이후 TV가 흑백에서 컬러로, 점차 발달하고 보편화되면서부터 TV토론을 선거홍보로 삼는 경우가 많아지기 시작했다. 그러나 무엇보다도 **기술이 선거에 영향을 미치기 시작한 것은 손 안의 기기인 모바일**이 발달하면서부터 트위터나 페이스북, 카카오톡과 같은 SNS도 발달하기 시작한 2010년 이후라고 할 수 있다.

2011년 '아랍의 봄'에 튜니지아에서 시작된 "재스민 혁명'의 민주화 향기는 가장 탈근대적인 신 유목적 소셜미디어를 이용하여 북아프리카와 중동의 철옹성같던 전근대적인 가산제적 독재를 무너뜨렸다. SNS 혁명은 자본주의 심장부인 미국의 월스트리트와 유럽으로 번졌다.

한국은 경제규모는 중진국 수준이나 IT를 활용한 각종 콘텐츠 개발과 수출, 초고속망의 보급, 휴대전화 사용률, 인터넷 사용 인구 면에서 매우 높은 수준을 보이고 있다. 한국은 과거에 유라시아 유목부족들이 교차하는 곳이었고, 현재에는 신 유목주의(네오 노마디즘)와 함께 새로운 유목물품(nomadic devices)들이 매일같이 발명되고 있다. 유목민의 다혈질적 기질과 결합하여, SNS가 선거에 상당한 영향을 끼치고 있다.

2. 선거전략

1) 프레임 전쟁

프레임은 인간이 실재를 이해하도록 해주며 때로는 우리가 실재라고 여기는 것을 창조하도록 해주는 **심적 구조**이다. 프레임은 세계에 대한 우리의 가장 기본적인 상호작용으로 가능하게 한다. 즉, 프레임은 우리의 아이디어의 개념을 구조화하고, 사유 방식을 형성하며, 심지어 지각 방식과 행동 양식에도 영향을 준다. 대부분의 경우에 우리는 프레임을 무의식적으로 그리고 자동적으로 사용한다. **프레임 전쟁이란 서로 다른 이념과 정책을 앞세운 양측의 주도권 싸움**이다. 만든 자의 의도대로 상황이 흘러갈 수 있도록 만든 말(논리)이 프레임이다.

6·4지방선거를 앞두고 있는 마당에 세월호 침몰사고가 최근까지 정국을 달궜던 공기업 개혁, 통일 대박론, 규제 완화 등의 이슈를 블랙홀처럼 빨아들이면서 안전정책으로 변하고 있는 실정이다.

2) 선거 마케팅적 접근

선거에 대한 마케팅적 접근은 후보자와 선거조직이 선거의 중심이 아니라 **소비자인 유권자가 선거의 중심**에 위치하게 된다. 후보자가 선거구와 유권자를 파악하고 유권자의 욕구에 맞는 자질과 공약을 개발해 효과적으로 홍보함으로써 유권자들로 하여금 후보자를 선택하게 하는 마케팅적 선거 전략을 구사하여야 한다. 바꾸어 말하면, 후보자는 유권자의 입장에서 **유권자가 원하는 후보로 자신을 이미지 메이킹**(Image making)해가야 한다.

선거에 출마하고자 하는 후보는 시장인 선거구의 상황과 유권자에 대한 세분화를 통해 각 계층별, 집단별 요구를 파악해야 한다. 또한, 상품인 자신의 강·약점과 위험·기회 요인을 파악해 자신의 강점을 강화하고 약점은 보강하거나 감추는 전략, 기회요인은 적극적으로 활용하고 위험요인은 회피하거나 극복하는 전략을 개발해야 하며 후보의 상품성에 대해 타깃 계층별로 홍보 전략을 달리하는 이미지 메이킹을 형성해나가야 한다.

이상의 분석결과와 전략은 여론조사 결과와 함께 종합적인 '선거기획서'로 작성되어야 한다. 문서로 정리되지 않은 기획은 무의미하다. **최소한 선거 4개월 전까지는 전반적인 선거 전략과 타깃 계층, 준비사항, 일정 등에 대한 종합적인 선거기획서**를 마련해 주고 이후의 상황변화에 따라 적절히 수정되어야 한다.

그림 12-1 선거마케팅 전략의 기본모델

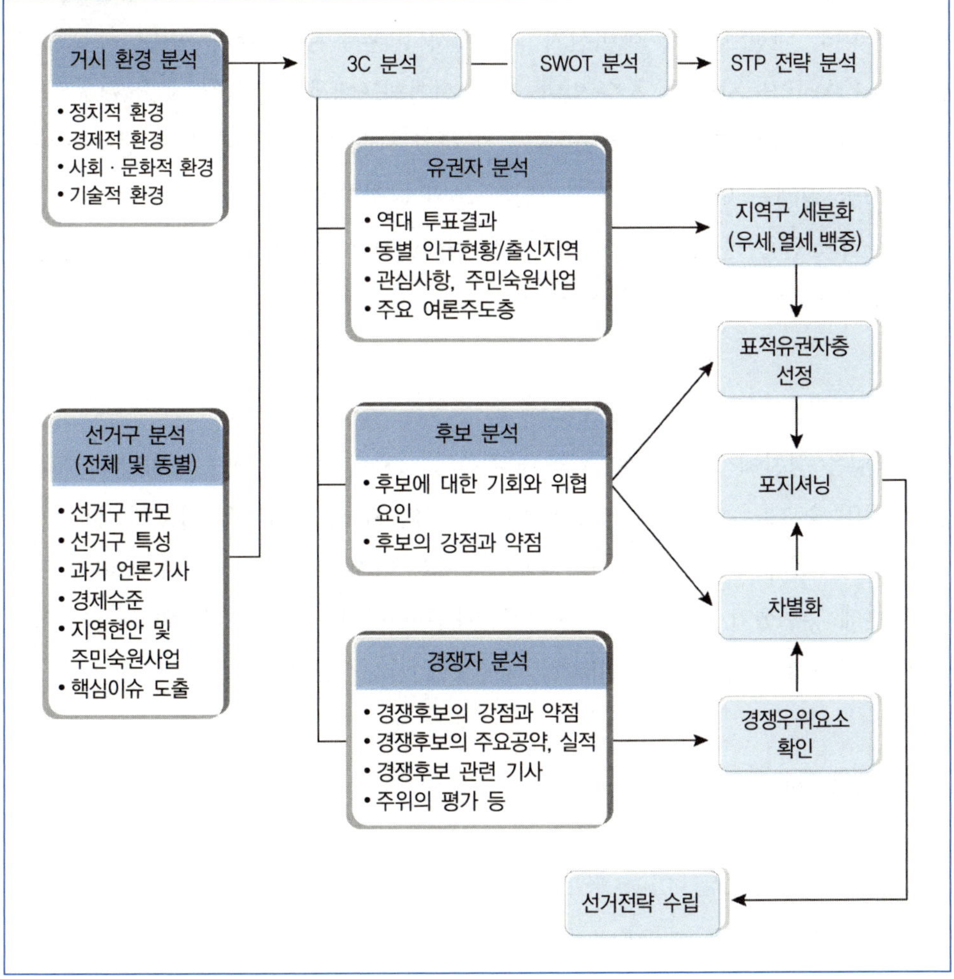

제3절 인터넷의 선거활동사례

1. 해외사례

1) 2003년 미국 대선 민주당 예비선거 과정에서 하워드 딘(Howard Dean)

노사모와 같이 인터넷이 정치인 지지 규합을 위해 중심적 역할을 수행한 경우는 2003년 미국 대선 민주당 예비선거 과정에서 버몬트 주의 주지사였던 하워드 딘(Howard Dean)의 사례를 들 수 있다. 딘의 선거캠프에서 **미트업**(www.meetup.com)이라는 웹사이트를 활용하자는 아이디어가 나왔는데, 이러한 전략은 큰 성공을 거둬서 2003년 말에는 14만 명이 오프라인의 모임에 참가하는 수준으로까지 발전했다. 비록 하워드 딘은 민주당의 후보 경선에서 패배했지만, 인터넷을 통해 자신의 지지자들을 효과적으로 결집시킬 수 있었다.

2) 2008년 오바마 대통령 당선

모바일은 정치에서도 강력한 힘을 발휘한다. 2008년 8월만 해도 오바마와 매케인은 박빙의 승부를 벌였다. 그러나 오바마는 **IT와 SNS, 모바일을 이용**해 세력을 확장하기 시작했다. 온라인의 오바마 '따르는 이'는 다시 오프라인 안에서 오바마 지지를 주변에 홍보했기 때문이다. 결국 미국 대통령 선거는 트위터에서의 격차가 오프라인의 격차에 반영되면서 오바마를 대통령에 당선시켰다.

2. 국내사례

1) 2002년 대통령 선거에서 노사모

2002년 대통령 선거 과정에서 노사모가 주목을 받았던 것은 첫째는 인터넷에 기반을 둔 정치집단이라는 점이고, 또 다른 하나는 **정치인 팬클럽**이라는 특징이다. 노사모는 2000년 16대 총선에서 민주당 공천으로 부산에 출마한 노무현이 낙선한 이후, 네티즌들이 지역주의에 맞선 그의 용기를 칭찬하고 그의 낙선을 안타까워했다.

노사모는 대선 선거운동이 한창이던 2002년 1월 16일 73,446명이었고, 2004년에는 10만 명 이상의 회원을 갖는 거대 집단으로 성장하게 된다. 노사모에서 흥미로운 점은 **동호회 활동의 활성화**이다. 동호회, 지역모임 및 특별활동 등의 오프라인 모임을 통해 회원들의 정체성과 결속력을 강화시킬 수 있을 뿐만 아니라 참여를 통한 놀이와 재미를 함께 누릴 수 있도록 한 것이다.

그러나 노사모의 결성이 지역주의에 도전했고 정치개혁을 주창했던 노무현의 정치적 입장에 대한 공감으로부터 출발하였고 대통령이 된 이후에도 노무현의 정치이념에 대한 지지를 표방해 왔다는 점을 고려한다면 노사모 결집의 주된 요인은 정치적으로 공유하는 가치에 의한 참여라고 볼 수 있다. 그런데 노무현의 지지자들 가운데는 소위 386세대로 불리는 30~40대층이 다수를 점하고 있다.

노사모 회원의 구성을 보면 20대보다는 30대, 40대, 학력으로는 고학력, 직업별로는 화이트칼라 회원들이 많다. 2002년 대선은 정몽준 씨가 후보 단일화 파기 선언을 한 상황에서 **선거 당일 인터넷과 휴대전화 문자를 통해 젊은 층이 막판에 결집**했던 것이 중요 승리 요인으로 꼽힌다. 그래서 2002년 대선은 인터넷 여론이 조중동을 이긴 최초의 선거로 기록되고 있다.

2) 2010년 강원도지사 보궐선거

2010년 강원도지사 보궐선거에서 당선된 최문순 후보의 당시 선거전략은 **트위터 등 SNS를 활용**한 시민참여운동이었고, 20~40대 젊은 유권자층을 적극적으로 공략해 지지를 이끌어냈다. 또한, 팔로우 수를 많이 확보한 후보일수록 지지층을 확대된다.

3) 2011년 나꼼수

나꼼수가 사용한 팟캐스트 방식의 방송도 SNS 시대의 새로운 미디어이다. '나꼼수'가 시작된 것은 2011년 4월 27일. 〈딴지일보〉 김어준 총수, 〈시사IN〉 주진우 기자, 정봉주 전 의원, 김용민 시사평론가 등 개성을 가진 4인이 서울 마포의 허름한 스튜디오에서 시작했던 것이 팟캐스트 방송 나꼼수였다. 2011년 10 · 26 서울시장 보궐선거에서 박원순 시장을 탄생시킨 공신이 셋 있었으니, 안철수와 SNS, 그리고 나꼼수가 그들이다.

10 · 26 서울시장 보선에서의 주요 정치 쟁점들이 야당이 아닌 나꼼수에 의하여 터져 나온 것이다. 즉, **나꼼수가 이슈를 던지면** 수많은 SNS 이용자들이 이를 전파하는 연계 구도의 결과였다. SNS 시대에는 블로그나 인터넷방송이 콘텐츠를 생산하고 트위터나 페이스북이 콘텐츠의 유통을 담당한다는 이론이 현실로 입증된 셈이다.

4) 2011년 10 · 26 서울시장 보궐선거

2007년 대선과 2008년 총선에서 침체되었던 온라인의 영향력은 2008년 촛불집회를 거치면서 다시 살아나게 되었고, 그 이후 **2010년 6 · 2 지방선거부터는 SNS의 역할이 눈에 띄게 나타난다.**

이 같은 소셜선거의 추세는 2011년 10 · 26 서울시장 보궐선거에서 더욱 강화되는 양상으로 나타났다. **트위터**에서의 선거에 대한 폭발적인 관심의 영향으로 10 · 26 재보선에서 젊은 층의 투표율이 올라갔고, 이는 박원순 후보의 승리로 이어졌다는 중론이다.

제4절 온라인 선거활동을 위한 SNS

1. 소셜미디어란 무엇인가?

소셜미디어란 용어는 가이드와이어 그룹(Guidewire Group)의 창업자인 크리스 쉬플리가 2004년 한 컨퍼런스에서 처음 사용하면서 주목을 받기 시작했다. 위키백과의 정의에서도 나타나듯이, **소셜미디어**는 이용자들이 자신의 일상경험과 평소 생각, 의견 등을 자유롭게 나누는 **참여적이고 개방적인 온라인 플랫폼**이다. 양방향성을 활용하여 참여하고 정보를 공유하며 사용자들이 만들어나가는 미디어를 소셜미디어라 부른다.

소셜미디어는 아이폰이나 갤럭시 S와 같은 모바일 기기의 보급과 더불어 확산되기 시작했다. 소셜미디어의 확산요인으로는 개인화, 소형화, 모바일화가 꼽히고 있다.

스마트폰의 보급과 확산, 트위터, 페이스북의 등장은 언제 어디서든지 접속할 수 있는 연결될 수 있는 웹 3.0환경을 만들어냈다.

소셜미디어의 유형으로는 트위터와 같이 단순메시지로 수익을 창출하는 마이크로 블로그, 페이스북과 같이 프로파일을 올리고 의견을 교환하고 관계를 형성하는 소셜 네트워크 서비스, 위키피디아와 같은 온라인 백과사전, 유튜브와 같은 사진 · 비디오 공유 서비스 등이 있다.

2. SNS 매체 종류

SNS를 활용하는 대표적인 채널은 블로그, 트위터, 페이스북이다. 내용을 생산하고 저장하는 역할을 하는 블로그, 대화와 정보가 흐르는 소통의 공간 트위터, 친구의 친구까지 인맥을 기반으로 정보가 퍼져나가는 페이스북이 있다.

SNS 인구의 급증 현상이 기본적으로 모바일 인구의 급증과 함께 가고 있기 때문이다.[14] 특히 스마트폰과 태블릿 PC의 보급 속에서 언제 어디서든지 SNS를 할 수 있는 환경이 되면서 그 인구는 폭발적으로 늘고 있다. 국내 스마트폰 가입자 수는 2014년 2월 현재 3,782명을 넘어섰고, 현재는 전체 인구의 77% 이상이 스마트폰을 이용하는 환경이 되었다.

〈표 12-1〉 SNS 매체 종류

■ 블로그, 트위터, 페이스북의 특징비교

구분	블로그	트위터	페이스북
특징	정보의 생산	정보의 유통	인적 교류 및 정보의 공유
사이트	네이버/다음 등 포털 사이트	twitter.com	facebook.com
글수제한	제한 없음	140자	420자(내 담벼락), 제한 없음(노트)
관계	구독자,이웃	팔로우(Follower)	친구, 팬
공유방법	RSS, 엮인글	리트윗(Retweet), RT	좋아요(Like), 공유(Share)

14) 유창선(2012), 소셜미디어, 대한민국의 정치의 판을 바꾸다! 정치의 재발견, 지식프레임, p. 39.

구성	포스트, 게시판, 공감, 덧글	타임라인, 관심, 글, 쪽지	뉴스피드, 담벼락
특징	자신의 경험과 주변에 일어나는 일들을 글과 사진, 동영상 등으로 올리고 관심을 가지는 사람은 구독하거나 이웃으로 등록하여 교류할 수 있다. 각자의 개성에 맞추어 내용 구성과 레이아웃을 지정할 수 있다.	타임라인에서 자신이 팔로우한 사람들의 실시간 정보를 파악할 수 있고 좋은 내용은 리트윗을 통하여 자신을 팔로잉한 사람들에게 전파할 수 있는 전달력이 뛰어난 서비스를 특징으로 한다.	가족, 친구, 동료 등 실제 현실에서 진입한 커뮤니티를 중심으로 시작하여 동일 관심분야의 새로운 친구들을 빠르게 확장할 수 있다.

3. 매체별 활용방안

1) 3대 매체

(1) 블로그

블로그는 개인미디어 형태로 온라인 세계에 소개되어 SNS의 시발점이 되었다. 트위터와 페이스북을 마이크로블로그라 부르며 그 뿌리를 블로그에 두고 있다. 정보를 찾는 대부분의 사람들이 포털 사이트의 검색엔진을 사용하고 정보를 노출시키는 것이야말로 온라인에서 행할 수 있는 가장 중요한 마케팅 기법이라 할 수 있다. 블로그는 접근성이 우수하며, 지속적인 광고가 가능하며, 사용자들과 양방향 소통이 가능하기 때문에 지속적인 소통을 통해 충성도 높은 관계로 유지될 수 있는 장점이 있다.

최근 대부분의 파워 블로그들은 1차적으로 블로그(네이버, 다음 등 토털의 메타블로그, 티스토리 등)나 오픈 플랫폼 홈페이지(월드프레스) 등에 콘텐츠를 내보낸다. 블로그에는 적극적 지지자들이나 캠프 운동원이 홍보할 때 기초가 되는 자료도 반드시 쌓아두어야 한다. 즉, 프로필, 출마선언문, 보도자료 등이다. 기자들은 후보자의 보도자료 키트(kit)를 늘 갖고 다니지 않는다. 그들도 필요하면 웹 접속을 통해 후보자의 정보를 얻기 때문에 블로그 데이터는 끊임없이 최신의 상태로 유지해야 한다. 특히 블로그에 쌓인 자료는 개별 팩트가 모여 스토리텔링이 되도록 하는 것이 좋다.

최근 SNS 피로감과 개인정보 유출에 민감한 영향 때문에 페이스북과 트위터 인기는 감소하고, **'밴드'**, **'카카오스토리'와 같은 폐쇄형 SNS로 옮겨가는 추세**다. 그러나 블로그는 자신의 생각을 차분하게 전달할 수 있는 SNS의 허브로서 최후까지 살아남을 것이다.

(2) 트위터

트위터의 본래 의미는 '재갈거리기'라는 뜻으로 이용자들이 140자 이내의 짧은 글을 주고받는 네트워크 서비스를 제공하고 있다. 2006년에 개발되어 온라인 공간에서의 중요한 마케팅 수단으로 최근 주목받고 있다. 사실 그동안 온라인을 통해 메시지를 주고받는 방법은 이메일, 문자메시지(SMS) 등 다양했다. 트위터는 블로그의 인터페이스, 미니홈페이지의 '친구맺기' 기능, 관심 있는 상대방을 뒤따르는 '팔로우'라는 독특한 기능을 중심으로 소통한다. 오바마 미국 대통령이 트위터를 대통령 선거캠페인에 효과적으로 활용하였다.

(3) 페이스북

페이스북 창업자 마크 주커버거(Mark Zuckerberg)는 하버드 대학생 시절 기숙사 친구들의 친목도모와 정보교류를 위해 페이스북을 처음 만들게 되었다. 그는 미국인 시사주간지「타임」이 선정한 2010년 최고의 인물로 선정되었다. 트위터와 달리 페이스북에는 **개인의 정보**가 비교적 상세하게 공개되는 편이다. 가령, 직업과 출신학교, 개인의 관심사, 취미 등 개인에 관한 기본 이력과 정보가 비교적 상세하게 전달되기 때문에 이용자들이 그 개인이 누구인지에 관해 쉽게 파악할 수 있다.

2) 기타

(1) 네이버밴드

네이버밴드는 10대부터 70대까지 다양한 연령층이 사용하는 SNS이며, **특히 40대와 50대들이 동창모임** 등을 만들어서 적극적으로 활용하고 있다. 밴드는 친구를 1,000명까지 만들 수 있으므로 지역명이 들어간 모임 등을 만들어서 메일이나 카카오톡, 문자 등을 통하여 친구들을 초대할 수 있다.[15]

---

15) 변영복 외 3명(2014), 필승! SNS 선거전략 매뉴얼, 매일경제신문사, p. 246.

(2) 카카오스토리

스마트폰 소지자 중에서 80%가 사용하는 카카오톡으로 소식을 전달하면 좋으나, 많은 사람들에게 한꺼번에 소식을 보내기에는 불편함이 따른다. 때문에 카카오스토리를 활용해 많은 사람들이 정보를 전달하는 것이 좋다. 카카오스토리를 이용하기 위해서는 '밴드'와 마찬가지로, '구글플레이스토어'에서 '카카오스토리'를 검색하여 설치하고, 가입하면 된다. 카카오스토리는 500명까지만 친구를 추가할 수 있다. 그러므로 '카카오스토리 기업용 계정'을 만들면, 친구 수 제한 없이 소식을 보낼 수 있다.

(3) 유투브

유투브(youtube.com)는 **무료 동영상 공유 사이트**로, 사용자가 동영상을 올린 후에 네티즌이 함께 공유 감상할 수 있는 서비스이다. 유투브는 2005년 창립한 사이트로, 한국어 서비스는 2008년 1월 23일에 시작했다. 대표적인 것이 '퍼가기' 기능으로 동영상의 주소만 복사해서 자로그나 미니홈피, 동아리 게시판에 올리면 바로 동영상 재생이 가능했다. 제44대 미국신의 블 대통령으로 당선된 버락 오바마 민주당 대선 후보의 승리에는 UCC로 대표되는 인터넷의 역할도 상당했다. 오바마 UCC 중 가장 유명한 것은 이른바 **오바마 걸** 동영상이다.

4. SNS가 만드는 풀뿌리 여론

SNS 환경의 도래는 인류에게 단지 기술적인 변화를 의미하는 것이 아니라, 사람과 사람 사이의 **소통의 방식에 혁명적인 변화**를 가져다주었고, 더 나아가 사람들의 생활양식까지 큰 변화를 낳고 있다. 소셜네트워트의 새 시대는 분명 다른 혁명적 변화를 경험하고 있다. 스마트폰이나 태블릿 PC 같은 모바일 기기를 손에 쥔 시민들이 이제 시간적·공간적 제약을 넘어서서 실시간으로 자신들의 발언을 쏟아내고 있는 것이다.

이 같은 변화는 민주주의에도 새로운 지평을 열고 있다. 시민들은 블로그, 트위터, 페이스북에 자신의 의견을 올리고, 자신이 공감하는 다른 사람들의 의견을 전파하는데 적극적으로 나선다.

소셜네트워크 민주주의는 이전까지 NGO가 선도했던 참여 민주주의의 실현, 인터넷에 기반한 온라인 민주주의로부터 질적으로 발전한 새로운 단계라 할 수 있다. SNS는 각자의 의견을 웹에 쏟아내는 데 그쳤던 온라인 민주주의를 넘어, 개인으로 분리되었던 이용자들이 **네트워크화되어 결속하고 조직적인 행동**으로까지 연결된다는 점에서 온라인 민주주의보다 진화된 단계로서의 모습을 보여주고 있다.16)

〈표 12-2〉 소셜네트워크 민주주의 단계

유형	주요기관	구성내용
시민 참여 민주주의	NGO	선도적 문제 제기 방식
온라인 민주주의	인터넷	온라인 여론 형성
소셜네트워크 민주주의	SNS	소통 + 여론 주도 + 시민 행동

인터넷에 기반한 온라인 민주주의가 영역을 넓힌 이후, 한국 사회는 지금까지 여러 차례의 대규모 촛불집회를 경험하게 된다. 2002년 두 여중생 사망사건, 2008년 미국 쇠고기 수입 재협상, 2011년 반값등록금 실현 등이 그것이다. 2011년 5~6월에 전개된 반값등록금 요구 촛불집회는 온라인 기반을 넘어 트위터 등 SNS가 주도적인 역할을 했다.

제 5 절 선거에 있어서 SNS 활용전략

2010년 이후 세계적으로 주목받는 사회적인 변화들이 많이 있었다. 튀니지의 재스민혁명을 필두로 전 세계에서 동시다발적으로 이런 변화들이 일어났다. 그 중심에는 소셜미디어가 있다. 저출산 · 고령화, 밀레니엄 세대의 등장 등 사회 · 문화적 요인과 ICT 발전으로 인한 개인미디어의 등장으로 기술적 요인 등이 융합되어 선거에도 막강한 영향을 미치고 있다. 이러한 선거환경에 고려하여 대선, 총선, 지방선거 등 선거 후보자들은 다음과 같이 대비하여야 한다.

16) 유창선(2012), 소셜미디어, 대한민국 정치의 판을 바꾸다. 정치의 재발견, 지식프레임, p. 100~103.

1. 표적 유권자층을 위한 수단으로 활용하여야 한다.

밀레니엄 세대라고 하는 젊은 직원들이 자유로운 IT기기 사용을 요구하며 소셜미디어와 개인 모바일 기기를 통해 업무와 사생활의 경계를 허물어뜨리고 있다. 닐 하우와 윌리엄 스트라우스는 밀레니엄 세대를 1982년에서 2003년 사이에 태어난 세대라고 정의한다.[17] 버락 오바마는 밀레니엄 세대의 후보였다. 2008년 대선 당시 밀레니엄 세대의 높은 투표율에 힘입은 것이다.

2010년 이후 모든 선거가 전부 SNS가 승부를 가르는 소셜선거가 되었던 것은 아니다. 여당의 승리로 끝난 2012년 4 · 11 총선의 경우 SNS의 영향력이 제한적이었던 것으로 평가받고 있다. SNS의 영향력은 지역별 · 세대별로 차이를 드러낼 수밖에 없는데 그 간격이 극적으로 표출된 것이 바로 4 · 11 총선이었다.

SNS가 선거에 결정적이 역할을 한 곳은 수도권 등 몇 개 사례에 해당한다. 우리나라의 경우에는 아직도 남부지방에는 특정정당 공천이 당선으로 이어지고 있는 실정이다. SNS 선거홍보는 시대적 상황에 따른 필수적인 사항이지만, 밀레니엄 세대를 위한 표적으로 홍보활동이 필요하다.

2. 적절한 SNS 홍보전략이 필요하다.

SNS 3대 매체 중 블로그는 콘텐츠 생산에 치중하고, 트위터와 페이스북을 통하여 전하는 방식이 적절하다.

3. 소셜미디어를 활용한 여론심사 실시이다.

소셜미디어가 보여주는 실시간 여론조사의 효과는 다양한 조사툴의 출현으로 이어졌다. 트위터도 트위터 사용자의 참여를 통한 다양한 설문조사가 이루어지고 있다. 해외는 물론 한국에서도 네티즌의 의견을 구하고자 할 때 트위터(트윗폴 Twtpoll, 퀄

17) 제러드 듀발/이선주 옮김(2012), 넥스트 데모크라시, 민음사, p. 166.

트릭스 Qualtrics)를 이용한 설문조사가 빈번하게 이루어지고 있다. 그리고 페이스북을 이용한 설문조사는 간단한 투표 페이지만으로 가능하고 시공간 제약도 없기 때문에 비용이 거의 들지 않고도 많은 사람의 실시간 참여와 실시간 통계집계가 가능했다.[18]

4. 유권자들에게 가장 설득력 있게 전달할 수 있는 프레임을 사용하여야 한다.

프레임이라는 개념을 정치적인 용어로 정착시킨 인지과학자 조지 레이코프에 의하면 "사람들은 낱말과 관련된 구체적인 사실보다 그 단어가 갖고 있는 사회적 의미나 상징성으로 판단해버린다."고 한다. 사람들은 선거에서 공약을 꼼꼼히 따져 합리적인 선택을 하기보다 감성에 따른 선택을 하기도 한다. 이미지 선거, 프레임 선거에서 승리하도록 유권자들의 정치적 마인드로 파고들어야 한다.

18) 김중태(2010), 소셜네트워크가 만드는 비즈니스 미래지도, 한스미디어, p. 222~223.

제 13 장 전자금융 시행과 보안사고 대응전략

제 1 절 2016년 인터넷 전문 은행 출현

1. 전자금융 최근동향

인터넷 전문은행의 첫 사업자로 카카오가 이끄는 카카오뱅크 컨소시엄과 KT가 이끄는 케이(K)뱅크 컨소시엄이 선정됐다. 이에 따라 정보통신기술(ICT)을 앞세운 카카오뱅크와 K뱅크가 어떤 운영을 할지 기대가 된다. 인터넷 전문은행은 ICT기반의 비대면 뱅킹서비스를 하며 중금리 대출과 저렴한 수수료 등 기존 금융권과의 차별화를 시도할 것으로 전망된다. 중금리 대출은 연 10%의 이율로 제1금융권인 은행과 제2금융권인 카드사, 저축은행의 틈새를 파고드는 개념이다.

2015년 11월 인터넷은행 예비인가를 받은 컨소시엄은 2016년 하반기에 인터넷 전문은행으로 출범한다. 금융위원회는 은행업을 전자금융거래방법으로 영위해야 하고, 은행업 영위와 관련된 인력, 조직, 전산설비 등 물적 시설을 갖추고 은행업을 시작해야 한다는 부대조건을 제시하였다(정보통신신문, 2015.12.07. 6면)

2016년 금융권에서는 '인터넷 전문 은행' 출현으로 대대적인 지각변동이 예상된다. 인터넷 은행은 점포 없이 인터넷과 모바일로 예금, 대출 등 각종 금융 서비스를 제공하는데 인터넷 은행은 무점포 경영으로 절감한 운영비로 예금 이자를 더주고, 대출 금리는 낮출 수 있다. 이 때문에 연 1~2%대 시중은행 저금리에 만족하지 못했던 소비자와 연 20%가 넘는 제2금융권 고금리 대출에 신음하는 서민들이 인터넷 은행의 주요 타깃이 될 것으로 보인다.

시중은행과 제2금융권에서도 인터넷 은행과 치열한 고객 쟁탈전을 벌일 전망이다. 이미 연 10% 정도 중금리 대출 상품과 최대 연 3~4%대 특판 예금, 적금 상품을 출시하며 고객 유치에 나서고 있다. 카드업계는 영세 중소 가맹점에 대한 카드 수수료 인하 등으로 실적 개선이 쉽지 않다(조선경제, 2016.01.1, B11면).

2. 핀테크, 스마트금융 혁명

현재 IT업계와 금융가의 핫이슈는 핀테크(FinTech)이다. 금융(Financial)과 기술(Technique)의 합성어인 핀테크는 말 그대로 모바일, SNS, 빅데이터 등의 첨단기술을 활용하여 기존 금융기법과 차별화된 새로운 형태의 금융기술을 의미한다. 최근 스마트폰의 대중화로 모바일 시대가 오면서 모바일을 이용한 간단한 결제는 물론이고 친구 간 송금서비스를 향후에는 메신저(Messenger)를 통한 결제 서비스도 하는 등 대중들이 쉽게 이용할 수 있는 다양한 기술들이 등장하고 있다. 지금 세계는 핀테크 혁명 중에 있다고 하여도 과언이 아니다.

인류문명이 생겨나고 가장 역사가 오랜 사업중에 하나인 금융에 IT기술이 접목되면서 은행, 카드, 보험 등 금융산업은 비약적인 발전을 해왔다. 한편 인터넷, 스마트폰, SNS 등이 모든 산업의 경계를 허물어 버리고 우리 생활에 큰 변화를 주었다. 이제 새롭게 등장한 핀테크가 또 한번 세상을 변화시키고 있다. 과연 핀테크는 무슨 의미로 우리곁에 다가오는지 살펴보자. 핀테크 기업들은 일반적으로 혁신적인 아이디어와 첨단의 기술을 결합하여 기존의 금융거래 방식과는 차별화된 금융서비스 모델을 제시하고 있다.

이용이 간편하면서도 수수료가 저렴한 송금 및 지급결제서비스를 제공하는 '송금과 결제' 사업이 있고, 개인기업 고객과 관련된 다양한 데이터를 수집하여 분석함으로써 새로운 부가가치를 창출하는 '금융데이터 분석' 사업영역도 대단히 인기가 있다. 최근 핀테크의 가장 대표적인 응용분야로 모바일 결제시장을 들 수 있는데, 그 규모가 2017년까지 약 800조원이 될 것으로 전망하고 있다.

핀테크가 요즘 유행어가 되었다. 이럴 때일수록 기업은 규제 등 제반 애로사항만 토로할 것이 아니라 철저한 시장분석을 통해 고객이 원하는 서비스를 개발하는데 집중적으로 관심을 가져야 한다. 어떤 기업이든 자신만의 경쟁력이 있어야 살아남고 지속적인 성장을 할 수 있기 때문이다. 다시 말해서 은행과 통신사가 제휴하여 기존 금융회사가 제공하지 않는 차별화된 상품과 서비스로 인터넷 전문은행을 2016년 영업을 시작하는 것처럼 핀테크기업들이 새로운 비즈니스분야에 지속적인 관심을 가질 필요가 있다.

제 2 절 전자금융서비스 발전 동향

1. 전자금융서비스

1) 전자금융서비스 개념

금융회사 또는 전자금융업자가 전자적 장치를 통하여 금융상품 및 서비스를 제공하고, 이용자가 금융회사 또는 전자금융업자와 직접 대면하거나 의사소통을 하지 아니하고 자동화, 非대면, 非서면 거래가 이루어지는 금융서비스를 말한다. 전자적 장치는 CD/ATM, 컴퓨터, 전화, 휴대폰, 카드단말기 등이다.

그림 13-1 인터넷 이용률 및 이용자 수 변화 추이(%, 천명)

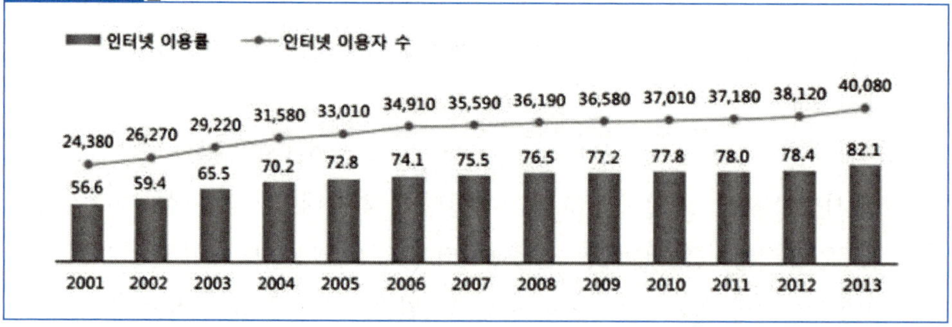

1) 2004년 조사부터 인터넷에 모바일 인터넷을 포함시켰으며, 인터넷 이용자 정의도 '월평균 1회 이상 인터넷 이용자'에서 '최근 1개월 이내 인터넷 이용자'로 변경함.
2) 2006년부터 조사대상을 만 3세 이상 인구로 확대함(2000~2001년 : 만 7세 이상 인구, 2002~2005년 : 만 6세 이상 인구).

2) 전자금융서비스 현황

(1) 인터넷 이용 지속적 증가

만 3세 이상 인터넷 이용률(최근 1개월 이내, 1회 이상 인터넷 이용자 비율) : 83.6% 인터넷 이용자 수가 4천만 명 이상으로 매년 증가하고 있는 추세다. 한편, 만 60세 이상 고령자의 인터넷 이용률은 32.8%로 전년 대비 6.0% 증가하여 꾸준한 증가세를 보이고 있다. 만 60세 이상 인터넷 이용자 수는 2,942천명으로 나타난다.

그림 13-2 만 60세 이상 노년층의 인터넷 이용률 및 이용자 수

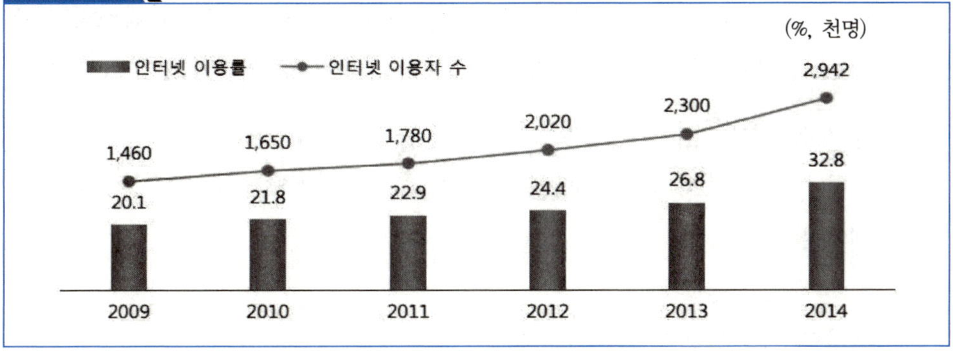

자료 : KISA 2014년 인터넷 이용실태조사

(2) 인터넷뱅킹 등 이용 활성화

인터넷 이용자 10명 중 4명(49.8%)은 인터넷뱅킹을 이용하고 있고(전년 대비 4.5% 증가), 인터넷 뱅킹 이용 기기는 '스마트폰(63.6%)'과 '데스크탑(62.6%)'으로 비슷하다.

인터넷 주식거래 이용자 절반 이상(53.8%)이 '스마트폰'을 통해 주식거래(전년 대비 6.8% 증가) 매년 큰 폭으로 증가하고 있고 이와 같은 증가 추세로 볼 때 2017년에는 80% 가까이 비율이 증가할 전망이다.

그림 13-3 인터넷뱅킹 이용률(%) – 만 12세 이상 인터넷 이용자

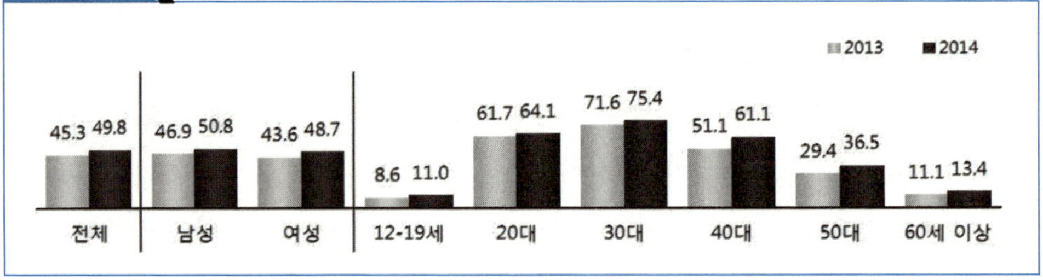

자료 : KISA 2014년 인터넷 이용실태조사

(3) 전자금융 서비스의 변화

전자지급 결제 서비스도 변화하고 있다. 현금 이용 비율이 현저하게 감소하고 체크카드 및 신용카드 이용 구매실적이 전체 83.3%(581조 6천억원)에 이르고 있다.

- 현금 사용 비율
  2007년(41.4%), 2008년(34.3%), 2009년(28.9%), 2012년(11.4%)로 큰 폭으로 감소 추세이다.
- 카드 종류별 사용 비율
  신용카드 (488조9천억, 84.1%), 체크카드(92조7천억원, 15.9%)
- 카드 결제 온/오프라인 비율
  2014년 기준 오프라인 결재(94.8%), 온라인(5.2%)
  자료 : BS금융경영연구소 2014년 국내 신용카드업 현황 보고서

2. 최근 전자금융 동향

1) 전자지급 결제 환경 변화

- 공인인증서 의무 사용 및 ActiveX 폐지로 30만원 이상의 온라인 카드결제 시 공인인증서 의무사용이 폐지되었다(2015년 3월, 전자금융감독규정 시행세칙 개정).
- 전자 결제의 환경 변화로 카카오페이, 페이팔, 알리페이 등 핀테크의 대두에 따른 간편결제 서비스 등이 활성화되었고 다양한 인증방법의 적용이 예상되고 있다.

2) 정보보호 패러다임의 변화

- 법과 규정의 지속적 강화

  (과거) 정보사진 보호 효과 강조 → 정보보호의 효율성 및 생산성이 향상되었다.
- APT 등 위험 증가

  (과거) 예방적 보안 접근(IPS, F/W, 백신 등) → 비정상 행위 탐지를 위한 통합모니터링이 필요하였다.
- 내부자에 의한 정보유출 증가

  (과거) 기술적 대책 중심의 보안 → 내부통제, 보안교육 등 전사적 위험관리 체계를 마련하였다.

제3절 전자금융의 향후 변화

1.금융 서비스 혁신 '자동이체 통합관리 시스템'

30대 직장인 A씨는 급여가 입금되는 은행을 주거래은행으로 이용하고 있다. 그런데 내집 마련을 위해 주택담보대출 금리를 확인하던 중, 일정 건수 이상 자동이체 서비스를 등록하면 우대금리를 제공하는 다른 은행이 있다는 사실을 알게 되었다. A 씨는 주거래은행 대신 그 은행의 계좌에서 자동이체가 이루어지도록 자동이체 통합관리 시스템(페이인포)을 통해 계좌 정보를 변경하고 신규 대출 계약 시 우대금리를 적용받았다.

40대 주부 B씨는 신용카드 이용대금, 가스요금, 이동통신요금 등이 서로 다른 계좌에서 납부되도록 자동이체 서비스를 등록해놓았다. 그런데 지난달 이동통신요금이 빠져나가는 계좌의 잔액이 부족해 요금이 미납 처리되고 말았다. 앞으로 이런 일이 일어나지 않도록 B씨는 페이인포를 통해 여러 계좌에서 출금되던 자동이체를 주거래은행 계좌에서 출금되도록 통합했다.

그림 13-4 자동이체 통합관리도

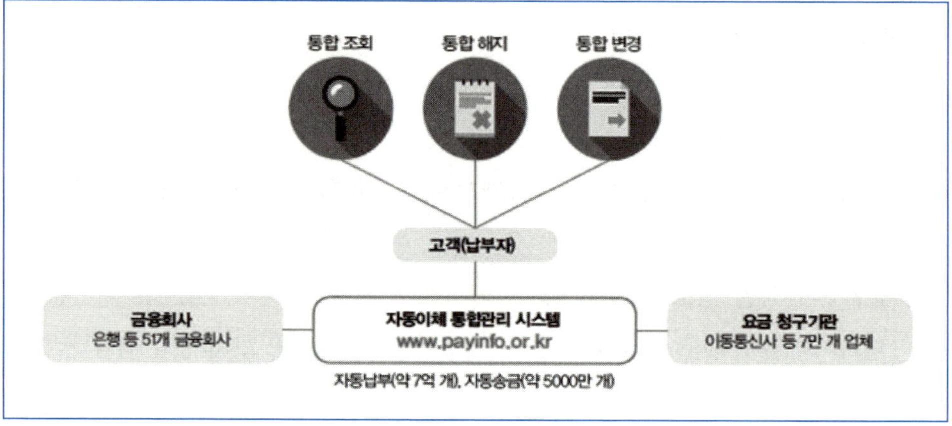

그간 주거래 계좌를 변경하기 위해서는 요금 청구기관(카드사, 보험사, 통신사 등)별로 기존 자동이체 출금계좌를 일일이 해지하고 새로 등록해야 하는 번거로움이 있었다. 그런데 지난 10월 도입된 '계좌이동 서비스'는 이러한 불편을 해소해줄 것으로 보인다. 이 서비스를 이용하면 자동이체 출금계좌를 다른 은행의 계좌로 변경하거나, 기존 계좌에 연결되어 있던 여러 건의 자동이체 항목을 새로운 계좌로 간편하게 옮길 수 있다.

계좌이동 서비스는 자동이체 통합관리 시스템 페이인포(www.payinfo.or.kr)를 통해 이용할 수 있다. 페이인포는 은행 등 금융회사에 등록된 자동납부 목록을 조회하고 건별로 선택·해지할 수 있는 온라인 서비스이다. 공인인증서를 통한 로그인과 휴대전화 인증 등을 통해 간단히 서비스를 이용할 수 있다. 금융결제원과 은행권이 태스크포스(TF)를 구축(2015년 6월)해 은행 등 51개 금융회사의 계좌에 등록된 요금 청구기관 약 7만 개에 대한 자동납부 약 7억 개, 은행 간 자동송금 약 5000만 개 정보를 통합 관리한다.

현재는 페이인포를 통해 개인 수시입출금식 예금계좌에서 출금되는 이동통신, 보험, 카드 등 3개 업종 '자동납부'의 출금계좌를 변경할 수 있다. 내년 2월부터는 적금·펀드 납입금, 회비, 월세 등에 대한 '자동송금' 서비스를 포함해 모든 자동이체에 대한 서비스가 개시된다. 이어 6월부터는 전국 오프라인 은행 지점에서도 신문사, 학원 등을 포함한 모든 요금 청구기관에 대한 자동납부 변경이 가능하다.

1) '자동납부' 출금계좌 변경 이어 2016년 2월부터 '자동송금' 서비스가 실시된다.

다만 은행 및 요금 청구기관이 특정 은행을 통해서만 자금이체 거래가 가능하도록 약정한 경우에는 계좌 변경이 불가능하므로 요금 청구기관을 통해 자동이체 등록이 가능한 은행이 어디인지 사전에 반드시 확인해야 한다. 또 변경 전후 계좌 중 어느 하나가 은행 외 금융회사(우체국, 증권사, 저축은행 등) 계좌인 경우에도 요금 청구기관에 직접 변경을 요청해야 한다.

금융당국은 계좌이동 처리 중 기존 계좌를 해지하는 과정에서 미납, 연체, 신용 하락 등 피해가 발생할 경우 관련 이력 삭제 및 수수료 미부과를 요청해 소비자 피해를 구제하는 방안을 마련해놓았다. 또 변경 전후 계좌에서 이중출금이 되었을 때는 변경 전 계좌에서 즉시 이를 환급받을 수 있도록 할 계획이다. 금융결제원은 "계좌이동 서비스 등장에 따라 주거래은행 변경이 용이해지면 은행 간 혁신적인 상품, 차별적인 서비스 제공에 대한 경쟁도 가열될 것으로 보인다"고 밝혔다. 고객의 계좌에 잔액이 부족해도 전기료, 통신료 등 공과금 성격의 요금이 출금될 수 있도록 은행이 제공하는 신용공여 서비스 등을 기대해볼 수 있다는 설명이다. 가족단위 금융 혜택이나 금융사 계열사에서 제공하는 포인트를 통합해 현금처럼 사용할 수 있는 서비스도 등장할 것으로 전망된다. 한편 은행에서는 고객의 지급결제 실적을 신용평가 시 보조평가 빅데이터 자료로 활용할 수 있다.

*** 계좌이동 서비스 문의 : 요금 청구기관(Payinfo 누리집에 전화번호 안내) 또는 금융결제원 고객센터(1577-5500)**

2) 신용 상태 좋아지면 '금리 인하' 요청하세요!

'금리인하요구권'은 취업 · 승진 등 직장 변동, 소득 및 재산 증가 등으로 대출 실행 당시와 비교해 신용 상태가 개선되었을 때 행사할 수 있는 제도이다. 기업에서는 재무 상태 개선, 회사채 등급 상승, 특허 취득 등의 경우에 가능하다. 대출기관에 재직

증명서, 급여명세서 등 관련 증빙서류를 제출하고 금리 인하 신청을 하면 기관의 자체 심사를 거쳐 1%포인트 전후로 금리 인하를 받을 수 있다.

모든 은행이 금리인하요구권을 내규와 상품설명서에 반영하고는 있으나 설명을 생략하고 형식적으로만 설명하는 사례가 발생함에 따라 정부는 '금리인하요구권 활성화 방안'을 마련(2015년 5월)했다. 이를 토대로 은행들이 고객에게 금리인하요구권에 대해 충실히 설명하는지를 지속적으로 암행 점검할 예정이다.

특히 제2금융권 금융회사의 상당수가 세부 운영기준 마련이 미흡해 금리 인하 인정 사유, 적용 대상, 요구방법 등 구체적인 사항을 내규에 반영토록 추진한다. 금융회사별로 금리인하요구권 행사 요건이 상이해 발생하는 형평성 문제는 기본적인 행사 요건을 정비해 반영토록 할 방침이다. 소비자의 인식 확산을 위한 교육 및 홍보도 강화한다.

3) 잠자는 금융재산 찾아드립니다.

2014년 말 기준 금융회사가 보유한 휴면 금융재산은 총 1조6342억 원. 여기에 금융회사의 부당한 업무 처리, 복잡한 보험 상품 내용 등으로 발생한 미환급금 등을 포함하면 휴면 금융재산의 규모는 상당할 것으로 추정된다. 금융감독원은 2003년부터 2014년까지 7조2000억 원 상당의 휴면 금융재산을 주인에게 환원했지만 여전히 다양한 분야에 휴면 금융재산이 존재함에 따라 '휴면 금융재산 등 주인 찾아주기' 종합대책(2015년 5월 발표)을 추진하고 있다.

우선 사전에 휴면 금융재산 발생 최소화를 위해 권리 행사 기일 도래 전후 수령 예상 금액 등을 안내하는 사전 통보 서비스 등을 마련했다. 휴면성 신탁 · 계좌 상시 조회 시스템 구축(현재는 창구 방문을 통해서만 가능), 휴면성 증권계좌 관리 대상 확대(현재 10만원 이하 계좌로 한정) 등의 방안은 이미 발생한 휴면 금융재산 주인 찾아주기 노력 강화의 일환이다. 금융회사의 부당한 업무 처리(상품 설명 부실, 중복 판매) 등으로 고객이 손실을 입었을 때는 손실금을 환원토록 조치하며, 자동차 사고 정보를 활용해 미청구된 보험금을 청구하도록 안내한다.

(http://blog.naver. com/blogfsc. 2015.12.07. '위클리공감')

2. 핀테크

1) 핀테크의 개념

- 핀테크 정의 : IT와 금융의 융합 즉, 금융 + 기술, 결재, 송금, 대출, 자산관리, 크라우드 펀딩 등 각종 금융서비스와 IT기술을 결합한 금융 · IT 융합을 의미한다.
- 핀테크의 핵심 : IT기술의 도움으로 간접금융에서 직접금융으로의 패러다임 변화 사람이 수행하던 중간거래 업무를 기술이 대체하는 것이다.

  크라우드 펀딩 등 각종 금융서비스와 IT기술을 결합한 금융 · IT 융합을 의미한다.

〈표 13-1〉 핀테크 분류

금융 서비스	설명	소분류	업체/서비스/기술 등
거래	전자적 거래 (카드, 현금, 전자 화폐의 송금, 결제 등)	결제/송금	애플페이(온 · 오프라인 결제), 페이팔, 스퀘어, 벤모(개인간송금), 커런트씨, 아마존페이먼트, 아마존월넷, 스트라이프
연결	투자자/대출자 연결 (개인간, 단체간 등)	투자/대출	렌딩클럽(개인간 대출), 온데크(소상공인 대상 온라인 대출)
컨설팅	데이터 분석 (자산관리 등)	분석/관리	민트(통합자산관리서비스), 빌가드, 어펌(공개 데이터를 이용한 신용평가)
기타		인터넷 전문은행	찰스슈왑, 얼라이 뱅크 등(약 20개)
		가상화폐	비트코인, 아마존코인즈 등
		보안	사이버소스(FDS 부정 사용 감소)

2) IT · 금융 융합 지원의 방향 및 금융보안

핀테크는 **IT**와 금융의 융합을 통해서 전혀 새로운 금융상품 또는 금융서비스를 창출하는 것이다. 이러한 핀테크라는 금융서비스의 **파괴적 혁신**을 가져오기 위해서는 우선 **기존 제도의 틀을 과감하게 변혁**시키고, 나아가 기존의 **업종규율**과 **규제방식**은 융합 · 창의 · 혁신을 요구하는 핀테크 창출에 적합한 방식으로 전환시킬 필요가 있다.

금융위는 이러한 인식 하에 IT · 금융 융합 지원방안을 **3가지 핵심적 지원방향**과 **그 토대가 되는 금융보안**을 중심으로 마련하였다. 우선 **규제의 틀**을 과감히 혁신하여 자율 · 창의 · 혁신에 의한 IT · 금융 융합이 활발하게 일어날 수 있는 환경을 제공하고, 그 위에 창출된 핀테크 기술이 금융에 접목될 수 있도록 금융제도를 **온라인 · 모바일 환경**에 맞게 고치고, 혁신적 **핀테크기업이 성장**할 수 있도록 자금조달을 지원하고, 전자금융업 분야 진입장벽을 대폭 완화할 것이다.

제 4 절 최근 금융 보안위협 동향

1. 사이버위협 패러다임의 변화

1) 최근 금융 보안위협 이슈

- 모바일 보안위협 현실화

  전 세계적으로 안드로이드 기반의 악성코드가 급증하고 있다.

  침해 유형이 다양화(통신사, 식음료, 모바일 쿠폰 사칭 후 악성 앱 설치 및 정보 유출)되었다.

- APT 공격 및 기업 대상 해킹사고 지속

  문서 취약점(한글) 악용한 악성코드 감염(타겟팅 공격)이 급증하고 있다.

  홈페이지 변조, 내부 전산시스템 파괴 등 복합적 해킹 사고가 발생한다.

- 웹사이트를 통한 악성코드 유포

  웹을 통한 악성코드 유포가 활발하다.

  제로데이(Zero-day) 공격을 이용한 해킹이 증가하고 있다.

- 금융회사 및 유관기관 사칭 피싱사이트 급증

  금융회사 및 유관기관 등을 사칭해 금융거래정보 입력을 유도하고 있다.

- 내부 직원 및 위탁업체를 통한 정보 유출 사고 증가

  내부 직원의 공모, 위탁업체 직원 등이 내부통제 시스템을 우회하여 손쉽게 외부로 정보를 유출하는 사고 유형이 급속히 증가하고 있다.

2) 금융사고 시 기업의 손실비용

〈표 13-2〉 침해사고 대응비용(카드3사 사례 : 400억 이상)

부수비용	KB카드	롯데카드	NH카드
재발급비용	115억원	75억원	62억원
우편비용	87억원	12억원	50억원
SMS서비스	추가예상	추가예상	추가예상
콜센터 운영	7억원	12억원	추정 어려움
인프라 증설		-5억원	-
합계	209억원 + @	104억원 + @	112억 + @

자료 : 전자공시시스템

- 침해사고에 따른 주가 하락
  개인정보 유출이 알려진 상장기업은 이틀 내 상장가치의 2.1%가 하락하였다.

2. 최근 금융 정보보호 정책 동향

1) 금융보안 정책 타임라인

- 전자금융거래 안전성 강화 종합대책
  해킹방지/전자금융/전자상거래/공인인증서 사용 등에 대한 대책을 세운다.
  OTP통합인증센터를 설립한다.
  보안등급별 이체한도 차등화한다.
- 전자금융거래법 개정(2011년 9월)
  CISO 선임, IT 보안인력 5%를 확보한다.
  IT 예산 7% 의무 사용한다.
- 보이스피싱 피해방지 종합대책
  공인인증서 재발급 절차를 강화한다.
  지정PC, 2채널 인증 등을 사용한다.

300만원 이상 계좌이체는 지연인출한다.

- 금융 전산 보안강화 종합대책(2013년 7월)
  사이버 위기대응 체계를 강화한다.
  전자금융기반시설 보안 강화 등을 시행한다.
- 금융분야 개인정보 유출 재발방지 종합대책(2014년 3월)
  금융회사의 책임을 강화한다.
  전자적 침해대응을 강화한다.

2) 금융전산 보안강화 종합대책 주요 내용

- 금융전산의 위기대응 체계 강화
  금융권 공동 백업 전용센터 구축(제3백업센터)한다.
- 전자금융기반시설 보안 강화
  금융전산망 분리 의무화, 금융보안 관리체계 인증제도 도입, 금융전산시설 내부 통제를 강화한다.
- 금융회사 보안 조직/인력 역량 강화
  정보보호최고책임자(CISO) 역할/독립성 강화, 금융보안 인력양성 및 교육을 강화한다.
- 금융 이용자 보호 및 감독 강화
  이상금융거래 탐지시스템 구축 확대를 한다.
- 전자적 침해 대응 강화
  스마트폰 전자금융서비스 보안가이드 배포, 카드가맹정 단말기의 IC전환을 한다.
- 금융회사 책임 강화
  내부통제 및 외주용역 단계별 보안관리 지침을 마련한다.

3. IT · 금융 융합 지원의 방향 및 금융보안

핀테크는 IT와 금융의 융합을 통해서 전혀 새로운 금융상품 또는 금융서비스를 창출하는 것이다. 이러한 핀테크라는 금융서비스의 파괴적 혁신을 가져오기 위해서는 우선 기존 제도의 틀을 과감하게 변혁시키고 나아가 기존의 업종규율과 규제방식은 융합 · 창의 · 혁신을 요구하는 핀테크 창출에 적합한 방식으로 전환시킬 필요가 있다.

금융위는 이러한 인식 하에 IT · 금융 융합 지원방안을 3가지 핵심적 지원방향과 그 토대가 되는 금융보안을 중심으로 마련했다. 우선 규제의 틀을 과감히 혁신하여 자율 · 창의 · 혁신에 의한 IT · 금융 융합이 활발하게 일어날 수 있는 환경을 제공하고 그 위에 창출된 핀테크 기술이 금융에 접목될 수 있도록 금융제도를 온라인 · 모바일 환경에 맞게 고쳐야 한다. 혁신적 핀테크기업이 성장할 수 있도록 자금조달을 지원하고, 전자금융업 분야 진입장벽을 대폭 완화할 것이다.

규제의 패러다임을 전환해야 한다. 법규정으로 사전에 세세하게 설정해놓은 틀 속에서는 새로운 기술이 창출되기 어렵다. 아주 작은 핀테크 서비스까지 사전심사를 받고, 공인인증서라는 특정 보안기술만이 강제화된 환경에서는, 금융회사는 기존 틀 내에서 안주하고, 핀테크기업은 진입이 어렵기 때문에, 결국 혁신은 어렵다. **이에 금융회사가 자유롭게 IT를 적용하고, IT회사들이 기본 원칙만 지키면 자유롭게 지급결제 · 송금 등 금융서비스를 창출할 수 있도록 환경을 개선하는 것이 핀테크 지원의 최고 핵심과제일 것이다.**

이를 위해 외국에는 없는 사전심의를 폐지하고, 과학기술 관련 규율의 핵심원칙인 기술중립성을 지키고, 원인과 능력에 따른 책임분담을 명확히 해야 하는 것이다. 이와 같이 규제의 틀이 변화되어 혁신이 자유로운 환경이 구축되었다면, 다음으로 금융회사들 그리고 핀테크기업들이 이와 같은 환경 변화를 적극 활용할 수 있도록 분야별 제도의 개선을 추진할 필요가 있다.

규제 패러다임의 변화를 바탕으로 한 온라인 · 모바일로의 변화 트렌드를 기존의 금융업권별 규율이 수용할 수 있게 변화되어야 한다. 창구거래 · 대면거래 중심으로 규율된 각 업권별 제도는 온라인 · 모바일의 비대면성 · 쌍방향성 · 신속성 · 대중성을 수용해야 한다. 인터넷 전문은행 모델 수립, 모바일카드 단독발급 허용, 빅데이터 활용 등과 같이 기존 방식의 변화도 필요하지만 비대면 본인확인 방법, 크라우드 펀딩 제도 등과 같은 완전히 새로운 형식 또는 제도의 도입도 신속히 이루어져야 한다.

새로운 성장 동력인 핀테크 산업을 육성하고 국제경쟁력을 키워야 할 것이다. 규제 패러다임의 변화를 바탕으로 한 IT기업의 기술 혁신을 새로운 전자금융서비스로 발전시켜야 한다. 특히, 핀테크의 주종을 차지하고 있고 가장 활발한 지급결제 · 송금 등 전자금융업 분야에 대한 적극적 지원이 필요하다. IT와 금융의 융합이라는 측면에서 금융위, 미래부, 산업부, 중기청 등 관련 부처들 간의 적극적 협업도 추진할 필요가 있다. ICT 강국의 저력과 결합하여 금융산업의 경쟁력을 강화하는 계기로 만들어야 한다.

핀테크 추진도 금융보안을 토대로 해야 한다. 정보보안이 확보되지 않은 전자금융서비스는 결국 사상누각(砂上樓閣)이 될 것이다. 미국 타겟사 정보유출, 우리나라 카드사 정보유출 등의 사례에서 절실하게 느끼고 있다. 따라서, 정부가 향후 IT · 금융융합 지원방안을 추진함에 있어서도 기본적으로 금융보안을 토대로 하여 추진해나갈 것이다.

다만, 보안규제의 방식은 사전적이고 지나치게 세세한 규율에서 벗어나 창의와 혁신을 유도하는 선진형 규제방식(사후점검 + 책임 명확화)으로 개선해나갈 필요는 있다.

사후점검과 책임을 강화해 나간다면, 결국은 금융회사 스스로 보안노력을 강화해서 오히려 보안수준이 제고될 것이다. 한편, 핀테크 혁신을 위해 금융업 및 전자금융업의 '영업' 관련 규제는 완화하겠지만, 원칙적으로 '보안'관련 규제는 지금까지와 마찬가지로 엄격하게 유지해나갈 계획이다. 따라서, 이미 추진 중인 「금융전산 보안강화 종합대책」('13.7월)과 「금융분야 개인정보 유출 재발방지 종합대책」('14.3월)은 충실하게 추진해 나갈 것이다(http://blog.naver.com/blogfsc.2015.12.07. '위클리공감' 조영실 기자).

제5절 국내외 전자금융 보안사고 사례와 대응방안

1. 스웨덴 은행에서 개인 금융거래정보 유출

2007년 1월, 스웨덴 최대은행 '노르디아'의 고객 250명의 계좌에서 800만 크로나(약 10억6600만 원)가 인출되는 사건이 벌어졌다. 이 해킹은 15개월간 고객들에게 맞춤형 트로이 목마가 숨어 있는 이메일을 전송하는 방식으로 이루어졌으며 이 트로이 목마를 다운로드하여 실행한 고객이 피해를 입었다. 이 트로이 목마는 백도어, 루트킷 기능을 가진 Haxdoor 트로이 목마로 키 로깅기능을 통해 고객의 금융거래정보를 유출시켰다. 해당 정보들이 전송된 경로와 로그들을 분석한 결과 이 사건이 러시아에서 시도된 것이 확인되었다. 공격 해커는 직접 Haxdoor을 제작한 것으로 알려졌으며 이 툴을 약 3,000달러에 판매하기도 했다.

신용카드 결제기 해킹을 통한 개인 전자금융정보 유출,[19] 중국해커와 공모하여 국내 378개 웹사이트 해킹,[20] 국내 유명 백화점 홈페이지를 포함한 25개 사이트에서 회원정보 2000만건 유출[21] 등 일일이 열거하기도 어려울 정도의 많은 해킹 사건들이 기업과 개인들의 정보를 노리고 발생되고 있다. 이러한 피해들은 발생빈도보다는 발생건당 위협의 수준이 높아지고 있으며, 실제 금액으로 추산 가능한 피해를 증가시키고 있다.

'2009년 정보보호 실태조사' 결과에 따르면, 〈표 15-4〉와 같이 일반기업이 2009년 인터넷 침해사고를 경험한 기업의 비율은 2008년에 비해 감소하였으나 〈표 15-5〉와 같이 경제적 손실을 유발한 사고의 비율은 오히려 증가한 것으로 나타났다. 이는 사이버위협이 실제 경제적 손실을 목표로 발생하고 있으며 실제 피해를 발생시키는 위협의 비중이 커지고 이로 인한 피해가 증가될 것임을 보여주고 있다.

---

19) "보안 허술한 신용카드 결제시스템…개인정보 유출", SBS 뉴스, 2010.4.11
20) "개인정보 1300만 건 판매 일당 검거!!", 보안뉴스, 2010.4.9
21) "2000만건 개인정보 유출…사상최대", 디지털데일리, 2010.3.12

2. 방어기관

1) 금융보안연구원(FSA)

금융권 공동의 보안 전담기구인 금융보안연구원은 (구)정보통신부, (구)산업자원부, 금융감독위원회 등 정부관련 부처가 경제정책조정회의에 공동으로 보고한 '전자금융거래 안전성 강화 종합대책'에 따라 금융분야의 정보보호 업무를 지원하기 위해 2006년 10월에 설립되었다. 금융보안연구원은 전자금융서비스 보안 취약점 및 위협에 대한 상시적인 분석 · 대응을 수행하며, 보안제품에 대한 적합성 테스트, 차세대 전자금융서비스 취약성 분석 등의 업무를 수행하고 있다. 또한, 금융거래서비스에 이용되는 일회용비밀번호(OTP) 통합인증센터를 구축 · 운영 중에 있으며 전자금융거래 안전성 확보를 위한 다양한 업무들을 진행하고 있다.

2) 금융결제원 금융ISAC

금융결제원 금융ISAC[22]은 「정보통신기반보호법」 제16조에 근거하여 설립된 금융부문의 정보공유 · 분석센터로서, 2002년 12월 정부로부터 승인을 받아 본격적인 업무를 시작하였다. 국내 17개 은행과 새마을금고연합회에 대하여 공공보안관제, 취약점 분석 · 평가, 정보공유 및 정보보호 교육 등의 서비스를 제공하고 있다. 주요업무로는 금융회사 공동보안관제(CERT), 인터넷 뱅킹 시스템 등 금융회사의 정보통신기반시설에 대한 보안 취약점 분석 · 평가를 통하여 잠재적인 보안 위협요인을 미리 제거하고, 취약점 보완 조치를 지원하고 있다.

3) 코스콤 금융ISAC

코스콤 금융ISAC는 「정보통신기반보호법」 제16조에 근거하여 설립된 증권 부문의 정보공유 · 분석센터로서, 증권사 및 증권유관기관에 대한 취약점 분석 · 평가 사이버 위협 대응을 위한 정보제공 업무를 수행하고 있다. 또한, 증권사와 선물사의 매매체

---

22) 정보공유분석센터(Information Sharing & Analysis Center)는 정보통신기반보호법에 의해 설립되었으며 정보보안과 관련 업무를 수행한다.

결구간에 대한 보안관제 업무를 통해 실시간 모니터링을 통한 침해사고 대응 서비스를 제공하고 있다.

결론적으로, 이처럼 국내를 대상으로 국가, 정부기관, 기업, 개인 등 어느 분야를 막론하고 사이버금융위협을 가중되고 있으나, 반면에 이에 대한 대응은 사후대처에 그치고 있는 것이 현실이나 앞으로 인터넷을 통한 전자금융 거래가 많아질 것에 대비하여 정부와 관계연구기관은 전자금융에 대한 보안사고가 없도록 철저한 대책을 마련하여야 한다.

제 14 장 전자정부의 정보보호 방안과 미국 사이버보안정책

제 1 절 사물인터넷(IoT) 시대의 정보보안

1. IoT 시대 새 보안 부상

인터넷은 마치 공기처럼 자각하지 못하지만 생활에 지대한 영향을 미치는 매체로 발전했다. 그러나 편리하기는 하지만 개인정보 유출 등을 중심으로 한 정보보안 사고의 위험도 사물인터넷 시대에 더 높아지고 있다.

1) 보호대상의 변화

지금은 사물인터넷(Iot)을 통해 PC와 스마트폰뿐만 아닌, TV, 냉장고, 세탁기, 자동차 등 모든 전자기기가 인터넷에 연결되는 추세다. 이들을 이용한 각종 보안위협 사례가 증가하고 있다.

국제 해킹대회에서는 실제 차량을 해킹해 운전자가 아니어도 원거리에서 어렵지 않게 차량을 조작할 수 있음이 증명되었고, 스마트폰 TV로 해로운 방송을 보내는 것이 가능하며 냉장고를 해킹하여 식료품을 상하게 할 수 있다는 것이 확인되었다. 이처럼 모든 전자기기가 네트워크에 연결되면서 보안위협으로부터 보호 대상도 PC나 스마트폰만이 아닌 모든 전자제품으로 확대되었다.

산업연구원(KIET)에 따르면, IoT 등 융합보안침해사고에 따른 피해규모는 2015년에 약 13조4000억 원에 달한 것으로 집계되었다. IoT가 더욱 확대되면서 오는 2030년에는 약 26조7000억 원을 기록할 것으로 추정했다.

2) IoT 핵심키워드 '보안내재화'

사물인터넷(Iot)에 연결되는 기기들은 기하급수적으로 향후 늘어날 것이다. 이를 지금과 같은 방화벽 및 별도의 장비를 구축하는 것으로 모두 방어하기란 어려운 일이다. 이제 설계단계부터 보안성을 고려한 '보안내재화'한 설계를 통해 위협을 원천 차단하여야 한다.

우선, 정보보호와 프라이버시 강화를 고려한 사물인터넷 제품설계는 보안취약점을 사전에 분석해 대응방안을 마련하고 설계하여야 한다.

사물인터넷 침해사고 대응체계 및 책임추적성 확보방안 마련을 위해 IoT 서비스에 구축되는 네트워크, 기기 및 센서 등에 대해 침해사고에 대비한 침입 탐지 및 모니터링을 수행하여야 한다.

3) 보안위협 원천봉쇄 '양자암호통신'

보안내재화를 포함해 IoT 보안을 실현하기 위한 다양한 움직임이 시도되고 있지만, 제품의 종류가 워낙 많은데다 가격상승 요인이라는 변수가 있어 완전한 보안이 되기 위해서는 많은 시간이 걸릴 것으로 예상된다. '양자암호통신'이 보안을 위한 최적의 기술로 꼽히고 있는데 도청이 시도되는 순간 양자의 상태가 달라져 통신내용이 변질되어 도청된 정보는 그저 잡음의 정보가 되며 통화자 양측은 중간에 정보탈취 시도가 있었다는 사실을 금방 알아차릴 수 있는 효과적인 기술이다(자료 : 'ICT엔지니어' 2015.12. 15호, KICA).

2. 개인정보와 개인정보 보호

1) 개인정보의 개념

개인정보의 개념에 관해서 각종 기관이나 단체 개인별로도 정의를 내린 것이 다르다. 우선 국내에서는 개인정보 보호 관련 법률을 살펴보면 정보통신망 이용촉진 및 정보 보호 등에 관한 법률에서는 개인정보라 함은 생존하는 개인에 관한 정보로서 성명, 주민등록번호 등을 통해 당사자 개인을 알아보는 부호 · 문자 · 음성 · 영상 등의 정보 및 당해정보와 다른 정보를 결합하여 용이하게 알아볼 수 있는 것으로 규정을 하고 있고 공공기관 개인정보에 관한 법률에서도 위와 비슷하게 규정을 두고 있다.

외국의 경우를 살펴보면 영국의 정보보호법에서는 해당정보 또는 해당정보와 정보 관리자가 소유하거나 소유하게 될 다른 정보를 결합하여 식별될 수 있는 생존개인에 대한 정보이며 일본의 개인정보 보호법의 경우 생존하는 개인에 관한 정보로서 당해 정보에 포함되는 성명, 생년월일, 기타 기술 등에 의해 특정인을 식별하는 일이 가능한 정보라고 되어 있고 OECD는 개인정보 가이드라인에서 개인정보를 식별된 또는 식별가능한 자연인에 관한 정보 유럽연합(EU)에서도 이와 비슷하게 정의를 내리고 있다. 이와 같이 국내 법률 사례나 외국의 사례를 종합하여 볼 때 약간의 차이가 있으나 대체적으로 당사자를 식별할 수 있는 정보를 개인정보의 개념으로 정의를 내리고 있다.

2) 개인정보 보호에 대한 다차원적 논의

이번 차례에서 다루어질 것은 개인정보의 제공 당사자인 일반 시민과 이를 이용하는 민간기업 동시에 일부 개인정보를 생산 이용하면서 동시에 규제자의 역할을 하고 있는 정부의 각각의 입장에서 개인정보 보호가 지니는 의미에 대한 논의를 하고자 한다.

(1) 시민과 개인정보 보호

일반시민들은 민간기업 또는 공공기관에 다양한 서비스를 이용하게 위해 자신의 다양한 정보를 의식적 혹은 무의식적으로 제공해왔다. 그러나 갖가지 개인정보의 노출이나 유출로 인한 여러 가지 피해들이 시민들로 하여금 그들의 정보제공에 대해 불안감을 느끼게 하고 있다.

오늘날 개인정보는 개인이 사적인 생활에 필요한 것보다 단지 국가나 민간 사업자 등이 업무나 영업활동을 수행하기 위해 목적에 합치되는 대상자를 선별하기 위해 이용하는 것이 대부분이고 이용되는 개인정보는 업무나 사업의 관점에서 다양한 정보군 가운데 필요한 정보를 분석하고 추출하여 재구성한 정보라는 점이고 선별된 개인정보취급자는 개인정보를 기준으로 특정한 정보나 서비스를 제공하게 되는 것으로 개인정보는 경제적 측면에서 대중을 통제하는 방법으로 활용되고 있다.

개인정보는 개인의 정체성과 직결된 문제이며, 개인정보에 대한 보호는 개인의 존엄 등 개인의 인격에 관한 존중의 표시로서의 의미를 지니고 있다. 즉 개인정보의 침해는 곧 개인의 존엄성에 대한 손상을 의미하며, 시민 개개인이 자신의 삶을 설계하고 그것을 실현시킬 수 있는 능력을 존중받기 위해서 개인정보에 대한 보호가 절실하다.

(2) 민간기업과 개인정보 보호

민간기업은 개인정보의 수집 및 이용을 통해 이윤창출을 목적으로 하는 주체이다. 유비쿼터스 환경으로 발전하면서, 민간기업들의 정보수집 능력은 한층 업그레이드 되어 왔다. 유비쿼터스의 기본개념인 '어디에서나 컴퓨팅을 이용한다'는 것은 일반 소비자 입장에서 어디에서든지 본인들의 개인정보가 누출되고 왜곡될 위험이 있다는 것을 의미함과 동시에 기업의 입장에서는 좀 더 손쉽게 개인정보에의 접근이 가능함을 의미하는 것이다. 유비쿼터스 컴퓨팅 기술의 발전에 따라 일정한 명령행위 없이 언제 어디에서나 일정한 목적범위 내에서 개인을 완전히 발가벗기는 사회가 되었음을 의미한다. 이는 곧 민간기업 입장에서 보면, 손쉽게 수집된 소비자 정보의 남용이나 오용에 대한 유혹 역시 증가하였음을 의미한다.

(3) 정부와 개인정보 보호

정부 역시 개인의 정보를 안전하게 수집하여 행정서비스를 제공하게 되며, 민간기업과 같은 정보수집자 입장에서는 정보의 활용과 보호를 조화롭게 수행해야 하는 입장에 놓이게 된다. 현재 전자정부의 발전은 필연적으로 정부가 보유하는 정보의 효율적 활용을 기반으로 하여 국민에 대한 편리한 행정서비스의 제공을 목표로 삼고 있다.

그동안 전자정부 사업은 행정업무를 전산화하고 정보공유를 확대함으로써 행정의 능률성을 제고하였고 민주성의 측면에서는 정보의 능동적 · 개방적 제공으로 정책참여를 활성화 할 수 있었다. 그러나 개인정보 보호가 보장되지 않는 상태에서 전자정부의 정보공동이용은 개인정보 침해에 대한 국민의 불안감을 불식시켜 줄 수 없을 것이다.

그림 14-1 이론적 분석틀

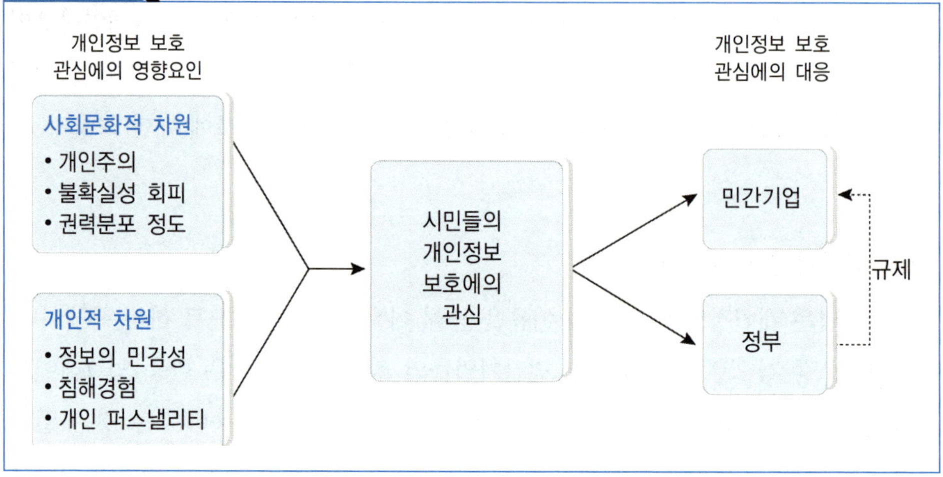

3. 생애주기적 관점에서의 개인정보 보호에의 관심

개인정보의 생애주기를 기준으로 개인정보 보호를 논의하는 것은 개인정보를 생애주기 단계를 구분하여 일반시민들의 관심을 좀 더 구체적으로 설명하기 위한 시도이다. 즉, 개인정보 보호에의 관심이란 개인정보 생애주기의 각 단계별 개인정보에의 관심을 표명하는 것이라고 할 수 있다. 개인정보의 생애주기는 기술수명주기, 기록물의 생애주기 개념 및 정보의 생애주기 개념을 참고로 정의할 수 있다. 즉, 생명체가 일생동안 탄생, 유아기, 청년기, 장년기, 노년기라는 단계를 거치는 것과 마찬가지로, 개인정보의 수집은 생명체에 있어서 탄생이고, 관리 및 이용되는 시기는 청, 장년기에 해당하며, 또한 개인정보 수집의 목적을 다한 후 폐기되는 단계는 죽음에 해당된다.

이처럼 개인정보가 겪게 되는 일련의 흐름을 생명체의 일생에 비유하여 설명하고자 하는 것이 개인정보의 생애주기 개념이다. 종합하여, 개인정보를 수집하고, 관리, 이용 그리고 파기에 이르는 과정을 개인정보의 생애주기로 이해할 수 있을 것이다.

그림 14-2 개인정보의 생애주기

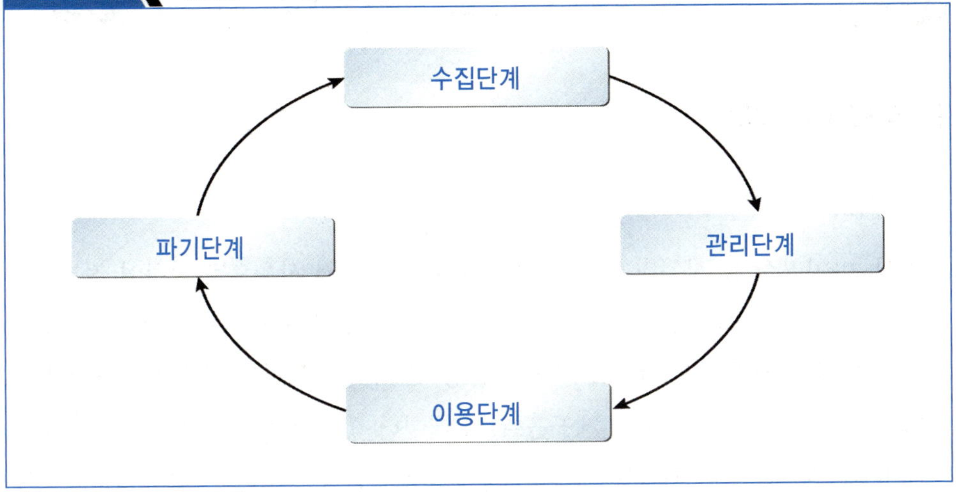

4. 개인정보 보호 관심에의 대응과 정부의 역할

1) 개인정보 보호에의 이해당사자 : 시민, 민간기업 그리고 정부

개인정보에 있어 이해당사자로는 소비자라고 불리우는 시민, 기업, 그리고 정부가 있다.

시민은 개인정보의 이용과 제공에 있어서 완전히 통제권을 행사할 수 있다. 민간기업의 경우는 소비자들의 정보를 어떻게 이용할 것인지, 그리고 정보가 이용된다는 것을 고지해줄지 여부를 결정해야 한다. 정부 역시 행정기능을 수행하는데 필요한 개인정보 등을 수집하고 활용하는 역할을 하게 된다.

2) 개인정보 보호 관심에 대한 정부의 대응

급변하는 정보통신기술의 발전으로 인해 완벽한 개인정보 보호의 안전장치를 마련하는 데에는 분명한 한계가 있으며, 정부가 모든 분야에서 법을 통해 강제하는 방식 역시 지양해야 한다. 즉, 정부의 규제만으로는 개인정보 보호에 대한 사회적인 목표를 달성할 수 없으므로 민간기업의 자율규제와 정부의 규제정책이 적절히 혼합되어야 할 것이다.

제2절 정보화사회에서 정보보호기술과 법제도 현황

1. 정보보호 개요

1) 정보보호 정의

해킹, 바이러스 등 사이버 공격과 망 이용자의 악의적 사용으로 인하여 정보통신망의 마비, 개인정보의 유출, 불건전 정보의 유통 등 정보통신 환경을 저해하는 위협과 부작용 등에 대응하고 안전한 인프라 환경 및 서비스 환경을 구축하는 기술과 안전하고 신뢰성 있는 IT 서비스 제공을 위해 데이터 및 시스템 기밀성, 무결성 유지/BcN, IPv6/USN, 소프트인프라웨어 등의 차세대 네트워크 인프라를 악의적인 공격 및 위협으로부터 안전하게 보호하고 서비스의 가용성을 보장/개인정보 유출, 불건전 정보의 유통, 사용자 단말 공격 등의 정보통신 역기능으로부터 9대 신성장 동력을 보호하고 해킹 및 바이러스로 인한 정보통신망의 마비, 서비스 제공 마비를 사전에 예측 · 대응함으로써 안전한 사이버 서비스를 제공할 수 있다.

2) 정보보호의 기술

(1) 정보보호 필요성

유비쿼터스 환경이 도래함에 따라 대부분의 사회 활동 및 경제 활동은 네트워크상에서 이루어질 것이고, 이에 따른 보안 문제는 유비쿼터스 네트워크 사회의 존립을 결정짓는 중요한 요소로 대두되어 사이버공간이 제 2의 생활공간으로 자리잡게 되었고, CRM기반의 고객맞춤형 서비스 증가에 따라 개인정보의 경제적 가치가 증대, 정보화가 진전될수록 정보통신 인프라에 대한 의존도는 절대적으로 커질 것이며, 그에 따른 정보보호 대상도 전면적으로 확대된다.

(2) 정보보호 기술

• 기능위주 보안기술 중심 → 고속/고비도의 고성능 보안기술 연구
• 단일 보안기능 → 서비스와 인프라의 융 · 복합화에 적응하는 다기능 보안기술

- 해킹/바이러스에 대한 방어기술 → 시스템/네트워크 가용성과 생존성 보안기술
- 시스템/네트워크 보안기술 → Sednsed Security 중심의 네트워킹 보안기술

그림 14-3 정보보호기술 발전전망

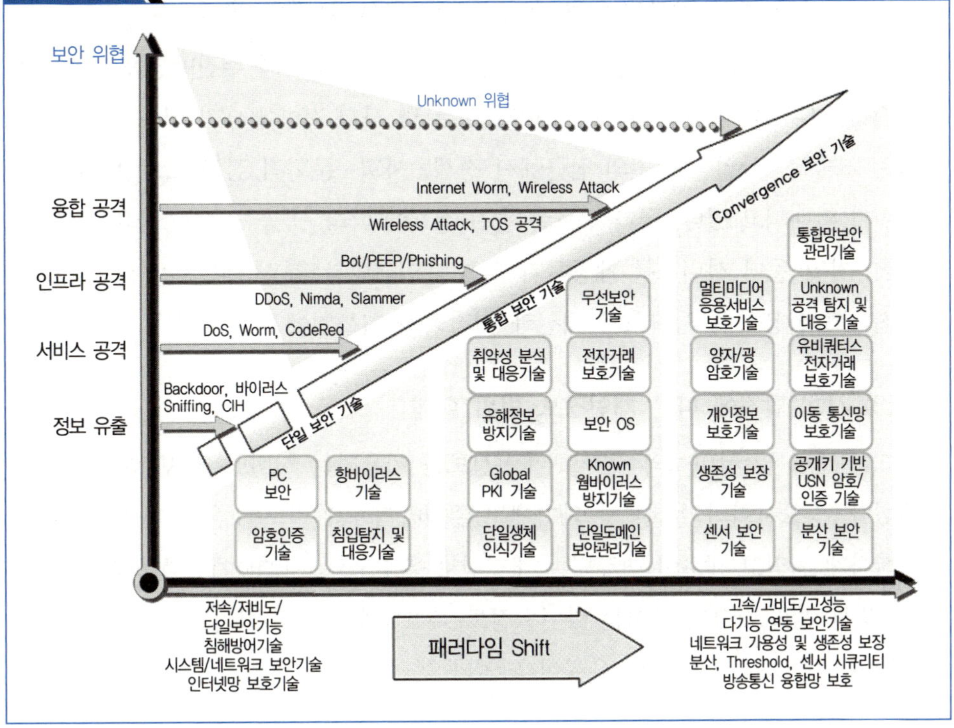

출처 : 한국전자통신연구원

2. 개인정보 보호 현황

1) 정보화 사회의 개인정보 환경

(1) IT산업의 발전으로 기업 업무의 e-Business화로 인한 고객정보 수집 및 활용

1990년대 이후, 정부의 정보화 촉진 정책에 따라, IT산업이 급격하게 발전하고 기업의 업무환경은 e-Business 중심으로 변화하였으며, 업무절차가 자동화되어 신속·편리하게 처리될 수 있게 되었다. 기업의 고객서비스 또한 오프라인에서 온라인으로

발전하게 되었으며, 고객서비스를 위하여 개인 정보를 다량으로 수집하여, 고객에게 본인의 정보 내역을 자유롭게 열람할 수 있도록 제공하고 축적된 정보를 바탕으로 추가적인 마케팅 용도로 활용하게 되었다.

(2) 정보화 촉진 정책에 따라 개인정보의 수집 및 활용 확대

1995년 「정보화촉진기본법」에 따라 정부는 중장기 정보화 추진방향을 담은 정보화 촉진기본계획을 마련하였고, 이에 따라 정부 및 사회 전반에 IT가 접목되어 국가정보화는 기술적 · 산업적 측면의 접근에서 경제 · 사회 · 문화적 접근으로 정보화 역할과 범위가 확대되고 있다. 국가 정보화 촉진 정책에 따라, 공공 · 민간 · 금융 · 의료 등은 개인, 기업 등에 서비스를 제공하기 위한 IT인프라를 확충하고, 다양한 개인정보를 수집하고 활용하여 서비스의 개선과 최적화에 힘쓰기에 이르렀다.

(3) 사회 발전에 따른 개인정보 범위 확대

IT 인프라 및 서비스의 증가로 개인정보를 이용하는 서비스 및 범위는 더욱 다양해졌다. 정보사회의 발전으로 과거에는 존재하지 않았던 새로운 유형의 개인정보가 등장하게 되었고 새로이 대두되는 개인정보 유형으로는 RFID에 의한 개인의 위치정보, 생체 인식 기술에 쓰이는 바이오정보, CCTV에 의해 수집되는 화상정보 등도 보호해야할 중요한 개인정보 유형이 되었다.

그림 14-4 개인정보의 범위

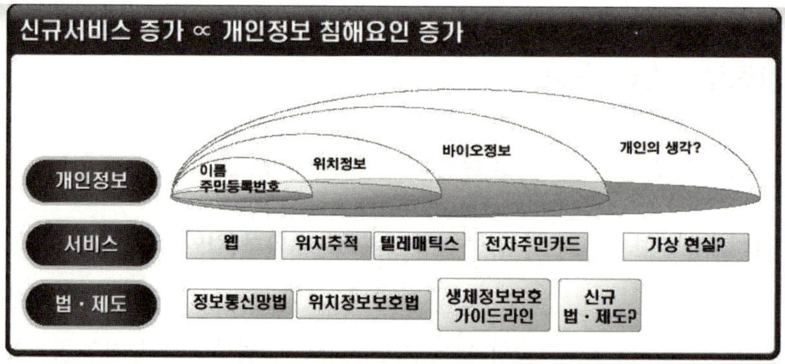

출처 : 한국정보보호진흥원 개인정보 보호 발간 자료

2) 개인정보 침해사고 유형

최근 개인정보 침해사고는 1차로 온라인, 오프라인을 통한 유출 후, 2차로 불법적으로 악용되어 개인의 재산을 탈취하는 형태로 일어나고 있다. 개인정보는 해당 정보의 주체인 개인과 그 정보를 수집, 이용하는 기업 및 공공기관의 측면에서 각 주체별로 개인정보 침해의 특성, 원인, 발생유형이 나누어진다.

(1) 개인의 침해

- 주민등록번호 등 개인정보 도용
- 기업의 고객정보 해킹
- 개인정보의 음성적 거래
- P2P 등에서의 개인정보 노출
- 주민등록번호 등 개인정보 노출

(2) 기업의 침해사고

- 주민등록번호 등 개인정보 노출
- 내부 직원 및 영업점에서의 유출
- 개인정보의 불법 수집 및 제공

(3) 공공기관의 침해사고

- 개인정보 노출
- 내부 취급자에 의한 유출

3) 국내 개인정보 보호 법률 및 제도 현황

(1) 현재 국내 개인정보 보호 법제 현황

우리나라는 공공부분의 행정전산망을 통한 전산화가 진척됨에 따라 OECD 가입을 계기로 1994년 컴퓨터로 처리하는 개인정보를 보호하기 위한 '공공기관의 개인정보 보호에 관한 법률'이 제정되었다. 이는 공공부문에서 컴퓨터로 처리되는 개인정보를 보호하기 위한 기본법 역할을 하고 있다.

한편 민간부문에서는 1995년 '신용정보의 이용 및 보호에 관한 법률'의 제정을 비롯해 여러 개별 법률에 개인정보의 보호조항이 삽입되었다. 이후 1999년 기존의 '전산망 보급확장 및 이용촉진에 관한 법률'의 제명을 '정보통신망 이용촉진에 관한 법률'로 바꾸고 미흡하나마 정보통신망을 통해 수집 및 유통, 이용되는 개인정보를 보호하기 위한 법제의 기틀을 마련하게 되었다.

(2) 향후 개인정보 보호법 제정 추진 방향

국내 공공 · 민간 분야에 모두 적용되는 개인정보 보호 기본법 제정 추진안이 제출되었으나 2008년 17대 국회에서 폐기되었다. 현재, 정부안을 비롯해 이혜훈 의원, 변재일 의원이 제안한 법률도 국회 계류 중으로 입법논의 진행 중이다(2008년 12월). 공공, 민간, 오프라인, 온라인상의 개인정보 보호를 다루는 포괄적인 법안 등장을 예상하고 있다.

제 3 절 정보보호의 중요성과 방어방안

1. 개요

현재 우리나라는 빠른 속도의 발전을 이루어 세계적인 IT강국이 되었다. 또한, 전자정부라는 정보통신 기술을 활용한 효율적인 정부를 세워나가고 있다. 이제는 컴퓨터와 네트워크의 보급 및 발전으로 정보의 영향이 미치지 않는 곳이 없으며, 사회는 IT정책산업이라는 개념에 이르렀다. 그러한 현대 속에 정보의 중요성에 따라 정보보안의 개념이 부각되었고, 지금은 화이트 해커 양성에 국가가 나설 정도로 정보의 보안성이 주목되고 있다.

대표적인 예로 개인정보 유출을 들 수 있다. 카드사, 네이트, KT, EBS, 옥션, 은행사 등 다양한 업종에서 개인정보 유출이 발생하고 있다. 개인정보 유출의 원인으로는 내부 직원의 고의적인 유출 또는 관리소홀, 해킹 등 다양하다.

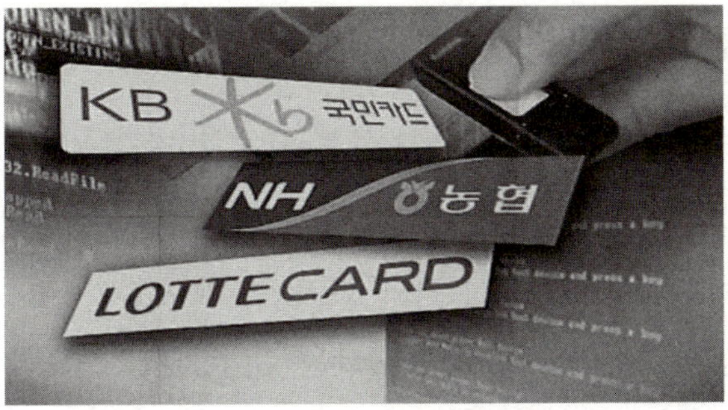

주요 개인정보 유출사고		
시 기	유출 기업	유출 규모
2008년 2월	옥션	1863만 명
2008년 9월	GS칼텍스	1119만 명
2010년 3월	신세계몰	330만 명
2011년 4월	현대캐피탈	175만 명
2011년 7월	SK커뮤니케이션즈	3500만 명
2011년 11월	넥슨	1320만 명
2012년 4월	EBS	400만 명
2012년 7월	KT	870만 명
2014년 4월	3개 카드사	14000만 명

금융권뿐만 아니라 온라인 쇼핑몰, 방송사, 통신사 등 네트워크를 활용하지 않는 사업이 없고, 인터넷을 통해 수많은 커뮤니케이션을 형성한다. 이러한 IT산업 속에 개인정보는 최근 이슈화된 소재이며, 이는 정보보안과 직결된다.

2. 정보보안의 중요성

실제 개인정보 유출뿐만 아니라 정보보안의 가장 핵심적인 부분 중 하나는 불법 해킹이다. 각종 취약점을 공략한 다양한 공격 방법을 통해 수많은 기업·기관들이 피해를 보고 있으며, IT산업 속에 정보보안의 중요성이 떠오르게 된다. 악성코드를 통한 공격, 네트워크 공격, 시스템 해킹 등 최근에는 웹해킹과 같은 공격 기법이 주목되고 있다. 그 중 최근 악성코드는 아래와 같이 주로 트로이목마가 주를 이루었다.

> 2011년 9월 전까지는 「정보통신망 이용촉진 및 정보보호 등에 관한 법률」에 의해 법의 영향이 있었으나, 좀더 넓은 범위에 적용하기 위해 2011년 9월 30일에 시행된 「개인정보 보호법」이 시행되었다. 「개인정보 보호법」 제29조에 따라 개인정보처리자(사업을 목적으로 개인정보를 처리하는 기업체, 기관 또는 개인)는 기술적·관리적 보호조치를 해야 한다.

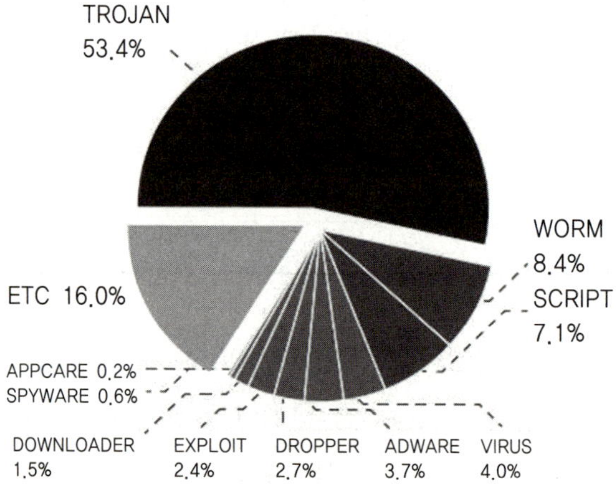

유 형	건 수
Trojan	9,282
Spyware	6,937
Adware	965
Downloader	161
Dropper	160

Win32/Virut	113
Appcare	21
Joke	4
etc	4,306
Total	21,949

출처 : AhnLab 보안정보(2013년 3분기)

그림 14-5 해킹사고 처리건수

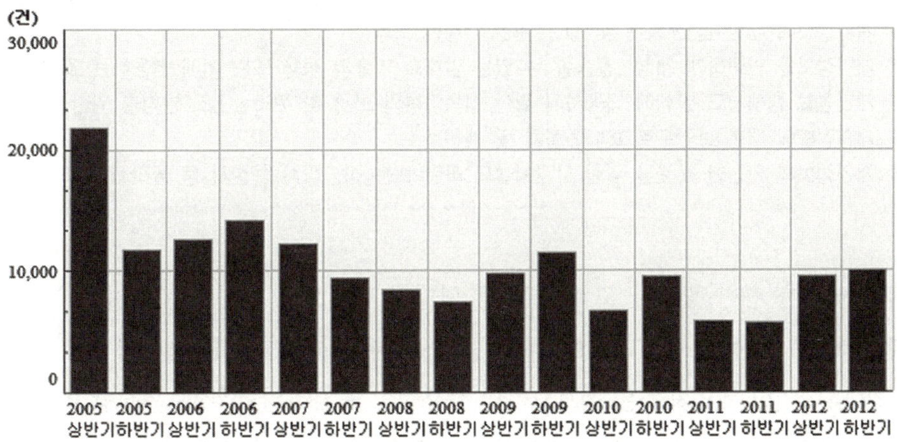

악성코드를 활용한 공격 기법뿐만 아니라 웹해킹 기법으로 수많은 해킹 사례가 있으며, OWASP Top 10을 통해 인젝션, 인증 및 세션 관리 취약점, XSS와 같은 기법이 가장 많이 사용됨을 알 수 있다.

3. 정보보안의 방어방안

보안은 업체의 업무와 시스템에 따라 다양하게 적용된다. 운영하는 서비스에 따라 웹서버, DB서버, 네트워크 장비 등 다양한 장비에 따라 사용하는 보안 장비 및 적용되는 정책이 다르다. 정보보안은 법에서 요구하는 최소한의 기준부터 수많은 공격으로부터 방어하기 위한 높은 수준까지 여러 가지로 분류된다. 「개인정보 보호법」 시행령에 의하면, 개인정보처리자는 개인정보처리시스템에 대하여 IPS, 방화벽과 같은 접근통제를 실시해야 하며 전송 · 저장에 대한 암호화, 접속기록 보관, 보안 프로그램 설치, 물리적 잠금장치 등 다양한 범위에 적용하였다.

〈개인정보 보호법 시행령〉
제30조(개인정보의 안전성 확보 조치) ① 개인정보처리자는 법29조에 따라 다음 각 호의 안전성 확보 조치를 하여야 한다.
1. 개인정보의 안전한 처리를 위한 내부 관리 계획을 수립 · 시행
2. 개인정보에 대한 접근 통제 및 접근 권한의 제한 조치
3. 개인정보를 안전하게 저장 · 전송할 수 있는 암호화 기술의 적용 또는 이에 상응하는 조치
4. 개인정보 침해사고 발생에 대응하기 위한 접속기록의 보관 및 위조 · 변조 방지를 위한 조치
5. 개인정보에 대한 보안프로그램의 설치 및 갱신
6. 개인정보의 안전한 보관을 위한 보관시설의 마련 또는 잠금장치의 설치 등 물리적 조치

홈페이지를 통한 광고나 고객 확보 등 다양한 방법으로 전자, 건축, 자동차, 식품, 출판, 화장품, 부동산, 광고, 호텔, 레저 등 모든 분야에서 IT를 활용한 경제력을 갖추고 있다. 이러한 기업체들은 정보보안의 중요성이 증가하면서 「정보통신망 이용촉진 및 정보보호 등에 관한 법률」, 「개인정보 보호법」 등 다양한 법을 통해 피해를 최소화하고 정보보안전문가 육성을 통해 국내의 정보보안의 인력을 증가시킴으로써 정보보안의 인지도를 높이고 있다.

사내 네트워크를 위한 보안 장비뿐만 아니라 개인의 업무 PC에서의 악성코드를 방지하기 위한 백신프로그램 활용 등 다양한 방법으로 보안을 유지하고 있다. 보안 담당자와 일반 사원의 보안 정책은 조금 다르게 적용된다. 서버측에서의 보안은 시큐어 코딩부터 시작해서 방화벽, IPS, IDS 운영을 통한 보안정책 설정까지 기업의 서비스에 맞게 설정해야 한다. 홈페이지에 스크립트 작성을 방지하거나 인증 및 세션 관리를 통해 취약점을 미리 방지하도록 한다. 보안 담당자가 아닌 일반 사원의 경우에도 검증되지 않은 사이트는 접속하지 않고 백신 및 OS의 보안을 최신으로 유지하도록 한다. 주기적인 보안점검을 통해 악성코드를 방지하도록 한다.

스마트폰의 발전으로 모바일 어플로 기업의 사업성을 넓혀가고 있다. 이에 따라 최근에는 모바일 해킹이 이슈화되고 있으며, 아직까지 많은 취약점이 발견되고 있다. 일반 사용자 측면에서 모바일 해킹 피해를 방지하는 방법은 다음과 같다.

① 비밀번호 설정
- 단말기 분실을 대비하여 비밀번호를 설정해 두어야 한다.

② 백신 등 필수 앱 설치
- 정보보안을 위해 백신 프로그램을 설치 · 운영하도록 하며, 스팸이나 스미싱을 방지할 수 있는 프로그램을 같이 운영하도록 한다.

③ 기본 운영체제 변조 금지
- 스마트폰 플랫폼 구조를 변경하여 아이폰의 탈옥이나 안드로이드의 루팅을 하지 않도록 한다.

④ 앱 설치 시 과도한 개인정보 수집 여부 확인
- 앱 설치 시 대부분 개인정보를 수집하는데, 이때 수집 항목을 확인하여 과도한 수집을 요구하는 앱은 설치하지 않도록 한다.

⑤ 금융정보 등 중요한 정보 저장 금지
- 계좌번호, 보안카드와 같은 금융정보 및 중요 정보는 스마트폰에 저장하지 않도록 한다.

⑥ 스미싱 · 파밍 문자 회피
- 문자메시지를 통해 URL을 전송함으로써 악성코드를 유포시키는 경우가 매우 빈번하므로, 출처가 확인되지 않는 문자의 링크는 사용하지 않도록 한다.

⑦ 백신 주기적 업데이트
- 새로운 취약점을 막기 위해 백신 앱을 항상 최신화 업데이트를 유지하도록 한다.

⑧ 블루투스 · 와이파이는 사용시에만 기능 활성화
- 블루투스나 와이파이를 사용하지 않을 때는 그 기능을 비활성화하여 비인가된 접근을 방지하도록 한다.

⑨ 보안 설정이 되지 않은 와이파이는 사용 금지

- 검증되지 않거나 보안 설정이 되지 않은 와이파이의 경우, 파밍이 가능하므로 사용하지 않도록 한다.

⑩ 휴대전화 교체 시(폐기 시) 개인정보 삭제

- 개인정보의 유출 방지를 위해 휴대전화를 교체할 경우 저장된 데이터를 모두 삭제하고 디가우징을 실시하는 것이 좋다.

정보보안의 가장 중요한 요소 중 하나는 기술적인 보호조치도 중요하나, 관리적인 요소도 중요하다. 따라서, 정보보안의 중요성을 인지하고 관리적인 부분부터 지켜나가야 비로소 정보보안을 이룰 수 있을 것이다.

4. 전자정부와 개인정보

21세기의 국내외적 사회변화는 기존 정부에 대해 '관료중심의 관리'에서 '국민을 우선하는 관리'로, '생산성 중심의 관리에서 고객만족 중심의 관리'로의 근본적인 변화를 야기하고 있다. 이러한 변화를 가장 효과적으로 가능하게 하는 수단이 바로 정보기술이며, 이를 정부부문에 적용한 결과물이 바로 전자정부라 할 수 있다.

그림 14-6 정부패러다임의 변화

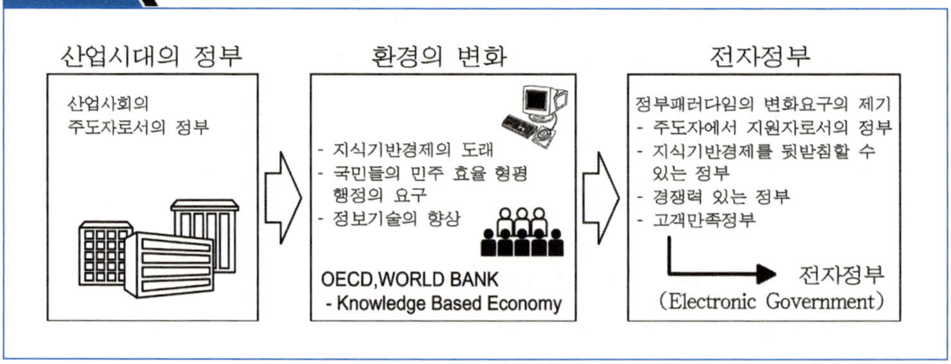

전자정부의 비전은 정보기술과 정부의 혁식적 업무방식의 결합을 통해 정부경쟁력의 향상과 대민서비스의 개선을 가져오는 것이라고 할 수 있다.

전자정부의 출범요인인 정보기술의 발전은 디지털화된 개인정보의 유출을 용이하게 하므로 전자정부의 안전성 보존을 위한 정책적 배려가 요구된다. 디지털화된 개인정보는 통합관리가 가능하므로, 데이터베이스 구축 및 운영의 신뢰성 확보를 위한 실체적 통제규범에 의한 정보인권 보호가 필요하다. 절차적으로는 자료입력의 정확성 · 자료처리의 충실성 · 자료관리의 보안성 · 자료활용의 적합성이 유지되어야 한다.

이때 정보공개와 개인정보 보호 중 우선시되어야 할 것이 고려된다. 이는 개인정보 보호와 관련하여 어느 범위에서 정보공개를 허용할 것인가 하는 문제이며, 정보공개의 한계 설정 기준으로서 개인정보 보호가 가능할 것이다. 양자의 법익충돌에 대한 관계정립, 즉 법익형량이 요구되므로 입법자가 어떻게 최적화 명령을 실현할 것인가를 확정하는 것이 우선과제라 할 수 있다. 전자정부에서는 정보의 열람 등 정보공개의 편익성이 극대화되므로, 개인정보 보호와의 필연적 상관관계에 대한 숙의와 형량척도의 모색을 거친 후 도출되는 사회적 합의를 법제화할 필요성이 있다.

전자정부에서 개인정보 보호는 3가지의 중요성이 있다. 행정과정에서 개인정보 보호는 투명한 행정의 전제조건, 행정의 신뢰는 시민의 자발적 참여와 민주주의를 신장, 행정의 투명성과 효율성을 보장하여 시민의 신뢰도를 제고하는 내용이다.

전자정부에서 행정정보의 공동이용을 위한 개인정보의 보호영역은 단순히 공공부문에 한정되는 것이 아니라, 행정기관의 행정정보도 그 속성을 추가하거나 변경하면 직접 민간경제정보로 가공되기 때문에 민간부문의 개인정보침해가 공공부문에도 심한 타격을 미칠 수 있다.

제 4 절 민간 보안인력 활용을 통한 대응지원

1. 국내 정보보호 및 사이버위협 대응기관 현황

국내 사이버위협에 대응하기 위해 정부기관, 민간기구, 기업 등 다양한 권역에 대응기관들이 설립, 운영되고 있다. 국내 사이버위협 대응 체계를 이해하기 위해 먼저 각 대응기관의 개요와 성격에 대해 알아보도록 한다.

1) 국가정보원(국가사이버안전센터)

국가정보원은 「국가정보원법」, 「보안업무규정」, 「정보통신기반 보호법」, 「전자정부법」 등 관련 법령에 의해 국가정보보안 업무의 기획 · 조정 및 보안정책 수립 · 시행 등 정부, 공공기관에 대한 정보보안 업무를 총괄하고 있다. 정부, 공공기관을 대상으로 정보시스템의 보안대책 지원, 해킹 · 바이러스 유포 등 사이버 공격에 대한 예방 · 복구, 국가보안목표시설에 대한 보안측정, 국가안보와 관련된 정보통신기반시설보호 업무, 국가 · 공공기관용 암호장비 등 보안시스템 개발 · 보급, 정보보호시스템의 인증 업무 등을 수행하고 있다.

사이버 공격이 심화됨에 따라 국가정보원은 사이버 공격에 대한 국가 차원의 종합적 · 체계적 대응을 위해 2004년 2월 국가사이버안전센터를 설립하여 국가 사이버안전정책 수립, 사이버위협관련 정보 수집 · 분석 · 전파, 국가정보통신망의 안전성 확인 등의 업무를 추진하고 있다.

2) 국방부(국방정보전대응센터)

사이버테러 및 범죄 등의 침해행위가 개인의 차원을 넘어 국가 안보와 직결되기 시작하면서 국방부에서도 이러한 사이버위협에 능동적으로 대응하고 있다. 미래 사이버위협에 능동적으로 대응하기 위해 정보보호 관련 조직, 제도 및 절차를 정비하고 국방 사이버위기관리 체계를 수립하여 미래 정보전, 네트워크 중심전을 수행할 수 있는 역량을 마련하고 있다.

국방부는 2003년 11월 국군기무사령부에 '국방정보전대응센터'를 설립하여 국방 차원의 사이버 안전 업무 전담 조직, 인력을 마련하였다. 국방정보전대응센터의 주요 업무는 국방 주요 정보체계 취약성 분석, 국방전산망에 대한 침해사고 대응, 범국가 사이버 모의훈련 수행 등 국방 관련 정보보호 임무들이 포함된다. 또한, 각 군별로 침해사고대응팀(CERT)을 운영하는 등 사이버위협 대응 활동을 수행하고 있다.

3) 방송통신위원회(인터넷침해사고대응지원센터)

방송통신위원회는 국내 방송통신 환경의 발전을 주도함과 동시에 글로벌 사이버 위협에 신속하게 대응하여 안전한 사이버환경이 만들어질 수 있도록 방송통신 분야의 정보보호 관련 업무를 담당하고 있다. 인터넷침해사고대응지원센터(KISC)는 2003년 12월 한국정보보호진흥원(현 한국인터넷진흥원) 내에 설치되었으며, 국내 인터넷망의 상시 모니터링, 보안 위협 및 인터넷 이상 징후 탐지 · 분석, 피해확산을 방지하는 역할을 수행한다. 주요 통신사업자, 민간 보안업체, 해외 침해사고 대응기관 등과 정보교류를 통해 민간부문의 사이버위협에 대응하고 있다.

4) 행정자치부(시 · 도 사이버침해대응센터)

행정안전부는 「정보화촉진 기본법」, 「전자정부법」, 「전자서명법」, 「정보통신기반 보호법」, 「공공기관의 개인정보 보호에 관한 법률」에 의해 소관 정보보호 업무를 수행하고 있다. 공공 · 민간의 모든 영역에 적용되는 개인정보처리 원칙을 제시한 「개인정보 보호법안」을 마련하여 국회에 제출하는 등 관계 법령 제정을 진행하고 있으며, 정보보호 관리체계, 기술적 보호수준 제고 대책 마련 등의 공공 · 민간 정보보호 관련 업무를 수행하고 있다.

2008년 초부터 전국 16개 특별시, 광역시 및 도에 '시 · 도 사이버침해대응센터'를 설립하여 지방자치단체가 독자적으로 사이버위협에 대응할 수 있는 체계를 마련하고 있으며 그 범위를 확대해나가고 있다.

5) 미래창조과학부

미래창조과학부는 「정보통신기반 보호법」, 「정보통신망 이용촉진 및 정보보호 등에 관한 법률」 등에 의해 지식정보보안 산업의 육성 및 전문인력 양성 업무를 수행하고 있다. 정보보호와 관련하여 주로 지식정보보호 기술 원천분야 연구 개발 투자, 보안 제품 패키지 수출 컨소시엄 등의 정보보안 기술 확보 정책 및 주요 정보통신 기반 시설의 지정확대와 같은 정보보호 기반마련 업무를 수행하고 있다.

6) 대검찰청

검찰은 컴퓨터범죄에 대한 적극적인 대응과 조직적인 수사를 위하여 대검찰청, 지방검찰청, 지청 등 총 24개 검찰청에 컴퓨터범죄 수사 부서를 설치, 운영하고 있다. 이를 통해 컴퓨터 범죄 수사체계 마련, 연구, 첨단 수사 기법 확보 등 최신 정보화 기술과 관련된 범죄의 예방 및 단속을 실시하고 있다.

검찰의 사이버 범죄 수사 관련 조직은 크게 대검찰청 첨단범죄수사과 및 디지털수사담당관실, 서울중앙지검 첨단범죄수사부, 일선 지청의 컴퓨터범죄 수사반으로 구분되어 있다. 대검찰청 첨단범죄수사과에서는 컴퓨터 등 정보처리장치 및 정보통신매체를 사용한 범죄사건에 대한 검찰사무의 지휘 · 감독, 사건에 관한 범죄현상의 분석 · 연구 등의 업무를 수행하고 있으며, 디지털수사담당관실은 디지털증거의 압수 및 분석업무를 수행하고 있다. 첨단범죄수사부에서는 정보처리장치 및 정보통신매체를 이용한 범죄사건의 수산, 사건 관련 정보 및 자료 수집, 증거자료 압수 등의 업무를 수행한다.

7) 경찰청

경찰청은 사이버 범죄 수사를 위해 1997년 '컴퓨터범죄수사대'를 시작으로 전담 조직을 2000년 7월 '사이버테러대응센터(Cyber Terror Response Center)'로 확대 개편하였다. 사이버테러대응센터는 사이버 범죄 수사 및 사이버테러 대응, 국제협력, 디지털 증거분석 등 사이버테러 대응 수사기관으로서의 역할을 담당하고 있다. 구체적인 업무로는 사이버테러 신고접수 · 수사, 사이버테러 예방 및 수사기법 연구, 사이버수사 기획 및 지도, 불법사이트 검색, 관계 법령 및 제도 연구 등이 있다.

한편, 2004년에 경찰청에 '디지털증거 분석센터'를 신설하여 첨단범죄 증거분석, 증거분석 절차의 표준화 및 보급, 전문 수사기법 연구개발 등의 업무를 수행하고 있다.

8) 한국인터넷진흥원(KISA)

한국인터넷진흥원은 2009년 7월 정부 공공기관 선진화 계획에 따라 한국정보보호진흥원, 한국인터넷진흥원, 정보통신국제협력진흥원이 통합 출범된 조직이다. 정보보호와 관련하여 인터넷침해사고에 대한 효과적인 대응, 개인정보 보호 및 피해구제, 불법스팸의 예방과 대응, 전자서명 인증관리 및 이용활성화, 정보통신기반시설의 보호, 정보보호 제품에 대한 보안성 평가, 지식 정보보안 산업 육성 및 인력양성, 정보보호 정책 및 기술개발과 표준화, 정보보호 인식제고 활동 등의 업무를 수행하고 있다.

인터넷침해사고 대응에 있어서 악성 봇에 감염된 PC가 해커의 명령 조종지로부터 분리되도록 하는 DNS 싱크홀 체계, 웹쉘 탐지도구 개발 · 배포, 웹사이트 취약점 점검 지원 등의 인터넷침해사고 대응 및 지원 업무를 수행하여 사이버위협에 대응하고 있다.

9) 국가보안기술연구소(NSRI)

국가보안기술연구소는 주요 정보통신 기반시설 등의 보호를 위한 기술개발 및 지원, 국가 · 공공기관의 정보통신시스템 및 정보통신망에 대한 사이버침해에 효과적으로 대응하기 위한 기술 및 정책의 개발 · 지원을 목적으로 「과학기술분야 정부출연연구기관 등의 설립 · 운영 및 육성에 관한 법률」 제8조 제1항의 규정에 의하여 2000년에 설립된 정보보호 전문 연구기관이다.

공공분야의 사이버안전 관련 기술 확보를 위한 연구 · 개발을 수행하고 있으며, 국가 암호기술 연구, 해킹 대응기술개발, 정보보안기술개발 및 정책 지원, 관련 기반구축 및 지원활동 등을 통해 국가 보안기술 발전을 수행하고 있다.

10) 한국전자통신연구원(ETRI)

한국전자통신연구원 내의 정보보호연구본부는 방송통신 시대의 도래에 따라 네트워크 인프라 마비, 불건전 · 유해정보 유통, 개인정보 유출 등 정보화 역기능 해소를 위한 정보보호 선도기술을 확보하고, 보유기술의 산업화를 지원하고 있다. 특히, 정보보안 전략 분야의 선진국과의 기술 격차 해소, IT 산업의 새로운 부가가치 창출 선도 및 융합보안 분야의 기술선도와 신시장 선점을 주요 중점 분야로 추진하고 있다.

11) 금융보안연구원(FSA)

금융권 공동의 보안 전담기구인 금융보안연구원은 (구)정보통신부, (구)산업자원부, 금융감독위원회 등 정부관련 부처가 경제정책조정회의에 공동으로 보고한 '전자금융거래 안전성 강화 종합대책'에 따라 금융분야의 정보보호 업무를 지원하기 위해 2006년 10월에 설립되었다. 금융보안연구원은 전자금융서비스 보안 취약점 및 위협에 대한 상시적인 분석 · 대응을 수행하며, 보안제품에 대한 적합성 테스트, 차세대 전자금융서비스 취약성 분석 등의 업무를 수행하고 있다. 또한, 금융거래서비스에 이용되는 일회용비밀번호(OTP) 통합인증센터를 구축 · 운영 중에 있으며 전자금융거래 안전성 확보를 위한 다양한 업무들을 진행하고 있다.

12) 금융결제원 금융ISAC

금융결제원 금융ISAC[23)]은 「정보통신기반보호법」 제16조에 근거하여 설립된 금융부문의 정보공유 · 분석센터로서, 2002년 12월 정부로부터 승인을 받아 본격적인 업무를 시작하였다. 국내 17개 은행과 새마을금고연합회에 대하여 공공보안관제, 취약점 분석 · 평가, 정보공유 및 정보보호 교육 등의 서비스를 제공하고 있다. 주요업무로는 금융회사 공동보안관제(CERT), 인터넷 뱅킹 시스템 등 금융회사의 정보통신기반시설에 대한 보안 취약점 분석 · 평가를 통하여 잠재적인 보안 위협요인을 미리 제거하고, 취약점 보완 조치를 지원하고 있다.

---

23) 정보공유분석센터(Information Sharing & Analysis Center)는 정보통신기반보호법에 의해 설립되었으며 정보보안과 관련 업무를 수행한다.

13) 코스콤 금융ISAC

코스콤 금융ISAC는「정보통신기반보호법」 제16조에 근거하여 설립된 증권 부문의 정보공유 · 분석센터로서, 증권사 및 증권유관기관에 대한 취약점 분석 · 평가 사이버 위협 대응을 위한 정보제공 업무를 수행하고 있다. 또한, 증권사와 선물사의 매매체결구간에 대한 보안관제 업무를 통해 실시간 모니터링을 통한 침해사고 대응 서비스를 제공하고 있다.

14) 민간보안업체

2009년 한국인터넷진흥원(KISA)에서 발표한 '국내 지식정보보안산업 시장 및 동향'에 따르면 2009년 기준으로 국내에 131개의 민간보안업체가 운영되고 있다고 한다. 민간보안업체가 제공하는 제품 및 서비스를 중복 체크하여 분류한 내용을 보면, 우선 총 380개의 중복응답 중 269개(70.8%) 기업이 '시스템 및 네트워크 정보보안 제품'을 취급하며, 111개(29.2%) 기업이 '정보보안 서비스'를 취급하는 것으로 나타났다.

'시스템 및 네트워크 정보보안 제품' 중에서 '침입차단시스템'을 취급하는 업체가 39개(10.3%)로 가장 많았고, 그 다음으로 '보안관리' 36개(9.5%), 'DB/콘텐츠 보안' 33개(8.7%), '침입방지시스템' 22개(5.8%), '통합 PC보안' 21개(5.5%) 순으로 조사되었다.

'정보보안' 서비스 중에서는 '보안컨설팅' 서비스를 제공하는 업체가 48개(12.6%)로 가장 많았으며, '유지보수'는 35개(9.2%), '보안관제'는 13개(3.4%) 순으로 조사되었다.

2. 국내 사이버위협 대응 체계

국가정보원에서 발간한 2009년 '국가정보보호백서'의 주요정보통신기반시설 보호체계와 관련된 부분을 참고하면, 「정보통신기반 보호법」에서 주요정보통신기반시설의 안정적인 관리 · 운영을 위하여 관계 부처간 침해사고 예방 및 대응 업무가 상호협력 및 보완될 수 있도록 정보통신기반보호위원회[24]를 운영하여, 관계 부처의 정보통신기반보호 정책 수립과 시행을 총괄 · 조정한다. 한편 정보통신기반보호위원회의 효율적인 운영을 위하여 위원회에 공공부문과 민간부문을 각각 담당하는 '정보통신기반보호실무위원회'를 설치하였다.

이 실무위원회는 정보통신기반보호위원회에 제출된 안건과 정보통신기반보호위원회로부터 위임되거나, 정보통신기반보호위원회의 위원장으로 지시 받은 사항을 검토 · 심의하는 등의 정보통신기반보호위원회의 효율적인 운영을 돕는다. 또한, 주요정보통신기반시설에 대한 중대한 침해사고가 발생한 경우 '침해사고대책본부'를 한시적으로 운영하여 응급대책, 기술지원 및 피해복구 등을 수행한다.

주요 정보통신기반시설 보호체계에 따라 관계 중앙행정기관은 주요정보통신기반시설을 지정, 보호대책 검토, 보호계획 수립 · 시행을 하도록 하고 있다. 관리기관은 침해사고 예방 및 대응을 위하여 소관시설의 취약점 분석 · 평사 수행, 보호대책 마련 등의 업무를 수행하고, 사고 발생 시 사고내용을 행정기관, 수사기관에 보고하고 시설을 복구해야 한다. 지원기관으로는 국가정보원, 행정자치부, 국군기무사령부, 검찰청, 경찰청, 한국인터넷진흥원 등이 있으며, 주요 정보통신기반시설 보호대책 수립, 침해사고 예방, 복구 지원 등을 수행한다.

앞에서 국내 주요 사이버위협 대응 및 정보보호 기관 현황과 대응 체계를 알아보았다. 그럼 이제 이러한 대응 체계 및 기관의 기반이 되는 정보보호 전문인력에 대해 알아보도록 하자.

3. 국내 보안 전문인력 현황과 양성의 필요성

미국에서 발표된 「사이버보안증진법안(Cybersecurity Enhancement Act)」과 국내 국가사이버위기 종합대책의 주요 내용을 살펴보면 모두 정보보호 전문 · 전담 인력 양

24) 2009년 8월 발의된 '정보통신기반 보호법 개정안'에는 국무총리실장이 주도하던 정보통신기반보호위원회를 없애는 대신, 행자부장관이 사실상 주도하는 주요정보통신기반시설협의회를 설치하는 내용이 포함되어 있다. 또한, 주요정보통신기반시설협의회는 행자부와 국정원이 민간의 주요정보통신기반시설에 대해서도 지정 및 지정취소, 제도운영, 보호지원, 침해사고대책본부 구성 등을 할 수 있다.

성 및 확충에 대한 부분이 포함되어 있는 것을 볼 수 있다. 이는 사이버위협 대응을 위해 실제 대응할 수 있는 전문인력의 필요성을 나타내며, 이를 위한 중·장기적인 방안이 요구된다는 것을 알 수 있다.

〈사이버보안증진법안 주요 내용〉

사이버보안 증진을 위한 국가전략 작성, 민간·공공부문의 협력관계 개발, 사이버사고에 대응하기 위한 통합 대응 프레임워크 구축, 사이버보안 연구 및 개발 후원, 사이버보안에 관한 국민의식 고양을 주요내용으로 함.

1. 사이버보안 전문인력 양성
2. 연방정부 R&D 포트폴리오의 우선순위 조정
3. 사이버보안 기술의 시장 이전
4. 사이버보안 교육 진흥 및 일반대중의 사이버보안 인식 제고

이처럼 사이버위협대응을 위한 인력확보의 필요성은 관련 정책에 반영될 정도로 보편적으로 인정되고 있는 상황이다. 실제로 국내 정보보호 관련 인력 실태에 대해서 알아보면 인력의 부족이 확연히 들어나는 것을 알 수 있다.

먼저 공공부문의 정보보호 전담인력 및 전담부서의 현황을 보면 국회입법조사처의 '7.7 DDoS 사고 대응의 문제점과 재발방지 방안'에 따르면 2009년 기준 정부의 43개 중앙부처 가운데 정보보호 전담부서를 운영 중인 부처는 9개에 불과하며, 자체 정보보호 인력이 부처당 평균 1.45명에 불과하다.

제5절 미국의 사이버보안 정책 및 법안

1. 사이버보안 미국정부의 대응

1) 사이버보안 행정 명령

- 오바마 美 정부는 행정명령 중 일부분에 사이버보안체계를 제안('13.02)하였으며, 행정명령 중 포함된 요소는 주요 사회기반시설을 운영할 때 "사이버위협에 대한 정보를 실시간 공유 및 위험성에 대한 인식"을 강조하였다.
- 미국 정부의 사이버보안 행정 명령 제13636조(**'행정명령-주요 인프라 사이버 보안 개선(Executive Order-Improving Critical Infrastructure Cybersecurity)'** 에 따라 2014년에 관련 법률 도입 및 가이드라인이 마련하였다.

2) 의회의 입법 노력

- 의회는 최근 몇 년 동안 사이버보안 문제해결 및 주요 법안을 실행하기 위해 노력을 기울이고 있으며, NIST의 사이버 공격을 줄이기 위한 프레임워크 개발을 공식적으로 승인하였다.

3) 정보 공유

- 정보공유와 협력을 증진하기 위해서 국토안보부(DHS), 상무부(Commerce), 국립표준기술연구소(NIST) 등을 포함한 정부기관의 넓은 범위에서 참여를 요구하고 있다.
- 미국 정부는 기업과 정부가 실시간 사이버 보안 정보를 공유할 수 있도록 사이버 보안체계 구성 및 지원을 하고 있으며, 의회 또한, 최근 몇 년 동안 사이버보안 문제해결 및 주요 법안을 실행하기 위해 노력을 기울이며, NIST의 사이버보안 프레임워크 개발을 공식적으로 승인하였다.

4) 사이버보안 프레임 워크(NIST)

- NIST는 사이버보안체계에 대한 전반적인 내용을 공개, 공공 및 민간기업에서 반복적으로 발생되는 해킹, 사이버 공격 그리고 보안상의 결함에 대해 어떻게 보호할 것인지 대한 대책방안을 마련(`13.10.23)하였으며 대중의 의견을 유도하기 위해 캠페인에 착수하여, 최종 사이버보안 프레임워크를 발표하였다.

5) 2013~2014년 발생한 주요 사이버 공격 사례

- **오퍼레이션 아바빌(Operation Ababil) 공격** : '이즈 에딘 알 카삼(Cyber Fighters of Izz ad-Din Al-Qassam)'이라는 단체가 최대 65Gbps 트래픽으로 미국 금융권 전산망을 무력화
- **어도비의 대량 데이터 유출 사건**
- **뉴욕타임즈 사건** : '시리아 전자군대(Syrian Electronic Army)'라는 단체가 뉴욕 타임즈를 공격하였다.

6) 시사점

- 2014년에 발생한 주요 사이버 공격 사례로 볼 때 2015년에도 사이버보안 의식을 제고하고 정보보호 생활화 실천을 유도하기 위해 국민들에게 정보보호에 대한 관심과 이해를 높이고, 국민 누구나 쉽고 친숙하게 정보보호에 다가설 수 있도록 정부와 기관에서는 노력이 필요하다.

2. 사이버공간의 중요성 증대

1) 오바마 정부의 대내 환경

(1) 정부의 강력한 사이버보안 정책 추진 의지

- 오바마 대통령은 사이버공간 보호 강화 등을 기반으로 IT 생태계 구축과 활용을 통해 경제 성장과 혁신 촉진 의지를 표명하였다.

• 「미국 경기회복 투자법(American Recovery and Investment Act of 2009, ARRA)」('09.2월 승인)을 통해 의료 IT, 스마트그리드, 연방기관 정보시스템 등에 정보보호 강화를 추진하였다.

※ 2009~2019년간 총 7,872억 달러 중 IT 부문에 약 420억 달러(5%) 책정하였다.

• 「경제성장과 번영을 위한 미국의 혁신 전략」('11.2월 발표)에서 사이버보안 강화를 통한 IT 생태계 조성 등 미국 혁신 블록 구축을 위한 투자 계획 수립하였다.

※ 경제 성장과 번영을 위한 미국의 혁신 전략(A Strategy for American Innovation: Securing Our Economic Growth and Prosperity) : 2009년 9월에 발표한 「지속 가능한 성장과 우수한 일자리 창출을 위한 미국의 혁신 전략(A Strategy for American Innovation: Driving Towards Sustainable Growth and Quality Jobs)」에 추진 현황 · 신규 계획 등을 업데이트하여 발표하였다.

• 미국 정부 IT 전문가들 대다수는 '사이버보안'을 미국의 IT 최우선 과제로 인식했다.

• 2009년에 미 정부 IT 전문가를 대상으로 IT 우선과제를 조사한 결과, 사이버보안이 가장 중요하다고 응답(Informationweek 2009.12)하였다.

• 2011년 역시, 공공부문 정보보안 담당자들은 국가 사이버보안 전략 강화와 정책 실효성이 필요하다고 응답(GovInfoSecurity, 2011.6)하였다.

• 마이클 헤이든(Michael Hayden) 전 CIA 국장과 키스 알렉산더(Keith Alexander) 미 사이버사령부(U.S. Cyber Command, USCYBERCOM) 사령관은 사이버 공격의 위협 감소를 위해 주요기반시설에 보안 네트워크 구축 등 새로운 인터넷 인프라의 필요성 강조(Nextgov, 2011.7)하였다.

(2) 사이버위협 및 인터넷 관련 범죄는 여전히 증가

• 인터넷을 통해 IT 인프라가 상호 연계됨에 따라 전력 · 금융 등 주요 인프라와 사회 안전망 대상의 사이버위협이 점차 증가하는 추세이다.

그림 14-7 사이버위협 및 피해 사례

<table>
<tr><td></td><td>• ('10.7월) 미국 원자력 발전소의 내부 통제시스템을 공격할 수 있는 악성코드가 발견되어, 원자력규제위원회가 발전소에 이에 대응할 수 있는 사이버보안계획 마련을 지시</td></tr>
<tr><td></td><td>• ('11.5월) 방위산업체 록히드 마틴(Lockheed Martin)사의 정보시스템과 네트워크에 대한 외부 해킹시도 발생</td></tr>
<tr><td></td><td>• ('11.6월) 구글, 미국 고급관료들의 Gmail 계정을 겨냥한 해킹 공격 적발</td></tr>
</table>

- 미국 내 해킹, 스팸, 신원도용 등 인터넷 관련 범죄가 지속적으로 발생하였다.
- 2010년 미국 인터넷범죄센고센터(Internet Crime Complaint Center, IC3)에 접수된 신고건수는 30만 건에 달하며, 상품배송사기, FBI 사칭, 신분도용, 컴퓨터 범죄, 스팸 등이 가장 많이 신고된 것으로 조사되었다.
- 미국 기업의 90%가 지난 1년 동안 해커의 공격을 받았으며, 이 중 59%가 2번 이상의 침해를 경험(Ponemon Institute, 2011.6)하였다.

2) 오바마 정부의 대외 환경

(1) 사이버공간을 '제5의 전장'으로 규정, 사이버전 대응책 마련

- 미국과 주요국들은 사이버공간을 육 · 해 · 공 · 우주에 이은 제 5의 전장으로 규정하고, 사이버전 대응체계를 구축하였다.
  - 미 국방부(DoD)는 「4개년 국방 정책 검토 보고서(Quadrennial Defense Review Report, QDR)」('10.2월 발표)에서 사이버공간을 육 · 해 · 공 등 타 공간과 구분한데 이어, 지난 7월 「국방부 사이버공간 운영 전략(DoD Strategy for Operating in Cyberspace)」을 발표하였다.

- 국가 기반을 파괴할 수 있는 사이버 무기의 개발로 사이버전은 이제 외교적 갈등으로까지 확대되며, 각국이 경쟁적으로 사이버 전력 증강에 나서고 있는 추세이다.

〈표 14-1〉 주요국 사이버전 전력

구분	내용
미국	• 4만여 명 규모의 사이버사령부 창설('10) • 예산 : 약 1,600억 원
영국	• 국방부 예하 사이버전 전문가 수백명 모집 • 국가 사이버보안 프로그램 마련('10) 및 사이버 무기 개발 • 예산 : 약 1조 1,458억 원
러시아	• 연방보안국(FSB) 지원 하에 세계 최대 규모의 해커 육성
중국	• '인터넷 기초총부'라는 30명 규모의 사이버사령부 창설 ※ 실제로는 수만 명의 사이버 전사가 있을 것으로 추정 • 예산 : 약 17억 원
이스라엘	• 사이버사령부 창설('11) 및 80명 규모의 '유닛 8200' 부대 운영

• 사이버전으로 인한 국가 간 갈등이 고조되면서, 사이버 데탕트(Detente)[25]의 필요성을 제기하였다.

- 헨리 키신저 前 미 국무장관은 전 세계적인 해킹 전쟁의 심각성을 인지하고, 사이버공간에서의 휴전과 공존을 추구하는 사이버 데탕트의 필요성을 역설하였다.

(2) 사이버보안 · 범죄에 공동 대응하기 위한 협력체계 마련

• 미국은 EU, 영국, 인도 등 주요국와 사이버보안 협력관계를 구축하여 다양한 사이버위협에 따른 공동 대응방안을 마련하였다.

- 미국-EU 정상회의에서 '미국-EU 사이버보안 및 사이버 범죄 워킹 그룹(US-EU Working Group on Cyber Security & Cyber Crime)' 출범에 합의(2010.11)하였다.

25) 데탕트(Detente) : 긴장 완화

※ 워킹 그룹은 2011년 말로 예정된 차기 정상회담에서 사이버보안 및 범죄에 대한 논의 결과가 수록된 보고서를 제출할 예정이다.

〈표 14-2〉 워킹 그룹 주요 활동 및 목표

• 2011년 말까지 공동 훈련 프로그램을 통해 사고 처리 대응역량 강화 • 민간부문의 참여 확대 및 산업계와 협력 관련 모범사례 공유 • 2011년 말까지 실리콘 밸리에서 온라인 아동 보호 컨퍼런스를 개최하는 등 보안인식 제고 프로그램 개발 · 실시 • 도메인 등록기관과 공조하여 인터넷상에서의 아동 유해물 퇴치 활동 • 유럽평의회(Council of Europe)의 사이버 범죄조약(Convention on Cybercrime) 확산 및 협력체계 강화 ※ 사이버 범죄조약 : 부다페스트 조약이라고도 불리며, 인터넷 범죄행위를 규정하고 이에 대한 처벌을 명시한 최초의 국제조약으로 현재 미국, 유럽 등 30개국이 가입

– 미국 오바마 대통령과 영국 캐머런 총리는 사이버 전쟁 및 다양한 보안 이슈에 대응하기 위해 긴밀히 협력하기로 합의하였다.

〈표 14-3〉 협력 강화 주요 내용

• 사이버공간의 미래를 위한 비전 공유 • 책임감 있는 행동에 대한 합의 구축 • 사이버 범죄조약 가입 등을 통한 시민 보호와 법 규칙 수립 • 미래 경쟁력 확보를 위한 민 · 관 협력 • 개발도상국과의 국제협력 등 ICT 활용 범위 확대 • 사이버보안에 대한 책임 공유

– 미국과 인도는 '제2차 전략회담(Strategic Dialogue)'에서 사이버테러 정보 공유 등 사이버보안 협력을 위한 양해각서(MOU)를 체결(2011.7)하였다.

• 미국, 영국 등 주요국과 글로벌 기업이 참여한 '국제사이버보안연맹(International Cyber Security Protection Alliance, ICSPA)'이 공식 출범(2011.7)하였다.

– 미국, 영국, 캐나다, 호주, 남아공 등 주요국과 맥아피, 트렌드 마이크로 등

민간기업, 유럽 공동경찰기구 유로폴(Europol) 등이 참여한 비영리 기구이다.

- 사이버 범죄에 대응하기 위해 각 정부의 법 집행 역량을 개선하고, 민 · 관 협력체계를 구축하며, 중국 · 러시아 · 브라질 등 보안에 취약한 국가들에게 자금 및 기술을 지원하는 것이 목표이다.

3. 미국 사이버보안 정책과 법안 추진경과

1) 국토안보부 창설 이전(1998~2002년)

- 클린턴 정부는 「대통령령(Presidential Decision Directive, PDD) 제63호」 공표를 통해 주요기반시설에 대한 범정부적 보호체계를 처음으로 마련(1998.5)하였다.
  - 국가 주요기반 보호를 위한 전략 개발이 연방정부를 중심으로 이루어지기 시작하였다.
- 9 · 11 테러를 계기로 부시 정부는 주요기반시설 보호를 국토 안보 차원에서 다루기 시작하여 관련 행정명령(Executive Order, EO)을 제정하였다.
  - 「행정명령 제13228호(2001.10.8 제정)」에 의거하여 국토안보국(Office of Homeland Security) 및 국토안보위원회(Homeland Security Council)를 설치(2001.10)하였다.
  - 「행정명령 제13231호(2001.10.16 제정)」는 PDD-63을 대부분 계승한 것으로, 주요기반시설에 대한 사이버상의 위협에 초점이다.
- 「전자정부법(E-Government Act)」 제3편으로 「연방정보보안관리법(Federal Information Security Management Act, FISMA)」 제정(2002.12)하였다.
  - 연방정부의 주요 정보자원을 보호 · 통제하고, 정부기관의 관리 · 감독 권한을 국토안보부에 부여하는 등의 목적으로 제정하였다.
  - 예산관리국(OMB)의 권한과 기능, 연방 정보시스템 표준에 대한 책임, 정보보호 및 프라이버시 자문위원회 등의 내용을 포함하였다.

2) 국토안보부 주도(2003~2008년)

- 국토 안전 및 사이버보안 주무부처로 국토안보부(Department of Homeland Security, DHS)를 신설(2003.3)하였다.
  - 「국토안보법(Homeland Security Act, 2002.11월 제정)」에 의거하여 국가기반시설 보호를 담당하는 기존 부서들을 통합하여 설립하였다.
- 「국토 안보 대통령령(Homeland Security Presidential Directive, HSPD) 제7호」를 공표(2003.12)하였다.
  - 국가기반보호 계획 수립, 주요기반시설과 자산 식별, 정보보호 활동의 우선순위 설정 및 프레임워크 구성 등의 내용을 포함하였다.
  - 사이버보안 총괄 책임자를 국토안보부장관으로 지정하였다.
- 「국토 안보 대통령령 제23호(National Security Presidential Directive-54/Homeland Security Presidential Directive-23, NSPD-54/HSPD-23)」를 공표(2008.1)하였다.
  - 이를 바탕으로 「국토 사이버보안 종합계획(Comprehensive National Cybersecurity Initiatives, CNCI)」을 수립하였다.

〈표 14-4〉 2000~2008년 주요 사이버보안 정책

구분	내용
'00.1	정보시스템 보호를 위한 국가계획 (National Plan for Information System Protection) ※ 국가 주요기반시설에 대한 사이버위협에 대응하기 위한 최초의 국가계획
'02.7	국가 안보를 위한 국가 전략 (National Strategy for Homeland Security)
'03.2	주요기반시설 및 핵심자산의 물리적 보호를 위한 국가전략 (National Strategy for Physical protection of Critical Infrastructure & Key Assets)
'03.2	국가 사이버공간 보호전략 (National Security to Secure Cyberspace)
'08.1	국토 사이버보안 종합계획 (Comprehensive National Cybersecurity Initiatives, CNCI)
'08.9	국토안전 전략계획 2008-2013 (U.S. DHS Strategic Plan FY 2008-2013)

3) 백악관 주도(2009년~현재)

• 2009년 1월에 출범한 오바마 정부는 백악관에 사이버조정관을 두고 범국가 차원에서 최상위 리더십 발휘와 새로운 사이버보안 국가 전략을 추진하였다.

– 2009년 5월에 발표한 「사이버공간 정책 리뷰(Cyberspace Policy Review)」를 중심으로 체계적이고 일관된 정책을 추진 중이다.

– 동 정책의 단기 · 중기 계획에 따라 신원 확인, 국제화, R&D 등 각 분야에서 국가 전략 및 연구보고서를 발표하였다.

– 이전 부시 행정부에서 제정하였으나 비밀로 분류되었던 「국가 사이버보안 종합계획(CNCI)」을 공개(2010.3)하고 사이버공간 정책 리뷰 추진에 활용하였다.

• 사이버공간의 중요성이 증대됨에 따라, 국방부는 전략사령부(U.S. Strategic Command, USSTARTCOM) 내에 사이버사령부 창설(2010.5)

– 국방보고서에서 '네트워크 중심의 전투(Network-Centric Warfare, NCW)'를 미군의 핵심 역량으로 규정(2009.1)하였다.

– 군(軍) 컴퓨터 네트워크 통합 및 보안과 공격형 사이버무기 개발을 위한 사이버사령부 창설(안)을 마련하고(2009.3), 이를 근거로 사이버전과 사이버테러에 대응하기 위한 사이버사령부를 창설하였다.

※ 메릴랜드주 포트 미이드(Fort Meade)에 위치한 사이버사령부는 현재 4만 명 이상의 군인(육군 · 해군 · 공군 및 해병대), 전문가, 시민으로 구성되어 있고, 연간 예산으로 약 1억 5천만 달러(약 1600억 원)를 책정하였다.

• 의회는 사이버보안을 최우선하는 정부의 방침과 기조를 함께 하여 사이버보안 관련 법 제 · 개정 등을 하였다.

– 연방정보보안관리법(FISMA) 개정안 통과(2010.5)에 이어, 사이버보안과 인터넷 자유 법안, 사이버보안 공공인지 법안 등 각종 사이버보안 관련 법안 발의 및 처리 중이다.

※ FISMA 개정안 : 대통령실(Executive Office of the President, EOP)에 사이버공간보호국(National Office for Cyberspace, NOC)을 설치하고 상원의 승인을 받은 책임자를 임명한다는 내용이 포함되었다.

4. 오바마 정부 정책 방향과 주요 성과

1) 오바마 정부 정책 방향 : 사이버공간 정책 리뷰

- 국가 사이버보안 정책의 핵심인 「사이버공간 정책 리뷰」는 5개의 아젠다 하에 10개의 단기 · 14개의 중기 실행계획으로 하였다.

2) 사이버공간 정책 리뷰 주요 성과

- 백악관은 2010년 7월 14일 「사이버공간 정책 리뷰」 진척사항 발표에 이어, 지난 5월 12일 10개 단기 실행계획에 대한 추진 성과를 발표하였다.
- **(사이버보안 조정관 임명)** 오바마 대통령의 하워드 슈미츠 임명(2009.12).
  - 2009년 5월에 사이버보안 조정관으로 「사이버공간 정책 리뷰」 수립을 총괄한 멜리사 해더웨어(Melissa Hathaway)를 임명하였으나, 3개월 뒤 사퇴함에 따라 12월에 하워드 슈미츠(Howard Schmidt)를 임명하였다.
  - 국가안보위원회의 일원이자 대통령 특별 보좌관으로 대통령에게 사이버보안 관련 사안을 정기적으로 보고하였다.
  - 연방정부 CTO · CIO와 협력하여 정책 개발 및 입법 방향을 정립하며, 사이버보안 정책 간 우선순위와 기관 간 협업을 조정하였다.

그림 14-8 주요인사 경력사항

구분	내용
	**사이버보안조정관(Cybersecurity Coordinator)** • 하워드 슈미츠(Howard Schmidt) • (공공) 부시 행정부의 국가 사이버보안 자문 역임, 미 행정부 최초의 포렌식 연구소 설립 • (민간) MS, 이베이 등 IT 기업의 최고보안책임자 및 국제 비영리 정보보안포럼 의장직 수행
	**최고기술책임자(Chief Technology Officer, CTO)** • 애니쉬 초프라(Aneesh Paul Chopra) • (공공) 버지니아주 최초의 기술장관 역임, 오바마 대통령 인수위 기술 · 혁신 및 정부 혁신정책 워킹그룹 활동 • (민간) 공공의료 싱크탱크 'Advisory Board Company' 전무이사 역임, 벤처지원 자금 조성 관련 엔젤 투자자 활동 등
	**최고정보책임자(Chief Information Officer, CIO)** • 스티븐 반루켈(Steven VanRoekel) • 지난 8월 4일, 비벡쿤드라(Vivek Kundra)의 후임으로 임명 • (공공) 연방통신위원회(FCC) 관리책임자로서 오바마 대통령의 주요 이니셔티브 관련 업무 수행, 국무부 국제개발처 시민 · 단체 부문 책임자 역임 • (민간) MS에서 15년간 근무하며 윈도우 서버 · 툴 사업본부 임원 역임

• **(새로운 국가 전략 마련)** 정보통신 기반 보호를 위한 국가 전략 개정안 마련 및 대통령 승인을 준비하였다.

– 「사이버공간 정책 리뷰」의 세부 실행계획 추진을 지원하기 위해 기존 '국토 안보 대통령령 제23호(NSPD-54/HSPD-23)'를 업데이트하고 승인을 준비 중이다.

– 개정된 국가 전략에는 「국가 사이버보안 종합계획(CNCI)」의 지속적인 추진 점검 결과와 ID 관리, 국제 공조 등 신규 사이버보안 이슈에 관한 전략 등을 반영하였다.

〈아젠다 2 : 디지털 국가 역량 구축〉

• **(인식제고 및 교육캠페인 착수 Ⅰ)** 「국가 사이버보안 교육 계획(National Initiative for Cybersecurity Education, NICE)」을 발표(2010.3)하였다.

– 국민 인식제고 캠페인 추진(국토안보부), 정규 사이버 보안 교육 과정 개발(교육부, 과학기술정책국), 연방 인력 개발(인사관리처), 국가 사이버보안 인력 교육훈련(국방부, 국가정보국장실, 국토안보부) 등 4개 목표로 구성[26]하였다.

– 이후 국가표준기술연구소(NIST) 주도 하에 「국가 사이버보안 교육 전략계획(초안)」을 마련(2011.8)하였다.

※ 3개 목표로 구성 : △ 온라인 활동의 위험에 대한 미국시민의 인식제고, △ 안전한 사이버 국가를 지원할 역량을 가진 숙련된 인력 풀 확대, △ 최고의 글로벌 경쟁력을 가지는 사이버보안 인력 개발 및 유지

※ 동 초안에 대해 9월까지 의견을 수렴하고 세부 전략계획 수립을 위해 관계 부처·기관에 분야별 책임을 부여할 예정이다.

• **(인식제고 및 교육캠페인 착수 Ⅱ)** 오바마 대통령, '2010 국가 사이버보안 인식의 달' 선언 및 인식제고 캠페인을 시작(2010.10)하였다.

– 미국 시민들이 사이버보안의 중요성과 책임을 인지하고 국가 안보를 위한 활동 및 행사 등에 관심을 당부하였다.

– 국토안보부는 "멈춰서 생각하고 접속하자(Stop, Think, Connect)"라는 이니셔티브로 전국에서 국가 사이버보안 인식 캠페인을 시작하였다.

〈아젠다 3 : 사이버보안 책임 공유〉

• **(국제 파트너십 역량 강화)** 「사이버공간을 위한 국제 전략(International Strategy for Cyberspace)」을 발표(2011.5)하였다.

– 사이버 환경에 대한 범국가적 관리의 필요성과 이를 위한 정책 방향을 제시

– 기본적 자유권(Fundamental Freedoms), 프라이버시(Privacy), 정보의 자유로운 흐름(Free Flow of Information) 등 3대 핵심원칙을 바탕으로 수립하였다.

26) 교육부 : Department of Education(DoED), 과학기술정책국 : Office of Science and Technology Policy(OSTP), 인사관리처 : Office of Personnel Management(OPM), 국가정보국장실 : Office of the Director of National Intelligence(ODNI)

〈표 14-5〉 사이버공간을 위한 국제 전략

정책	주요 내용
경제	개방형 시장 환경 조성, 기술혁신 촉진, 국제 표준 선도
네트워크 보호	보안성, 신뢰성 및 연속성 제고
법 집행	법 공조체계 강화
군사	21세기 국가 사이버안보 위협 대비
인터넷 거버넌스	효과적인 인터넷 거버넌스 체계 마련
성장 및 발전	인터넷 역량, 보안 및 번영 구축
인터넷 자유	국가 간 전자상거래 개인정보보안 강화 및 자유로운 정보 교류 환경 조성 등 기본적인 자유와 프라이버시 보장

〈아젠다 4 : 효과적인 정보공유 및 사고대응체계 구축〉

- **(사이버 침해사고 대응계획 수립)** 국토안보부, 「국가 사이버 보안사고 대응계획(National Cyber Incident Response Plan, NCIRP)」을 수립(2010.9)하였다.
  - 사이버 침해사고 대응을 위한 조직의 역할, 책임, 실행계획, 대응 방안, 복구계획 등 전략적 프레임워크 수립을 목적으로 하며, '중대한 사이버 침해사고'에 대한 대응 메커니즘 개발에 초점을 두었다.
    - ※ 중대한 사이버 침해사고(Significant Cyber Incident) : 국가 사이버위협 경보수준(National Cyber Risk Alert Level, NCRAL) 2단계 이상일 때, 국가적 차원의 대응 및 협력이 요구되는 정도의 침해사고이다.
  - 중대한 사이버 침해사고가 발생했을 때, 국토안보부는 산하의 '국가 사이버보안 및 통신 통합센터(National Cybersecurity and Communications Integration Center, NCCIC)'를 통해 연방·주 정부 및 민간기관과 협력하여 대응방안을 마련하였다.
  - 국가 사이버 훈련(Cyber Storm III)을 통해 해당 계획을 평가한 후 수정작업을 진행 중이다.
    - ※ 국가 사이버 훈련(Cyber Storm) : 국토안보부가 주축이 되어 2006년부터 격년제로 실시 중인 대규모 사이버테러 대응 훈련으로, 지금까지 Cyber Storm I(2006.2), Cyber Storm II(2009.3), Cyber Storm III(2010.9)를 실시하였다.

〈아젠다 5 : 사이버공간에서의 ID 관리 비전 및 전략 수립〉

- **(ID 관리 비전 수립)**

「사이버공간에서의 신원 확인을 위한 국가 전략(National Strategy for Trusted Identities in Cyberspace, NSTIC)」을 발표(2011.4)하였다.

- 사이버공간에서 당사자의 신원을 신뢰할 수 있도록 ID 생태계(Identity Ecosystem)를 구축하는 것이 목표이다.
- 상무부(DoC) 산하에 전담사무소(National Program Office, NPO)를 설치하여 안전한 인터넷 ID 발급 등 NSTIC 추진을 위한 세부 활동을 조정·총괄한다.

※ 전담사무소(NPO) : 상무부 산하의 국가표준기술연구소가 운영하며, 산·학·연·시민사회 등 다양한 이해관계자와의 협력을 통해 디지털 ID 생태계 구축을 위한 기술적·정책적 표준 개발 및 신규 사업 기회 발굴, 혁신 촉진과 프라이버시 보호 활동 등을 수행한다.

※ 인터넷 ID : 인터넷 뱅킹, 전자상거래, 의료 기록 조회 등 온라인에서 민감한 서비스 이용 시 신원 확인 및 안전한 거래를 위해 민·관의 다양한 신분증명 제공자(Identity Providers)에게 ID를 발급받아 사용하였다.

- 디지털 ID 증명 생태계 구축과 운영은 민간이 주도하며, 연방정부는 다양한 이해관계 조율 및 생태계 구축 지원·촉진을 도모하였다.

5. 의회의 입법 방향

1) 사이버보안과 인터넷 자유 법안(CIFA, S.413)[27]

- 「국가 자산으로서의 사이버공간 보호 법안(PCNAA, S.3480)」[28]에 제2조 「인터넷 자유법(Internet Freedom Act)」을 추가하고 기타 규정 일부를 개정해 발의하였다.

27) Cybersecurity and Internet Freedom Act of 2011, S.413
28) Protecting Cyberspace as a National Asset Act of 2010, S.3480

- 상원의원들[29]은 국가 사이버 비상사태 시 대통령에게 긴급조치를 시행할 수 있는 권한 부여를 골자로 한 PCNAA를 발의해 국토안보 · 정무위원회에 회부(2010.6)하였다.
- 그러나 대통령 및 정부의 자의적인 판단에 의해 인터넷을 통제하는 상황이 발생할 수 있다는 우려가 확산됨에 따라, PCNAA에 '인터넷 자유법'을 추가해 개정안(CIFA)을 발의(2011.2)하였다.
  ※ 인터넷 자유법(Internet Freedom Act) 입법 취지 : △ 인터넷은 정보의 자유로운 흐름을 위해 필수적, △ 정부는 인터넷의 보안과 복원력을 보장할 필요, △ 대통령이나 정부기관 어느 누구도 인터넷을 차단할 권한은 없다.
- 또한, CIFA에서는 사이버보안 문제에 관한 자문 규정이 삭제되고 예산관리국의 정보보호 정책 · 지침의 효율적인 구축 관련 평가 규정이 추가되었다.

• PCNAA 및 CIFA의 각 조항들은 정부 정책방향인 「사이버공간 정책 리뷰」의 단기 · 중기 실행계획 추진을 지원하는 내용을 포함하였다.
- CIFA 제1편에서 정한 사이버공간 정책실 설립 및 책임자 임명 등은 최상의 리더십 발휘를 위한 국가 전략을 지원한다.
- 제2~3편에서 다루는 NCCC 설치 및 연방 정보보안 관리 조항은 정부 리더십 강화는 물론, 정부 정책의 효과적인 정보 공유와 사고대응 체계 구축을 지원하였다.
- 제4편은 사이버보안 인력 평가 및 NCCC의 채용 프로그램 관련 사항들을 제정해 보안인력 양성 · 유지를 위한 국가 전략 추진을 지원하였다.
- 제5편의 기타 규정에서는 사이버보안 연구개발, NCCC의 조달 권한 등을 제정해 혁신 촉진을 위한 전략 추진을 지원하였다.

29) 국토안보 · 정무위원회(Homeland Security and Governmental Affairs Committee, HSGAC) 소속의 조 리버만(Joe Lieberman, 민주당 코네티컷주), 수잔 콜린(Susan Collins, 공화당 메인주), 토마스 카퍼(Thomas Carper, 민주당 델라웨어주) 등 3인

그림 14-9 사이버공간 정책 리뷰와 CIFA 연관관계

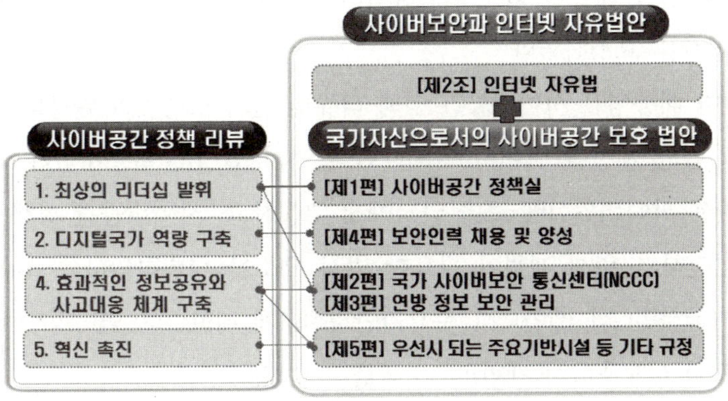

2) 사이버보안 공공인지 법안(CSPAA, S.813)

- 상원의원 셸던 화이트하우스(Sheldon Whitehouse, 민주당 로드아일랜드주)가 사이버보안 증진과 공공의 인지 강화를 위해 발의(2011.4)하였다.
  - 본 법안은 상원 국토안보 · 정무위원회에 회부하였다.
  - 사이버보안 관련 부처 · 기관들에게 본 법이 제정된 이후, 180일 이내에 법으로 요구하고 있는 보고서를 제출할 의무를 부여하였다.
    ※ 국토안보부, 국방부, 법무부 등 연방정부와 주요기반시설 관련 산업계 · 연구기관 등을 포함한다.
- 동 법안 적용대상이 제출해야 하는 보고서는 「사이버공간 정책 리뷰」의 단기 · 중기 실행계획의 추진을 지원하는 내용을 포함한다.

6. 정부의 입법 제안

1) 정부의 사이버보안 입법 제안

- 오바마 대통령은 사이버 공격으로부터 미국 시민 및 주요기반시설 보호를 위해 민 · 관 협력 내용을 담은 '사이버보안 입법 제안(Cybersecurity Legislative Proposal)'을 의회에 제출(2011.5)하였다.

- 의회는 현재 제출된 50여개의 사이버보안 관련 법안에 대해 대통령에게 정부 측 입장을 요청하였다.
- 오바마 대통령은 사이버공간 정책 리뷰의 단기 실행계획 완료를 위한 사이버보안 입법 제안을 마련하고 2011년 말까지 입법을 촉구하였다.

• 동 제안은 사이버위협에 보다 완벽하게 대응하고「사이버공간 정책 리뷰」추진을 뒷받침하기 위해 개선이 필요한 법적 요소를 식별하였다.

- ① 미국시민(2개 제안), ② 주요기반시설(3개 제안), ③ 연방정부 컴퓨터와 네트워크 보호(4개 제안)에 초점을 두었다.
- 그 외에 ④ 프라이버시와 시민의 자유 보호를 위한 새로운 프레임워크 구현 관련 법안을 제안하였다.

그림 14-10 사이버공간 정책 리뷰와 사이버보안 입법 제안의 연관관계

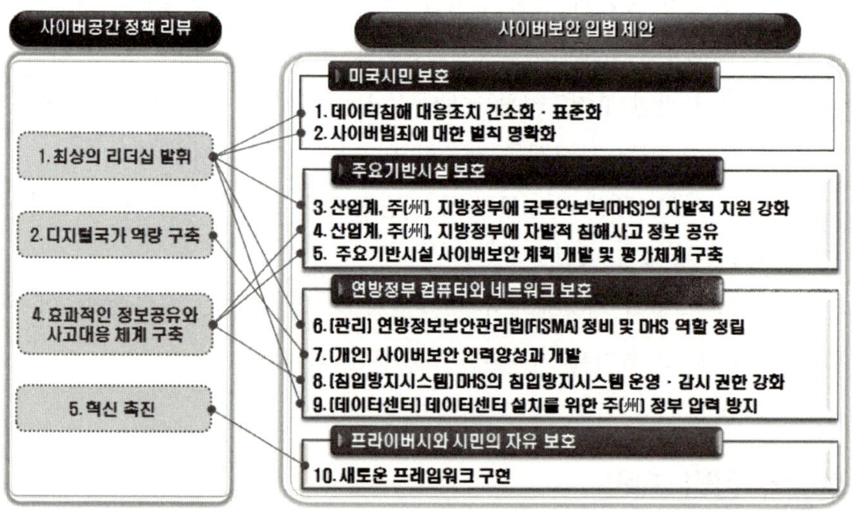

7. 정책적 시사점

1) (리더십) 백악관 주도의 최상위 리더십 구현

- 오바마 대통령은 백악관을 사이버보안 컨트롤타워로 두고 대통령실 산하의 국가안보위원회에 특별보좌관인 사이버보안 조정관을 임명하였다.
  - 대통령 등 최상위 수준에서부터 사이버보안에 대한 의지를 갖고 컨트롤타워 권한을 갖는 사이버보안 보좌관 신설 검토 및 추진 조직을 정비하여 책임과 역할을 명확히 할 필요가 있다.

2) (국가전략) 국가 사이버보안 전략을 지속적이고 일관성 있게 추진

- 사이버공간에 대한 개념과 사이버공간 보호에 대한 범국가적 관리의 필요성을 재정립하여 백악관 주도의 국가 사이버보안 전략을 수립한다.
- 국가 사이버보안 전략을 중심으로 법제도 · 대통령령 · 조직체계 · 부처별 세부전략 등 전반에 걸쳐 지속적이고 일관성 있는 정책을 추진한다.
  - 개별 단위 종합계획이나 대책에서 한걸음 더 나아가 국가 차원의 사이버보안 전략 수립과 지속적인 추진 점검 수행을 통해 유기적이고 일관성 있는 정책 적용 필요하다.

3) (파트너십) 국내외 사이버보안 대응 주체 간 공조체계 구축

- 사이버보안에 대한 정보 공유 및 인지 강화 등 관련 법안을 통해 정부 · 의회 · 민간기업 · 시민 등 대응 주체 간 공조체계 구축을 위해 노력하였다.
- 심화되는 사이버전에 대비하기 위해 주요국과 협약 체결 및 국제기구 출범에 동참하는 등 국제사회에서의 영향력 확대를 추진하였다.
  - 국제사회에서 사이버보안을 선도하기 위해 국내의 공조체계를 강화하고 글로벌 이니셔티브의 선도적 발굴 및 추진이 필요하다.

제6절 개인정보 유출 사례와 정보보호 방안

1. 개인정보 유출 사례

1) 옥션 개인정보 유출 사례

인터넷 쇼핑몰 옥션(www.auction.co.kr)은 국내 최대의 오픈마켓 사업자로 1천8백만 명의 고객 정보를 보관하던 중 2008년 2월 4일경 해킹으로 회원 1천81만 명의 개인정보가 유출되는 사고가 발생했다. 이 사고에 대해 옥션 회원 1천1백44명은 옥션이 개인정보 보호 조치를 소홀히 했다고 주장하며 한국소비자원과 녹색소비자연대 전국협의회에 피해구제를 신청했고, 한국소비자원장은 2008년 4월 28일, 녹색소비자연대 전국협의회장은 2008년 6월 5일에 소비자분쟁조정위원회(이하 위원회)에 집단분쟁조정을 의뢰했다. 위원회는 소비자기본법 제68조에 근거해 집단분쟁조정 절차를 개시하고 동일하거나 유사한 피해를 입은 4천5백92명에게 추가로 참가 신청을 받아 모두 5천7백36명에 대해 조정결정을 했다.

사업자 주장

옥션은 현행 법령에서 요구하는 개인정보 보호를 위한 기술적, 관리적 조치를 성실하게 준수했으므로 고객의 개인정보가 해킹되었다고 하더라도 손해배상 책임이 없다고 주장했다.

소비자분쟁조정위원회 결정

이번 사건의 가장 큰 쟁점은 해킹과 같은 제3자의 불법 행위로 인해 회원의 개인정보가 유출되는 사고가 발생한 경우 그 회원 정보를 관리하는 자의 손해배상 책임이 인정되기 위한 요건이었다. 위원회는 옥션이 '정보통신망 이용촉진 및 정보보호에 관한 법률(이하 정보통신망법)' 등 관련법이 요구하는 수준의 개인정보 보호를 위한 보안 조치를 준수하지 않고, 그러한 보안 조치 미준수와 해킹 사고 사이에 상당한 인과관계가 있는 경우 고객들에게 발생한 피해에 대하여 책임을 져야 한다고 보았다.

'정보통신망법' 제28조에 의하면 정보통신서비스 제공자는 개인정보 보호를 위해 안전성 확보에 필요한 기술적, 관리적 조치를 해야 한다. 이를 위해 이 법 시행규칙

제3조의3의 제1항은 △개인정보의 안전한 취급을 위한 내부 관리 계획의 수립 및 시행, △개인정보에 대한 불법적인 접근을 차단하기 위한 침입 차단 시스템 등 접근 통제 장치의 설치 · 운영, △개인정보를 안전하게 저장 · 전송할 수 있는 암호화 기술 등을 이용한 보안조치를 열거하고 있다. 정보통신부 고시 제3조 제3항은 정보통신서비스 제공자 등이 침입 차단 시스템과 침입 탐지 시스템을 설치해 개인정보처리시스템을 보호하고 제5조는 패스워드, 생체 정보 등 본인 소비자시대 해킹당한 옥션 주민등록번호 · 계좌번호 등 개인정보 유출 보안조치 수준 미흡한 책임 인정해 배상 결정.

2) GS 칼텍스 개인정보 유출사례

- 돈을 노린 내부 직원 소행

경찰에 따르면 정씨는 GS칼텍스 고객들의 개인정보 데이터베이스(DB)[30]에 접근할 수 있는 권한을 이용해 7월 중순부터 8월 말까지 1119만여 명의 GS칼텍스 보너스카드 고객들의 개인정보를 자신의 업무용 컴퓨터로 빼돌려 DVD로 제작한 혐의를 받고 있다. 정씨는 경찰 조사에서 "GS칼텍스 고객들의 개인정보가 대량 유출됐다는 사실이 언론에 보도되면 개인정보의 가치가 크게 오를 것으로 생각했다"며 "유출 사실을 기자들에게 알린 뒤 개인정보를 원하는 기업에 비싸게 팔려고 했다"고 진술했다.

조사 결과, 정씨는 7월 10일 고교 동창 왕모(28 · 구속영장 신청) 씨와 범행을 공모한 뒤 한 달여에 걸쳐 성명, 주민등록번호, 주소, 휴대전화 번호 등이 담긴 개인정보 DB를 자신의 업무용 컴퓨터로 옮겼다. 이어 동료 직원 배모(30 · 여 · 불구속) 씨에게 엑셀 파일 형태로 정리해줄 것을 부탁했다.

지난달 29일 엑셀 파일로 정리된 고객 정보를 DVD로 제작한 정씨는 이를 왕씨에게 건네줬고, 왕씨는 곧바로 "언론사에 제보해 달라"며 평소 알고 지내던 김모(24 · 구속영장 신청) 씨에게 전달했다. 김씨는 2일 모 무가지 기자, 모 방송 PD 등을 서울

30) DB : 여러 사람에 의해 공유되어 사용될 목적으로 통합하여 관리되는 데이터의 집합을 말한다. 자료항목의 중복을 없애고 자료를 구조화하여 저장함으로써 자료 검색과 갱신의 효율을 높인다.

강남의 한 음식점에서 만나 "우연히 서울 강남의 한 유흥가 쓰레기 더미에서 주웠다." 고 제보한 뒤 자신의 컴퓨터로 DVD를 여러 장 복사해 이들에게 전달했다.

2. 개인정보 보호 구체적 방안

1) 공공장소에서의 개인 정보 노출 자제

동사무소나 우체국 대학 도서관, 시 · 구 도서관, PC방 등 여러 사람이 사용하는 컴퓨터에서는 개인 정보를 다루지 않는 것이 좋다. 디지털포렌식[31)]적 관점에서 볼 때, 컴퓨터 내에서 저장하거나 키보드의 입력하는 내용의 일부가 완벽하게 복원이 가능하다. 특히나 대학 도서관 컴퓨터실 같은 곳에 내문서 폴더 안에 이런저런 이력서나 신분증 스캔 사진들이 많이 있다. 또한, PC방에서 키로거라는 프로그램을 이용하여 게임이나 사이트의 아이디와 비밀번호를 저장해서 해킹이 가능하다는 것이다. 만약 PC에 파일을 복사를 했다면 반드시 파일을 삭제해야 한다. 삭제했더라도 삭제한 파일을 되살리는 것은 어려운 문제가 아니기 때문이다.

2) 컴퓨터 보호 프로그램 설치

각 은행 사이트에 가보면 각종 보안 프로그램과 스파이웨어, 백신 툴을 무료로 다운 받고 설치할 수 있다. 최근에 각종 무료 백신 프로그램들이 많이 배포되어 설치 후에 PC를 사용하는 것을 권고한다. 이러한 소프트웨어로는 V3Lite, 알약, 빛자루, 울타리 같은 무료 보안 프로그램도 많이 있다.

3) 이메일, 메신저

이메일이나 메신저는 인터넷을 활용하는 수많은 방법 중에서 대표적인 예라 할 수 있다. 모르는 곳으로부터 발송된 메일이거나 메일에 알 수 없는 첨부파일이 포함되었다거나 제목과 내용이 영어로만 이루어져 있다거나 받는 사람이 내가 아닌 다른

31) 전자 증거물 등을 사법기관에 제출하기 위해 데이터를 수집, 분석, 보고서를 작성하는 일련의 작업을 말한다. 과거에 얻을 수 없었던 증거나 단서들을 제공해 주는 방식이다.

사람으로 되어 있거나 하면 이메일을 열어볼 필요가 없다. 이는 99.9%가 스팸메일이라 볼 수 있다.

이러한 메일을 열어보는 순간 메일에 포함된 악성코드가 실행되어 로컬 컴퓨터가 감염될 수 있다. 대부분 이렇게 감염된 PC들은 DDoS[32)]공격의 Agent로 사용될 수 있다. 또한, 최근 들어 메신저를 해킹해서 해킹된 계정에 등록된 사람으로 하여금 금전적인 요구를 하기도 하는 경우가 문제가 되고 있다. Voice Phishing[33)]에서 메신저 Phishing으로 변화하고 있는 것을 볼 수 있다. 뿐만 아니라, 악성파일을 여러 사람에게 유포하는 수단으로 메신저를 사용하는 것으로 알려져 있다. 아무런 대화 없이 전송되는 파일이 있다면 다운 받지 말아야 하며, 다운 받았더라 하더라도 해당프로그램을 실행하지 않고, 백신 프로그램을 이용하여 파일의 이상 여부를 판단해야 한다.

4) 개인정보 도용 방지 사이트

개인의 주민등록번호를 관리해 주는 보안업체인데, 인터넷 상에 해당 주민등록번호로 실명인증이나 핸드폰 개통을 할 경우, 주민등록번호가 사용되면 바로 통보해 주는 서비스를 제공하고 있다. 아래의 사이트를 참고하면 무료로 주민등록번호가 사용되는 곳을 조회해 볼 수 있다. 아래 사이트에 접속하여 확인해 볼 필요가 있다.

http://www.siren24.com

http://www.allcredit.co.kr

http://click.interich.com

---

32) 해킹 방식의 하나로서 여러 대의 공격자를 분산 배치하여 동시에 '서비스 거부 공격(Denial of Service attack, DoS)'을 함으로써 시스템이 더 이상 정상적 서비스를 제공할 수 없도록 만드는 것을 말한다.

33) 전화사기(電話詐欺) 또는 보이스 피싱(voice phishing)은 범행 대상자에게 전화를 걸어 허위 사실을 이야기하고, 송금을 요구하거나 특정 개인정보를 불법으로 수집하는 사기 수법을 말한다.

5) 로그아웃은 필수

인터넷을 사용하는 것이 단순하게 검색을 중심으로 사용한다면 문제가 되지 않을 수 있지만, 자신의 개인적은 부분에 대한 서비스를 받기 위해서는 회원 가입이나, 해당 사이트에 로그인 후에 사용하는 것이 일반적이다. 인터넷을 사용하여 물건을 주문하거나 메일 확인을 위해 서버에 로그인을 할 때에는 사용 후 반드시 로그아웃을 해야 한다. 사이트에 따라 창을 닫으면 자동으로 로그아웃이 되는 방식으로 만들어진 곳이 있지만, 일정 시간 동안 세션이 유지되어 로그인이 유지되는 곳도 있다. 사용이 종료되었을 때에는 반드시 로그아웃을 하고 캐시 폴더나 쿠키 폴더를 삭제해주면 더욱 좋다. 또한, 메신저 사용 후 반드시 로그아웃을 해주는 것이 좋다.

6) 공유프로그램 사용 자제

공유프로그램의 대표적인 프로그램은 P2P[34)]와 웹 하드 프로그램이라 할 수 있다. 이는 정상적인 방법으로 프로그램의 사용 권리를 이양 받아 사용하는 방식이 아닌 불법적 소프트웨어 복사를 이용하여 아무런 대가도 지불하지 않고 사용하는 방식이라 할 수 있다. 이러한 파일에는 정상적인 파일을 가장한 악성코드일 수도 있고, 정상파일과 알 수 없는 추가 파일로 구성된 파일을 다운 받을 수 있기 때문이다. 이러한 파일들은 스파이웨어나 악성코드가 포함이 될 수 있다는 것이다.

뿐만 아니라, P2P프로그램 설정에 따라서 공유되는 폴더 설정을 잘못하여 자신의 개인적인 중요한 파일이나 주민등록번호와 같은 개인 정보파일을 포함하여 공유가 될 수 있다는 것이다. 개인적으로 중요한 파일들의 보관이 중요하며 이러한 파일들은 개인만이 사용하는 USB에 저장을 하고 해당 파일에 암호를 추가하여 암호를 아는 사람만 해당 정보를 사용 가능하게 설정하는 것이 중요하다.

앞서 언급한 개인정보 유출 사례와 같이 옥션이나 GS 칼텍스의 경우 고객의 개인정보가 유출된 적이 있다. 이러한 정보는 어느 누가 몇 번의 거래가 진행되었는지 어떻게 공유가 되고 있는지는 아무도 알 수 없다. 이러한 문제점에 대한 심각성을

---

34) Peer To Peer의 약자로, 인터넷에서 개인과 개인이 직접 연결되어 파일을 공유하는 것을 이야기한다.

생각해볼 때이다.

개인적인 생각을 정리해 보면, 각각의 개인은 기업이나 공공기관의 보안관리 측면보다는 개인 스스로가 개인정보에 대한 중요성에 대한 인식을 다시 한 번 생각해 봐야 할 때라고 생각이 되며, 개인 스스로가 자신의 정보를 잘 관리할 수 있도록 위의 사례를 참고하여 노력하고 실천하는 것이 중요하다는 것이다. 무엇보다 개인의 정보는 내 스스로가 관리를 철저히 해야 한다는 의식과 나 아니면 누구도 나를 보호해주지 않는다는 생각이 필요하다. 기업이나 공공기관의 경우를 위해서 정부의 구체적인 정책이나 대안을 필요로 한다. 이는 정보보호의 인식부재로 인한, 시작 단계에서의 일부 법적인 규제를 포함한 정책이 뒷받침되어야 할 시급한 문제로 생각된다.

3. 개인정보 보호의 대체수단인 아이핀[35] 도입

1) 아이핀의 등장

인터넷 시장이 활성화됨에 따라 주민등록번호 등 개인정보 침해사고가 빈번히 일어나고 있다. 이러한 상황은 과거 인터넷 등장 이후 서비스 분야가 확대되어짐에 따라, 성인인증 및 개인인증이 필수적으로 진행되어야 했으며 그에 대면 확인이 불가능한 인터넷 서비스에서 주민등록번호를 통한 인증을 진행하면서 지속적으로 발생하고 있다. 그에 안전한 개인정보 보호를 위하여 주민등록번호 인증의 대체 수단으로 아이핀이 등장하였다.

※ 아이핀(Internet Personal Identification Number, i-PIN)은 언제든지 변경 가능한 새로운 개인 식별 체계로 주민등록번호를 대신해 신원확인을 할 수 있는 개인 식별 수단이며, ID와 비밀번호 방식으로 별도의 저장이나 확인이 필요 없으며, 언제든지 재발급 또는 사용중지가 가능해 명의도용의 위험을 방지하는 대체 개인인증수단이다.

35) 아이핀(Internet Personal Identification Number, i-PIN) : 언제든지 변경 가능한 새로운 개인 식별 체계

2) 아이핀의 사용 현황(주요 사이트의 아이핀 사용 현황)

아이핀 도입현황 중 높은 활용률을 나타내는 도입사들 중에는 공기관이 대부분으로 나타나고 있다. 정보보호기술훈련장(51.4%), 엔씨소프트(12.4%), 고성군청(10%), 한국인터넷진흥원(9.8%) 순으로 나타나고 있다.

하지만, 인터넷 주요 사이트들은 총 회원에 극소수(0.13% 이하)의 사용자만이 아이핀을 사용하고 있다. 네이버 회원 3천400만 명 가운데 아이핀 이용자는 4만4천703명으로 그 비율은 0.13%, 네이버의 경우 네이트의 아이핀 이용자도 2천943만 명 가운데 5천821명(0.02%), 한게임은 0.02%, 싸이월드는 0.03%, 인터파크는 0.06%, CJ몰은 0.01%로 주요사이트의 총 회원에 극소수(0.13% 이하)의 사용자만이 아이핀을 사용하고 있다. 인터넷 주요 사이트들의 사이트 이용현황이 극소수로 낮다는 것은 전반적인 인터넷 사용 현황을 나타낸다는 것을 의미하기도 한다.

3) 아이핀의 문제점

(1) 아이핀 사용률이 낮은 이유

① 액티브엑스[36] 프로그램 외 아이핀 사용 불가능

아이핀 발급과정에 해킹 방지 등을 위하여 별도의 키보드 보안모듈을 설치한다. 그러나 보안모듈이 윈도우 엑티브엑스 환경에서만 작동하도록 되어 있어 타 운용체제나 웹 브라우저 이용자들은 사용이 불가능하다.

② 민간 사업자의 부담 가중

민간 사업자의 경우, 아이핀을 적용하기 위하여 시스템을 새로 개편해야 하며 별도 본인확인 기관에 수수료를 지불해야 하기 때문에 아이핀 사용에 따른 부담을 받기 마련이다.

---

36) 액티브엑스, 미국의 마이크로소프트사가 선마이크로시스템즈의 자바(Java) 기술에 대항하기 위해 개발하였다. 윈도우95와 윈도우NT에서 비주얼C++, 비주얼베이직, 자바와 같은 개발도구와 표준 프로그래밍 언어를 이용해서 만든 다양한 일반 응용 프로그램들과 웹사이트를 연결시켜 준다. 다양한 개발 툴을 이용함으로써 인터랙티브한 웹서비스를 제공할 수 있다.

③ 낮은 실효성/사용성

쇼핑몰 사이트의 경우 회원 가입 시 아이핀을 통하여 본인인증을 하더라도, 결제 시 금융기관에서는 주민등록번호를 요구하여 아이핀 도입의 실효성이 없다. 이용자의 경우 아이핀을 별도로 발급 받아야 하며, 아이핀 사용 시 아이핀 발급기관을 기억해야 하는 점에서 사용성이 낮다.

④ 법/제도적 근거 미약

이용자의 주민등록번호를 수집하는 본인 확인기관이 민간 회사로 향후 해킹 등 개인정보가 노출될 경우 오히려 개인정보 유출이 더 심각하게 발생할 수 있다. 이에 본인 확인기관이 개인정보를 안전하게 관리하고 안정적인 아이핀 서비스를 제공하도록 하는 법/제도적 근거가 미약하다. 이러한 부분에 대한 국가의 정책적 접근이 필요한 시점이다.

4) 향후 아이핀 지원 계획

최근 아이핀이 사업자 및 사용자의 편의성을 제고하여 i-PIN2.0 서비스를 오픈하였다(http://www.kisa.or.kr/kisa/ipin/jsp/ipin_0100.jsp 참고).

그리고 보안을 강화한 아이핀 2.0과 함께 방송통신위원회와 KISA는 개인정보 보호 교육과 홍보에 더욱 힘을 쏟을 계획이다. 온라인 상 주민등록번호 대체수단인 아이핀의 발급을 내년에 500만 건으로 늘리고 적용 사이트도 1500개로 확대할 계획이다. 또 장기적으로 2015년까지 5만개 사이트가 이를 사용하고 3000만 건을 발급할 예정이다.

제 15 장 해킹과 대규모 사이버위협 현황 및 대응방안

제 1 절 해킹의 주요사고 동향

최근 불법해킹을 통해 사회의 근간이 흔들리고 있다. 국내 · 해외를 막론하고 불법해킹을 통해 사회적 큰 비용이 낭비되고 있다. 예를 들면 미국의 국가적 불법도 · 감청만 보아 짐작할 수 있는 대목으로 국제관계에 있어 중대하고 중차대한 일임에 분명한 사실이다.

최근 발생한 유출사고를 보면 피해가 갈수록 커지는 상황이고 지속적으로 발생되고 있다.

* 주요 유출사고 : KT 1,170만건('14.3월), 카드3사 8,700만건('14.1월), SK 컴즈 3,500만명('11.7월), 옥션 1,860만명('08.2월), 넥슨 1,320만명 유출('11.11월), GS 칼텍스 1,150만명('08.9월) 등

〈표 15-1〉 해킹 주요사고 사례 원인 및 피해규모

시기	발생기업	발생원인	피해규모	유출정보	제재조치 등
'08. 2	옥션	해킹	1,860만명	주민등록번호, 이메일 등	-
'08. 4	하나로텔레콤	불법 제공	600만명	주민등록번호, 전화번호 등	40일 영업정지, 과징금 1억5천만 등
'10. 3	신세계몰 등 25개 업체	해킹	2,000만명	주민등록번호, ID, 비밀번호 등	업체별 유출수준에 따라 과태료 부과

'11. 7	SK컴즈	해킹	3,500만명	암호화된 주민등록 번호와 비밀번호 등	-
'11. 8	삼성카드	내부 유출	80만명	주민등록번호 앞자리 2개 등	기관주의 및 유출직원 면직
'12. 7	KT	해킹	870만건	주민등록번호, 휴대폰번호, 요금제 등	과징금 7억5천만, 시정조치 명령
'14. 1	카드3사 (KB · 롯데 · NH 카드)	위탁업체 유출	8,700만건	주민등록번호, 신용카드 번호, 결제계좌 등	3개월 영업정지 및 각 사에 과태료 600만원 부과
'14. 3	KT	해킹	1,170만건	주민등록번호, 유심카드 번호 등	과징금 7천만, 과태료 1천5백만, 시정명령

* 이 외에도 신용카드 결제 단말기(POS) 소프트웨어 개발관리업체가 카드 결제정보 등을 보관하는 Server를 부실 관리하여 개인정보 해외유출('14.3월) 및 커피판매점 등의 POS단말기에서 신용카드 및 포인트 카드 비밀정보가 유출되어 카드 위조 및 현금인출 사고 발생('14.4월) 등이 있다.

특히, 사이버 보안에 가장 큰 이슈가 **의료, 사물인터넷(IoT), 금융, 모바일, 클라우드 및 새로운 취약점 등**을 통한 국가 중요시설 등 사회전반에 걸쳐 큰 문제가 야기되고 있다. 이는 현재 우리사회가 IT지배(Governance)구조의 세상에 살고 있기 때문이다.

국민생활과 사회기반 전반에 ICT의 의존도가 확산되면서 사이버위협에 따른 피해도 급증하고 있다. 이러한 피해를 최소화하기 위해서는 무엇보다 안정된 정보보호산업의 뒷받침이 시급한 상황이다. 이에 국내 정보보호 시장의 확대, 정보보호 전문가 양성, 세계 최고 수준의 정보보호 제품개발을 위한 수요확충과 신시장 창출, 정보보호 전문인력의 체계적 양성 · 관리 및 세계적 정보보호 기업 육성 지원 등의 육성이 중요하다.

특히 국가 사이버 안전을 제고함과 동시에 정보보호산업을 신성장 동력원으로 육성하기 위한 정책추진 근거 법제화를 마련하여 제도적인 기틀과 보완이 마련되어야 하겠다.

1. **보건 의료** 부문에서 데이터를 유출하기 위한 조직적 공격활동 증가를 볼 수 있다.

의료 기록은 다양한 공격과 다양한 유형의 사기에 사용할 수 있는 개인 식별 정보의 숨겨진 보고이다. 여전히 수백만의 환자정보가 종이 문서에서 디지털 형태로 전환하는 환경에서 많은 조직에서 개인 데이터를 보호하기 위한 과제를 아직 해결하지 못했다. 결과적으로 이 산업에 대한 사이버 공격은 증가할 것이다.

2. **사물 인터넷**에 대한 공격이 소비재 상품 아닌 비즈니스 사용 사례에 집중될 것이다.

사물 인터넷이 생필품과의 연결을 가속하면서, 냉장고, 가정용 온도 조절 기기와 자동차에 대한 개념 검증 해킹이 널리 보고되고 있다. 그러나 사물 인터넷(IoT)에서 실제 위협이 소비자를 통해 비즈니스 환경에서 발생할 수 있다. 비즈니스 환경에서 인터넷에 연결된 모든 새로운 기기는 비즈니스의 공격 노출을 증가시킨다. 이 연결된 기기는 새로운 프로토콜을 사용하고, 악의적인 활동을 숨기고 실제 위협을 식별하기 위해 정확하게 필터링되어야만 하는 잡음을 더 많이 생성할 수 있는 새로운 방법을 사용한다. 예를 들면 구글의 무인자동차도 이에 포함될 것이다.

공격은 단순히 연결된 기기를 제어하여 중요한 데이터를 훔치기 위하여 조직 내에서 폭넓게 이동할 가능성이 높다. 다가오는 해에는 제조와 산업 환경에서, 특히, 대량의 공격 증가를 볼 가능성이 있다.

3. **금융(신용카드)** 절도범들이 정보 거래상으로 변신할 것이다.

소매 부문에서 Chip과 PIN 기술과 같은 방어와 보안 조치를 확대함에 따라서 사이버 범죄자들은 신용카드 데이터 도용의 속도를 가속할 것이다. 게다가 이러한 범죄자들은 희생자에 대해 넓은 범위의 데이터를 탐색하기 시작한다. 여러 개의 신용카드, 지역 및 지리 데이터, 개인 정보와 행위 등으로 구성된 개별 사용자의 이러한 보다 풍부하고 다양한 개인 신원 자료 일체가 점점 더 오늘날 도난당한 신용카드와 같은 방식으로 거래될 것이다.

4. **모바일 위협**은 기기의 정보보다 개인의 인증정보를 대상으로 한다.

모바일 앱의 자동 로그인 기능을 통해 모바일 기기는 점점 더 나중에 사용되는 광범위한 개인의 인증 정보를 훔치거나 인증 공격의 대상이 될 것이다. 이러한 공격은 기기에서 자유롭게 사용할 수 있는 증가하는 **클라우드** 기반의 엔터프라이즈 어플리케이션과 데이터 자원에 대한 접근 수단으로 휴대전화를 사용할 것이다.

5. **새로운 취약점**은 수십 년된 오래된 소스코드에서 나타날 것이다.

OpenSSL, Heartbleed 와 Shellshock이 올해 모두 헤드라인을 장식했지만, 악용되기 전까지 오랜 기간 오픈 소스 코드 내에 존재했다. 소프트웨어 개발의 속도는 새로운 응용 프로그램이 오픈 소스 또는 기존의 독점적인 소스 코드에 기반을 두기를 요구한다. 기본 코드를 기반으로 새로운 기능과 통합이 개발됨에 따라서, 취약점은 지속해서 간과된다. 내년에는 이러한 응용 프로그램에서 공유하는 오래된 소스 코드에 존재하는 취약점을 통하여 아무런 문제 없이 겉보기에도 서로 다른 응용 프로그램을 악용한다.

6. 이메일 위협은 정교하고 파악하기 어려운 새로운 수준에 도달할 것이다. 웹이 기업에 대한 공격의 가장 큰 채널을 유지하지만, 새로운 고도로 정교한 이메일 회피 기술은 엔터프라이즈급 방어를 회피하도록 도입되고 설계된다. 전통적으로 과거의 공격 시나리오에 유인으로 사용되었던 이메일은 정찰 단계를 포함하여 공격의 다른 단계의 더욱 보편적인 요소가 될 것이다.

7. 기업의 **클라우드와 소셜미디어** 도구의 사용 증가로 명령 및 제어(C&C) 지시는 합법적인 사이트에서 호스팅될 가능성이 더 높아졌다.

8. 글로벌 사이버 스파이/사이버 전쟁 전장에서 새로운 또는 알려지지 않은 주자가 있을 것이다.

국가 차원의 사이버 스파이 행위와 사이버 전쟁 활동의 기술과 전술은 주로 성공했다. 그 결과, 다른 국가에서도 특히 높은 경제 성장이 예상되는 국가에서, 직접 사이버 스파이 프로그램의 개발을 고려할 것이다. 사이버 활동에 대한 진입 장벽은 기존의 스파이 행위와 전쟁 비용에 비해 미미하므로 또한 우리는 우리가 독립적 사이버테러 또는 사이버 전쟁 전략을 수행하기 위한 국가 차원의 조직 지원과 별개로 그러나 지지하는 조잡하게 연대한 조직의 증가를 볼 수 있다고 믿는다.

범죄자는 점점 더 사회적 협업 도구를 사용하여 명령 및 제어(C&C) 인프라를 관리할 것이다. 이것은 트위터와 구글 문서의 사용을 허용하고 권장하는 한 공격자로부터 비즈니스의 보호를 담당하는 이들은 정상적인 트래픽으로부터 악의적인 트래픽을 식별하데 매우 힘든 시간을 보낼 것이다.

해킹은 블랙해커와 화이트해커로 크게 나뉠 수 있을 것이다. 블랙해커는 자신의 이익을 위해 개인 · 집단적 이익을 실현하기 위해 무슨 수를 써서든 본인들이 취하고자 하는 일은 반드시 이루는 집단이라 할 수 있다. 이에 반해 화이트해커는 블랙해커에게 대응하여 국가와 사회의 질서유지와 생태계를 유지할 수 있게 노력하는 개인 및 집단이라 할 수 있겠다.

위와 같이 국가사회 전반의 해킹, 사이버 범죄 및 정보유출 등 각종 사이버 침해로부터 국민의 피해를 최소화하고 사이버안전을 확보할 수 있는 핵심사항임을 인식하고 국가 정보보호의 기초체력을 강화하기 위해 공공 및 민간 스스로 정보보호에 투자하는 환경을 조성하는 한편, 정보보호 산업 및 인력을 적극 육성하여, 민간부문 정보보호 투자활성화 여건 조성, 공공부문 정보보호 예산확대 및 서비스대가 현실화, 정보보호 산업을 신성장 동력으로 육성, 현장수요 중심의 정보보호 인력양성 확대, 사이버위협 대응체계 강화 등을 단계적으로 추진하여 국내 정보보호 시장을 확대하여, **사회 선순환 구조를 만들어 지식정보사회의 발전**을 이루어 국가경제발전에 큰 원동력이 될 수 있도록 정보보호 투자확대와 산업육성의 선순환 생태계 구축을 이루어야 한다.

미래창조과학부에서 말한 바와 같이 사이버사고를 계기로 **사이버테러 대응체계**를 사후약방문격인 사후 대응체계 중심에서 이스라엘의 드론 시스템처럼 **사전 예방체계로 전환**해야 한다고 의식이 바뀌고, 앞으로 "사전예방을 위한 거대 시장을 만들고 선순환 생태계를 조성하여, 지금까지 불필요한 비용을 초래한다며 골칫거리로 치부되던 정보보호산업을 미래 먹거리 및 일자리 창출 산업으로 승화시키는 창조경제적 발상이 필요하다."고 했다.

또한, "사이버 세상은 모든 기기 · 단말 · 센서가 연결되는 사물지능통신(M2M 또는 IoT)의 새로운 지구(another planet)로 발전함에 따라 지금까지와는 차원이 다른 보안 패러다임이 필요하며, 이는 정보보호산업이 미래 먹거리 산업이 되는데 중요한 촉매 역할을 할 것이다."라고 강조했다.

위와 같이 정보보호의 선순환적인 생태계를 구축하여 ICT강국을 선도하는 대한민국이 **세계 최고의 사이버 안전 사회 실현**을 이룰 수 있는 선도적인 국가로 발돋움할 수 있을 것이다.

제2절 최근 해킹사고와 해킹공격 하루 100만건 시대

1. 한국 겨눈 해킹공격 하루 100만건

최근 주요기관 침입시도가 급증하고 있으며 북한 추정 해커가 이탈리아업체 '해킹팀'의 유출 자료를 이용해 국내 사이트 5곳에 침입한 사실이 확인된 가운데 최근 우리나라를 겨냥한 북한 및 해외로 부터의 사이버 공격 횟수가 크게 늘어나고 있다. 정보당국에 따르면, 2015년 7월 23일 오전 8시 현재 정부 및 국내 주요 기관에 대해 해외에서 사이버 공격이 진행된 건수는 1만7000여건이었다가 오전 9시가 되자 공격 진행 건수가 3만5000여건으로 급증했다. 이날 하루 총 100만건 이상의 사이버 공격이 있었다.

공격을 시도한 IP(인터넷 주소)는 주로 중국의 선양, 칭다오, 예지 등이 발원지였다. 동남아와 미국 IP도 포함되어 있었으며 해커들은 대부분 여러 우회경로를 거치기 때문에 IP발원지가 공격 원점이라고 볼 수 없다. 이 중 상당수는 북한이 다른 나라 IP를 거쳐 공격해온 것이라고 했다. 북한은 2014년 12월 한수원을 해킹, 고리 및 월성원전의 PC 5대를 파괴하고 원전 설계도 등 절취한 자료 84건을 공개했다. 2014년 5~9월에는 게임을 위장한 악성 앱을 유포해 2만여대의 국내 스마트폰을 감염시켰다.

최근에는 김정은의 통치자금을 마련하기 위해 불법 도박 사이트 등을 차려놓고 국내 스마트폰의 금융정보를 빼가는 것으로 알려졌다. 사이버 전쟁은 남북간뿐만 아니라 전 세계적으로 벌어지고 있다. 러시아는 2014년 10월 미국 국무부 시스템을 거쳐 백악관 전산망에 침입하여 오바마 대통령의 일정 등 민감한 정보에 접근한 것으로 전해졌다.

이러한 사이버 공격에 대한 국내의 대비 태세는 취약하다. 중앙행정기관 중 해킹대비 전담 조직을 운영 중인 곳은 국방부, 외교부 등 2개 기관에 불과하다. 공공기관은 경영평가 대상 62곳 중 34곳만 정보보호 전담 조직을 갖고 있다. 전문가들은 북한의 사이버 공격 역량은 미국 및 중국과 비슷한 수준이어서 사이버 전쟁 발발시 우리의 피해가 없도록 대비책을 강구하여야 한다고 조언하였다(조선일보, 2015.7.24. A1면, "한국 겨눈 해킹공격 하루 100만건").

2. 국내외 주요 해킹사고 동향

우리나라의 정보통신기술의 발달, 특히, 정보화와 인터넷 관련 기술의 발달은 업무 생산성과 효율성의 향상과 언제 어디서나 필요한 정보를 쉽게 취득, 가공, 재생산해서 지식정보화사회를 가져왔다는 점에서 우리 사회의 발전에 공여하는 바가 크다 하겠다. 또한, 이는 전 세계적인 현상으로 우리와 같이 자원이나 영토가 부족한 국가에서는 지식창조 산업인 정보통신기술을 적극 활용하여 선진국으로 도약하여 여러 강대국들과 경쟁할 수 있는 중요한 근간으로써 올바른 방향으로 나아가고 있는 것이라 하겠다.

그와 더불어 이러한 정보화 사회의 순기능에도 불구하고 모든 사회가 인터넷으로 상호 연결되어 네트워크화 되고 국가기관 및 민간기업의 대부분의 활동이 인터넷 기반으로 이루어지고, 심지어는 개인의 활동 역시 인터넷 기반으로 이루어짐에 따라, 단순한 인터넷 침해사고의 경우에도 상황에 따라서는 그 피해가 심각하게 나타나는 인터넷 네트워크 사회에 우리는 살고 있다.

그에 따라, 인터넷 상에서 침해사고가 발생 시 그 피해는 순식간에 기하급수적으로 늘어날 수 있으며, 그 파장은 모든 영역에 미친다는 점에서 정보사회의 발달은 양날의 칼이라 하지 않을 수 없다. 이러한 정보통신기술의 순기능을 최대한 활용하고 역기능을 최소화하기 위해서는 사회 모든 영역과 구성원들이 인터넷 침해사고에 대한 관심과 방지를 위한 노력에 신경을 기울여야 한다. 하지만 현실은 그렇지 않은 것 같다. 최근 몇 년간 다양한 인터넷 침해사고가 발생하고 있지만 기술적인 부분은 차치하고서라도 그에 대비한 관심이나 인식은 크게 개선되고 있지 않은 것 같다. 침해사고 발생 시점에서는 언론이나 주요 전문가들에 의해서 이슈화가 되고 주목을 받지만 그 시기가 좀 지나면 그에 대한 관심도는 현저히 줄어드는 것 같다.

따라서, 네트워크화된 사회에서 그 순기능을 최대한 활용하기 위해서는 단편적인 침해사고 개개의 것에 대한 대책 수립이 아닌 국가 차원의 방향을 제시하여 국민들의 인식을 한 차원 끌어올려 인터넷 네트워크 사회가 나아가야 할 방향성을 제시할 수 있는 종합적이고 장기적인 접근이 반드시 필요하다 할 것이다.

개인들의 정보보호에 대한 인식은 정보보호 관련 법제도의 정비와 시행 등으로 예전에 비해 많이 개선되고 있으나, 위협에 대해 상시 대비할 수 있고 안전한 네트워크 사회를 지켜내기 위해서는 정부뿐만 아니라 개개인의 노력 또한 필요하다. 본론에 들어가기에 앞서 시대별 공격 변화 현황 및 국내 외 해킹 사고에 대한 그림을 한번 보도록 하자.

그림 15-1 시대별 해킹공격 변화 모습

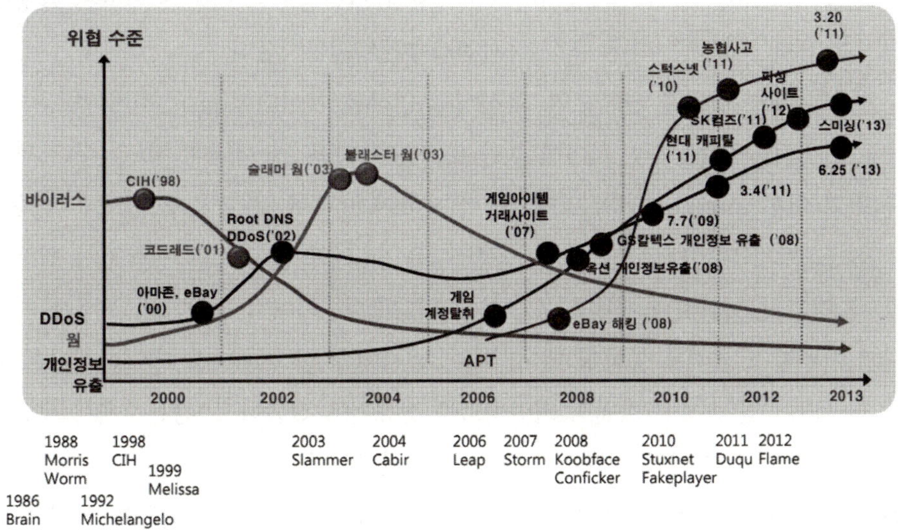

[그림 15-1]에서 볼 수 있듯이 바이러스, Worm에 대한 공격은 사라진 반면에 APT, 개인정보 유출은 최근에 들어서 갑자기 늘어난 것을 볼 수 있다. 대규모 위협 공격 DDoS 같은 공격을 하기 위해서는 APT를 공격을 통한 클라이언트들을 컨트롤 할 수 있는 좀비PC를 많이 만들어 놓은 상태에서 수행을 해야 더 좋은 효과를 누릴 수 있기 때문에 DDoS 같은 공격들은 [그림 15-1]에서 볼 수 있듯이 '2년' 정도 있다가 공격이 일어나는 것을 볼 수 있다.

3. 최근 발생한 해킹 사례

1) 옥션 해킹 사고(2008년)

2008년 1월경 중국인으로 추정되는 해커가 4차례에 걸쳐 옥션의 웹 서버 중 하나인 이노믹스 서버에 침입하여 이노믹스 서버를 통해 옥션의 메인디비2(MAINDB2) 데이터베이스 서버에 저장되어 있던 옥션 회원의 이름, 주민등록번호, 주소, 전화번호, 아이디, 계좌번호 등 개인정보를 자신의 컴퓨터로 내려받아 유출했다. 그 당시 유출된 개인정보 건수는 회원 전체인 10,807,471명의 개인정보로 이는 당시까지 발생한 개인정보 유출 사고 중 최대 규모로 사회적 파문을 야기했다.

구체적인 해킹 경로를 살펴보면, 옥션이 운영하는 아이디 'admin', 비밀번호는 기본으로 설정되어 있는 톰캣 서버에 무단 로그인한 다음 위 서버에 백도어 프로그램을 올렸고 이후 'ipconfig' 등의 명령어를 실행하여 IP 주소 등 시스템 정보를 획득하여, 3389 포트의 터미널 서비스를 기동한 다음, 자신의 IP 주소를 세탁하기 위하여 한국 내 경유지로 터미널 서비스 포트를 포워딩했다. 이어서 경유지인 서버를 거쳐 옥션의 이노믹스 서버를 통하여 데이터베이스 서버에 접속한 다음 데이터베이스 서버에 저장되어 있던 옥션 회원의 개인정보를 경유지로 전송하고, 경유지에서 개인정보를 백업한 다음 자신의 컴퓨터로 전송받은 것이었다.

한편, 옥션 해킹사건의 피해자들은 옥션과 이 회사의 보안관제 업체를 상대로 손해배상 청구소송을 제기하였으나, 법원은 해킹 방지 의무를 위반한 경우 개인정보도난의 책임을 물게 할 수 있는데, 해킹 사고 당시 서버에 대한 보안조치를 소홀히 했다고 볼 수 없다고 판결하였다. 옥션 해킹사건 이후 국내 주요 개인정보 유출사고 발생 현황을 살펴보면 다음의 〈표 15-2〉와 같다.

〈표 15-2〉 국내 주요 개인정보 유출사고 발생 현황

사건	유출인원	시기
KT	870만	2012년 7월
EBS	400만	2012년 4월
메이플스토리	1,320만	2011년 11월
네이 · 싸이월드	3,500만	2011년 7월
현대캐피탈	175만	2011년 4월
신세계몰	330만	2010년 3월
GS칼텍스	1,125만	2009년 9월
옥션	1,860만	2008년 2월

2) SK컴즈 개인정보 유출 사고(2011년)

2011년 7월 26일에 네이트의 데이터베이스에 저장된 가입자 3,500만 명 전원의 아이디 비밀번호, 이름, 주민등록번호, 연락처 등의 개인정보가 유출된 사건으로 사상 최대 규모의 개인정보 유출사건으로 기록되었다. SK컴즈 개인정보 유출사건의 주요 경과사항을 살펴보면 다음과 같다.

〈표 15-3〉 SK컴즈 개인정보 유출 일지

일시	내용
7월 19일	알집 업데이트 서버 해킹
7월 25일	내부 접속정보 추가수집
7월 26일	3,500만명 개인정보 유출
7월 28일	SK컴즈 개인정보 유출 확인
7월 29일	SK컴즈 유출사태 기자회견

경찰의 SK컴즈 수사결과를 살펴보면 이스트소프트의 공개용 알집 업데이트 서버가 해킹당해 정상 업데이트 파일을 악성파일로 바꿔치기한 수법이 사용되었다는 결론을 내렸다. 즉 해커들이 이스트소프트의 알집 업데이트 서버를 해킹하여 일반 이

용자들이 업데이트를 실행하면 알집을 통해 해킹프로그램이 설치되도록 하였고, SK컴즈 직원들 역시 알집 업데이트를 통해 이에 감염되면서 관리자 계정이 해킹당하면서 사상 초유의 개인정보 유출이 발생하게 된 것이다. 경찰청 사이버테러 대응센터는 SK컴즈, 이스트소프트 등 관련 업체의 PC와 서버 40여대를 분석한 결과 이 사건의 진원지로 중국을 지목하였다.

SK컴즈 개인정보 유출 사고의 피해자들은 사건 이후 집단소송 등 여러 손해배상 소송을 제기하였으나 법원의 판결은 엇갈리고 있다. 2012년 11월 피해자 2,847명이 서울중앙지법에 제기한 소송에서는 원고 패소 판결이 내려졌고, 피해자 2,737명이 서울서부지법에 제기한 민사소송에서는 원고에게 위자료로 각 20만원을 지급하라는 원고 승소 판결이 내려졌다. 그리고 가장 최근의 서울중앙지법 민사소송에서는 피해자 9명의 손해배상청구가 기각 및 각하 결정이 내려지는 등 판결이 엇갈리게 나타나고 있다.

4. KT 개인정보 유출 사고(2014년)

KT 개인정보 유출은 홈체이지 해킹으로 지난해 2월부터 최근까지 KT 서비스 가입자 1200만명의 개인정보에 대한 유출이 일어난 사건이다.

KT 개인정보 유출의 주요내용을 보면 인천경찰청 광역수사대는 KT 홈페이지에 접속해 불법해킹 프로그램을 돌려 KT서비스 가입자의 개인정보를 빼낸 혐의로 전문해커 2명을 구속하고, 이들을 통해 얻은 개인정보를 텔레마케팅에 활용한 업체 대표도 같은 혐의로 불구속 입건했다고 밝혔다. 이번 사건의 흐름을 보면 아래 [그림 15-2]와 같다.

그림 15-2 KT 개인정보 유출 사고 흐름도

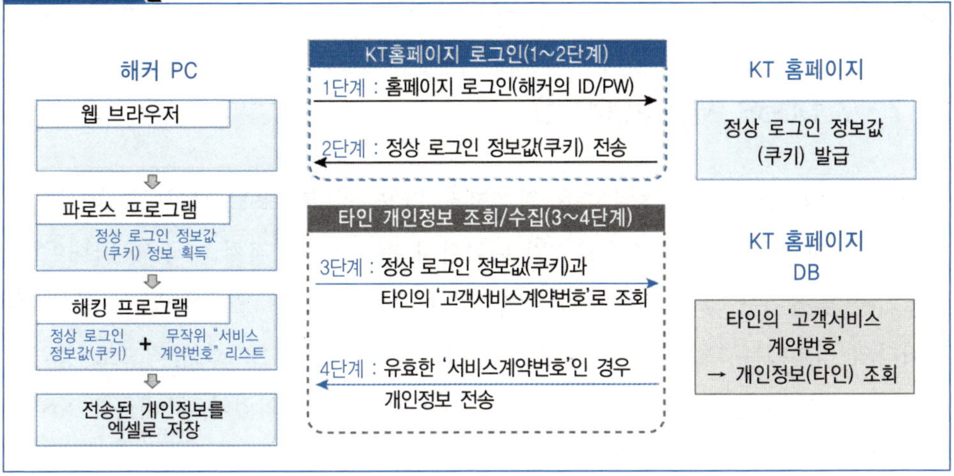

- 해커의 해킹 절차는 '① 해커ID 로그인', '② 타인 고객번호 변조', '③ 취약 홈페이지 접속', '④ 타인 개인정보 수집' 등 총 4단계로 구분할 수 있으며 짧은 시간 동안 많은 개인정보 해킹을 위해 자동화된 프로그램을 제작 · 사용한 것으로 확인되었다.
  - '파로스 프로그램'을 개발한 뒤 홈페이지 이용대금 조회란에 고유숫자 9개를 무작위로 자동 입력시키는 이 프로그램으로 KT 가입고객의 9자리 고유번호를 맞춰 개인정보를 탈취
  - 유출된 개인정보에는 서비스 가입자명과 주민등록번호, 휴대전화번호, 집주소, 직업 등이 포함되어 있다.
- 개인정보(DB) 조회 시, '고객서비스계약번호'의 보안여부를 검증하는 단계가 없이 홈페이지가 제작되었으며 보안장비 접속기록을 분석한 결과, 특정IP에서 하루 최대 34만 1천여 건의 접속이 이루어졌으나 감지하지 못함.
- 미래부는 추가적인 유사피해를 방지하기 위해 통신사, 포털, 쇼핑몰, 웹하드 등의 업체에게 취약점 점검 · 보완조치를 하도록 요청했으며 앞으로도, 미래부는 사이버 공격에 신속하게 대응하기 위해 방통위 · 금융위 · 검찰 · 경찰 등 관계기관과 긴밀히 협력해 나갈 계획임을 밝혔다.

제3절 대규모 사이버위협 사례

1. 7 · 7 DDoS 사건(2009년)

2009년 7월 5일 미국의 21개 주요 정부기관, 금융, 인터넷 포털 사이트를 대상으로 한 대규모 DDoS 공격을 시작으로 7월 10일까지 총 4차례에 걸쳐 미국 및 국내 주요 정부기관, 금융기관 및 인터넷 포털 사이트를 대상으로 DDoS 공격이 발생하였다. 우리나라의 경우에는 7월 7일부터 10일까지 총 3차례에 걸친 DDoS 공격으로 청와대 등 주요 정부기관과 인터넷 사이트가 마비되는 사건이 발생되었다. 국내외 DDoS 사건의 경과를 살펴보면 다음의 〈표 15-4〉와 같다.

〈표 15-4〉 7 · 7 DDoS 사건 기간별 경과사항

구분	기간	주요공격대상
1차 DDoS 공격	2009.7.5~6	미국 21개 주요 정부기관, 금융, 인터넷 사이트 등 대규모 공격 발생
2차 DDoS 공격	2009.7.7~8	국내 12개, 미국 14개 주요 정부기관, 금융, 인터넷 사이트 등 대규모 공격 발생
3차 DDoS 공격	2009.7.8~9	국내 15개, 미국 1개 주요 정부기관, 금융, 인터넷 사이트 등 대규모 공격 발생
4차 DDoS 공격	2009.7.9~10	국내 7개 주요 정부기관, 금융, 인터넷 사이트 등 대규모 공격 발생

출처 : Cisco Systems Korea, 2007.7.16

또한, 국내 공격대상 기관을 구체적으로 살펴보면, 7 · 7 디도스 사건은 기존의 디도스 공격과는 다른 양상을 보였다. 즉 기존의 디도스 공격에서는 좀비PC를 실시간으로 단순 조정하여 공격하였으나, 7 · 7 디도스의 경우에는 악성코드의 기능 및 공격대상을 업데이트할 수 있는 숙주서버에 특정시간에 일정 주기로 접속해 공격대상 및 공격시간 스케줄링 명령을 받게 하여 공격대상과 공격시간을 명령받은 십만대 이상의 좀비PC가 이미 정해진 명령에 따라 공격대상 웹사이트를 동시에 공격하였다. 또

한, 공격에 사용된 좀비 PC의 악성코드는 감염 경로를 추적할 만한 정보를 모두 제거한 진화된 형태의 공격이 이루어졌다. 한편 기존 디도스 공격이 금전적 목적으로 이루어진데 반해 7 · 7 디도스는 정부, 금융, 포털 등 사회적 혼란을 야기할 목적으로 수행된 것으로 추정되어 향후 디도스 공격의 변화양상을 엿볼 수 있는 사건이라 할 만하다. 즉 이후 인터넷 침해사고의 양상이 사이버테러의 한 방편으로 활용되고 있음을 알 수 있다.

2. 3 · 4 디도스 대란(2011년)

2011년 3월 3일 오후 5시경 최초로 국내 포털 사이트 및 공공기관의 웹사이트에 대한 공격 징후가 발생하였고, 이후 4일 오전 10시와 오후 6시 30분 사이 국방, 은행, 인터넷 포털, 공공기관 등 총 40개의 웹사이트를 대상으로 디도스 공격이 발생하였다.

3 · 4 디도스 대란은 지난 2009년 7 · 7 디도스 사건 후 2년여 만의 일로 그 당시와 유사한 패턴을 보였지만 한층 업그레이드된 모습을 보였다. 안랩에 따르면, 7 · 7 디도스 공격에서는 같은 파일 구성으로 여러 차례 공격했으나 3 · 4 디도스 공격에서는 공격 때마다 파일 구성이 달라지고 새로운 파일이 추가 제작되어 활용되었으며, 손상 운영체제도 기존에는 닷넷 프레임워크 기반인 윈도우 2000/XP/2003에 국한되었으나, 3 · 4 디도스 공격에서는 모든 윈도우 운영체제가 타깃이 되는 등 여러 차이점을 보였다고 한다.

한편, 3 · 4 디도스 사건의 경우 7 · 7 디도스 공격 당시보다 공격 대상 및 규모도 늘어나고 공격에 이용된 악성코드도 보다 지능적이었지만, 실질적인 피해는 그리 크지 않았던 것으로 나타났다.

3. 3 · 20 및 6 · 25 사이버 공격(2013년)

2013년 3월 20일 오후 2시 50분경 국내 주요 언론사와 금융권의 전산망이 악성코드에 감염되어 다운되는 사태가 발생하였다. 방송 및 금융부문 6개사 전산망이 동시에 마비되어 최장 10일간의 복구기간이 소요되었다. 공격 대상 업체의 주요 피해현황을 살펴보면 아래 〈표 15-5〉와 같다.

〈표 15-5〉 3 · 20 사이버 공격 대상 업체의 피해 현황

구분		피해 현황	복구 현황
방송사	MBC	서버 18대 PC 1,000대	복구 완료 (3.26)
	KBS	서버 6대 PC 4,000대	복구 완료 (3.21) 복구 완료 (3.26)
	YTN	서버 5대 PC 370대	복구 완료 (3.25)
금융기관	농협	CD/ATM 16,000대 PC 26,000대	복구 완료 (3.25) 복구 완료 (3.29)
	신한은행	서버 4대 PC 169대	복구 완료 (3.20)
	제주은행	CD/ATM 320대 PC 70대	복구 완료 (3.23) 복구 완료 (3.24)

출처 : 한국인터넷진흥원 내부자료

3 · 20 사이버 공격으로 악성코드에 감염된 PC는 마스터 부트 레코드(MBR)와 볼륨 부트 레코드(VBR)가 파괴되어 부팅되지 않았으며, 기존 데이터들이 소실되는 피해를 입었다. 주요 피해 사례를 살펴보면 KBS, MBC, YTN 등 주요 방송사와 언론사가 피해를 입었으며, 신한금융 계열의 신한은행과 제주은행 전산망이 장애를 일으켰으며, 농협은행도 일부 PC에 장애가 발생하여 인터넷을 차단하는 등 피해가 발생하였다. 연합뉴스에 따르면, 3 · 20 사이버 공격으로 실제 피해를 입은 PC는 3만 2천여 대로 추정되며, 사실상 손상된 데이터의 원 상태로 복구하는 것이 불가능하다고 전망하였다. 이는 3 · 20 공격의 경우 PC의 부팅 영역만 공격한 것이 아니라 하드디스크 자체를 손상시켰기 때문에 손상된 데이터의 완전 복구는 어려울 것이다. 3 · 20 전산대란의 주요 진행과정을 살펴보면 다음의 [그림 15-3]과 같다.

그림 15-3 3·20 사이버대란 사건 개요

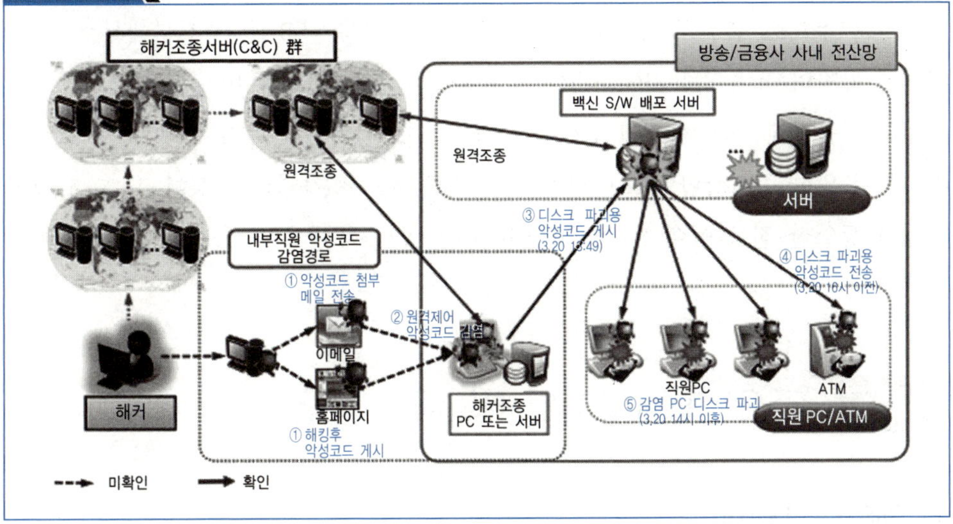

Red Alert에서 발표한 3·20 사이버테러 사고 분석보고서에 따르면, 3·20 사이버 공격의 암호 알고리즘과 기존의 2007년에서 2011년 사이에 있었던 공격의 암호 알고리즘을 비교 분석한 결과 아래 〈표 15-6〉과 같이 주요 유형별 데이터 값이 동일하게 나타나, 3·20 사이버 공격이 일시적이고 갑작스런 공격이 아닌, 동일한 조직에 의한 치밀하게 준비되고 계획된 공격으로 추측된다.

〈표 15-6〉 3·20 사이버 공격 및 기존 공격의 암호 알고리즘 비교

24시간	압축 암호값	RSA키 값	C&C프로토콜 데이터 값	Packer	XTEA키 값
2007~2011 공격	동일	동일	동일	동일	동일
3·20 사이버 공격					

출처 : 3.20 사이버테러 사고 분석보고서, Red Alert

3·20 사이버 공격의 여운이 채 가시기도 전인 2013년 6월 25일 오전 9시 10분경 청와대 홈페이지 및 주요 정부기관 등에 대한 사이버 공격이 감행되었다. 정부 발표에 따르면, 6·25 사이버 공격의 대상기관은 69개 기관으로 홈페이지 해킹 47개 사이트, 디도스 공격 8개 사이트, 악성코드 공격으로 인하여 하드디스크가 파괴된 경우가

14곳으로 나타났다. 이번 공격 또한 지난 3 · 20 사이버 공격의 북한의 해킹 수법과 일치하는 것으로 정부에서는 북한의 소행이라고 공식 발표했다. 정부에서는 6 · 25 사이버 공격의 국내 경유지에서 발견된 IP와 북한이 사용하는 IP가 동일한 점, 또한 악성코드 공격에 따른 시스템 부트영역 파괴, 시스템의 주요파일 삭제, 해킹 결과를 전달하기 위한 공격상황의 모니터링 방법, 악성코드 문자열의 특징이 3 · 20 사이버 공격과 동일한 점을 들어 6 · 25 사이버 공격 역시 북한의 소행으로 추정하였다.

제 4 절 주요 피해사이트 및 피해 원인

1. 웹하드 사이트

웹하드 사이트가 하나의 악성코드를 유포하는 경유지가 될 수 있는 좋은 통로가 될 수 있다. 관리자가 없는 주말에 웹하드 사이트가 악용될 경우 대량의 좀비PC가 빠르게 양산될 수 있으며 해커의 웹하드 사이트에 대한 공격 시도는 지속적으로 증가할 것으로 추정되고 있다. 따라서 웹하드 사이트에 대한 지속적인 모니터링과 보안을 강화할 필요가 있다. [그림 15-4]를 보면 쉽게 이해할 수 있다.

그림 15-4 보안이 취약한 웹하드 사이트 및 악성코드 경유지 유포

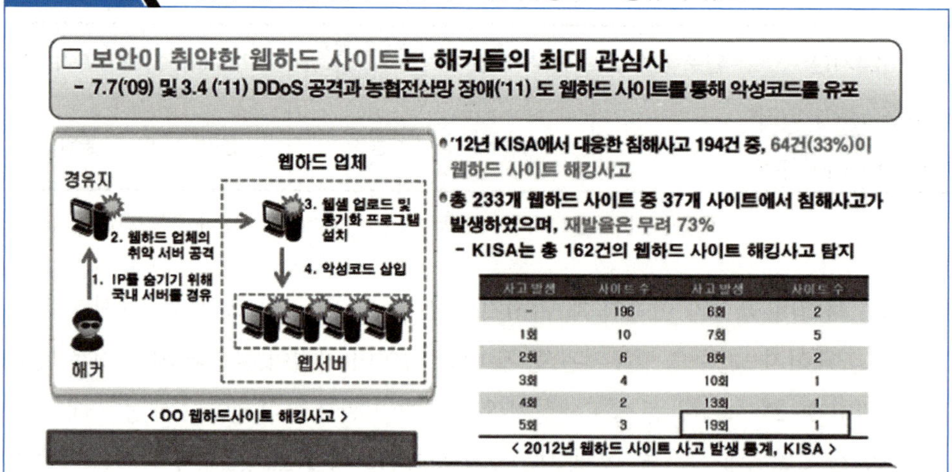

2. 언론사 사이트

국내 언론사 홈페이지, 광고대행사 배너광고를 통한 악성코드 유포가 지속적으로 이루어지고 있다.

- 이용자가 홈페이지 방문 시 IE · Java · MS XML · Flash Player 등 다양한 취약점을 악용하여, 악성코드가 PC에 자동으로 다운로드되고 있음.
- 감염PC 정보수집, 추가 악성코드 다운로드, 게임계정 유출 등 게임 관련 정보 유출

광고대행사를 공격해서 배너광고를 악용하여 언론사 홈페이지에 노출하는 추가 피해 우려가 있다. 대부분 효과적인 악성코드 유포를 위해 주말기간을 이용하고 있다.

이를 방지하기 위해서는 다수 사용자가 이용하는 업무용 PC에 대한 관리 강화가 필요하며, 내부망에 연결된 관리자용 PC에 대한 해킹 시도가 지속적으로 증가할 것으로 예상되기 때문에 홈페이지를 운영하는 서버뿐만 아니라 관리자용 PC에 대한 정기점검이 필수이다.

3. 웹쉘 프로그램과 백도어 프로그램

1) 웹쉘 프로그램

침해사고의 80%는 게시판의 파일 업로드 취약점을 악용하는 웹셀 공격이 발견되고 있으며 첨부파일을 열면 쉘 명령어가 실행되어서 시스템 및 사용자 정보에 접근이 가능하다. 또한, 관리자용 PC가 해킹되면 해커는 주요 서버의 계정을 탈취하고 탈취한 계정을 가지고 손쉽게 주요 서버를 장악하게 된다. 이를 예방하기 위해서는 휘슬을 이용하여 웹셀의 설치 여부를 확인하고, 주기적인 보안패치 및 백신프로그램을 실행하는 것이 중요하다.

2) 백도어 프로그램

백도어 공격 중에서 자주 사용하는 리눅스 계열 중에는 SSH 변조가 해커들이 가장 즐겨 사용하는 백도어 종류인데, 해커는 보안통신 프로토콜인 SSH 프로그램을 변조하여 백도어로 악용한다. 또한, 해커들이 자주 사용하는 윈도우 계열에는 고정키 기능을 사용하는 백도어가 자동 실행되도록 레지스트리에 등록한다.

이를 예방하기 위해서는 리눅스 계열의 SSH 변조 같은 경우 Strac 명령어를 이용한 시스템 호출 추척 또는 ssh, sshd 파일 문자열 검사를 통한 백도어 키 존재 여부를 점검한다. 윈도우 계열 같은 경우 Shift key를 5번 연속으로 누를 경우 해커가 설치한 악성코드 실행여부를 확인할 수 있다.

제5절 인터넷 침해사고 대응 현황

1. 악성코드 감염 탐지 현황

2월 한 달간 백신프로그램에서 탐지된 악성코드 건수는 총 87,508건으로 전월(113,283건) 대비 22.7% 감소한 것으로 나타났다. 〈표 15-7〉의 월별 악성코드 감염탐지 현황 및 [그림 15-5]를 통해 악성코드 감염 진단 건수 추이를 살펴볼 수 있다.

〈표 15-7〉 월별 악성코드 감염탐지 현황

구분	2013년											2014년		
	'13년 합계	3월	4월	5월	6월	7월	8월	9월	10월	11월	12월	1월	2월	'14년 합계
악성코드 감염탐지	2,415,046	272,246	226,892	229,743	203,715	192,083	188,207	135,316	155,936	176,759	125,723	113,283	87,508	200,791

※ 악성코드 감염 탐지 건수는 국내 주요 백신업체가 개인이용자용 백신제품을 통해 확인한 악성코드 감염 진단 건수임.
※ 통계산출 기준 변경에 따라 기존 감염신고 건수를 대체하여 백신으로 탐지한 건수를 발표(2013년 6월부터 반영)

그림 15-5 악성코드 감염 진단 건수 추이

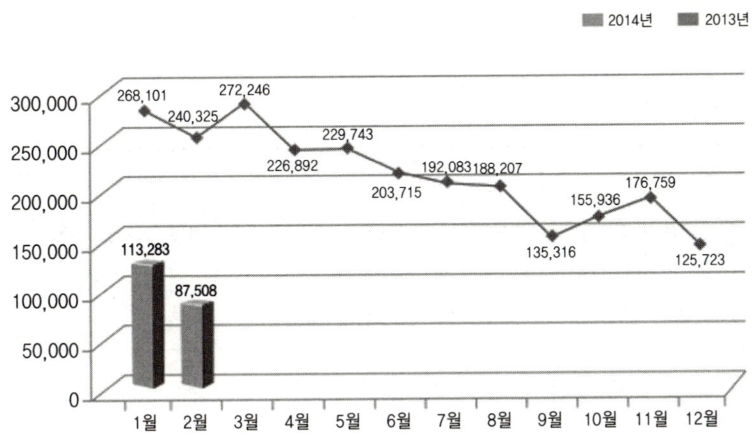

2. 해킹사고 접수처리 현황

2014년 2월 해킹사고 접수처리 건수는 총 1,654건으로 전월(529건) 대비 212% 증가하였다. 스팸메일 중계 IP에 대한 신고 증가가 주요 원인으로 분석되었다. 〈표 15-8〉의 월별 해킹사고 접수처리 현황에서 살펴볼 수 있다.

〈표 15-8〉 월별 해킹사고 접수처리 현황

구분	2013년											2014년		
	'13년 합계	3월	4월	5월	6월	7월	8월	9월	10월	11월	12월	1월	2월	'14년 합계
해킹사고 접수처리	10,600	991	947	868	1,090	831	612	532	846	764	869	529	1,654	2,183

3. 국내 피싱사이트 대응 현황

2014년 2월 한 달간 국내 기관을 사칭한 피싱사이트를 차단한 건수는 총 663건으로, 전월(483건) 대비 37.2% 증가하였다. 사칭 대상은 검찰청과 은행을 사칭한 사이트가 많이 발견되었다. 〈표 15-9〉의 월별 국내 피싱사이트 차단 현황 및 [그림 15-6]의 국내 피싱사이트 차단 건수 추이를 볼 수 있다.

〈표 15-9〉 월별 국내 피싱사이트 차단 현황

구분	2013년											2014년		
	'13년 합계	3월	4월	5월	6월	7월	8월	9월	10월	11월	12월	1월	2월	'14년 합계
정부 · 공공	1,946	161	181	132	144	165	144	125	148	196	312	243	226	469
금융기관	5,944	868	844	345	199	376	832	638	46	89	126	228	426	654
기타	109	10	7	1	2	13	19	15	11	14	7	12	11	23
합계	7,999	1,039	1,032	478	345	554	995	778	205	299	445	483	663	1,146

※ 기관 유형분류 : 정부 · 공공(검 · 경, 금융감독원, KISA 등), 금융기관(은행, 카드사, 대부업체 등), 기타(게임, 포털 등)

그림 15-6 국내 피싱사이트 차단 건수 추이

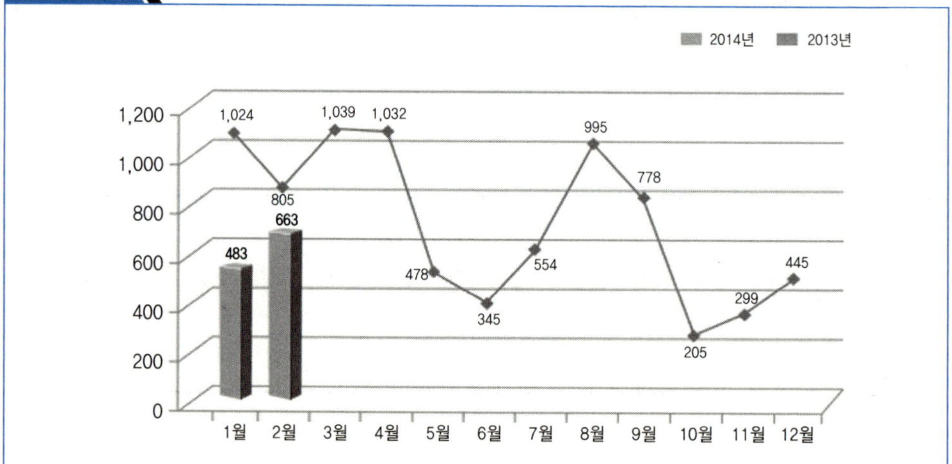

4. 악성코드 은닉사이트 탐지 조치 현황

2014년 2월에 탐지한 악성코드 은닉사이트는 총 687건으로 전월 대비 48.2% 감소하였다. 홈페이지 방문자PC에 악성코드를 유포하는 사이트 190건과 방문자를 유포지로 자동연결시켜주는 경유지 사이트 497건을 탐지하여 악성코드 삭제조치 요청하였으며, 경유지 사이트는 주로 일반기업관광, 교육, 쇼핑 관련 홈페이지 등이 많았다.

〈표 15-10〉 월별 악성코드 은닉사이트 탐지 조치 현황

구분	2013년											2014년		
	'13년 합계	3월	4월	5월	6월	7월	8월	9월	10월	11월	12월	1월	2월	'14년 합계
악성코드 은닉사이트	17,750	1,844	1,586	2,964	2,556	1,121	1,064	1,156	680	797	1,439	1,327	687	2,014

※ 악성코드 은닉사이트 : 해킹을 당해 악성코드 자체 또는 악성코드를 유포하는 주소(URL)가 숨겨져 있어 홈페이지에 방문한 PC를 악성코드에 감염시킬 수 있는 웹사이트를 의미

5. 결론

해킹사고는 예방이 곧 대응이고, 또한 잘 대응하는 것이 곧 좋은 예방책이 된다. 무엇보다 가장 중요한 것은 언제든 해킹을 당할 수 있다는 전제를 가정하고 실제 사고가 발생했을 때 정확히 사고 경위를 추적해 나갈 수 있도록 보안정책을 운영해야 한다는 점이다. 해킹사고 사례를 분석해보면 기본적인 보안조치 조차도 되어 있지 않기 때문에 발생하는 사고도 많지만, 보안에 많은 노력을 기울였음에도 불구하고 발생하는 사고도 있다. 이미 해킹사고가 난 시점 이후에는 사전에 얼마나 보안을 고려해서 시스템을 운영했는지가 아니라, 해킹사고 경위를 추적할 수 있는 다양한 로그들을 얼마나 잘 관리하고 있는지가 가장 중요하다.

실제 해킹사고를 분석해보면 보안에 많은 노력을 기울인 시스템 환경에서도 정작 침투 경로를 추적하기 위한 핵심적인 로그들을 관리하고 있지 않아 사고 대응에 어

려움이 많은 경우들이 있다. 해킹사고 분석의 핵심 목표는 공격자의 최초 침투경로를 찾는 것인데 추적할 수 있는 로그들이 관리되지 않을 경우 공격자가 지속적으로 해킹할 수 있는 통로는 여전히 존재하게 되며, 사고가 언제든 재발될 수 있다.

시스템 관리자들은 기본적으로 시스템 및 웹 접속 기록과 시스템이 자체적으로 기록하는 이벤트 로그, 그리고 내부 네트워크 환경에서 NAT 변환이 이루어질 경우 NAT 변환 로그들을 일정기간(최소 6개월 이상) 확보해야 한다. 또한, 이러한 로그는 운영중인 시스템의 로컬에 관리하는 것보다는 별도의 파일 서버로 전송하여 관리하는 것이 필요하다. 시스템 권한을 획득한 공격자는 추적을 피하기 위해 내부에 저장된 로그들을 삭제할 수 있기 때문이다.

만일 시스템 관리자가 해킹사고를 한국인터넷진흥원 또는 보안전문업체에 의뢰하고자 할 경우에는 다음 2가지를 반드시 유념해야 한다. 첫째는 정확한 분석을 위해서는 사고와 관련된 내용을 그대로 보존하는 것이 필요하다. 이는 정확한 분석뿐만 아니라 신속한 분석을 위해서도 중요하다. 둘째는 정상적인 시스템 운영을 위해서 어쩔 수 없이 해킹 관련 파일에 대한 조치를 진행해야 한다면, 조치하기 이전에 해당 파일에 대한 상세정보(파일위치, 파일명, 생성시점, 수정시점, 접근시점 등)를 별도로 기록한 후 파일을 이동시키는 등의 조치를 진행해야 한다. 이는 분석가가 해킹사고에 대한 정황을 정확하게 파악하는 데에 필수적인 요소로 활용되기 때문이다.

실제 해킹사고를 분석할 때에는 시스템 관리자와 많은 대화가 필요하다. 그 이유는 분석가가 올바른 분석 결과를 도출하기 위해서는 시스템에 대해 가장 상세히 알고 있는 관리자의 도움이 필요하기 때문이다. 해킹은 많은 자원이 소모되는 활동이다. 경제적 관점에서 공격자는 관리되지 않는 시스템을 찾아서 최소한의 자원을 투입하여 원하는 목적을 달성하려 할 것이다. 즉, 지속적으로 관리되지 않는 시스템은 이미 공격자들에 의해 해킹되어 악용되고 있을 가능성이 있으므로 정기적으로 점검하는 것을 권한다.

또한, 하나의 취약한 시스템이 해킹될 경우 해킹된 시스템과 동일한 네트워크 대역에 위치하는 모든 시스템들 또한 위험에 심각하게 노출된다는 사실을 늘 기억해야 한다.

마지막으로 본고의 목적에 대해 다시 한 번 언급하고자 한다. 본고는 최근 발생하는 해킹사고에서 확인된 주요 해킹 기법에 대해 시스템 관리자들에게 적극 알리고 관리자 스스로 시스템을 점검해보도록 하는 것이 목적이다. 만일 점검과정에서 해킹 사실이 확인될 경우 피해범위 확인을 위한 상세분석을 추가적으로 수행해야 한다는 사실을 잊어서는 안 된다.

참고문헌

1. 국내문헌

1) 단행본

곽경섭. (2014). "IoT와 소프트웨어적 과제". 정보처리학회.

권기덕. (2008). "세계 IT사업의 강자로 부상한 대만". 삼성경제연구소.

권기현. (2008). "전자정부론". 서울: 박영사.

권해수 외. (2002). "전자정부를 통한 부패통제 이론과 사례". 서울: 한울아카데미.

고재학. (2009). "정보사회와 전자정부". 경기: 한국학술정보.

고현석. (2013). "빅데이타 승리의 과학". 서울: 이지스퍼블리싱.

김동선. (2005). "정보화사회에서 무슨일이 일어나고 있는가". 서울: jinhan M&B.

김문성. (2004). "행정학.net". 서울: 박영사.

김성태. (2004). 「정보정책론」. 서울: 법문사.

김유정. (2009). "차세대 전자정부 추진전략". 정보통신정책연구원.

김재윤. (2003). "유비쿼터스 컴퓨팅: 비즈니스모델과 전망". 서울: 삼성경제연구소.

남궁근 외. (2002). "전자정부를 통한 부패통제: 이론과 사례". 서울: 한울.

민경식. (2012). "사물인터넷(IoT)시장 정책동향분석", 한국인터넷진흥원.

박경진. (2011). "정보통신정책과 전자정부". 서울: 도서출판 오름.

박항식. (2008). "국가과학기술표준분류체계 새로이 정비"《Science & Technology Focus》 Vol.46, 교육과학기술부.

변영옥 외. (2014). "필승, SNS 선거전략 매뉴얼". 매일경제신문사.

양수현. (2012). "한국인의 선택 SNS 선거운동의 바이블", 서울: 도서출판 자양.

유예진. (2008). "2007년 북한의 대외무역동향". 한국무역투자진흥공사, 2008. 6.

유창선. (2012). "소셜미디어, 대한민국정치의 판을 바꾸다". 지식프레임.

오관석. (2007). "정보사회와 미디어정치". 경기 : 인간사랑.

오철호. (2002). "정보통신기술과 행정". 서울: 대영문화사.

이인호. (2002). "공공부문 개인정보 보호법제에 대한 분석과 비판". 한국정보법학회.
이재광 외. (2007). "사이버공간에서의 개인정보 보호". 한국정보사회학회.
이창원 외. (2004). "정보사회와 현대조직". 서울: 대영문화사.
임을출. (2000). "북한의 인터넷 사업". 통일경제 제65호.
조동기. (2001). "정보사회이론" 서울: 나남출판사.
조병선 외. (2014). "소프트웨어산업의 특징 및 구조변화 분석" 전자통신동향분석.
주대영. (2014). "초연결시대 사물인터넷의 창조적 융합활성화 방안", 산업연구원.
정애리. (2004). "디지털정보미디어 정책론". 서울: 도서출판 일진사.
정충식. (2007). "전자정부론". 서울경제경영출판사.
최영훈 외. (2006). "전자정부론". 서울: 대영문화사.
최진욱. (2006). "서울특별시 OPEN 시스템이 부패에 미치는 영향". 한국행정학회.

2) 정책자료 및 연구보고서

강홍렬 외.(2012). "스마트 생태계의 확산과 SW산업의 패러다임 변화". 정보통신정책연구원, 2012년12월.
권헌영. (2004). "전자정부시대의 개인정보 보호법제의 쟁점". 「정보화정책」. 11(3).
국가과학기술지식정보서비스. (2009). "2008년 기술수준평가 보고서_총괄". 한국과학기술정보연구원.
국회 정책자료집. (2015). "한반도 통일시대를 위한 정보통신기술정책". 국회.
김국선. (2012). "소셜커머스 만족도와 구매의도에 영향을 주는 서비스품질 요인", 한국콘텐츠학회 논문지, 한국콘텐츠학회.
문정욱. (2006). "일본 전자정부 추진동향". 「정보통신정책」. 정보통신정책연구원.
박상주. (2008). "북한의 인터넷 현황과 개방동향", 《정보통신정책》 제20권15호 통권 445호, 정보통신정책연구원, 2008. 8. 16.
삼성겡제연구소. (2010). "스마트폰이 열어가는 미래".
윤길준. (2006). "정부업무관리시스템의 개요 및 구축방향". 「디지털행정」, 행정자치부. 2006년 가을호. Vol(105).

안종옥 외. (2010). "효율적인 정보관리를 위한 U-City 정보 특성분석에 관한 연구". 한국지형공간정보학회지 제18권 제1호.

이근주. (2003). "정부투명성과 정보공개 활성화 방안". 한국행정학회 기획세미나.

은성경 외. (2009). "클라우드 컴퓨팅 보안 기술". 전자통신동향분석 제24권 제4호.

장종인. (2006). "사이버 범죄에 대한 사회, 문화적 논의". 「정보통신정책」. 정보통신정책연구원, 제18권 7호.

주진형. (2005). "국가 정보화평가 현황과 정책제언". 「정보통신정책」. 정보통신정책연구원, 제17권 23호.

최선미. (2009). "SNS의 사회자본 형성에 미치는 영향에 관한 연구". 서강대학교 대학원.

한국과학기술한림원. (2014). "남북통일을 위한 과학기술분야의 대응방안".

한국인터넷진흥원. (2014). "스마트폰 이용자의 성별, 연령별 이용현황에 대한 연구".

한국정보사회진흥원. (2007). "2007 국가정보화백서".

3) 간행물

김석주. (2006). "전자정부 이제 정부혁신의 수단으로". 한국정책학회 뉴스레터. 제8호.

김형준. (2005). "개인정보 보호법제의 현황과 그 발전방안". 「CIO Report」. 05-6호. 서울: 한국전산원. 2005년 3월 31일.

부패방지위원회. (2005). "2004 부패방지백서".

오철호. (2006). "전자정부사업 뒤 돌아보기". 한국정책학회 뉴스레터, 제8호.

삼성경제연구소. (2010). "스마트폰이 열어가는 미래".

한국과학기술평가원. (2015.12). "소프트웨어, 사람을 이해하고 닮아가는 진화" 제11호.

한국인터넷진흥원. (2007). "2007년 상반기 정보화실태조사 요약보고서".

한국정보보호센터. (2007). "정보보호 관련 법령 비교·분석".

한국정보문화진흥원. (2008). "2008 정보격차해소 백서".

한국정보보호진흥원. (2006). "유비쿼터스 프라이버시 보호 종합대책 수립".

한국전산원. (2006). "2006 "국가정보화 백서". 2006년 7월.

한국전파진흥협회. (2006.8). "디지털 방송전환 촉진전략 연구".

행정안전부. (2008). "공공기관 개인정보 보호 종합대책".

행정안전부. (2008). "개인정보 침해사고 방지대책".

행정자치부. (2007). "전자정부성과보고서". 국정브리핑.

한국정보통신공사협회. (2015.8). "ICT Engineer", 2015 July-August vol.13.

한국정보통신공사협회. (2015.10). "ICT Engineer", 2015 September-October vol.14.

한국정보통신공사협회. (2015.12). "ICT Engineer", 2015 November-Decembert vol.15.

4) 신문 및 참고사이트

뉴 IT전략. (2008.07). "IT산업이 한국 경제의 희망이다". 지식경제부 보도자료.

대한민국전자정부: http://www.korea.go.kr

서울경제. (2010.10.06). "아이폰 일부 무료어플리케이션 개인정보 유출 확인".

서울시 홈페이지: http://www.seoul.go.kr.

중앙선거관리위원회: http://www.nec.go.kr.

전자정부 홈페이지: http://www.egov.go.kr.

정보기술혁신재단: (2014). http://www.china.com.cn/chinese/pi-c

정보통신신문, (2015.6.29), "핀테크, 스마트금융혁명", 6면.

정보통신신문, (2015.12.7), "인터넷 은행 시대 눈앞---서비스 차별화 관건", 6면.

정보통신신문, (2016.1.4.). "미래성장 동력 발굴-창조경제 생태계 완성", 2면.

정보통신정책연구원: http://www.kistep.re.kr

조선경제, (2016.1.1), "금융: 인터넷 전문 은행' B11면.

조선일보, (2015.5.22), "스마트폰으로 16개국언어동시통역 인터톡"

조선일보, (2015.7.24). "사이버부대 미국 8만명-중국 18만명-북한 6천명-한국 5백명".

한국정보보호진흥원: http://kisa.or.kr.

한국정보보호학회: ttp://kiisc.or.kr.

행정안정부: http://wwwmogaha.go.kr

2. 외국문헌

Amanda Lenhart, Mary Madden. (2007). "Teens, Privacy, & online social networks". Pew Internet and American Life Project Report.

Atton, C. (2002). Alternative Media, Thousand O만 : Sage.

Bharnagar, S. (2002). "E-government and Access to Information". in Robin Hodess (ed.).

Branscomb, Lewis M. (1995). "Balancing the Commercial Public-Internet Vision of the NII". in : Kahin, Brian & J. Keller (eds.), Public Access to the Internet, MIT Press.

Brown University. (2004). E-Government 2004. Inside Politics. org, 2004.9.

Chen Pan, JunliZha. (2015). "Optimal Energy Strategy for Node Selection and Data Relay in W누-based IoT", Springer/Mobile Networks and Applications Vol.20.

Danah M, Boyd, Nicole B. (2007). Social network sites, journal of Computer-Mediated Communication.

Gartner Group. (2000). Gartner's Four Phases of E-Government Model. Research Note,12.

Hart-Teeter. (2000). E-Government: The Next American. The Council for Excellence in Government.

Heeks, Richard. (2001). Understanding e-Governance for Development. i-government Working Paper Series No. 11. Institute for Development Policy and Management, University of Manchester.

KICA, (2015.12). "ICT Engineer", 2015 November-Decembert vol.15.

Knorr, Eric. (2010). "Get rady for the IBM Cloud". Info World.

Liu, H. (2007). "Social network profiles as taste performances". Journal of Computer-Mediated Communication.

Mattern, Friedemann. (2001). Ubiquitous Computing : From Smart Devices to Smart

Everyday Objects. ETH Zurich.

Mckinsey Quarterly. (2007). "How business are Web2.0". A Mckinsey Global Survey.

Office of e-Envoy. (2004). UK-online Annual Report 2001-2003. Cabinet Office.

Postman, N. (1995). "The Impact of the Information Glut". In K. Schwab(ed.), Overcoming Indifference, New York University Press.

Roche, E. (1996). "Information Technology, Development and Policy". Brookfield USA, Aldershot.

Schiller, D. (2000). Digital Capitalism : Networking the Global Market System, The MIT Press.

Scott Golder. (2007). "Rhythms of social interaction". Proceedings of Third International Conference on Communities and Technologies.

United Nations Development Programme. (2004). "e-Governaance. Essentials". 15.

United Nations. (2004). Global e-Government Readiness Report 2004-Towards Access for Opportunity.

United Nations. (2005). UN Global e-Government Readiness Report 2005.

World Economy Forum. (2000). Global Digital Divide to the Global Digital Opportunity.

World Bank. (2001). "Bridging the Digital Divide : How Enterpriser Ownershin and Foreign Competition Affect Interest Access in Eastern Europe and Central Asia". Policy Research Working Paper, July.

찾아보기

[ㄱ]

[ㄴ]

[ㄷ]

[ㄹ]

[ㅁ]

[ㅈ]

[ㅊ]

[ㅋ]

[ㅌ]

[ㅍ]

[ㅎ]

[A]

[H]

[I]

[J]

[K]

[L]

[M]

[N]

[O]

| 저자소개 |

박 경 진

▶ 약력 現) 국가연구개발사업 평가위원
국가기술자격정책 심의위원회 전문위원
국방부 심의위원, 인천시 심의위원, 수원시 심의위원
정보통신기술사시험 출제위원
한국기술사회 기술중재위원장
인하대학교 겸임교수
연세대학교 겸임교수
성균관대학교 초빙교수

▶ 학력과 경력 성균관대학교 공학사(정보통신공학부)
연세대학교 공학석사(전자통신전공)
연세대학교 정책학석사(정책전공)
경원대학교 행정학박사(정책전공)
고려대학교 정책대학원 정책과정 수료
한국생산성본부 경영자과정 수료
정부기관 상위평가위원
정보통신부 학술진흥사업 평가위원
호텔등급 심사위원
정보통신기술사, 정보통신기술사 시험 심의위원
정보통신부, KBS(한국방송공사) 25년 근무
(사)한국정책포럼 수석부회장
정보통신감리원 양성교육 외래교수(8년)
한국정보통신기술사회 회장(8년 역임)
한국기술사회 이사(12년 역임), 한국기술사회 부회장
한국기술사회 제도개선위원장(9년 역임)
상훈: 대통령표창 수상(제136062호), 한국기술사회 공로상 수상, 기술상 수상

▶ 주요 저서 및 논문
저서 : "과학기술정책론"(2008년 2월, 2008년 우수학술도서 선정)
"실용 정보통신공학"(2011년 5월)
"정보통신정책과 전자정부"(2011년 11월)
"정보통신경제론"(2014년 9월, 2015년 우수학술도서 선정)
논문 : "인력정책평가와 과학기술인 사회". 「한국인사행정학회보」(2005).
"과학기술인력정책 평가에 관한 영구". 「한국정책연구원보」(2004).
"한국 엔지니어링산업정책 개선방안". 「한국정책학회보」(1998).

정보통신 정책론

2016년 2월 20일 초판 1쇄 인쇄
2016년 2월 25일 초판 1쇄 발행

지은이 박경진
펴낸이 진욱상 · 진성원
펴낸곳 백산출판사
교　정 편집부
본문디자인 구효숙
표지디자인 오정은

저자와의 합의하에 인지첩부 생략

등　록 1974년 1월 9일 제1-72호
주　소 경기도 파주시 회동길 370(백산빌딩 3층)
전　화 02-914-1621(代)
팩　스 031-955-9911
이메일 editbsp@naver.com
홈페이지 www.ibaeksan.kr

ISBN 979-11-5763-142-1
값 25,000원